智能技术的数学基础

王晓原　主　编
杨化林　刘善良　副主编

電子工業出版社
Publishing House of Electronics Industry
北京·BEIJING

内 容 简 介

随着中国智能制造业的发展和德国工业4.0的实施，世界制造业进入智能化、数字化时代，各种新技术，特别是其赖以建构和发展的数学基础，在工业尤其是制造业中的作用尤为突出。基于此，本书重点介绍了与智能技术发展密切相关且经常被用到的数学基础知识、理论和方法。本书涉及优化与计算、决策论与对策论、运筹学随机模型、数值方法等方面的内容，具体包括线性规划与单纯形法、线性规划的对偶理论与灵敏度分析、运输问题、整数规划、目标规划、非线性规划、多目标规划、动态规划、决策论、对策论、排队论、马尔可夫过程与应用、科学计算、插值法、逼近方法、数值微积分等。

本书可作为高等学校机械工程专业，特别是智能制造相关方向本科生和研究生的教材，也可作为系统科学与工程、控制科学与工程、交通运输工程、管理科学与工程等人工智能相关学科交叉领域各类人员的学习参考书。

图书在版编目（CIP）数据

智能技术的数学基础 / 王晓原主编. —北京：电子工业出版社，2022.1

ISBN 978-7-121-42734-3

Ⅰ. ①智… Ⅱ. ①王… Ⅲ. ①智能制造系统－高等学校－教材 Ⅳ. ①TH166

中国版本图书馆CIP数据核字（2022）第014838号

责任编辑：杜　军　　　特约编辑：田学清
印　　刷：北京天宇星印刷厂
装　　订：北京天宇星印刷厂
出版发行：电子工业出版社
　　　　　北京市海淀区万寿路173信箱　　　邮编：100036
开　　本：787×1092　1/16　印张：16.5　字数：433.0千字
版　　次：2022年1月第1版
印　　次：2025年1月第4次印刷
定　　价：49.00元

凡所购买电子工业出版社图书有缺损问题，请向购买书店调换。若书店售缺，请与本社发行部联系，联系及邮购电话：（010）88254888，88258888。

质量投诉请发邮件至zlts@phei.com.cn，盗版侵权举报请发邮件至dbqq@phei.com.cn。

本书咨询联系方式：dujun@phei.com.cn。

前　言

目前，智能技术的发展已经成为各行业，特别是工业制造进步的关键因素。运筹、优化和数值计算等应用数学方法，是推进智能技术进一步发展和应用的重要基础。本书的特点是，将工程中出现的实际问题归纳为数学模型，综合运用运筹、优化、数值方法等，辅助计算机工具对模型进行求解，得到解决问题的最佳或满意方案。

智能技术的数学基础是高等学校机械工程专业，特别是智能制造相关方向的基础课程。通过对本课程的学习，可以培养学生运用系统优化、定量分析和数值方法进行数学建模、科学计算和智能化开发的能力。本书能够为学生更好地学习和掌握后续相关课程以及日后从事智能技术相关工作，打下坚实的基础。本书力求内容简洁，通俗易懂；注重工程应用性；力求知识的先进性。

本书共四篇，主体内容分为 16 章。第一篇（第 1 章～第 8 章）优化与计算，主要介绍工程中运筹、规划及优化计算问题；第二篇（第 9 章～第 10 章）决策论与对策论，主要介绍决策论与对策论的相关知识和问题求解方法；第三篇（第 11 章～第 12 章）运筹学随机模型，主要介绍排队论和马尔可夫过程；第四篇（第 13 章～第 16 章）数值方法，主要介绍工程中常用的数值计算方法。为了便于学习，本书还在各章结束部分准备了课后习题。使用教材的教师可根据教学计划中的学时和其他具体情况确定所需讲授和自学的章节。本书还提供电子课件，读者可登录华信教育资源网（www.hxedu.com.cn）免费注册下载。

本书由王晓原、杨化林、刘善良编写。史慧丽、钟馥声、王刚、王全政、韩俊彦、刘士杰、李尚卿、李浩、项徽、张杨、王翰卿、豆志伟、王文龙、史博文也提供了大量帮助。编纂工作得到青岛科技大学机电工程学院（智能制造学院）何燕院长、李剑光副院长，智能制造系王宪伦主任等的大力支持。

本书的结构框架和内容参考了《运筹学》（西南交通大学出版社）。此外，本书引用了《运筹学》（吉林大学出版社）、《数值分析》（化学工业出版社）的内容，并借鉴了《运筹学》（清华大学出版社）、《最优控制—理论、方法与应用》（高等教育出版社）和《数值分析》（清华大学出版社）等教材和著作，在此对上述资料的作者表示最衷心的感谢！

由于作者水平有限，本书会存在一些不妥或需要改进的地方，欢迎广大读者及同行专家批评指正。

编者

2021 年 8 月

目 录

第一篇 优化与计算

第 1 章 线性规划与单纯形法 2
1.1 线性规划问题 2
1.1.1 线性规划问题的数学模型 2
1.1.2 图解法 4
1.2 线性规划问题的标准型与解的概念 ... 6
1.2.1 线性规划标准型 6
1.2.2 线性规划解的概念 7
1.3 线性规划问题的几何意义 8
1.3.1 相关概念 9
1.3.2 线性规划问题的相关结论 9
1.4 单纯形法 11
1.4.1 确定初始基可行解——大 M 法 11
1.4.2 最优性检验与单纯形表 13
1.4.3 基的变换——（l，k）旋转变换 15
1.5 单纯形法步骤 16
1.6 单纯形法的进一步讨论 19
1.6.1 两阶段法 19
1.6.2 退化与循环 20
1.6.3 标准型及检验数的其他形式 21
课后习题 21
第 2 章 线性规划的对偶理论与灵敏度分析 .. 22
2.1 对偶问题 22
2.2 对偶理论 23
2.3 对偶单纯形法 26
2.4 对偶问题的经济意义——影子价格 .. 27
2.5 灵敏度分析 28
2.5.1 目标函数中的价值系数 $\boldsymbol{c}$ 的分析 29
2.5.2 资源系数 $\boldsymbol{b}$ 的分析 30
2.5.3 系数矩阵 $\boldsymbol{A}$ 的分析 31
2.6 参数线性规划 35
2.6.1 参数 $\boldsymbol{c}$ 的变化分析 35
2.6.2 参数 $\boldsymbol{b}$ 的变化分析 36
课后习题 37
第 3 章 运输问题 40
3.1 运输问题的数学模型 40
3.2 表上作业法 41
3.2.1 确定初始基可行解 42
3.2.2 最优解的判别 45
3.2.3 改进的方法——闭回路调整法.. 48
3.2.4 表上作业法计算中的问题 49
3.3 产销不平衡的运输问题 51
课后习题 54
第 4 章 整数规划 57
4.1 整数规划问题 57
4.2 分支定界法 58
4.3 割平面法 61
4.4 0—1 型整数规划 63
4.4.1 引入 0—1 变量的实例 63
4.4.2 0—1 型整数规划的解法 65
4.5 指派问题 66
课后习题 69
第 5 章 目标规划 70
5.1 目标规划的数学模型 70
5.2 解目标规划的单纯形法 72
课后习题 74
第 6 章 非线性规划 75
6.1 非线性规划问题 75
6.1.1 非线性规划问题举例 75
6.1.2 多元函数极值的有关概念和性质 76

6.1.3 正定矩阵与二次型 77
6.1.4 凸函数的极值 77
6.2 一维搜索 79
6.2.1 牛顿法与对分法 79
6.2.2 二次插值法（抛物线法） 81
6.2.3 0.618 法 82
6.3 无约束最优化方法 83
6.3.1 最速下降法（梯度法） 83
6.3.2 牛顿法 85
6.3.3 共轭梯度法 86
6.3.4 坐标轮换法 89
6.3.5 单纯形法 91
6.4 约束最优化 93
6.4.1 用线性规划逼近非线性规划（近似规划法） 93
6.4.2 惩罚函数法 95
课后习题 98
第 7 章 多目标规划 100
7.1 多目标规划问题 100
7.2 绝对最优解、有效解及弱有效解 100
7.3 化多为少法 101
7.4 分层序列法 106
课后习题 106
第 8 章 动态规划 107
8.1 多阶段决策问题 107
8.2 动态规划的基本概念和最优性原理 108
8.2.1 动态规划的基本概念 108
8.2.2 最优性原理和动态规则递推方程 109
8.3 建立动态规划数学模型的步骤 112
课后习题 114

第二篇 决策论与对策论

第 9 章 决策论 116
9.1 非确定型决策 117
9.1.1 等可能性准则 118
9.1.2 最大最小（或最小最大）准则 119
9.1.3 折衷准则 120
9.1.4 后悔值准则 121
9.2 风险型决策 124
9.2.1 期望值准则 124
9.2.2 期望值与标准差准则 126
9.2.3 最大可能性准则 127
9.3 决策树 128
9.3.1 单级决策问题 128
9.3.2 多级决策问题 129
9.4 贝叶斯决策 131
9.5 效用值及其应用 134
9.5.1 效用与效用曲线 134
9.5.2 效用值准则 136
9.6 层次分析法 137
9.6.1 层次分析法原理 137
9.6.2 标度 139
9.6.3 层次模型 140
9.6.4 计算方法 141
课后习题 142
第 10 章 对策论 144
10.1 对策现象及其要素 144
10.1.1 对策现象 144
10.1.2 对策现象的基本要素 144
10.1.3 对策的分类 145
10.2 有限两人零和对策 145
10.3 最优纯策略 146
10.3.1 鞍点概念 146
10.3.2 鞍点存在准则 147
10.4 最优混合策略 148
10.4.1 引例 148
10.4.2 最优混合策略 148
10.4.3 矩阵对策基本原理 149
10.5 矩阵对策的解法 151
10.6 建立对策模型举例 155
课后习题 156

第三篇　运筹学随机模型

第 11 章　排队论 160
11.1　排队服务系统的基本概念 160
11.1.1　排队系统 161
11.1.2　排队模型的分类 162
11.1.3　排队模型的参数 162
11.2　到达间隔与服务时间的分布 163
11.2.1　普阿松流 163
11.2.2　负指数分布 164
11.2.3　爱尔朗（Erlang）分布 165
11.3　生灭过程 165
11.4　单服务台排队系统模型（M/M/1）167
11.4.1　M/M/1/∞/∞模型 167
11.4.2　M/M/1/N/∞模型（队长受限制） 169
11.4.3　M/M/1/∞/m 模型（顾客源有限） 171
11.5　多服务台模型（M/M/C） 173
11.5.1　M/M/C/∞/∞模型 173
11.5.2　M/M/C/N/∞模型（系统容量有限制情形） 175
11.5.3　M/M/C/∞/m 模型（顾客源有限情形） 178
11.6　M/G/1 排队系统 179
11.6.1　普阿松输入和定长服务时间的排队系统 180
11.6.2　输入为普阿松流，服务时间为爱尔朗分布的排队系统 181
11.7　具有优先权的排队模型 182
11.8　排队系统的最优化 184
11.8.1　排队系统的最优化问题 184
11.8.2　M/M/1 模型中最优服务率μ 184
11.8.3　M/M/c 模型中最优的服务台数 c 186
课后习题 187
第 12 章　马尔可夫过程与应用 190
12.1　马尔可夫过程 190
12.2　稳态概率 192
12.3　首次到达概率和首次回归概率 193
12.4　预测模型举例 194
12.5　决策模型举例 195
课后习题 199

第四篇　数值方法

第 13 章　科学计算简介 202
13.1　数值分析简介 202
13.2　误差 203
13.2.1　误差的来源与分类 203
13.2.2　误差的定义 204
13.2.3　有效数字 204
13.3　误差的传播 206
13.3.1　误差估计 206
13.3.2　病态问题与条件数 207
13.3.3　算法的数值稳定行（numerical stability） 207
13.4　数值误差控制 208
课后习题 210
第 14 章　插值法 212
14.1　代数多项式插值 212
14.1.1　待定系数法 212
14.1.2　拉格朗日（Lagrange）插值多项式 214
14.1.3　牛顿插值多项式 216
14.2　分段低次插值 219
14.2.1　龙格现象及高次插值的病态性质 219
14.2.2　分段线性插值 220

14.3 三次样条插值 220
14.3.1 三次样条插值函数的概念 221
14.3.2 样条插值函数的建立 222
14.3.3 误差界与收敛性 225
课后习题 225
第 15 章 逼近方法 227
15.1 正交多项式 228
15.2 函数最佳平方逼近 229
15.2.1 一般概念及方法 229
15.2.2 用正交函数族作最佳平方逼近 232
15.3 曲线拟合的最小二乘法 233
15.3.1 最小二乘法原理 234
15.3.2 法方程 234
15.3.3 常用的拟合方法 235
课后习题 239
第 16 章 数值微积分 240
16.1 数值求积分的基本概念 240
16.1.1 数值求积分的基本思想 240
16.1.2 代数精度的概念 241
16.1.3 插值型的求积公式 242
16.1.4 求积公式的收敛性与稳定性 243
16.2 Newton-Cotes 公式 243
16.2.1 Cotes 系数 244
16.2.2 偶阶求积公式的代数精度 245
16.2.3 几种低阶求积公式的余项 245
16.3 复化求积公式 246
16.3.1 复化梯形公式 246
16.3.2 复化辛普森公式 247
16.4 龙贝格求积公式 249
16.4.1 梯形公式的逐次分半算法 249
16.4.2 李查逊（Richardson）外推法 250
16.4.3 龙贝格求积公式 251
16.5 数值微分 252
16.5.1 利用差商求导数 252
16.5.2 利用插值求导数 253
16.5.3 李查逊外推法 $a_i(i=1,2,\cdots)$ 254
课后习题 254
参考文献 256

第一篇

优化与计算

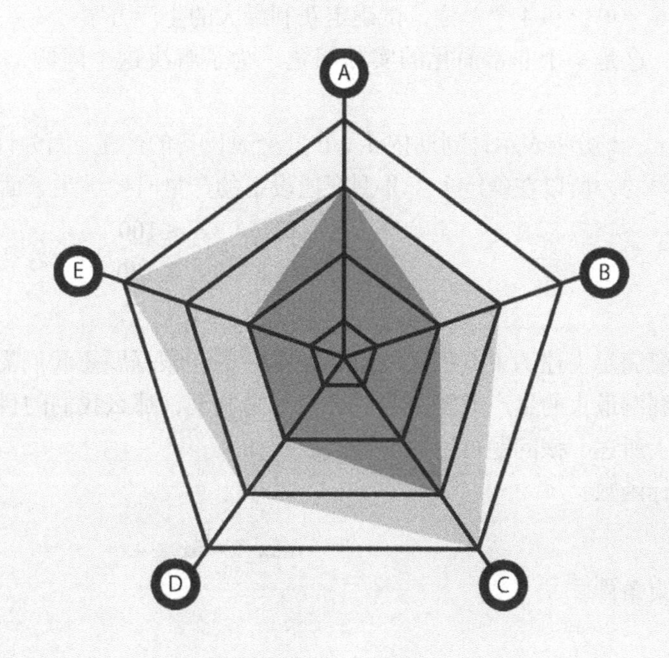

第 1 章　线性规划与单纯形法

线性规划（linear programming）是运筹学最重要的分支。自 1947 年美国人丹捷格（G. B. Dantzig）提出求解线性规划的单纯形法以来，它在理论上趋向成熟，在实际上的应用日益广泛与深入，现在几乎各行各业都可以建立线性规划模型。例如，制订企业最佳经营计划、确定产品最优配料比、寻找材料的最优下料方案、研究各种资源的最优分配方案等。由于线性规划模型具有应用的广泛性，计算技术比较简单，而且它易于在计算机上实现它的算法，所以线性规划已成为现代管理科学的重要基础和手段之一。

1.1　线性规划问题

1.1.1　线性规划问题的数学模型

线性规划是研究在一组线性不等式及等式约束下，使某一线性目标函数取得最大值（或最小值）的极值问题。下面我们通过几个例子来介绍线性规划问题的数学模型。

1．两个例子

例 1　某工厂生产Ⅰ、Ⅱ两种型号交通设备，为了生产一台Ⅰ型和Ⅱ型交通设备，所需要的原料分别为 2 个单位和 3 个单位，需要的工时分别为 4 个单位和 2 个单位。在计划期内可以使用的原料为 100 个单位，工时为 120 个单位。已知生产每台Ⅰ、Ⅱ型交通设备可获利润分别为 6 个单位和 4 个单位，试确定获利最大的生产方案。

解：这是一个非常简化的实际问题，为了解决这个问题，我们先来建立该问题的数学模型。

设 x_1、x_2 分别表示计划期内Ⅰ、Ⅱ型交通设备的产量。因为计划期内生产用的原料和工时都是有限的，所以在确定Ⅰ、Ⅱ型交通设备的产量时要满足下面的约束条件：

$$\begin{cases} 2x_1 + 3x_2 \leqslant 100 \\ 4x_1 + 2x_2 \leqslant 120 \\ x_1, x_2 \geqslant 0 \end{cases} \tag{1.1}$$

一般满足上述约束方程组的解不是唯一的，根据题意我们需要的是既满足约束条件，又使所获利润最大的生产方案。若以 Z 表示总利润，那么我们的目标是 $\max Z = 6x_1 + 4x_2$。

综上所述，该问题可用数学模型表示如下。

目标函数：

$$\max Z = 6x_1 + 4x_2 \tag{1.2}$$

约束条件：

$$\begin{cases}2x_1+3x_2\leqslant 100\\4x_1+2x_2\leqslant 120\\x_1,x_2\geqslant 0\end{cases}\tag{1.3}$$

例 2　某昼夜服务的公交线路每天各时间区段内所需司机和乘务人员的数目如表 1.1 所示。

表 1.1

班　次	时　间	所需人数/个
1	6:00—10:00	60
2	10:00—14:00	70
3	14:00—18:00	60
4	18:00—22:00	20
5	22:00—2:00	20
6	2:00—6:00	30

设司机和乘务人员在各时间段开始时上班，并连续工作 8 小时，问该公交线路至少应配备多少个司机和乘务人员？列出该问题的数学模型。

解： 设 $x_1,x_2,\cdots,x_6$ 为各班新上班人数，考虑到在每个时间段工作的人数既包括该时间段新上班的人员又包括上一个时间段上班的人员，按所需人数最少的要求可列出本例的数学模型。

目标函数：

$$\min Z=x_1+x_2+x_3+x_4+x_5+x_6\tag{1.4}$$

约束条件：

$$\begin{cases}x_1+x_6\geqslant 60\\x_1+x_2\geqslant 70\\x_2+x_3\geqslant 60\\x_3+x_4\geqslant 20\\x_4+x_5\geqslant 20\\x_5+x_6\geqslant 30\\x_1,x_2,\cdots,x_6\geqslant 0\end{cases}\tag{1.5}$$

2．总结

上面两例都是一类优化问题，它们具有下述特征。

（1）每个问题都用一组未知变量 $x_1,\cdots,x_n$ 表示所求方案，通常这些变量都是非负的。

（2）存在一组约束条件，这些约束条件都可以用一组线性等式或不等式表示。

（3）都有一个目标要求，并且这个目标可表示为一组未知量的线性函数，称为目标函数。目标函数可以求最大值也可以求最小值。

具有上述特征的问题称为线性规划问题。线性规划问题的数学模型形式如下。

目标函数：

$$\max(\min)Z=c_1x_1+c_2x_2+\cdots+c_nx_n\tag{1.6}$$

约束条件：

$$\begin{cases} a_{11}x_1 + a_{12}x_2 + \cdots + a_{1n}x_n \leqslant \begin{pmatrix} \geqslant \\ = \end{pmatrix} b_1 \\ a_{21}x_1 + a_{22}x_2 + \cdots + a_{2n}x_n \leqslant \begin{pmatrix} \geqslant \\ = \end{pmatrix} b_2 \\ \vdots \\ a_{m1}x_1 + a_{m2}x_2 + \cdots + a_{mn}x_n \leqslant \begin{pmatrix} \geqslant \\ = \end{pmatrix} b_m \\ x_1, x_2, \cdots, x_n \geqslant 0 \end{cases} \tag{1.7}$$

1.1.2 图解法

如何求解线性规划模型是本章讨论的中心问题，为求解线性规划先介绍只有两个变量的线性规划的图解法。

例 1 的教学模型中仅包含两个变量，所以能在平面直角坐标中将满足约束条件的点表示出来。约束条件 $2x_1+3x_2 \leqslant 100$ 、$4x_1+2x_2 \leqslant 120$ 都代表包括一条直线的半个平面，考虑到 $x_1, x_2 \geqslant 0$ ，所以满足所有约束条件的点应在坐标系第一象限两个半平面交成的公共区域 $OQ_1Q_2Q_3$ 内，称该区域为可行域。

满足约束条件的点称为可行解。例 1 的可行解就在凸多边形 $OQ_1Q_2Q_3$ 的边界及其内部上（见图 1.1），显然该可行域包含无穷多个可行解，为了在这无穷多个可行解中找到最优解，我们在坐标系中画出目标函数表示的一族平行线。观察这族平行线移动时对应的 Z 值变化可以看出，这族平行线越向右上方移动，对应 Z 值越大。由于这族平行线在 Q_2 点脱离可行域，所以例 1 在 Q_2 点取得最优解。Q_2 是 $2x_1+3x_2=100$ 和 $4x_1+2x_2=120$ 的交点，解方程组：

$$\begin{cases} 2x_1+3x_2=100 \\ 4x_1+2x_2=120 \end{cases} \tag{1.8}$$

得

$$x_1 = 20，x_2=20$$

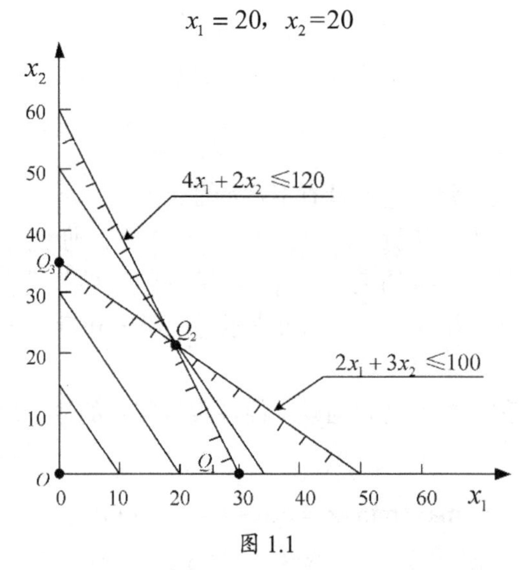

图 1.1

因此，例 1 的解：生产Ⅰ、Ⅱ型交通设备分别为 20 台，能获得最大利润为 200 个单位。

总结：

（1）从图解法可以看出，在一般情况下有以下两点。

① 具有两个变量的线性规划问题的可行域是凸多边形。

② 若线性规划存在最优解，那么它一定在可行域的某个顶点得到。

（2）例 1 中得到问题的最优解是唯一的，但是线性规划问题的解还可能出现以下几种情况。

① 无穷多个最优解。若例 1 的目标函数变为 $\max Z = 4x_1 + 2x_2$，则当目标函数对应的一族平行线向右上方移动时，Z 值不断增大，最终脱离可行域时将与边界 Q_1Q_2 重合，所以线段 Q_1Q_2 上所有点都使目标函数取得最大值，这时问题具有无穷多个最优解（见图 1.2）。

② 无可行解。如果约束中存在相互矛盾的约束条件，则使可行域为空集，此时问题无可行解（见图 1.3）。

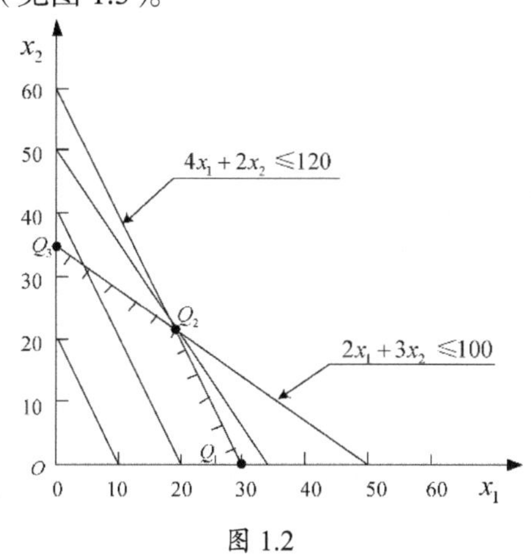

图 1.2

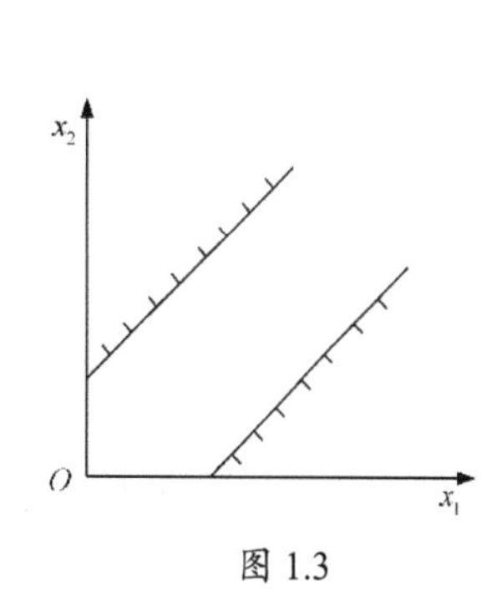

图 1.3

③ 无有限最优解。线性规划问题表示为

$$\max Z = x_1 + x_2$$

$$\begin{cases} -x_1 + x_2 \leqslant 4 \\ x_1 - x_2 \leqslant 2 \\ x_1, x_2 \geqslant 0 \end{cases} \tag{1.9}$$

用图解法求解结果如图 1.4 所示，从图中可以看出可行域无界，而且在可行域中找不到最大值点，目标函数值可以增大到无穷大，这种情况被称为无有限最优解或无界解。

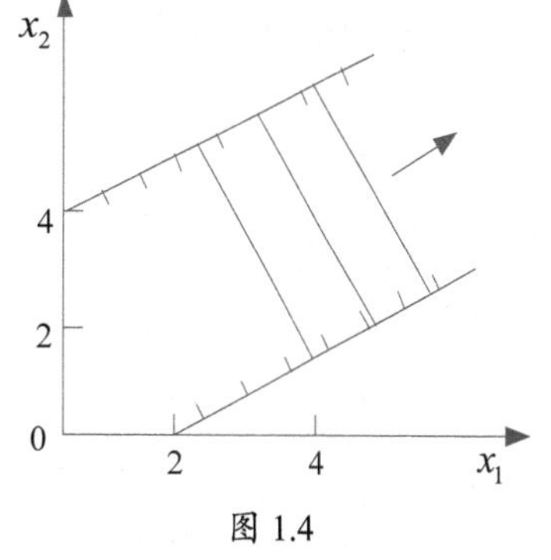

图 1.4

从以上图解法可知，线性规划的解可能有 4 种情况。其中，有唯一最优解和无穷多个最优解是常见的情况；无可行解的情况往往是由于在模型的约束中存在相互矛盾的约束条件造成的；无有限最优解往往由于缺少必要的约束条件。

用图解法只能求解含有 2 个变量的问题，作为算法，它没有实际价值。但是利用图解法我们可以直观地了解到线性规划的几种情况，更重要的是在一般情况下，可行域是凸多边形，最优解可以在凸多边形有限个顶点中取得。这一结论将搜索最优解的范围从可行域中的无穷多个点缩小到有限的几个点。我们将把这一结论推广到一般的多维线性规划上。

1.2 线性规划问题的标准型与解的概念

1.2.1 线性规划标准型

线性规划的数学模型中，目标函数既可以求最大值，又可以求最小值，约束条件既可以是不等式，又可以是等式，这种多样性给讨论线性规划的解法带来诸多不便。为此我们规定线性规划标准型如下：

$$\max Z = c_1x_1 + c_2x_2 + \cdots + c_nx_n$$
$$\begin{cases} a_{11}x_1 + a_{12}x_2 + \cdots + a_{1a}x_a \leqslant \begin{pmatrix} \geqslant \\ = \end{pmatrix} b_1 \\ a_{21}x_1 + a_{22}x_2 + \cdots + a_{2a}x_a \leqslant \begin{pmatrix} \geqslant \\ = \end{pmatrix} b_2 \\ \vdots \\ a_{m1}x_1 + a_{m2}x_2 + \cdots + a_{ma}x_a \leqslant \begin{pmatrix} \geqslant \\ = \end{pmatrix} b_m \\ x_1, x_2, \cdots, x_a \geqslant 0 \end{cases} \tag{1.10}$$

通常，我们称 $c_j(j=1,2,\cdots,n)$ 为价值系数，$b_i(i=1,2,\cdots,m)$ 为资源系数，a_{ij} 为技术系数或约束系数，在模型中它们都是常数。

1．若记

$$\boldsymbol{x} = (x_1\ x_2 \cdots x_n)^{\mathrm{T}},\ \boldsymbol{c} = (c_1\ c_2 \cdots c_n) \tag{1.11}$$

$$\boldsymbol{b} = (b_1\ b_2 \cdots b_m)^{\mathrm{T}},\ \boldsymbol{A} = (P_1\ P_2 \cdots P_n) = \begin{pmatrix} a_{11}\ a_{12} \cdots a_{1n} \\ a_{21}\ a_{22} \cdots a_{2n} \\ \vdots \\ a_{m1}\ a_{m2} \cdots a_{mn} \end{pmatrix} \tag{1.12}$$

则标准型也可记为

$$\max Z = \boldsymbol{cx}$$
$$\begin{cases} \boldsymbol{Ax} = \boldsymbol{b} \\ \boldsymbol{x} \geqslant 0 \end{cases} \tag{1.13}$$

或

$$\max Z = \sum_{j=1}^{n} c_j x_j$$
$$\begin{cases} \sum_{j=1}^{n} p_j x_j = \boldsymbol{b} \\ x_j \geqslant 0,\ j=1,2,\cdots,n \end{cases} \tag{1.14}$$

2．任何形式的线性规划都可以变为与其等价的标准形式

（1）如果目标函数为 $\min Z = \boldsymbol{cx}$，则可令 $\overline{Z} = -Z$，将目标函数变为 $\max \overline{Z} = -\boldsymbol{cx}$。

（2）如果某约束为不等式形式，如

$$a_{i1}x_1 + a_{i2}x_2 + \cdots + a_{in}x_n \leqslant b_i \tag{1.15}$$

则在约束的左端加一个非负变量 x_{n+i}，即可将约束变为

$$a_{i1}x_1 + a_{i2}x_2 + \cdots + a_{in}x_n + x_{n+i} = b_i \tag{1.16}$$

这个非负变量 x_{n+i} 为松弛变量或剩余变量。

同理，如果约束为"$\geqslant b_i$"形式，则可在约束的左端减一个非负变量 x_{n+i}，从而将约束变为等式。

（3）如果 x_j 没有非负限制，则可令 $x_j = x_j' - x_j''$，其中 $x_j', x_j'' \geqslant 0$，将其代入目标函数及约束中。

3．例子

例 3　将下面线性规划化为标准型：

$$\max Z = 3x_1 - x_2$$
$$\begin{cases} x_1 + x_2 \leqslant 1 \\ x_1 - x_2 \geqslant -1 \\ x_1 \geqslant 0，\ x_2\text{无约束} \end{cases} \tag{1.17}$$

解：令 $\overline{Z} = -Z$，$x_2 = x_2' - x_2''$

则标准型如下：

$$\max Z = -3x_1 + x_2' - x_2''$$
$$\begin{cases} x_1 + x_2' - x_2'' + x_3 = 1 \\ x_1 - (x_2' - x_2'') - x_4 = -1 \\ x_1, x_2', x_2'', x_3, x_4 \geqslant 0 \end{cases} \tag{1.18}$$

1.2.2　线性规划解的概念

为了帮助我们分析线性规划求解过程，先介绍线性规划解的概念。

$$\max Z = \boldsymbol{cx} \qquad (1)$$
$$(L)\begin{cases} \boldsymbol{Ax} = \boldsymbol{b} & (2) \\ \boldsymbol{x} \geqslant 0 & (3) \end{cases} \tag{1.19}$$

对于问题（L）我们有如下概念。

可行解：满足式（1.19）中（2）（3）的解。

可行域：可行解的集合。一般记作 $D = \{\boldsymbol{x} | \boldsymbol{Ax} = \boldsymbol{b}，\boldsymbol{x} \geqslant 0\}$。

最优解：满足式（1.19）中（1）的可行解。

基：设 $\boldsymbol{A}$ 是 $m \times n$ 阶系数矩阵（$m \leqslant n$），秩 $A = m$。

若 $\boldsymbol{A} = (\boldsymbol{P}_1 \quad \boldsymbol{P}_2 \quad \cdots \quad \boldsymbol{P}_n)$，则 $\boldsymbol{A}$ 中一定存在 m 个线性无关的列向量，称由 m 个线性无关

的列向量构成的可逆矩阵$\begin{pmatrix} \boldsymbol{P}_{j1} & \boldsymbol{P}_{j2} & \cdots & \boldsymbol{P}_{jm} \end{pmatrix} = \boldsymbol{B}$为问题（$L$）的一个基，称与$\boldsymbol{B}$中的列向量对应的变量$x_{j1}, x_{j2}, \cdots, x_{jm}$为基变量，其余变量称为非基变量。

基本解：记基变量为$\boldsymbol{x}_{\boldsymbol{B}} = \begin{pmatrix} x_{j1} & x_{j2} & \cdots & x_{jm} \end{pmatrix}^{\mathrm{T}}$，满足方程组$\boldsymbol{B}\boldsymbol{x}_{\boldsymbol{B}} = \boldsymbol{b}$的解为$\boldsymbol{x}_{\boldsymbol{B}} = \boldsymbol{B}^{-1}\boldsymbol{b}$，其余$x_i$为问题（$L$）的一个基本解。

基可行解：若$\boldsymbol{B}$对应的基本解$\boldsymbol{x}_{\boldsymbol{B}} = \boldsymbol{B}^{-1}\boldsymbol{b} \geqslant 0$，则称该解为基可行解，称$\boldsymbol{B}$为可行基。容易验证基可行解一定是可行解，我们后面将指出基可行解是可行域中特殊的解。

例 4　求出下面线性规划的所有基本解，并指出哪些是基可行解。

$$\max Z = 2x_1 + x_2$$
$$\begin{cases} 3x_1 + 5x_2 \leqslant 15 \\ 6x_1 + 2x_2 \leqslant 24 \\ x_1, x_2 \geqslant 0 \end{cases} \tag{1.20}$$

解：标准化得

$$\max Z = 2x_1 + x_2$$
$$\begin{cases} 3x_1 + 5x_2 + x_3 = 15 \\ 6x_1 + 2x_2 + x_4 = 24 \\ x_1, \cdots, x_4 \geqslant 0 \end{cases} \tag{1.21}$$

系数矩阵$\boldsymbol{A} = \begin{pmatrix} 3 & 5 & 1 & 0 \\ 6 & 2 & 0 & 1 \end{pmatrix}$，秩 A=2。

取$\boldsymbol{B}_1 = (\boldsymbol{P}_1 \quad \boldsymbol{P}_2) = \begin{pmatrix} 3 & 5 \\ 6 & 2 \end{pmatrix}$，由$\begin{pmatrix} 3 & 5 \\ 6 & 2 \end{pmatrix}\begin{pmatrix} x_1 \\ x_2 \end{pmatrix} = \begin{pmatrix} 15 \\ 24 \end{pmatrix}$得$\begin{pmatrix} x_1 \\ x_2 \end{pmatrix} = \begin{pmatrix} 15/4 \\ 3/4 \end{pmatrix}$，$x_3, x_4 = 0$是基可行解。

取$\boldsymbol{B}_2 = (\boldsymbol{P}_1 \quad \boldsymbol{P}_3) = \begin{pmatrix} 3 & 1 \\ 6 & 0 \end{pmatrix}$，由$\begin{pmatrix} 3 & 1 \\ 6 & 0 \end{pmatrix}\begin{pmatrix} x_1 \\ x_3 \end{pmatrix} = \begin{pmatrix} 15 \\ 24 \end{pmatrix}$得$\begin{pmatrix} x_1 \\ x_3 \end{pmatrix} = \begin{pmatrix} 4 \\ 3 \end{pmatrix}$，$x_2, x_4 = 0$是基可行解。

取$\boldsymbol{B}_3 = (\boldsymbol{P}_1 \quad \boldsymbol{P}_4) = \begin{pmatrix} 3 & 0 \\ 6 & 1 \end{pmatrix}$，由$\begin{pmatrix} 3 & 0 \\ 6 & 1 \end{pmatrix}\begin{pmatrix} x_1 \\ x_4 \end{pmatrix} = \begin{pmatrix} 15 \\ 24 \end{pmatrix}$得$\begin{pmatrix} x_1 \\ x_4 \end{pmatrix} = \begin{pmatrix} 5 \\ -6 \end{pmatrix}$，$x_2, x_3 = 0$是基本解。

取$\boldsymbol{B}_4 = (\boldsymbol{P}_2 \quad \boldsymbol{P}_3) = \begin{pmatrix} 5 & 1 \\ 2 & 0 \end{pmatrix}$，由$\begin{pmatrix} 5 & 1 \\ 2 & 0 \end{pmatrix}\begin{pmatrix} x_2 \\ x_3 \end{pmatrix} = \begin{pmatrix} 15 \\ 24 \end{pmatrix}$得$\begin{pmatrix} x_2 \\ x_3 \end{pmatrix} = \begin{pmatrix} 12 \\ -45 \end{pmatrix}$，$x_1, x_4 = 0$是基本解。

取$\boldsymbol{B}_5 = (\boldsymbol{P}_2 \quad \boldsymbol{P}_4) = \begin{pmatrix} 5 & 0 \\ 2 & 1 \end{pmatrix}$，由$\begin{pmatrix} 5 & 0 \\ 2 & 1 \end{pmatrix}\begin{pmatrix} x_2 \\ x_4 \end{pmatrix} = \begin{pmatrix} 15 \\ 24 \end{pmatrix}$得$\begin{pmatrix} x_2 \\ x_4 \end{pmatrix} = \begin{pmatrix} 3 \\ 18 \end{pmatrix}$，$x_1, x_3 = 0$是基可行解。

取$\boldsymbol{B}_6 = (\boldsymbol{P}_3 \quad \boldsymbol{P}_4) = \begin{pmatrix} 1 & 0 \\ 0 & 1 \end{pmatrix}$，由$\begin{pmatrix} 1 & 0 \\ 0 & 1 \end{pmatrix}\begin{pmatrix} x_3 \\ x_4 \end{pmatrix} = \begin{pmatrix} 15 \\ 24 \end{pmatrix}$得$\begin{pmatrix} x_3 \\ x_4 \end{pmatrix} = \begin{pmatrix} 15 \\ 24 \end{pmatrix}$，$x_1, x_2 = 0$是基可行解。

一般来说，如果线性规划具有n个变量、m个约束（$n > m$），则基本解的数量小于或等于C_n^m，当然基可行解的数量更不会超过C_n^m。

1.3　线性规划问题的几何意义

为了对一般的线性规划问题有直观的认识，本节介绍线性规划问题的几何意义。

1.3.1　相关概念

定义 1.1（凸集）　设 K 是 n 维欧氏空间的一个点集，若任意两点 $x^{(1)} \in K$ 和 $x^{(2)} \in K$ 的连接线上的一切点 $\alpha x^{(1)} + (1-\alpha)x^{(2)} = x \in K$（$0 \leqslant \alpha \leqslant 1$），则称 K 为凸集。

凸集的特征：连接集合中任意两点的线段完全都在集合之中。实心的凸多边形、凸多面体都是凸集。

定义 1.2（凸组合）　设 $x^{(1)}, x^{(2)}, \cdots, x^{(k)}$ 是 n 维欧氏空间中的 k 个点，若存在 $\mu_1, \mu_2, \cdots, \mu_k$ 满足 $0 \leqslant \mu_i \leqslant 1,\ i = 1,2,\cdots,k,\ \sum_{i=1}^{k} \mu_i = 1$，则称 $x = \mu_1 x^{(1)} + \mu_2 x^{(2)} + \cdots + \mu_k x^{(k)}$ 为 $x^{(1)}, x^{(2)}, \cdots, x^{(k)}$ 的凸组合。

定义 1.3（顶点）　设 K 是凸集，$x \in K$，若 x 不能表示成任意两点 $x^{(1)} \in K$ 和 $x^{(2)} \in K$ 连线的内点，则称 x 为 K 的一个顶点（或极点）。

显然，二维凸多边形、三维凸多面体上的顶点都是与该定义一致的。

1.3.2　线性规划问题的相关结论

定理 1.1　线性规划问题的可行域 $D = \{\boldsymbol{x} \mid \boldsymbol{A}\boldsymbol{x} = \boldsymbol{b}, \boldsymbol{x} \geqslant 0\}$ 是一个凸集。

证明： 设 $x^{(1)} \in D$，$x^{(2)} \in D$ 且 $x^{(1)} \neq x^{(2)}$，

则 $\boldsymbol{A}x^{(1)} = \boldsymbol{b}$，$x^{(1)} \geqslant 0$，$\boldsymbol{A}x^{(2)} = \boldsymbol{b}$，$x^{(2)} \geqslant 0$

令 $\boldsymbol{x} = ax^{(1)} + (1-a)x^{(2)} \quad (0 < a < 1)$

则 $\boldsymbol{A}\boldsymbol{x} = a\boldsymbol{A}x^{(1)} + (1-a)\boldsymbol{A}x^{(2)} = \boldsymbol{b}$

且 $\boldsymbol{x} = ax^{(1)} + (1-a)x^{(2)} \geqslant 0$

所以 $x \in D$，根据凸集定义 D 是凸集。

引理 1.1　线性规划的可行解 $\boldsymbol{x}=(x_1\ x_2\ \ldots\ x_n)^{\mathrm{T}}$ 是基可行解的充要条件：$\boldsymbol{x}$ 的正分量对应的系数列向量是线性独立的。

证明： 必要性：因为 $\boldsymbol{x}$ 是基可行解，由概念可知，其非零分量即基变量对应的系数列向量线性独立。

充分性：设 $\boldsymbol{x}$ 的正分量对应的系数列向量 $\boldsymbol{P}_1, \boldsymbol{P}_2, \cdots, \boldsymbol{P}_k$ 线性独立，若 $k = m$，则 $\boldsymbol{P}_1, \boldsymbol{P}_2, \cdots, \boldsymbol{P}_k$ 刚好构成一个基，从而 $\boldsymbol{x}$ 就是相应的基可行解。若 $k < m$，则当秩 $A = m$ 时，一定可以从 $\boldsymbol{A}$ 的其余系数列向量中找到 $m-k$ 个与 $\boldsymbol{P}_1, \boldsymbol{P}_2, \cdots, \boldsymbol{P}_k$ 线性无关的列构成最大线性无关向量组，该向量组构成的可逆矩阵为基，其对应的基本解恰为 $\boldsymbol{x}$，而且是基可行解。

定理 1.2　$\boldsymbol{x}$ 是可行域 $D = \{\boldsymbol{x} \mid \boldsymbol{A}\boldsymbol{x} = \boldsymbol{b}, \boldsymbol{x} \geqslant 0\}$ 的顶点的充要条件：$\boldsymbol{x}$ 是该线性规划问题的基可行解。

证明： 必要性：设 $\boldsymbol{x}$ 是 D 的顶点，若 $\boldsymbol{x}$ 不是基可行解，则不妨设

$$x_1 > 0, x_2 > 0, \cdots, x_k > 0,\ x_{k+1} = \cdots = x_n = 0 \tag{1.22}$$

则 $\boldsymbol{P}_1, \boldsymbol{P}_2, \cdots, \boldsymbol{P}_k$ 必线性相关，于是存在不全为零的一组数 $a_1, a_2, \cdots, a_k$ 有

$$\sum_{j=1}^{k} a_j \boldsymbol{P}_j = 0 \tag{1.23}$$

令

$$\theta_1 = \begin{cases} \min\limits_{a_j<0} \dfrac{-x_j}{a_j}，若存在a_j < 0 \\ +\infty，若存在a_j \geqslant 0 \end{cases}$$

$$\theta_2 = \begin{cases} \min\limits_{a_j>0} \dfrac{x_j}{a_j}，若存在a_j > 0 \\ +\infty，若存在a_j \leqslant 0 \end{cases}$$

$$\theta = \min\{\theta_1, \theta_2\}$$

显然，$\theta_1 > 0$，$\theta_2 > 0$，$\theta > 0$ 取

$$\begin{aligned} \boldsymbol{x}^{(1)} &= \left(x_1 + \theta a_1, x_2 + \theta a_2, \cdots, x_k + \theta a_k, 0, \cdots, 0\right)^{\mathrm{T}} \\ \boldsymbol{x}^{(2)} &= \left(x_1 - \theta a_1, x_2 - \theta a_2, \cdots, x_k - \theta a_k, 0, \cdots, 0\right)^{\mathrm{T}} \end{aligned} \tag{1.24}$$

则 $\boldsymbol{x}^{(1)} \in D$，$\boldsymbol{x}^{(2)} \in D$，$\boldsymbol{x}^{(1)} \neq \boldsymbol{x}^{(2)}$ 且 $\boldsymbol{x} = \dfrac{1}{2}\boldsymbol{x}^{(1)} + \dfrac{1}{2}\boldsymbol{x}^{(2)}$，此与 $\boldsymbol{x}$ 是 D 的顶点矛盾，因而 $\boldsymbol{x}$ 是基可行解。

充分性：设 $\boldsymbol{x}$ 是问题的基可行解，不妨设 $x_1 > 0, x_2 > 0, \cdots, x_k > 0$，$x_{k+1} = \cdots x_n = 0 (k \leqslant m)$。

于是，$\boldsymbol{P}_1, \boldsymbol{P}_2, \cdots, \boldsymbol{P}_k$ 必线性无关，若 $\boldsymbol{x}$ 不是 D 的顶点，则存在 $\boldsymbol{x}^{(1)} \in D, \boldsymbol{x}^{(2)} \in D, \boldsymbol{x}^{(1)} \neq \boldsymbol{x}^{(2)}$，及 $a \in (0,1)$，即

$$\boldsymbol{x} = a\boldsymbol{x}^{(1)} + (1-a)\boldsymbol{x}^{(2)} \tag{1.25}$$

于是，对于 $j = k+1, k+2, \cdots, n$ 有

$$0 = x_j = a x_j^{(1)} + (1-a) x_j^{(2)} \tag{1.26}$$

因此，对于 $j = k+1, k+2, \cdots, n$ 应有

$$x_j^{(1)} = x_j^{(2)} = 0 \tag{1.27}$$

并且

$$\sum_{j=1}^{k} \boldsymbol{P}_j {x_j}^{(1)} = \boldsymbol{b}, \quad \sum_{j=1}^{k} \boldsymbol{P}_j {x_j}^{(2)} = \boldsymbol{b} \tag{1.28}$$

$$\sum_{j=1}^{k} \boldsymbol{P}_j ({x_j}^{(1)} - {x_j}^{(2)}) = 0 \tag{1.29}$$

由于 $\boldsymbol{P}_1, \boldsymbol{P}_2, \cdots, \boldsymbol{P}_k$ 线性无关，所以

$$x_j^{(1)} = x_j^{(2)} \quad (j = 1, 2, \cdots, k) \tag{1.30}$$

得到 $\boldsymbol{x}^{(1)} = \boldsymbol{x}^{(2)}$ 是矛盾的，因此 $\boldsymbol{x}$ 必为顶点。

引理 1.2 若 K 是有界凸集，则任何一点 $\boldsymbol{x} \in K$ 都可表示为 K 的顶点的凸组合（本引理证明比较简单，故省略证明）。

定理 1.3 若可行域非空有界，则线性规划一定可以在可行域的某顶点上达到最优解。

证明：当可行域非空有界时，线性规划一定存在最优解，设 $\boldsymbol{x}$ 是最优解，$\boldsymbol{x}^{(1)}, \boldsymbol{x}^{(2)}, \cdots, \boldsymbol{x}^{(k)}$

是可行域的顶点，若 $\boldsymbol{x}$ 不是顶点，则它可以用 D 的顶点表示为 $\boldsymbol{x}=\sum_{j=1}^{k}a_j\boldsymbol{x}^{(1)}$，$a_j\geqslant 0$，$\sum_{j=1}^{k}a_j=1$。因此

$$\boldsymbol{cx}=\boldsymbol{c}\sum_{j=1}^{k}a_j\boldsymbol{x}^{(j)}=\sum_{j=1}^{k}a_j\boldsymbol{cx}^{(j)} \tag{1.31}$$

在所有顶点中必然找到一个顶点 $\boldsymbol{x}^{(s)}$ 使 $\boldsymbol{cx}^{(s)}$ 是所有 $\boldsymbol{cx}^{(j)}$ 中的最大者，则

$$\sum_{j=1}^{k}a_j\boldsymbol{cx}^{(j)}\leqslant\sum_{j=1}^{k}a_j\boldsymbol{cx}^{(s)}=\boldsymbol{cx}^{(s)} \tag{1.32}$$

由此得到 $\boldsymbol{cx}\leqslant\boldsymbol{cx}^{(s)}$

根据假设 $\boldsymbol{cx}$ 是最大值，所以只能有

$$\boldsymbol{cx}=\boldsymbol{cx}^{(s)} \tag{1.33}$$

即目标函数在顶点 $\boldsymbol{x}^{(s)}$ 也取得最大值。

根据以上讨论，可以得到以下结论。

线性规划的可行域是凸集；凸集的每个顶点对应一个基可行解，基可行解个数是有限的，当然凸集的顶点也是有限的；若线性规划有最优解，则其必在可行域某顶点上，也在有限个基可行解的中间。

1.4　单纯形法

受线性规划的几何意义的启发，自然可以想到求解线性规划最优解的一个途径：由于可行域顶点个数有限（$\leqslant C_n^m$），采用“枚举法”找出所有基可行解（顶点），然后逐一加以比较总能求得最优解。但是，当 m，n 较大时，用“枚举法”计算量相当大，这种方法是难以实现的。

单纯形法是在基可行解中间搜索最优解的算法，它的基本思想：从可行域的一个基可行解（一个顶点）出发，判断该解是否为最优解，如果不是最优解就转移到其他较好的基可行解，如果目标函数达到最优，则已得到最优解，否则继续转移到其他较好的基可行解。由于基可行解（顶点）数目有限，所以在一般情况下经过有限次迭代后就一定能求出最优解。

1.4.1　确定初始基可行解——大 M 法

对于线性规划问题

$$\max Z=\boldsymbol{cx}$$
$$(L)\begin{cases}\boldsymbol{Ax}=\boldsymbol{b}\\ \boldsymbol{x}\geqslant 0\end{cases} \tag{1.34}$$

直接观察或通过计算找到一个可行基并不容易。下面介绍求初始基可行解的两种情形，其中（1）是特殊情况，（2）介绍的大 M 法是普遍方法。

（1）若给定问题在标准化后（$\boldsymbol{b}\geqslant 0$），系数矩阵 $\boldsymbol{A}$ 中存在 m 个线性无关的单位列向量，以这 m 个单位列向量构成的单位矩阵作为初始基 $\boldsymbol{B}$，则 $\boldsymbol{x_B}=\boldsymbol{B}^{-1}\boldsymbol{b}=\boldsymbol{b}\geqslant 0$，其余 $x_j=0$ 是基可行解。

例 5 求下面问题初始基可行解：

$$\max Z = 6x_1 + 4x_2$$
$$\begin{cases} 2x_1 + 3x_2 \leqslant 100 \\ 4x_1 + 2x_2 \leqslant 120 \\ x_1, x_2 \geqslant 0 \end{cases} \tag{1.35}$$

解：标准化模型为

$$\max Z = 6x_1 + 4x_2$$
$$\begin{cases} 2x_1 + 3x_2 + x_3 = 100 \\ 4x_1 + 2x_2 + x_4 = 120 \\ x_1, x_2, x_3, x_4 \geqslant 0 \end{cases} \tag{1.36}$$

$\boldsymbol{A} = \begin{pmatrix} 2 & 3 & 1 & 0 \\ 4 & 2 & 0 & 1 \end{pmatrix} = \begin{pmatrix} \boldsymbol{P}_1 & \boldsymbol{P}_2 & \boldsymbol{P}_3 & \boldsymbol{P}_4 \end{pmatrix}$，取 $\boldsymbol{B} = \begin{pmatrix} \boldsymbol{P}_3 & \boldsymbol{P}_4 \end{pmatrix} = \begin{pmatrix} 1 & 0 \\ 0 & 1 \end{pmatrix}$ 为初始基，则 $\boldsymbol{x}_a = \begin{pmatrix} x_3 \\ x_4 \end{pmatrix} = \boldsymbol{B}^{-1}\boldsymbol{b} = \begin{pmatrix} 100 \\ 120 \end{pmatrix}$，$x_1, x_2 = 0$ 是初始基可行解。

（2）大 M 法。

若给定问题在标准化后（$\boldsymbol{b} \geqslant 0$），系数矩阵 $\boldsymbol{A}$ 中不存在 m 个线性无关的单位列向量，则在某些约束的左端加一个非负变量 x_{n+1}（人工变量），使得变化后的系数矩阵中恰有 m 个线性无关的单位列向量，并且在目标函数中减去这些人工变量与 M 的乘积（M 是相当大的正数）。对于变化后的问题，取这 m 个单位列向量构成的单位矩阵为初始基，该基对应的解一定是基可行解。

例 6 求下面问题初始基可行解：

$$\max Z = 3x_1 - x_2 - x_3$$
$$\begin{cases} x_1 - 2x_2 + x_3 \leqslant 11 \\ -4x_1 + x_2 + 2x_3 \geqslant 3 \\ -2x_1 + x_3 = 1 \\ x_1, x_2, x_3 \geqslant 0 \end{cases} \tag{1.37}$$

解：标准化模型为

$$\max Z = 3x_1 - x_2 - x_3$$
$$\begin{cases} x_1 - 2x_2 + x_3 + x_4 = 11 \\ -4x_1 + x_2 + 2x_3 - x_5 = 3 \\ -2x_1 + x_3 = 1 \\ x_1, x_2, \cdots, x_5 \geqslant 0 \end{cases} \tag{1.38}$$

这里，系数矩阵 $\boldsymbol{A}$ 中只有 $\boldsymbol{P}_4$ 是单位的列向量，在第 2 个、第 3 个约束的左端分别加人工变量 x_6 和 x_7，并在目标中减去 Mx_6 和 Mx_7，则问题变成下面形式：

$$\max Z = 3x_1 - x_2 - x_3 - Mx_6 - Mx_7$$
$$\begin{cases} x_1 - 2x_2 + x_3 + x_4 = 11 \\ -4x_1 + x_2 + 2x_3 - x_5 + x_6 = 3 \\ -2x_1 + x_3 + x_7 = 1 \\ x_1, x_2, \cdots, x_7 \geqslant 0 \end{cases} \tag{1.39}$$

取$\left(\boldsymbol{P}_4 \quad \boldsymbol{P}_6 \quad \boldsymbol{P}_7\right)=\begin{pmatrix}1&0&0\\0&1&0\\0&0&1\end{pmatrix}$为初始基$\boldsymbol{B}$，则$\boldsymbol{x}_B=\begin{pmatrix}x_4\\x_6\\x_7\end{pmatrix}=\boldsymbol{B}^{-1}\boldsymbol{b}=\begin{pmatrix}11\\3\\1\end{pmatrix}$，$x_1,x_2,x_3,x_5=0$是初始基可行解。

注：

（1）原问题的任一基可行解都是变化后的问题的基可行解，且原问题的任一基可行解的目标函数值都优于变化后问题的含有不等于零的人工变量的基可行解对应的目标值。

（2）若原问题存在最优解，则变化后的问题也一定存在最优解，且后者的最优解就是原问题的最优解。

（3）若变化后问题的最优解中含有不等于零的人工变量，则原问题无可行解。

1.4.2　最优性检验与单纯形表

1．最优性检验

设线性规划为

$$(L)\begin{cases}\max Z=\boldsymbol{cx} & (1)\\ \boldsymbol{Ax}=\boldsymbol{b} & (2)\\ \boldsymbol{x}\geqslant 0 & (3)\end{cases} \tag{1.40}$$

则可行基为$\boldsymbol{B}=(\boldsymbol{P}_1 \quad \boldsymbol{P}_2 \quad \cdots \quad \boldsymbol{P}_M)$。

记$\boldsymbol{A}=(\boldsymbol{B} \quad \boldsymbol{N})$，$\boldsymbol{c}=(\boldsymbol{c}_B \quad \boldsymbol{c}_N)$，$\boldsymbol{x}=(\boldsymbol{x}_B \quad \boldsymbol{x}_N)^{\mathrm{T}}$。

为了将约束中的基变量用非基变量表示出来，用$\boldsymbol{B}^{-1}$左乘式（1.40）中（2）的两端得

$$\boldsymbol{B}^{-1}\boldsymbol{Ax}=\boldsymbol{B}^{-1}\left(\boldsymbol{B} \quad \boldsymbol{N}\right)\begin{pmatrix}\boldsymbol{x}_B\\ \boldsymbol{x}_N\end{pmatrix}=E\boldsymbol{x}_B+\boldsymbol{B}^{-1}\boldsymbol{N}\boldsymbol{x}_N=\boldsymbol{B}^{-1}\boldsymbol{b} \tag{1.41}$$

即

$$E\boldsymbol{x}_B+\boldsymbol{B}^{-1}\boldsymbol{N}\boldsymbol{x}_N=\boldsymbol{B}^{-1}\boldsymbol{b} \tag{1.42}$$

将$\boldsymbol{x}_B=\boldsymbol{B}^{-1}\boldsymbol{b}-\boldsymbol{B}^{-1}\boldsymbol{N}\boldsymbol{x}_N$代入目标函数，得

$$Z=\boldsymbol{c}_B\boldsymbol{B}^{-1}\boldsymbol{b}-\boldsymbol{c}_B\boldsymbol{B}^{-1}\boldsymbol{N}\boldsymbol{x}_N+\boldsymbol{c}_N\boldsymbol{x}_N=\boldsymbol{c}_B\boldsymbol{B}^{-1}\boldsymbol{b}+(\boldsymbol{c}_N-\boldsymbol{c}_B\boldsymbol{B}^{-1}\boldsymbol{N})\boldsymbol{x}_N \tag{1.43}$$

即

$$Z=\boldsymbol{c}_B\boldsymbol{B}^{-1}\boldsymbol{b}+\sum_{j=m+1}^{n}(c_j-\boldsymbol{c}_B\boldsymbol{B}^{-1}\boldsymbol{P}_j)x_j \tag{1.44}$$

非基变量x_j前面的系数为$c_j-\boldsymbol{c}_B\boldsymbol{B}^{-1}\boldsymbol{P}_j$，它可以用来判断将$x_j$变成基变量后能否改进目标函数值，所以$\sigma_j=c_j-\boldsymbol{c}_B\boldsymbol{B}^{-1}\boldsymbol{P}_j$为变量$x_j$对应的检验数。

定理 1.4（最优性） 对某基可行解$\boldsymbol{x}_B=\boldsymbol{B}^{-1}\boldsymbol{b}$，其余$x_j=0$，若所有

$$\sigma_j=c_j-\boldsymbol{c}_B\boldsymbol{B}^{-1}\boldsymbol{P}_j\leqslant 0 \tag{1.45}$$

则该解为最优解。

证明：对一切可行解$\boldsymbol{x}$，当所有$\sigma_j\leqslant 0$时，有

$$Z = \boldsymbol{cx} = \boldsymbol{c_B B^{-1} b} + \sum_{j=1}^{n} \sigma_j x_j \leqslant \boldsymbol{c_B B^{-1} b} \tag{1.46}$$

但基可行解 $\boldsymbol{x_B} = \boldsymbol{B^{-1} b}$，其余 $x_j = 0$ 对应的目标值正好为 $\boldsymbol{c_B B^{-1} b}$。

所以 $\boldsymbol{x_B} = \boldsymbol{B^{-1} b}$，其余 $x_j = 0$ 是最优解，$\boldsymbol{B}$ 为最优基。

定理 1.5（无界解） 若对某可行基 $\boldsymbol{B}$，存在 $\sigma_k > 0$ 且 $\boldsymbol{B}^{-1}\boldsymbol{P}_k \leqslant 0$，则该线性规划问题无有限最优解。

证明： 设 $\boldsymbol{B} = \left(\boldsymbol{P}_{j1} \quad \boldsymbol{P}_{j2} \cdots \boldsymbol{P}_{jm}\right)$，定义向量 $\boldsymbol{Y}$ 为 $\boldsymbol{x}_k$ 的极方向：$\boldsymbol{Y} = \left(Y_1 \quad Y_2 \cdots Y_n\right)$，其中 $y_{ji} = -a_{ik}$，$i = 1,2,\cdots,m$，$\left(a_{1k} \quad a_{2k} \cdots a_{mk}\right)^{\mathrm{T}} = \boldsymbol{B}^{-1}\boldsymbol{P}_k$，则

$$\begin{cases} y_k = 1 \\ y_i = 0, \text{对其余分量} \end{cases} \tag{1.47}$$

$$\boldsymbol{AY} = \left(\boldsymbol{P}_1 \quad \boldsymbol{P}_2 \cdots \boldsymbol{P}_n\right)\left(Y_1 \quad Y_2 \cdots Y_n\right)^{\mathrm{T}} = \boldsymbol{P}_k - \sum_{i=1}^{m} \boldsymbol{P}_{ji} a_{ik} = \boldsymbol{P}_k - \boldsymbol{BB}^{-1}\boldsymbol{P}_k = 0$$

$$\boldsymbol{cY} = c_k - \boldsymbol{c_B B}^{-1}\boldsymbol{P}_k = \sigma_k > 0 \tag{1.48}$$

根据定理假设 $\boldsymbol{Y} \geqslant 0$，如果问题有可行解 $\boldsymbol{x}$，则对任何 $\lambda > 0$，$\boldsymbol{x} + \lambda y_k$ 也是可行解，且当 $\lambda \to +\infty$ 时，$\boldsymbol{c}(\boldsymbol{x} + \lambda y_k) \to +\infty$。

如例 1，标准化后变为

$$\begin{aligned} &\max Z = 6x_1 + 4x_2 \\ &\begin{cases} 2x_1 + 3x_2 + x_3 = 100 \\ 4x_1 + 2x_2 + x_4 = 120 \\ x_1, x_2, x_3, x_4 \geqslant 0 \end{cases} \end{aligned} \tag{1.49}$$

取 $\left(\boldsymbol{P}_3 \quad \boldsymbol{P}_4\right) = \begin{pmatrix} 1 & 0 \\ 0 & 1 \end{pmatrix}$ 为初始基 $\boldsymbol{B}$，则 $\begin{pmatrix} x_3 \\ x_4 \end{pmatrix} = \boldsymbol{B}^{-1}\boldsymbol{b} = \begin{pmatrix} 100 \\ 120 \end{pmatrix}$，$x_1, x_2 = 0$ 是基可行解。

经计算得 $\sigma_1 = c_1 - \boldsymbol{c_B B}^{-1}\boldsymbol{P}_1 = 6$，$\sigma_2 = c_2 - \boldsymbol{c_B B}^{-1}\boldsymbol{P}_2 = 4$，所以该解不是最优解。

2．单纯形表

为了便于表达单纯形法计算过程，将可行基 $\boldsymbol{B}$ 对应的式（1.42）、式（1.44）的系数增广矩阵，即

$$\begin{pmatrix} E & \boldsymbol{B}^{-1}\boldsymbol{N} & \boldsymbol{B}^{-1}\boldsymbol{b} \\ 0 & \sigma & -\boldsymbol{c_B B}^{-1}\boldsymbol{b} \end{pmatrix} \tag{1.50}$$

设计成一种特殊表格，称为单纯形表 $\left\{a_{ij}\right\}$。

其形式如表 1.2 所示。

表 1.2

$\boldsymbol{c}$			c_1	c_2			…	…		c_n
$\boldsymbol{c_B}$	$\boldsymbol{x_B}$	$\boldsymbol{B}^{-1}\boldsymbol{b}$	x_1	x_2	…		x_m	x_{m+1}	…	x_n
c_1	x_1	a_{10}	1				0	a_{1m+1}		a_{1n}

续表

c			c_1	c_2			⋯	⋯		c_n
⋮	⋮	⋮						⋮		⋮
c_m	x_m	a_{m0}	0				1	a_{mm+1}		a_{mn}
σ		$-c_B B^{-1} b$	0	0	⋯		0	σ_{m+1}	⋯	σ_n

表 1.2 中，x_B 为基变量，c_B 为基变量对应价值系数，$B^{-1}b$ 为基变量所取的值，表中各列为 $B^{-1}P_j$ $(j=1,2,\cdots,n)$，最后一行为每个变量对应的检验数。

注：

（1）基变量的值 $x_B = B^{-1}b$；

（2）表 1.2 中各列为 $B^{-1}P_j(j=1,2,\cdots,n)$；

（3）检验数 $\sigma_j = c_j - c_B B^{-1} P_j (j=1,2,\cdots,n)$；

（4）表 1.2 中基变量的列是单位列向量，且基变量对应的检验数等于 0；

（5）由于初始可行基是单位矩阵，所以在以后的迭代中，初始可行基始终对应各表基的逆矩阵 $(B^{-1}E = B^{-1})$。

如例 1 的初始解的对应单纯形表，如表 1.3 所示。

表 1.3

c			6	4	0	0
c_B	x_B	$B^{-1}b$	x_1	x_2	x_3	x_4
0	x_3	100	2	3	1	0
0	x_4	120	4	2	0	1
σ			6	4	0	0

利用单纯形表，可以清楚地表示出基变量的值和检验数，不仅如此，使用单纯形表更易于进行换基迭代计算。

1.4.3　基的变换——（l，k）旋转变换

在单纯形法中，如果得到的基可行解，经检验不是最优解，就应继续求其他的基可行解。为了解决这一问题，下面我们先介绍从一个基本解转换到另一个基本解的方法。

设可行基 B 对应的单纯形表为 $\{a_{ij}\}$，如表 1.2 所示，表中 $a_{lk} \neq 0$（ x_k 为非基变量），对单纯形表中元素进行下列初等行变换。

（1）表 1.2 中第 l 行元素都除以 $a_{lk}\left(a_{lk} \neq 0\right)$，即

$$\bar{a}_{lj} = a_{lj} / a_{lk} \quad (j=0,1,\cdots,n) \tag{1.51}$$

（2）表 1.2 中第 i 行$(i \neq 1)$元素减去第 l 行对应元素的 a_{ik} / a_{lk} 倍，即

$$\bar{a}_{ij} = a_{ij} - a_{lj} \cdot (a_{ik} / a_{lk}) \quad (i \neq l, j=0,1,\cdots,n) \tag{1.52}$$

单纯形表 $\{a_{ij}\}$ 在上述初等行变换下变为 $\{\bar{a}_{ij}\}$，从表 1.2 中可以看出 $\{\bar{a}_{ij}\}$ 是以非基变量 x_k 取代原来的基变量 x_{jl} 而形成的单纯形表。

引理 1.3 若$\{a_{ij}\}$是以$(\boldsymbol{P}_{j1}\ \boldsymbol{P}_{j2}\ \cdots\ \boldsymbol{P}_{jm})$为基的单纯形表，则在（$l$, k）变换下得到的$\{\bar{a}_{ij}\}$是以$(\boldsymbol{P}_{j1}\ \boldsymbol{P}_{j2}\ \cdots\ \boldsymbol{P}_{jl-1}\ \boldsymbol{P}_{k}\ \boldsymbol{P}_{jl+1}\ \cdots\ \boldsymbol{P}_{jm})$为基的单纯形表。

（l, k）为旋转变换，a_{lk}为旋转主元，l为旋转行，k为旋转列，旋转行对应的基变量x_{jl}为旋出变量，旋转列对应的变量x_k为旋入变量。

例 7 取例 1 初始单纯形表中$a_{11}=2$为旋转主元，（l, k）进行旋转变换（l=1, k=1），结果如表 1.4 所示。

表 1.4

$\boldsymbol{c}$			6	4	0	0
$\boldsymbol{c}_B$	$\boldsymbol{x}_B$	$\boldsymbol{B}^{-1}\boldsymbol{b}$	x_1	x_2	x_3	x_4
0	x_3	100	[2]	3	1	0
0	x_4	120	4	2	0	1
σ			6	4	0	0
6	x_1	50	1	3/2	1/2	0
0	x_4	-80	0	-4	-2	1
σ			0	-5	-3	0

注：由引理 1.3 可知对单纯形表进行（l, k）旋转变换就能实现基的变换，因而能从一个基本解求出另外一个基本解。如果按一定规则选取旋入变量及旋出变量，就能保证基的变换始终在可行基间进行，而且目标函数值不断改善。

结合例 7 我们容易看出，（l, k）变换的实质就是用一系列初等行变换将主元列变为单位列向量的，其中旋转主元a_{lk}变为 1，主元列其余元素都变为零。

1.5 单纯形法步骤

步骤 1 确定初始基$\boldsymbol{B}$和初始基可行解$\boldsymbol{x}_B=\boldsymbol{B}^{-1}\boldsymbol{b}$，建立初始单纯形表。

步骤 2 检查非基变量的检验数，若所有$\sigma_j=c_j-\boldsymbol{c}_B\boldsymbol{B}^{-1}\boldsymbol{P}_j\leqslant 0$，则已得最优解，计算停；否则，求$\sigma_k=\max\{\sigma_j|\sigma_j>0\}$，确定$x_k$为旋入变量。

步骤 3 若对于$\sigma_k>0$，$\boldsymbol{B}^{-1}\boldsymbol{P}_k=\begin{pmatrix}a_{1k}\\ \vdots\\ a_{mk}\end{pmatrix}\leqslant 0$，则此问题无有限最优解，计算停；否则，转步骤 4。

步骤 4 计算$\theta=\min\left\{\dfrac{(\boldsymbol{B}^{-1}\boldsymbol{b})_i}{a_{ik}}\middle|a_{ik}>0\right\}=\dfrac{(\boldsymbol{B}^{-1}\boldsymbol{b})_l}{a_{lk}}$，确定$x_{Bl}$为旋出变量。

步骤 5 以a_{lk}为旋转主元进行（l, k）旋转变换得新的单纯形表$\{\bar{a}_{ij}\}$，转步骤 2。

按以上计算步骤可计算任何形式的线性规划。

例 8 计算下列线性规划：

$$\max Z = 6x_1 + 4x_2$$
$$\begin{cases} 2x_1 + 3x_2 \leqslant 100 \\ 4x_1 + 2x_2 \leqslant 120 \\ x_1, x_2 \geqslant 0 \end{cases} \tag{1.53}$$

解：标准化模型为

$$\max Z = 6x_1 + 4x_2$$
$$\begin{cases} 2x_1 + 3x_2 + x_3 = 100 \\ 4x_1 + 2x_2 + x_4 = 120 \\ x_1, x_2, x_3, x_4 \geqslant 0 \end{cases} \tag{1.54}$$

取$\left(\boldsymbol{P}_3 \quad \boldsymbol{P}_4\right) = \begin{pmatrix} 1 & 0 \\ 0 & 1 \end{pmatrix}$为初始基 $\boldsymbol{B}$，则 $\boldsymbol{x_B} = \begin{pmatrix} x_3 \\ x_4 \end{pmatrix} = \begin{pmatrix} 100 \\ 120 \end{pmatrix}$， $x_1, x_2 = 0$ 为初始基可行解。按单纯形法计算步骤计算的结果如表 1.5 所示。

表 1.5

c			6	4	0	0	
c_B	x_B	$B^{-1}b$	x_1	x_2	x_3	x_4	
0	x_3	100	2	3	1	0	
0	x_4	120	[4]	2	0	1	
σ			6	4	0	0	
0	x_3	40	0	[2]	1	−1/2	k=1
6	x_1	30	1	1/2	0	1/4	l=2
σ			0	1	1/2	-3/2	
4	x_2	20	0	1	1/2	−1/4	k=2
6	x_1	20	1	0	−1/4	3/8	l=1
σ			0	0	−1/2	-5/4	

最优解为$\begin{pmatrix} x_2 \\ x_1 \end{pmatrix} = \begin{pmatrix} 20 \\ 20 \end{pmatrix}$，其余 $x_j = 0$，最优值为 Z=200。

例 9　计算下列线性规划：

$$\max Z = 3x_1 - x_2 - x_3$$
$$\begin{cases} x_1 - 2x_2 + x_3 \leqslant 11 \\ -4x_1 + x_2 + 2x_3 \geqslant 3 \\ -2x_1 + x_3 = 1 \\ x_1, x_2, x_3 \geqslant 0 \end{cases} \tag{1.55}$$

解：在上述问题加入松弛变量及人工变量得

$$\max Z = 3x_1 - x_2 - x_3 - Mx_6 - Mx_7$$
$$\begin{cases} x_1 - 2x_2 + x_3 + x_4 = 11 \\ -4x_1 + x_2 + 2x_3 - x_5 + x_6 = 3 \\ -2x_1 + x_3 + x_7 = 1 \\ x_1, x_2, \cdots, x_7 \geqslant 0 \end{cases} \tag{1.56}$$

取$(\boldsymbol{P}_4 \quad \boldsymbol{P}_6 \quad \boldsymbol{P}_7)=\begin{pmatrix}1&0&0\\0&1&0\\0&0&1\end{pmatrix}$为初始基$\boldsymbol{B}$，则$\boldsymbol{x}_B=\begin{pmatrix}x_4\\x_6\\x_7\end{pmatrix}=\begin{pmatrix}11\\3\\1\end{pmatrix}$。

其余$x_j=0$是初始基可行解，按单纯形法计算的结果如表 1.6 所示。

表 1.6

c			3	−1	−1	0	0	−M	−M	
c_B	x_B	$B^{-1}b$	x_1	x_2	x_3	x_4	x_5	x_6	x_7	
0	x_4	11	1	−2	1	1	0	0	0	
−M	x_6	3	-4	1	2	0	−1	1	0	
−M	x_7	1	-2	0	[1]	0	0	0	1	
σ			3−6M	−1+M	−1+3M	0	−M	0	0	
0	x_4	10	3	−2	0	1	0	0	−1	
−M	x_3	1	0	[1]	0	0	−1	1	−2	k=3
−1	x_3	1	−2	0	1	0	0	0	1	l=3
σ			1	−1+M	0	0	−M	0	−3M+1	
0	x_4	12	[3]	0	0	1	−2	2	−5	
−1	x_2	1	0	1	0	0	−1	1	−2	k=2
−1	x_3	1	−2	0	1	0	0	0	1	l=2
σ			1	0	0	0	−1	1−M	−1−M	
3	x_1	4	1	0	0	1/3	−2/3	2/3	−5/3	
−1	x_2	1	0	1	0	0	−1	1	−2	k=1
−1	x_3	9	0	0	1	2/3	−4/3	4/3	−7/3	l=1
σ			0	0	0	−1/3	−1/3	1/3−M	2/3−M	

最优解为$\begin{pmatrix}x_1\\x_2\\x_3\end{pmatrix}=\begin{pmatrix}4\\1\\9\end{pmatrix}$，其余$x_j=0$，最优值为$Z$=2。

引理 1.4 按单纯形法步骤所得解恒为基可行解。

证明： 记基变量值为$a_{i0}(i=1,2,\cdots,m)$，则$\bar{a}_{l0}=a_{l0}/a_{lk}\geqslant 0$，$\bar{a}_{i0}=a_{i0}-a_{l0}\cdot(a_{ik}/a_{lk})$（$i\neq l$）。

当$a_{ik}\leqslant 0$时，显然$\bar{a}_{i0}\geqslant 0$

当$a_{ik}>0$时，$\bar{a}_{i0}=a_{ik}(\frac{a_{i0}}{a_{ik}}-\frac{a_{l0}}{\alpha_{lk}})=a_{ik}(\frac{a_{i0}}{a_{ik}}-\theta)\geqslant 0$。

证毕。

引理 1.5 按单纯形法步骤所得解目标值不断改善。

证明： $-\bar{Z}=-Z-a_{l0}\cdot(\sigma_k/a_{lk})$，即$\bar{Z}=Z+a_{l0}\cdot(\sigma_k/a_{lk})\geqslant Z$，证毕。

由上述引理 1.3～引理 1.5 可得如下结论。

定理 1.6 在一般情况下（不发生循环），应用单纯形法步骤求线性规划问题时，必在有限步骤内终止步骤 2 或步骤 3。

1.6 单纯形法的进一步讨论

1.6.1 两阶段法

在求初始可行基的大 M 法中，如果在约束中增加人工变量则需要在目标函数中减去这些人工变量与 M 的乘积。下面介绍的两阶段法不需要引进相当大的正数 M，计算过程分成以下两个阶段。

第一阶段，在约束中增加人工变量使系数矩阵出现单位矩阵，然后以这些人工变量之和的相反数 W 求最大值为目标，进行求解。若第一阶段最优解对应的最优值等于零，则所有人工变量一定都取零值，说明原问题存在基可行解，可以进行第二阶段计算；否则，原问题无基可行解，应停止计算。

第二阶段，将第一阶段的最优解作为初始解，以原目标函数为目标函数进行计算，则第二阶段的最优解即原问题的最优解。

例 10　用两阶段法求解下面问题：

$$\max Z = 3x_1 - x_2 - x_3$$

$$\begin{cases} x_1 - 2x_2 + x_3 \leqslant 11 \\ -4x_1 + x_2 + 2x_3 \geqslant 3 \\ -2x_2 + x_3 = 1 \\ x_1, x_2, x_3 \geqslant 0 \end{cases} \tag{1.57}$$

解：加松弛变量及人工变量，给出第一阶段数学模型：

$$\max W = -x_6 - x_7$$

$$\begin{cases} x_1 - 2x_2 + x_3 + x_4 = 11 \\ -4x_1 + x_2 + 2x_3 - x_5 + x_6 = 3 \\ -2x_1 + x_3 + x_7 = 1 \\ x_1, x_2, \cdots, x_7 \geqslant 0 \end{cases} \tag{1.58}$$

取 $(\boldsymbol{P}_4 \quad \boldsymbol{P}_6 \quad \boldsymbol{P}_7) = \begin{pmatrix} 1 & 0 & 0 \\ 0 & 1 & 0 \\ 0 & 0 & 1 \end{pmatrix}$ 为初始基 $\boldsymbol{B}$，$\boldsymbol{x_B} = \begin{pmatrix} x_4 \\ x_6 \\ x_7 \end{pmatrix} = \begin{pmatrix} 11 \\ 3 \\ 1 \end{pmatrix}$

第一阶段计算结果如表 1.7 所示。

表 1.7

c			0	0	0	0	0	−1	−1	
c_B	x_B	$B^{-1}b$	x_1	x_2	x_3	x_4	x_5	x_6	x_7	
0	x_4	11	1	−2	1	1	0	0	0	
−1	x_6	3	−4	1	2	0	−1	1	0	
−1	x_7	1	−2	0	[1]	0	0	0	1	
σ			−6	1	3	0	−1	0	0	

续表

σ			0	0	0	0	0	−1	−1	
0	x_4	10	3	−2	0	1	0	0	−1	k=3
−1	x_6	1	0	[1]	0	0	−1	1	−2	l=3
0	x_3	1	−2	0	1	0	0	0	1	
σ			0	1	0	0	−1	0	−3	
0	x_4	12	3	0	0	1	−2	2	−5	k=2
0	x_2	1	0	1	0	0	−1	1	−2	l=2
0	x_3	1	−2	0	1	0	0	0	1	
σ			0	0	0	0	0	−1	−1	

因为第一阶段最优解中人工变量均等于零，所以可以进行第二阶段计算。将第一阶段人工变量取消，恢复原来的目标函数，并以第一阶段最优解为初始解，计算结果如表 1.8 所示。

表 1.8

$\boldsymbol{c}$			3	−1	−1	0	0	
$\boldsymbol{c}_B$	$\boldsymbol{x}_B$	$\boldsymbol{B}^{-1}\boldsymbol{b}$	x_1	x_2	x_3	x_4	x_5	
0	x_4	12	[3]	0	0	1	−2	
−1	x_2	1	0	1	0	0	−1	
−1	x_3	1	−2	0	1	0	0	
σ			1	0	0	0	−1	
3	x_1	4	1	0	0	1/3	−2/3	k=1
−1	x_2	1	0	1	0	0	−1	l=1
−1	x_3	9	0	0	1	2/3	−4/3	
σ			0	0	0	−1/3	−1/3	

原问题最优解为$\begin{pmatrix} x_1 \\ x_2 \\ x_3 \end{pmatrix} = \begin{pmatrix} 4 \\ 1 \\ 9 \end{pmatrix}$，其余$x_j = 0$，最优值为 Z=2。

1.6.2 退化与循环

单纯形法计算中，基变量一般都取非零值，非基变量都取零值，如果某个基可行解中存在取零值的基变量，则称该解为退化解。在退化情况下，如果取退化的基变量为旋出变量，则变化后的解仍为退化解，且目标函数值不变。在以后的迭代中，如果每次都取退化的基变量为旋出变量，则迭代可能只在可行域的几个顶点中间反复进行，即出现计算过程的循环，而达不到最优解。为了避免出现循环问题，有人提出了“摄动法”“辞典序法”，1974 年 Bland 提出了一种简便的规则。

（1）取$k = \min\{j \,|\, \sigma_j = c_j - \boldsymbol{c}_B \boldsymbol{B}^{-1} \boldsymbol{P}_j > 0\}$，以$x_k$为旋入变量计算$\theta = \min\left\{ \dfrac{(\boldsymbol{B}^{-1}\boldsymbol{b})_j}{a_{ak}} \,\middle|\, a_{jk} > 0 \right\}$。

（2）当存在两个或两个以上比值都等于θ时，选取下标最小的基变量为换出变量。

按 Bland 规则计算时，可以证明一定可以避免出现循环。

应当强调指出，实际计算中循环现象极为罕见，目前仅有人为构造的几个例子会出现循环现象，因此我们计算时完全可以不必考虑循环问题。

1.6.3　标准型及检验数的其他形式

我们以

$$\max Z = \boldsymbol{cx}$$
$$(L)\begin{cases}\boldsymbol{Ax}=\boldsymbol{b}\\ \boldsymbol{x}\geqslant 0\end{cases} \tag{1.59}$$

为标准型，令 $\sigma_j = c_j - \boldsymbol{c_B}\boldsymbol{B}^{-1}\boldsymbol{P}_j$ 为检验数，除此之外，还有以

$$\min Z = \boldsymbol{cx}$$
$$(L)\begin{cases}\boldsymbol{Ax}=\boldsymbol{b}\\ \boldsymbol{x}\geqslant 0\end{cases} \tag{1.60}$$

为标准型，以 $\sigma_j = \boldsymbol{c_B}\boldsymbol{B}^{-1}\boldsymbol{P}_j - c_j$ 为检验数。

将不同的标准型与不同的检验数组合起来，可产生四种情况，在各种情况下如何判定最优解，请读者自己总结一下。

课后习题

（1）用单纯形法求解下面的线性规划问题。

①
$$\max Z = 40x_1 + 45x_2 + 24x_3$$
$$\begin{cases}2x_1+3x_2+x_3\leqslant 100\\ 3x_1+3x_2+2x_3\leqslant 120\\ x_1,x_2,x_3\geqslant 0\end{cases}$$

②
$$\max Z = -3x_1 + x_3$$
$$\begin{cases}x_1+x_2+x_3\leqslant 4\\ -2x_1+x_2-x_3\geqslant 1\\ 3x_2+x_3=9\\ x_1,x_2,x_3\geqslant 0\end{cases}$$

（2）用两阶段法求解下面的线性规划问题。

①
$$\max Z = -3x_1 + x_3$$
$$\begin{cases}x_1+x_2+x_3\leqslant 4\\ -2x_1+x_2-x_3\geqslant 1\\ 3x_2+x_3=9\\ x_1,x_2,x_3\geqslant 0\end{cases}$$

②
$$\max Z = 5x_1 + 3x_2 + 2x_3 + 4x_4$$
$$\begin{cases}5x_1+x_2+x_3+8x_4=10\\ 2x_1+4x_2+3x_3+2x_4=10\\ x_1,x_2,x_3,x_4\geqslant 0\end{cases}$$

（3）分别用大 M 法和两阶段法求解下面的线性规划问题。

①
$$\max Z = 2x_1 + 3x_2 - 5x_3$$
$$\begin{cases}x_1+x_2+x_3=7\\ 2x_1-5x_2+x_3\geqslant 10\\ x_1,x_2,x_3\geqslant 0\end{cases}$$

②
$$\min Z = 2x_1 + 3x_2 + x_3$$
$$\begin{cases}x_1+4x_2+2x_3\geqslant 8\\ 3x_1+2x_2\geqslant 6\\ x_1,x_2,x_3\geqslant 0\end{cases}$$

③
$$\max Z = 10x_1 + 15x_2 + 12x_3$$
$$\begin{cases}5x_1+3x_2+x_3\leqslant 9\\ -5x_1+6x_2+15x_3\leqslant 15\\ 2x_1+x_2+x_3\geqslant 5\\ x_1,x_2,x_3\geqslant 0\end{cases}$$

第 2 章　线性规划的对偶理论与灵敏度分析

2.1　对偶问题

对偶理论是线性规划的内容之一。任何一个线性规划都有一个伴生的线性规划，这个伴生的线性规划称为它的对偶。下面，我们通过实例引出对偶问题，然后提出对偶线性规划的定义。

例 1　第 1 章例 1 提出的线性规划问题：某工厂生产Ⅰ、Ⅱ型两种交通设备，每生产一台设备所需的原料和工时，以及每台设备提供的利润和资源的限制量如表 2.1 所示。

表 2.1

资源		设备		总量/台
		x_1	x_2	
		Ⅰ	Ⅱ	
Y_1	原料	2	3	100
Y_2	工时	4	2	120
利润		6	4	

试确定获利最大的生产方案。

解：设Ⅰ、Ⅱ型交通设备的产量分别为 x_1、x_2，则该问题的数学模型如下：

$$\max Z = 6x_1 + 4x_2$$

$$\begin{cases} 2x_1 + 3x_2 \leqslant 100 \\ 4x_1 + 2x_2 \leqslant 120 \\ x_1, x_2 \geqslant 0 \end{cases} \tag{2.1}$$

假如工厂不生产Ⅰ、Ⅱ型交通设备，而将可利用资源都让给其他企业，试确定这些资源的最低可接受价格。这里的最低可接受价格是指按这种价格转让资源比生产Ⅰ、Ⅱ型交通设备合算的最低价格。

设 Y_1，Y_2 为这两种资源的价格，为了使工厂出让资源合算，应该使出让原来生产一台Ⅰ型交通设备的资源所得收入大于生产一台Ⅰ型交通设备的收入，即 $2Y_1 + 4Y_2 \geqslant 6$。对于Ⅱ型交通设备也可以建立类似的约束条件：

$$3Y_1 + 2Y_2 \geqslant 4 \tag{2.2}$$

如果资源的价格同时满足这两个约束，则这种价格肯定是合算的，显然在满足这两个约束的前提下，价格越高，该工厂越合算，但价格太高，接受方又不会愿意购买。我们需要确定的价格是使工厂合算的最低价格，为此建立目标函数：$\min \omega = 100Y_1 + 120Y_2$。

综上所述，问题的数学模型如下：

$$\min \omega = 100Y_1 + 120Y_2$$
$$\begin{cases} 2Y_1 + 4Y_2 \geqslant 6 \\ 3Y_1 + 2Y_2 \geqslant 4 \\ Y_1, Y_2 \geqslant 0 \end{cases} \tag{2.3}$$

定义　称线性规划

$$\min \omega = \boldsymbol{Yb}$$
$$(D)\begin{cases} \boldsymbol{YA} \geqslant \boldsymbol{c} \\ \boldsymbol{Y} \geqslant 0 \quad \boldsymbol{Y} = (Y_1, Y_2, \cdots, Y_m) \end{cases} \tag{2.4}$$

为原问题

$$\max Z = \boldsymbol{cx}$$
$$(L)\begin{cases} \boldsymbol{Ax} \leqslant \boldsymbol{b} \\ \boldsymbol{x} \geqslant 0 \end{cases} \tag{2.5}$$

的对偶问题。

注：比较原问题与其对偶问题，可以看到二者存在下列关系。

（1）原问题的目标是对 $\boldsymbol{cx}$ 求极大值，对偶问题目标是对 $\boldsymbol{Yb}$ 求极小值。

（2）原问题的价值系数 $\boldsymbol{c}$ 成为对偶问题的资源系数，原问题的资源系数 $\boldsymbol{b}$ 成为对偶问题的价值系数。

（3）约束条件的不等式方向改变了。

（4）原问题的系数矩阵的转置恰为对偶问题的系数矩阵，即原问题的每一列系数对应对偶问题的每一行系数。

（5）原问题的约束行数等于对偶变量数，即列数，而原问题的变量数对应对偶问题的约束行数。

2.2　对偶理论

性质 2.1（对称性）　对偶问题（D）的对偶是原问题（L）。

证明：由定义，原问题

$$\max Z = \boldsymbol{cx}$$
$$(L)\begin{cases} \boldsymbol{Ax} \leqslant \boldsymbol{b} \\ \boldsymbol{x} \geqslant 0 \end{cases} \tag{2.6}$$

的对偶问题为

$$\min \omega = \boldsymbol{Yb}$$
$$(D)\begin{cases} \boldsymbol{YA} \geqslant \boldsymbol{c} \\ \boldsymbol{Y} \geqslant 0 \end{cases} \tag{2.7}$$

令 $\overline{\omega} = -\omega$，则（$D$）可变为

$$\max \overline{\omega} = -\boldsymbol{Yb} = -\boldsymbol{b}^{\mathrm{T}}\boldsymbol{Y}^{\mathrm{T}}$$
$$(D)\begin{cases} -\boldsymbol{A}^{\mathrm{T}}\boldsymbol{Y}^{\mathrm{T}} \leqslant -\boldsymbol{c}^{\mathrm{T}} \\ \boldsymbol{Y}^{\mathrm{T}} \geqslant 0 \end{cases} \tag{2.8}$$

根据定义，得到上面$(\overline{D})$的对偶问题为

$$\min Z = \boldsymbol{x}^{\mathrm{T}}(-\boldsymbol{c}^{\mathrm{T}})$$
$$(L)\begin{cases}\boldsymbol{x}^{\mathrm{T}}(-\boldsymbol{A}^{\mathrm{T}}) \geqslant -\boldsymbol{b}^{\mathrm{T}} \\ \boldsymbol{x}^{\mathrm{T}} \geqslant 0\end{cases} \tag{2.9}$$

令 Z=$-Z$，则（$\overline{L}$）可变为

$$\max Z = \boldsymbol{cx}$$
$$\begin{cases}\boldsymbol{Ax} \leqslant \boldsymbol{b} \\ \boldsymbol{x} \geqslant 0\end{cases} \tag{2.10}$$

这就是原问题（L）。

性质 2.2 若原问题第 i 个约束为等式，则其对偶问题中第 i 个对偶变量为自由变量；反之，若原问题的第 j 个变量是自由变量，则其对偶问题的第 j 个约束为等式。

证明：设原问题第 i 个约束为

$$a_{i1}x_1 + a_{i2}x_2 + \cdots + a_{in}x_n = b_i \tag{2.11}$$

该约束可变为

$$a_{i1}x_1 + a_{i2}x_2 + \cdots + a_{in}x_n \leqslant b_i \tag{2.12}$$

$$-a_{i1}x_1 - a_{i2}x_2 - \cdots - a_{in}x_n \leqslant -b_i \tag{2.13}$$

记这两个约束对应的对偶变量分别为 y_i'、y_i''，则在对偶的约束及目标中，y_i'、y_i'' 的系数绝对值相同，符号相反。取 $y_i = y_i' - y_i''$，将 y_i 代入对偶问题中，则其对偶问题中 y_i 是自由变量。

反之，若原问题中，x_j 是自由变量，令 $x_j = x_j' - x_j'', x_j', x_j'' \geqslant 0$，将 $x_j = x_j' - x_j''$ 代入原问题，则其对偶问题与 x_j'、x_j'' 对应的两个约束中各个变量的系数及常数绝对值相同，符号相反，即

$$a_{1j}y_1 + a_{2j}y_2 + \cdots + a_{mj}y_m \geqslant c_j \tag{2.14}$$

$$-a_{1j}y_1 - a_{2j}y_2 - \cdots - a_{mj}y_m \geqslant -c_j \tag{2.15}$$

这两个不等式与等式 $a_{1j}y_1 + a_{2j}y_2 + \cdots + a_{mj}y_m = c_j$ 是等价的。

性质 2.3（弱对偶性） 设 x、y 分别是原问题（L）和对偶问题（D）的任一可行解，则

$$\boldsymbol{cx} \leqslant \boldsymbol{Yb} \tag{2.16}$$

证明：由已知

$$\begin{matrix}\boldsymbol{Ax} \leqslant \boldsymbol{b} \quad \boldsymbol{x} \geqslant 0 \\ \boldsymbol{YA} \geqslant \boldsymbol{c} \quad \boldsymbol{Y} \geqslant 0\end{matrix} \tag{2.17}$$

在 $\boldsymbol{Ax} \leqslant \boldsymbol{b}$ 两边左乘 $\boldsymbol{Y}$ 得

$$\boldsymbol{YAx} \leqslant \boldsymbol{Yb} \tag{2.18}$$

在 $\boldsymbol{YA} \geqslant \boldsymbol{c}$ 两边右乘 $\boldsymbol{x}$ 得

$$\boldsymbol{YAx} \geqslant \boldsymbol{cx} \tag{2.19}$$

所以

$$\boldsymbol{cx} \leqslant \boldsymbol{Yb} \tag{2.20}$$

注：这个性质说明极大化问题的任一可行解的目标函数值总是不大于它的对偶问题的任一可行解的目标函数值。

性质 2.4（无界性） 若原问题（对偶问题）为无界解，则其对偶问题（原问题）无可行解。这个性质由弱对偶性显然可得。

性质 2.5 设 $\bar{\boldsymbol{x}}$ 是原问题的可行解，$\bar{\boldsymbol{Y}}$ 是对偶问题的可行解，且 $\boldsymbol{c}\bar{\boldsymbol{x}}=\bar{\boldsymbol{Y}}\boldsymbol{b}$，则 $\bar{\boldsymbol{x}}$、$\bar{\boldsymbol{Y}}$ 分别是各自问题的最优解。

证明：设 $\boldsymbol{x}$ 是原问题的任一可行解，则

$$\boldsymbol{cx}\leqslant\bar{\boldsymbol{Y}}\boldsymbol{b}=\boldsymbol{c}\bar{\boldsymbol{x}} \tag{2.21}$$

可见，$\bar{\boldsymbol{x}}$ 是原问题的最优解。

同理，可证对于对偶问题的任一个可行解 $\boldsymbol{Y}$：

$$\boldsymbol{Yb}\geqslant\boldsymbol{c}\bar{\boldsymbol{x}}=\bar{\boldsymbol{Y}}\boldsymbol{b} \tag{2.22}$$

所以 $\bar{\boldsymbol{Y}}$ 是对偶问题的最优解。

性质 2.6 若原问题

$$\max Z=\boldsymbol{cx}$$
$$\begin{cases}\boldsymbol{Ax}=\boldsymbol{b}\\ \boldsymbol{x}\geqslant 0\end{cases} \tag{2.23}$$

有最优解，那么其对偶问题也有最优解，且它们的最优值相等。

证明：设 $\boldsymbol{B}$、$\boldsymbol{x}$ 是原问题的最优基及最优解，记 $\boldsymbol{Y}=\boldsymbol{c}_B\boldsymbol{B}^{-1}$，则所有 $\sigma_j=c_j-\boldsymbol{YP}_j\leqslant 0$，即 $c-\boldsymbol{YA}\leqslant 0$，也即 $\boldsymbol{YA}\geqslant\boldsymbol{c}$，$\boldsymbol{Y}$ 是对偶可行解，且 $\boldsymbol{Yb}=\boldsymbol{c}_B\boldsymbol{B}^{-1}\boldsymbol{b}=\boldsymbol{cx}$。所以，$\boldsymbol{Y}=\boldsymbol{c}_B\boldsymbol{B}^{-1}$ 是对偶问题的最优解。

例 2 写出下面线性规划的对偶规划。

$$\min Z=2x_1+x_2-4x_3$$
$$\begin{cases}2x_1+3x_2+x_3\geqslant 1\\ 3x_1-x_2+x_3\leqslant 4\\ x_1+x_3=3\\ x_1,x_2,x_3\geqslant 0\end{cases} \tag{2.24}$$

解：原问题，即

$$\min Z=2x_1+x_2-4x_3$$
$$\begin{cases}2x_1+3x_2+x_3\geqslant 1\\ -3x_1+x_2-x_3\geqslant -4\\ x_1+x_3=3\\ x_1,x_2,x_3\geqslant 0\end{cases} \tag{2.25}$$

其对偶规划为

$$\max W=y_1-4y_2+3y_3$$
$$\begin{cases}2y_1-3y_2+y_3\leqslant 2\\ 3y_1+y_2\leqslant 1\\ y_3-y_2+y_3=-4\\ y_1,y_2,y_3\geqslant 0\end{cases} \tag{2.26}$$

2.3 对偶单纯形法

在 2.2 节讨论中，可以看到在原问题取得最优解时也得到对偶问题的最优解。如果原问题最优基为 $\boldsymbol{B}$，取 $\boldsymbol{Y}=\boldsymbol{c_B B}^{-1}$，则所有 $\sigma_j = c_j - \boldsymbol{Y P}_j \leqslant 0$，也就是 $\boldsymbol{YA} \geqslant \boldsymbol{c}$，$\boldsymbol{Y}$ 是对偶可行解，又因为 $\boldsymbol{Yb}=\boldsymbol{c_B B}^{-1}\boldsymbol{b}=\boldsymbol{cx}$，所以 $\boldsymbol{Y}$ 也是对偶最优解。

在单纯形法中从原问题的一个基可行解转到另一个基可行解，一直迭代到所有检验数都非正为止，或者说一直迭代到 $\boldsymbol{Y}=\boldsymbol{c_B B}^{-1}$ 是对偶可行解为止。对偶单纯形法则从原始问题的一个对偶可行解（满足所有 $\sigma_j = c_j - \boldsymbol{c_B B}^{-1}\boldsymbol{P}_j \geqslant 0$）出发，以基变量值是否全非负为检验数，连续迭代到原问题的基可行解为止。两种算法最终结果都是一样的，区别是对偶单纯形法的初始解不一定要满足原问题的可行性，只要求所有检验数都非正，在保证所得解始终是对偶可行解的前提下连续迭代到原问题的基可行解，从而取得问题的最优解。

对偶单纯形法计算步骤如下。

步骤 1　确定原问题（L）的初始基 $\boldsymbol{B}$ 使所有 $\sigma_j \leqslant 0$，即 $\boldsymbol{Y}=\boldsymbol{c_B B}^{-1}$ 是对偶可行解，建立初始单纯形表。

步骤 2　检查基变量所取的值，若 $\boldsymbol{x_B}=\boldsymbol{B}^{-1}\boldsymbol{b} \geqslant 0$ 则已得最优解，计算停；否则，求

$$\min\left\{(\boldsymbol{B}^{-1}\boldsymbol{b})_i \mid (\boldsymbol{B}^{-1}\boldsymbol{b})_i < 0\right\} = (\boldsymbol{B}^{-1}\boldsymbol{b})_l \tag{2.27}$$

确定 x_{Bl} 为旋出变量。

步骤 3　若所有 $a_{lj} \geqslant 0$，则原问题无可行解，计算停；否则，计算

$$\theta = \min\left\{\frac{\sigma_j}{a_{lj}} \mid a_{lj} < 0\right\} = \frac{\sigma_k}{a_{lk}} \tag{2.28}$$

确定 x_k 为旋入变量。

步骤 4　以 a_{lk} 为旋转主元进行（l，k）旋转变换，转步骤 2。

可以证明按上述方法进行迭代，所得解始终是对偶可行解。

事实上，经迭代后，$\overline{\sigma}_j = \sigma_j - a_{lj}\sigma_k / a_{lk}$。

若 $a_{lj} \geqslant 0$，则 $\overline{a_j} \leqslant 0$；若 $a_{lj} < 0$，则 $\overline{\sigma}_j = a_{lj}(\frac{\sigma_j}{a_{lj}} - \frac{\sigma_k}{a_{lk}}) \leqslant 0$。

例 3　用对偶单纯形法求解下面问题。

$$\min Z = 12x_1 + 8x_2 + 16x_3 + 12x_4$$
$$\begin{cases} 2x_1 + x_2 + 4x_3 \geqslant 2 \\ 2x_1 + 2x_2 + 4x_4 \geqslant 3 \\ x_1, x_2, \cdots, x_4 \geqslant 0 \end{cases} \tag{2.29}$$

解：令 $\overline{Z} = -Z$，则问题可变为

$$\min \overline{Z} = -12x_1 - 8x_2 - 16x_3 - 12x_4$$
$$\begin{cases} -2x_1 - x_2 - 4x_3 + x_5 = -2 \\ -2x_3 - 2x_2 - 4x_4 + x_6 = -3 \\ x_1, x_2, \cdots, x_6 \geqslant 0 \end{cases} \tag{2.30}$$

取 $(\boldsymbol{P}_5 \ \ \boldsymbol{P}_6) = \begin{pmatrix} 1 & 0 \\ 0 & 1 \end{pmatrix}$ 为初始基，则 $\begin{pmatrix} x_5 \\ x_6 \end{pmatrix} = \begin{pmatrix} -2 \\ -3 \end{pmatrix}$，其余 $x_j = 0$ 是非基可行解，但 $\sigma_1 = -12, \sigma_2 = -8, \sigma_3 = -16, \sigma_4 = -12$。

所以，$\boldsymbol{Y} = \boldsymbol{c}_B \boldsymbol{B}^{-1}$ 是对偶可行解，建立单纯形表，计算结果如表 2.2 所示。

表 2.2

$\boldsymbol{c}$			−12	−8	−16	−12	0	0	
$\boldsymbol{c}_B$	$\boldsymbol{x}_B$	$\boldsymbol{B}^{-1}\boldsymbol{b}$	x_1	x_2	x_3	x_4	x_5	x_6	
0	x_1	−2	−2	−1	−4	0	1	0	
0	x_6	−3	−2	−2	0	[−4]	0	1	
σ			−12	−8	−16	−12	0	0	
0	x_5	−2	−2	[−1]	−4	0	1	0	l=2
−12	x_4	3/4	2/4	2/4	0	1	0	−1/4	k=4
σ			−6	−2	−16	0	0	−3	
−8	x_2	2	2	1	4	0	−1	0	l=1
−12	x_4	−1/4	−1/2	0	[−2]	1	1/2	−1/4	k=2
σ			−2	0	−8	0	−2	−3	
−8	x_2	3/2	1	1	0	2	0	−1/2	l=2
−16	x_3	1/8	1/4	0	1	−1/2	−1/4	1/8	k=3
σ			0	0	0	−4	−4	−2	

最优解为 $\begin{pmatrix} x_2 \\ x_3 \end{pmatrix} = \begin{pmatrix} 3/2 \\ 1/8 \end{pmatrix}$，其余 $x_j = 0$，最优值为 $Z = 14$。

注：本例如果用单纯形法计算，确定初始基可行解时需要引入两个人工变量，计算量要多于对偶单纯形法。一般情况下，如果问题能够用对偶单纯形法计算，计算量会少于单纯形法。但是，并不是任何问题都能用对偶单纯形法计算的。当线性规划问题具备下面条件时，可以用对偶单纯形法求解。

（1）问题标准化后，价值系数全非正；

（2）所有约束全是不等式。

2.4 对偶问题的经济意义——影子价格

在单纯形法计算中，设 $\boldsymbol{B}$ 是最优基，$\boldsymbol{x}_B = \boldsymbol{B}^{-1}\boldsymbol{b}$，其余 $x_j = 0$ 是最优解，最优值 $Z^n = \boldsymbol{c}_B \boldsymbol{B}^{-1}\boldsymbol{b}$，取 $\boldsymbol{Y} = \boldsymbol{c}_B \boldsymbol{B}^{-1} = (Y_1 \ \ Y_2 \cdots Y_m)$，则 $\boldsymbol{Y}$ 是对偶最优解，下面我们讨论 $Y_i (i = 1,2,\cdots,m)$ 的经济含义。设 b_i 有单位增量 $\Delta b_i = 1$，其他参数不变。若原最优基不变，则 $Z + \Delta Z = \boldsymbol{c}_B \boldsymbol{B}^{-1}(\boldsymbol{b} + (0 \cdots \Delta \boldsymbol{b} \cdots 0)) =$

$Z+Y_i\Delta b_i$，即$\Delta Z=Y_i\Delta b_i=Y_i$，所以，$Y_i$表示在原问题已取得最优解的情况下，第$i$种资源改变一个单位时总收益的变化值，也可以说$Y_i$是对第$i$种资源的一种价格估计。这种价格估计并不是第$i$种资源的实际成本或价值，而是由该企业在制产品的收益来估计所用资源的单位价值，称为影子价格。由于影子价格是指资源增加时对最优收益的贡献，所以，也称它为资源的机会成本或边际产出，它表示资源在最优产品组合时，具有的“潜在价值”或“贡献”。资源的影子价格是与具体的企业及产品相关的，同一种资源，在不同的企业或生产不同产品时对应的影子价格并不相同。

影子价格是经济学中的重要概念，将一个企业拥有的资源的影子价格与市场价格比较，可以决定是购入还是出让该资源。当某资源的市场价格低于影子价格时，企业应该买进该资源用于扩大生产。而当市场价格高于影子价格时，企业的决策者应该将已有资源卖掉。在考虑一个地区或国家某种资源的进出口决策中，资源的影子价格是影响决策的一个重要因素。

在线性规划单纯形法计算中，可以算得问题的各种资源的影子价格。例如，第 1 章例 1 最优单纯形表如表 2.3 所示。

表 2.3

$\boldsymbol{c}$			6	4	0	0
$\boldsymbol{c}_B$	$\boldsymbol{x}_B$	$\boldsymbol{B}^{-1}\boldsymbol{b}$	x_1	x_2	x_3	x_4
4	x_2	20	0	1	1/2	−1/4
6	x_1	20	1	0	−1/4	3/8
σ			0	0	−1/2	−5/4

松弛变量x_3、x_4的检验数为

$$\sigma_3=0-\boldsymbol{YP}_3=0-(Y_1\quad Y_2)\begin{pmatrix}1\\0\end{pmatrix}=0-Y_1\ =-\frac{1}{2},\sigma_4=0-\boldsymbol{YP}_4=0-(Y_1\quad Y_2)\begin{pmatrix}0\\1\end{pmatrix}=0-Y_2\ =-\frac{5}{4}$$

所以，$Y_1=\frac{1}{2},Y_2=\frac{5}{4}$。它表明生产Ⅰ，Ⅱ型产品所用的原料及工时的影子价格分别为$\frac{1}{2}$和$\frac{5}{4}$个单位。

2.5 灵敏度分析

在线性规划问题中，目标函数、约束条件的系数，以及资源的限制量等都当成确定的常数，并在这些系数值的基础上求得最优解。但是，实际上这些系数或资源限制量并非是一成不变的，它们往往是一些估计和预测的数字，如价值系数随着市场的变化而变化，约束系数随着工艺的变化或消耗定额的变化而变化，计划期的资源限制量也是经常变化的。当这些系数发生变化时，最优解会受到什么影响呢？最优解对哪些参数的变动最敏感？搞清这些问题会使我们在处理实际问题时，具有更大的主动性和可靠性。

确定线性规划模型的某些系数或限制数的变动对最优解的影响分析被称为灵敏度分析。

灵敏度分析主要解决以下两个问题。

（1）这些系数在什么范围内变化时，原来求出的线性规划问题最优解或最优基不变？即最优解相对参数变化的稳定性。

（2）如果系数的变化引起了最优解的变化，那么如何用最简便的方法求出新的最优解？

设问题（L）为

$$\max Z = \boldsymbol{cx}$$
$$(L)\begin{cases} \boldsymbol{Ax} = \boldsymbol{b} \\ \boldsymbol{x} \geqslant 0 \end{cases} \tag{2.31}$$

最优基为 $\boldsymbol{B}$，最优解为 $\boldsymbol{x_B} = \boldsymbol{B}^{-1}\boldsymbol{b}$，其他 $x_j = 0$，最优值为 $Z = \boldsymbol{c_B}\boldsymbol{B}^{-1}\boldsymbol{b}$。

2.5.1　目标函数中的价值系数 c 的分析

分别通过 c_j 是非基变量和基变量的价值系数两种情况来讨论。

（1）设非基变量 x_j 的价值系数 c_j 有增量 Δc_j，其他参数不变，求 Δc_j 的范围使原最优解不变。

由于 c_j 是非基变量的价值系数，所以它的改变仅仅影响检验数 σ_j 的变化，而对其他检验数没有影响。

令 $\overline{\sigma}_j = c_j + \Delta c_j - \boldsymbol{c_B}\boldsymbol{B}^{-1}\boldsymbol{P}_j = \sigma + \Delta c_j \leqslant 0$，所以当 $\Delta c_j \leqslant -\sigma_j$ 时，原最优解不变。

（2）设基变量 x_{Br} 的价值系数 c_{Br} 有增量 Δc_{Br}，其他参数不变，求 Δc_{Br} 使最优解不变。

由于 c_{Br} 是基变量的价值系数，所以它的变化将影响所有非基变量的检验数的变化。

记 $\overline{\boldsymbol{c}}_{\boldsymbol{B}} = \boldsymbol{c_B} + (0 \cdots \Delta c_{Br} \cdots 0)$，则

$$\begin{aligned} \overline{\boldsymbol{Y}} &= \overline{\boldsymbol{c}}_{\boldsymbol{B}}\boldsymbol{B}^{-1} = \left[\boldsymbol{c_B} + (0 \cdots \Delta c_{Br} \cdots 0)\right]\boldsymbol{B}^{-1} = \boldsymbol{Y} + (0 \cdots \Delta c_{Br} \cdots 0)\boldsymbol{B}^{-1} \\ \overline{\sigma} &= c_j - \overline{\boldsymbol{Y}}\boldsymbol{P}_j = c_j - \left[\boldsymbol{Y} + (0 \cdots \Delta c_{Br} \cdots 0)\boldsymbol{B}^{-1}\right]\boldsymbol{P}_j \\ &= \sigma_j - (0 \cdots \Delta c_{Br} \cdots 0)\boldsymbol{B}^{-1}\boldsymbol{P}_j \\ &= \sigma_j - a_{rj}\Delta c_{Br} \end{aligned} \tag{2.32}$$

令所有非基变量检验数 $\overline{\sigma}_j = \sigma_j - a_{rj}\Delta c_{Br} \leqslant 0$。

所以，当 $\max\{\dfrac{\sigma_j}{a_{rj}} \mid a_{rj} > 0\} \leqslant \Delta c_{Br} \leqslant \min\{\dfrac{\sigma_j}{a_{rj}} \mid a_{rj} < 0\}$ 时，原最优解不变（a_{rj} 是单纯形表中第 r 行元素）。

以上就两种情况讨论了 Δc_j 在什么范围变动时，原最优解不变，如果 Δc_j 不在上述范围内变动，则一定会出现正的检验数，原最优解不再是最优解，以该解为初始解，用单纯形法继续迭代可以尽快求出新的最优解。

例 4　已知第 1 章例 1 的初始解及最优解如表 2.4 所示。

表 2.4

$\boldsymbol{c}$			6	4	0	0
$\boldsymbol{c_B}$	$\boldsymbol{x_B}$	$\boldsymbol{B}^{-1}\boldsymbol{b}$	x_1	x_2	x_3	x_4
0	x_3	100	2	3	1	0
0	x_4	120	4	2	0	1
σ			6	4	0	0

续表

σ			6	4	0	0
…						
4	x_2	20	0	1	1/2	−1/4
6	x_1	20	1	0	−1/4	3/8
σ			0	0	−1/2	−5/4

（1）求 Δc_2 的范围使原最优解不变。

（2）若 c_1 变为 12，则求新的最优解。

解：（1）c_2 即 c_{B1} 为基变量价值系数时，非基变量的检验数与单纯形表第一行相应元素的比值。

当 $-1=\dfrac{-1/2}{1/2}\leqslant \Delta c_2 \leqslant \dfrac{-5/4}{-1/4}=5$，即 $-1\leqslant \Delta c_2 \leqslant 5$ 时，原最优解不变。

（2）将 $c_1=12$ 代入原最优表，重新求检验数，原最优解不再是最优解，用单纯形法继续运算，结果如表 2.5 所示。

表 2.5

$\boldsymbol{c}$			12	4	0	0	
$\boldsymbol{c_B}$	$\boldsymbol{x_B}$	$\boldsymbol{B}^{-1}\boldsymbol{b}$	x_1	x_2	x_3	x_4	
4	x_2	20	0	1	[1/2]	−1/4	
12	x_1	20	1	0	−1/4	3/8	
σ			0	0	1	−7/2	
0	x_3	40	0	2	1	−1/2	k=3
12	x_1	30	1	1/2	0	1/4	l=1
σ			0	−2	0	−3	

新的最优解为 $\begin{pmatrix} x_3 \\ x_1 \end{pmatrix}=\begin{pmatrix} 40 \\ 30 \end{pmatrix}$，其余 $x_j=0$，最优值为 Z=360。

2.5.2 资源系数 b 的分析

设 b_i 有增量 Δb_i，其他参数不变，则 Δb_i 的变化将影响基变量所取的值，但对检验数没影响，记 $\overline{\boldsymbol{b}}=\boldsymbol{b}+(0\cdots\Delta b_i\cdots 0)^{\mathrm{T}}$，则

$$\overline{\boldsymbol{x}}_{\boldsymbol{B}}=\boldsymbol{B}^{-1}\overline{\boldsymbol{b}}=\boldsymbol{B}^{-1}\left[\boldsymbol{b}+(0\cdots\Delta b_i\cdots 0)\right]^{\mathrm{T}}=\boldsymbol{x_B}+\begin{pmatrix} B_{ji}^{-1} \\ \vdots \\ B_{mi}^{-1} \end{pmatrix}\Delta b_i \tag{2.33}$$

如果变化后的基变量所取的数值仍大于或等于零，则原最优解不变，$\overline{\boldsymbol{x}}_{\boldsymbol{B}}=\boldsymbol{x_B}+\begin{pmatrix} B_{ji}^{-1} \\ \vdots \\ B_{mi}^{-1} \end{pmatrix}\Delta b_i$ 就是新的最优解。Δb_i 取何值能保证 $\overline{\boldsymbol{x}}_{\boldsymbol{B}}\geqslant 0$ 呢？

令

$$\boldsymbol{\pi}_B = \boldsymbol{x}_B + \begin{pmatrix} B_{1i}^{-1} \\ \vdots \\ B_{mi}^{-1} \end{pmatrix} \Delta b_i \geqslant 0 \tag{2.34}$$

当 $\max\{\frac{-\left(\boldsymbol{B}^{-1}\boldsymbol{b}\right)_k}{B_k^{-1}} \mid B_{ki}^{-1} > 0\} \leqslant \Delta b_i \leqslant \min\{\frac{-\left(\boldsymbol{B}^{-1}\boldsymbol{b}\right)_k}{B_{ki}^{-1}} \mid B_{ki}^{-1} < 0\}$ 时，原最优基不变。

这里 $\begin{pmatrix} B_{1i}^{-1} \\ \vdots \\ B_{mi}^{-1} \end{pmatrix}$ 是原最优基逆矩阵 $\boldsymbol{B}^{-1}$ 的第 i 列。结果说明 Δb_i 的范围是由基变量的相反值与 $\boldsymbol{B}^{-1}$ 的第 i 列相应元素的比值确定的。

注： 如果 Δb_i 不在上述范围内变动，则变化后的基变量所取值 $\overline{\boldsymbol{x}}_B$ 肯定会出现负分量，但由于 Δb_i 不影响检验数的变化，因此可以用 $\boldsymbol{\pi}_B$ 取代原最优解 $\overline{\boldsymbol{x}}_B$，以该解为初始解，用对偶单纯形法继续求解。

例 5　已知线性规划问题的初始解及最优解如例 4 所示。

（1）求 Δb_i 的范围使原最优基不变；

（2）若 b_i 变为 200，则试求新的最优解。

解：（1）由已知单纯形表可知 $\boldsymbol{B}^{-1} = \begin{pmatrix} 1/2 & -1/4 \\ -1/4 & 3/8 \end{pmatrix}, \boldsymbol{x}_B = \begin{pmatrix} 20 \\ 20 \end{pmatrix}$ 用基变量的值与 $\boldsymbol{B}^{-1}$ 第一列相应元素去比，得 $-40 \leqslant \Delta b_i \leqslant 80$ 时，原最优基不变。

（2）$\boldsymbol{\pi}_B = \boldsymbol{B}^{-1}\overline{\boldsymbol{b}} = \begin{pmatrix} 1/2 & -1/4 \\ -1/4 & 3/8 \end{pmatrix}\begin{pmatrix} 200 \\ 120 \end{pmatrix} = \begin{pmatrix} 70 \\ -5 \end{pmatrix}$ 是非可行解。用 $\boldsymbol{\pi}_n = \begin{pmatrix} 70 \\ -5 \end{pmatrix}$ 替换原最优表中基变量的值，并采用对偶单纯形法继续求解，结果如表 2.6 所示。

表 2.6

c			6	4	0	0	
$\boldsymbol{c}_B$	$\boldsymbol{x}_B$	$\boldsymbol{B}^{-1}\boldsymbol{b}$	x_1	x_2	x_3	x_4	
4	x_2	70	0	1	1/2	−1/4	
6	x_1	−5	1	0	[−1/4]	3/8	
σ			0	0	−1/2	−5/4	
4	x_2	60	2	1	0	1/2	k=3
0	x_3	20	−4	0	1	−3/2	l=2
σ			−2	0	0	−2	

最优解为 $\begin{pmatrix} x_2 \\ x_3 \end{pmatrix} = \begin{pmatrix} 60 \\ 20 \end{pmatrix}$，其余 $x_j = 0$，最优值为 Z=240。

2.5.3　系数矩阵 A 的分析

以下分 4 种情况讨论系数矩阵的变化。

1．增加一个新变量的分析

设 x_{n+1} 是新增加的变量，其对应的系数列向量为 $\boldsymbol{P}_{n+1}$，价值系数为 c_{n+1}，试讨论原最优解有没有改变，以及如何尽快求出新的最优解。

如果原问题增加一个新变量，则系数矩阵增加一个列，注意到新增加的列在以 $\boldsymbol{B}$ 为基的单纯形表中应变为 $\boldsymbol{B}^{-1}\boldsymbol{P}_{n+1}$ 及 $\sigma_{n+1}=c_{n+1}-\boldsymbol{c}_B\boldsymbol{B}^{-1}\boldsymbol{P}_{n+1}$。若 $\sigma_{n+1}\leqslant 0$，则原最优解不变，反之可将 $\boldsymbol{B}^{-1}\boldsymbol{P}_{n+1}$ 增加到原最优表的后面，用单纯形法继续迭代。

例 6 设例 4 的原线性规划问题中考虑生产Ⅲ型交通设备，已知生产每台Ⅲ型交通设备所需原料为 4 个单位，需要工时为 3 个单位，可获利润为 8 个单位，试问该厂是否应该生产Ⅲ型交通设备，如果生产，那么应该生产多少？

解：设Ⅲ型交通设备产量为 x_3''，由原最优基逆矩阵 $\boldsymbol{B}^{-1}$ 可算得：

$$\boldsymbol{B}^{-1}\boldsymbol{P}_3'=\begin{pmatrix}1/2 & -1/4\\ -1/4 & 3/8\end{pmatrix}\begin{pmatrix}4\\3\end{pmatrix}=\begin{pmatrix}5/4\\1/8\end{pmatrix} \tag{2.35}$$

$$\sigma_3'=c_3'-\boldsymbol{c}_B\boldsymbol{B}^{-1}\boldsymbol{P}_3'=8-(4\quad 6)\begin{pmatrix}5/4\\1/8\end{pmatrix}=\frac{9}{4} \tag{2.36}$$

因为 $\sigma_3'>0$，所以安排生产Ⅲ型交通设备有利，将 $\boldsymbol{B}^{-1}\boldsymbol{P}_3'$ 增加到原最优表后面，并用单纯形法继续计算，结果如表 2.7 所示。

表 2.7

c			6	4	0	0	8
c_B	x_B	$B^{-1}b$	x_1	x_2	x_3	x_4	x_4'
4	x_2	20	0	1	1/2	−1/4	[5/4]
6	x_1	20	1	0	−1/4	3/8	1/8
σ			0	0	−1/2	−5/4	9/4
8	x_3'	16	0	4/5	2/5	−1/5	1
6	x_1	18	1	−1/10	−3/10	2/5	0
σ			0	−9/5	−7/5	−4/5	0

最优解为 $\begin{pmatrix}x_3'\\x_1\end{pmatrix}=\begin{pmatrix}16\\18\end{pmatrix}$，其余 $x_j=0$，最优值为 Z=236。

即在新的最优解中Ⅰ型、Ⅲ型交通设备产量分别为 18 台、16 台。

2．增加一个新约束条件的分析

设 $a_{m+11}x_1+\cdots+a_{m+1n}x_n\leqslant b_{m+1}$ 是新增加的约束条件，试分析原问题最优解有没有变化？

将原最优解代入新约束中，如果满足新约束条件，则原最优解不变，反之，则需要进一步求出新的最优解。

考虑到单纯形法中，每步迭代得到的单纯形表对应的约束方程组都与原约束方程组等价，因此，可以将新约束方程：

$$a_{m+1}x_1+\cdots+a_{m+1n}x_n+x_{n+1}=b_{m+1} \tag{2.37}$$

增加到原最优表的下面，变化后的单纯形表增加一个行和一个列，新约束对应的基变量是 x_{n+1}。在单纯形表中，由于增加新约束，原基变量的列向量可能不再是单位列向量，所以需要用初等行变换将表中基变量的列变为单位列向量。变换后，原最优表的检验数不变，但基变量 x_{n+1} 所取的值一般要变了。若 $\bar{b}_{m+1} \geqslant 0$，则已得最优解；反之，若 $\bar{b}_{m+1} < 0$，则用对偶单纯形法继续求解。

例 7　设在例 4 的原问题中增加一道加工工序，需要在另一台机器上进行。已知每台Ⅰ、Ⅱ型交通设备在该机器上加工工时为 2、3 个单位，计划期内该机器总加工工时为 90 个单位，试分析原最优解有没有变化，如果有变化，则求出新的最优解。

解： 新工序对应的约束条件为

$$2x_1 + 3x_2 \leqslant 90 \tag{2.38}$$

将原问题最优解 $x_1 = 20, x_2 = 20$ 代入该约束左端，得 $2x_1 + 3x_2 = 40 + 60 = 100$ 不满足约束条件，因此原最优解不再是最优解。将 $2x_1 + 3x_2 + x_5 = 90$ 增加到原最优表下面，用初等行变换及对偶单纯形法计算，结果如表 2.8 所示。

表 2.8

$\boldsymbol{c}$			6	4	0	0	0	
$\boldsymbol{c}_B$	$\boldsymbol{x}_B$	$\boldsymbol{B}^{-1}\boldsymbol{b}$	x_1	x_2	x_3	x_4	x_5	
4	x_2	20	0	1	1/2	−1/4	0	
6	x_1	20	1	0	−1/4	3/8	0	
0	x_5	90	2	3	0	0	1	
σ			0	0	−1/2	−5/4	0	
4	x_2	20	0	1	1/2	−1/4	0	k=3
6	x_1	20	1	0	−1/4	3/8	0	l=3
0	x_5	−10	0	0	[−1]	0	1	
σ			0	0	−1/2	−5/4	0	
4	x_2	15	0	1	0	−1/4	1/2	
6	x_1	22.5	1	0	0	3/8	−1/4	
0	x_3	10	0	0	1	0	−1	
σ			0	0	0	−5/4	−1/2	

最优解为 $\begin{pmatrix} x_2 \\ x_1 \\ x_3 \end{pmatrix} = \begin{pmatrix} 15 \\ 22.5 \\ 10 \end{pmatrix}$，其余 $x_j = 0$，最优值为 Z=195。

3．改变某非基变量的系数列向量的分析

设非基变量 x_j 的系数列向量变为 $\bar{\boldsymbol{P}}_i$，试分析原最优解有何变化。

该变化只影响最优单纯形表的第 j 列及其检验数。因此，可以先计算 $\boldsymbol{B}^{-1}\bar{\boldsymbol{P}}_i$ 及 $\bar{\sigma}_j = c_j - \boldsymbol{c}_B\boldsymbol{B}^{-1}\bar{\boldsymbol{P}}_j$。若 $\bar{\sigma}_j \leqslant 0$，则原最优解不变，反之，若 $\bar{\sigma}_j > 0$，则以 $\boldsymbol{B}^{-1}\bar{\boldsymbol{P}}_i$ 替代原最优表的第 j 列，用单纯形法继续求解。

4．改变某基变量系数列向量的分析

设基变量 x_j 的系数列向量变为 $\bar{\boldsymbol{P}}_i$，试分析原最优解有何变化。

显然，$\bar{\boldsymbol{P}}_i$ 的变化将导致 $\boldsymbol{B}$ 的变化，因而原最优表的所有元素都将发生变化，似乎只能重

新计算变化后的模型。但是，经过认真分析，还是可以利用原最优解来计算新的最优解。我们可以将 x_j 看成是新增加的变量，用 $\boldsymbol{B}^{-1}\overline{\boldsymbol{P}}_i$ 替代原最优表的第 j 列（单位列向量），然后利用初等行变换将表中的 $\boldsymbol{B}^{-1}\overline{\boldsymbol{P}}_i$ 恢复到原来的单位列向量。变换后的单纯形表有以下几种情况。

（1）基变量值全为负，且检验数全非正，以得到新的最优解。

（2）基变量值全非负，但存在正的检验数，该解是基可行解，可以用单纯形法继续求解。

（3）存在取负值的基变量，但检验数全非正，该解是对偶可行解，可以用对偶单纯形法继续求解。

（4）存在取负值的基变量，且存在取正值的检验数，该解既不是基可行解，又不是对偶可行解。对于这种情况，我们可以将表中取负值的基变量 $x_{\boldsymbol{B}_j}$ 对应的行还原成约束方程。

用-1 乘方程两端，再在方程左端加一个人工变量 x_{n+1}。

用该方程替代原单纯形表的第 i 行，则表中第 i 行对应的基变量变为人工变量 x_{n+1}，其对应的数值为 $-\left(\boldsymbol{B}^{-1}\boldsymbol{b}\right)_i$，其价值系数为 $-M$。

然后，可以用单纯形法继续求解。

例 8 如果例 4 原问题中 x_1 的系数列向量变为 $\begin{pmatrix} 8 \\ 4 \end{pmatrix}$，试分析原问题最优解有何变化。

解： $\boldsymbol{B}^{-1}\overline{\boldsymbol{P}}_1 = \begin{pmatrix} 1/2 & -1/4 \\ -1/4 & 3/8 \end{pmatrix}\begin{pmatrix} 8 \\ 4 \end{pmatrix} = \begin{pmatrix} 3 \\ -1/2 \end{pmatrix}$

用 $\begin{pmatrix} 3 \\ -1/2 \end{pmatrix}$ 取代原最优表的第 1 列，再用初等行变换将该列变为原来的单位列向量，结果如表 2.9 所示。

表 2.9

$\boldsymbol{c}$			6	4	0	0
$\boldsymbol{c_B}$	$\boldsymbol{x_B}$	$\boldsymbol{B}^{-1}\boldsymbol{b}$	x_1	x_2	x_3	x_4
4	x_2	20	3	1	1/2	−1/4
6	x_1	20	−1/2	0	−1/4	3/8
σ						
4	x_3	140	0	1	−1	2
6	x_1	−40	1	0	1/2	-3/4
σ			0	0	1	−7/2

该解既不是基可行解又不是对偶可行解，将表 2.9 中第 2 行乘以−2，并用人工变量 x_5 取代 x_1，然后用单纯形法继续运算，结果如表 2.10 所示。

表 2.10

$\boldsymbol{c}$			6	4c	0	0	$-M$	
$\boldsymbol{c_B}$	$\boldsymbol{x_B}$	$\boldsymbol{B}^{-1}\boldsymbol{b}$	x_1	x_2	x_3	x_4	x_5	
4	x_2	140	0	1	−1	2	0	
$-M$	x_5	40	−1	0	−1/2	[3/4]	1	

续表

σ			$6-M$	0	$4-M/2$	$-8+3/4M$	0	
4	x_2	100/3	8/3	1	1/3	0	−8/3	k=4
0	x_4	160/3	−4/3	0	−2/3	1	4/3	l=2
σ			−14/3	0	−4/3	0	$-M+32/3$	

最优解为$\begin{pmatrix} x_2 \\ x_4 \end{pmatrix} = \begin{pmatrix} \dfrac{100}{3} \\ \dfrac{160}{3} \end{pmatrix}$，其余$x_j = 0$，最优值为$Z = \dfrac{400}{3}$。

2.6　参数线性规划

灵敏度分析研究了在个别数据变动之后，原来的最优解条件是否会受到影响？研究这些数据的变化对最优解的变化是否“敏感”？在灵敏度分析中每次只考虑一个数据的变化，如果几个数据同时发生变化，则又将产生什么结果呢？参数规划就是用来研究这些问题的。参数规划研究这些参数中某一个数连续变化时，使最优解发生变化的各临界点的值。

在一般情况下，众多的数据均可以有各种形式的离散性或连续性变化。但是，迄今为止参数规划中有效的分析方法都还局限于数据的线性变化。因此，讨论的内容实质上是参数线性规划。参数规划同灵敏度分析一样，是在已有最优解的基础上进行分析的。本节只讨论目标函数中价值系数 $\boldsymbol{c}$ 和约束常数 $\boldsymbol{b}$ 的变化。

分析参数线性规划问题的步骤如下。

（1）对含有某参变量 t 的参数线性规划问题，先令 t=0，用单纯形法求出最优解。

（2）用灵敏度分析方法，将参变量 t 直接反映到最终表中。

（3）当参变量 t 连续变大或变小时，观察基变量值和检验数的变化，若基变量出现某负值时，则以它对应的变量为换出变量，用对偶单纯形法迭代一步；若在检验数中首先出现某正值时，则以它对应的变量为换入变量，用单纯形法迭代一步。

（4）在经迭代一步后的新表上，令参变量 t 继续变大或变小，重复（3）直到基变量值不再出现负值，检验数行不再出现正值为止。

2.6.1　参数 *c* 的变化分析

例 9　试分析下述参数线性规划问题，当参数 $\lambda \geqslant 0$ 时，最优解的变化为

$$\max Z = (1-2\lambda)x_1 + (3-\lambda)x_2$$

$$\begin{cases} x_1 + x_2 \leqslant 6 \\ -x_1 + 2x_2 \leqslant 6 \\ x_1, x_2 \geqslant 0 \end{cases} \tag{2.39}$$

解：令$\lambda = 0$，用单纯法求解，结果如表 2.11 所示。

表 2.11

$\boldsymbol{c}$			1	3	0	0
$\boldsymbol{c}_B$	$\boldsymbol{x}_B$	$\boldsymbol{B}^{-1}\boldsymbol{b}$	x_1	x_2	x_3	x_4
1	x_1	2	1	0	2/3	−1/3
3	x_2	4	0	1	1/3	1/3
σ			0	0	−5/3	−2/3

将 $\boldsymbol{c}$ 的变化反映到最终表中，得到表 2.12。

表 2.12

$\boldsymbol{c}$			$1-2\lambda$	$3-\lambda$	0	0
$\boldsymbol{c}_B$	$\boldsymbol{x}_B$	$\boldsymbol{B}^{-1}\boldsymbol{b}$	x_1	x_2	x_3	x_4
$1-2\lambda$	x_1	2	1	0	2/3	−1/3
$3-\lambda$	x_2	4	0	1	1/3	1/3
σ			0	0	$-\frac{5}{3}+\frac{5}{3}\lambda$	$-\frac{2}{3}-\frac{1}{3}\lambda$

当 λ 增大，$\lambda \geqslant 1$ 时，首先出现 $\sigma_3 \geqslant 0$。在 $\sigma_3 \leqslant 0$，即 $0 \leqslant \lambda \leqslant 1$ 时，得最优解 $(2 \quad 4 \quad 0 \quad 0)^{\mathrm{T}}$，$\lambda=1$ 为第一临界点。当 $\lambda>1$ 时，$\sigma_3>0$，以 x_2 为换入变量，用单纯形法迭代得到表 2.13。

表 2.13

$\boldsymbol{c}$			$1-2\lambda$	$3-\lambda$	0	0
$\boldsymbol{c}_B$	$\boldsymbol{x}_B$	$\boldsymbol{B}^{-1}\boldsymbol{b}$	x_1	x_2	x_3	x_4
0	x_3	3	3/2	0	1	−1/2
$3-\lambda$	x_2	3	−1/2	1	0	1/2
σ			$\frac{5}{2}-\frac{5}{2}\lambda$	0	0	$-\frac{3}{2}+\frac{1}{2}\lambda$

当 λ 继续增大，$\lambda \geqslant 3$ 时，出现 $\sigma_4 \geqslant 0$，即 $1 \leqslant \lambda \leqslant 3$ 时，得最优解 $(0 \quad 3 \quad 3 \quad 0)^{\mathrm{T}}$，$\lambda=3$ 为第二临界点。当 $\lambda>3$ 时，以 x_4 为换入变量，用单纯形法迭代得到表 2.14。

表 2.14

$\boldsymbol{c}$			$1-2\lambda$	$3-\lambda$	0	0
$\boldsymbol{c}_B$	$\boldsymbol{x}_B$	$\boldsymbol{B}^{-1}\boldsymbol{b}$	x_1	x_2	x_3	x_4
0	x_3	6	1	0	1	0
0	x_4	6	−1	2	0	1
σ			$1-2\lambda$	$3-\lambda$	0	0

当 λ 继续增大时，恒有 $\sigma_1,\sigma_2 \leqslant 0$，故当 $\lambda \geqslant 3$ 时，最优解为 $(0 \quad 0 \quad 6 \quad 6)^{\mathrm{T}}$。

2.6.2 参数 b 的变化分析

例 10 分析以下线性规划问题，当 $t \geqslant 0$ 时，其最优解的变化。

$$\max Z = x_1 + 3x_2$$
$$\begin{cases} x_1 + x_2 \leqslant 6 - t \\ -x_1 + 2x_2 \leqslant 6 + t \\ x_1, x_2 \geqslant 0 \end{cases} \tag{2.40}$$

解： 令 $t = 0$，用单纯形法求解，结果如表 2.15 所示。

表 2.15

$\boldsymbol{c}$			1	3	0	0
$\boldsymbol{c}_B$	$\boldsymbol{x}_B$	$\boldsymbol{B}^{-1}\boldsymbol{b}$	x_1	x_2	x_3	x_4
1	x_1	2	1	0	2/3	−1/3
3	x_2	4	0	1	1/3	1/3
σ			0	0	−5/3	−2/3

计算 $\boldsymbol{B}^{-1}\Delta\boldsymbol{b} = \begin{pmatrix} 2/3 & -1/3 \\ 1/3 & 1/3 \end{pmatrix}\begin{pmatrix} -t \\ t \end{pmatrix} = \begin{pmatrix} -t \\ 0 \end{pmatrix}$，将计算结果反映到最终表中，得到表 2.16。

表 2.16

$\boldsymbol{c}$			1	3	0	0
$\boldsymbol{c}_B$	$\boldsymbol{x}_B$	$\boldsymbol{B}^{-1}\boldsymbol{b}$	x_1	x_2	x_3	x_4
1	x_1	$2-t$	1	0	2/3	−1/3
3	x_2	4	0	1	1/3	1/3
σ			0	0	−5/3	−2/3

当 t 增大且 $t \geqslant 2$ 时，基变量出现负值，因此，当 $0 \leqslant t \leqslant 2$ 时，最优解为 $(2-t \;\; 4 \;\; 0 \;\; 0)$。当 $t > 2$ 时，以 x_1 换出变量，用对偶单纯形表计算，结果如表 2.17 所示。

表 2.17

$\boldsymbol{c}$			1	3	0	0
$\boldsymbol{c}_B$	$\boldsymbol{x}_B$	$\boldsymbol{B}^{-1}\boldsymbol{b}$	x_1	x_2	x_3	x_4
0	x_4	$-6+3t$	−3	0	−2	1
3	x_2	$6-t$	0	1	1	0
σ			0	−6	−3	0

从表 2.17 可以看出，当 $2 \leqslant t \leqslant 6$ 时，最优解为 $(0 \;\; 6-t \;\; 0 \;\; -6+3t)^{\mathrm{T}}$；当 $t > 6$ 时，无可行解。

课后习题

（1）用对偶单纯形法求解下列线性规划。

① $\min Z = 4x_1 + 12x_2 + 18x_3$

$$\begin{cases} x_1 + 3x_3 \geqslant 3 \\ 2x_2 + 2x_3 \geqslant 5 \\ x_1, x_2, x_3 \geqslant 0 \end{cases}$$

② $\min Z = x_1 + 4x_2 + 3x_4$

$$\begin{cases} x_1 + 2x_2 - x_3 + x_4 \geqslant 3 \\ -2x_1 - x_2 + 4x_3 + x_4 \geqslant 2 \\ x_1, x_2, x_3, x_4 \geqslant 0 \end{cases}$$

③ $\min Z = 15x_1 + 24x_2 + 5x_3$

$$\begin{cases} 6x_2 + x_3 \geqslant 2 \\ 5x_1 + 2x_2 + x_3 \geqslant 1 \\ x_1, x_2, x_3 \geqslant 0 \end{cases}$$

④ $\min Z = x_1 + 5x_2 + 3x_4$

$$\begin{cases} x_1 + 2x_2 - x_3 + x_4 \geqslant 6 \\ -2x_1 - x_2 + 4x_3 + x_4 \geqslant 4 \\ x_1, x_2, x_3, x_4 \geqslant 0 \end{cases}$$

（2）线性规划问题：

$$\max Z = -5x_1 + 5x_2 + 13x_3$$

$$\begin{cases} -x_1 + x_2 + 3x_3 \leqslant 20 & \text{(a)} \\ 12x_1 + 4x_2 + 10x_3 \leqslant 90 & \text{(b)} \\ x_1, x_2, x_3 \geqslant 0 \end{cases}$$

先用单纯形法求解，然后分析在下列条件下，最优解分别有什么变化并求出新的最优解。

①约束条件（a）的右端常数由 20 变为 30；

②约束条件（b）的右端常数由 90 变为 70；

③目标函数中 x_3 的系数由 13 变为 8；

④ x_1 的系数列向量由 $\begin{pmatrix} -1 \\ 12 \end{pmatrix}$ 变为 $\begin{pmatrix} 0 \\ 5 \end{pmatrix}$；

⑤增加一个约束条件，$2x_1 + 3x_2 + 5x_3 \leqslant 50$。

（3）线性规划问题：

$$\max Z = 20x_1 + 30x_2 + 40x_3 + 5x_4 + 45x_3$$

$$\begin{cases} 3x_1 + 2x_2 + 4x_3 + 4x_4 - x_6 = 110 \\ 4x_2 + 6x_3 + x_4 + 2x_5 + x_5 = 80 \\ x_1 + x_2 + 2x_3 + x_4 + x_5 + x_8 = 50 \\ x_1, x_2, \cdots, x_8 \geqslant 0 \end{cases}$$

已知最优单纯形表如表 2.18 所示。

表 2.18

c			20	30	40	5	45	0	0	0
c_B	x_B	$B^{-1}b$	x_1	x_2	x_3	x_4	x_5	x_6	x_7	x_8
20	x_1	26	1	0	0.40	1.00	0	−0.20	−0.20	0.40
30	x_2	16	0	1	1.40	0.50	0	−0.20	0.30	−0.60
45	x_3	8	0	0	0.20	−0.50	1	0.40	−0.10	1.20
σ			0	0	−19	−7.5	0	−8	−0.50	−44

根据表 2.18 的最优单纯形表可知，最优解为 $\boldsymbol{x}^* = (26\ 16\ 0\ 0\ 8\ 0\ 0\ 0)^{\mathrm{T}}$，$f(\boldsymbol{x}^*) = 1360$。

①求使原最优解不变的 Δc_2 的范围；

②求使原最优基不变的 Δb_2 及 Δb_3 的范围。

（4）线性规划问题：

$$\max Z = 2x_1 + x_2$$

$$\begin{cases} 5x_2 \leqslant 15 \\ 6x_1 + 2x_2 \leqslant 24 \\ x_1 + x_2 \leqslant 5 \\ x_1, x_2 \geqslant 0 \end{cases}$$

已知该线性规划问题的最优解为 $x_1^* = \dfrac{7}{2}$， $x_2^* = \dfrac{3}{2}$， $Z^* = 8\dfrac{1}{2}$，最优单纯形表如表 2.19 所示。

表 2.19

c			2	1	0	0	0
c_B	x_B	$B^{-1}b$	x_1	x_2	x_3	x_4	x_5
0	x_3	15/2	0	0	1	5/4	−15/2
2	x_1	7/2	1	0	0	1/4	−1/2
1	x_2	3/2	0	1	0	−1/4	3/2
σ			0	0	0	−1/4	−1/2

①若 c_1 由 2 降至 1.5， c_2 由 1 升至 2，最优解会有什么变化？

②若 c_1 不变， c_2 在什么范围内变化，则最优解不发生变化？

③若在原基础上增加一个约束条件 $3x_1 + 2x_2 \leqslant 12$，则最优解如何变化？

（5）试分析下述线性规划问题，当参数 λ 变化时，最优解的变化。

$$\max Z = (2+\lambda)x_1 + (1+2\lambda)x_2$$

$$\begin{cases} 5x_2 \leqslant 15 \\ 6x_1 + 2x_2 \leqslant 24 \\ x_1 + x_2 \leqslant 5 \\ x_1, x_2 \geqslant 0 \end{cases}$$

（6）试分析下述线性规划问题，当参数 $0 \leqslant \lambda \leqslant 25$ 变化时，最优解的变化。

$$\max Z = 2x_1 + x_2$$

$$\begin{cases} x_1 \leqslant 10 + 2\lambda \\ x_1 + x_2 \leqslant 25 - \lambda \\ x_2 \leqslant 10 + 2\lambda \\ x_1, x_2 \geqslant 0 \end{cases}$$

第 3 章　运输问题

前两章讨论了一般线性规划问题的求解方法，但在实际工作中，往往碰到有些线性规划问题，它们的约束方程组的系数矩阵具有特殊的结构，这就有可能找到比单纯形法更为简便的求解方法，从而可节约计算时间和费用。本章讨论的运输问题就属于这样一类特殊的线性规划问题。

3.1　运输问题的数学模型

在经济建设中，经常碰到大宗物资调运问题，如煤、钢铁、木材、粮食等物资，在全国有若干生产基地，根据已有的交通网应如何制定调运方案，将这些物资运到各消费地点而总运费要最小？该问题可用以下数学语言描述。

例 1　已知有 m 个生产地点 $A_i\left(i=1,2,\cdots,m\right)$ 可供应某种物资，其供应量（产量）分别为 $a_i\left(i=1,2,\cdots,m\right)$，有 n 个销地 $B_j\left(j=1,2,\cdots,n\right)$，其需要量分别为 $b_j\left(j=1,2,\cdots,n\right)$，从 A_i 到 B_j 运输单位物资的运价（单价）为 c_{ij}，这些数据可汇总于产销平衡表和单位运价表中，如表 3.1、表 3.2 所示。

表 3.1

产地	销地	产量
	$B_1\ B_2\cdots B_n$	
A_1		a_1
A_2		a_2
$\vdots$		$\vdots$
A_m		a_m
销量	$b_1\quad b_2\quad\cdots\quad b_n$	

表 3.2

产地	销地	
	$B_1\ B_2\cdots B_n$	
A_1	$c_{11}\quad c_{12}\quad\cdots\quad c_{1n}$	
A_2	$c_{21}\quad c_{22}\quad\cdots\quad c_{2n}$	
$\vdots$	$\vdots\quad\vdots\quad\quad\vdots$	
A_m	$c_{m1}\quad c_{m2}\quad\cdots\quad c_{mn}$	

有时可把这两个表格合一。

注：（1）若用 x_{ij} 表示从 A_i 到 B_j 的运量，那么在产销平衡的条件下，要求总运费最小的调运方案，可用以下数学模型求解。

$$\min x=\sum_{i=1}^{m}\sum_{j=1}^{n}c_{ij}x_y$$

$$\begin{cases}\sum\limits_{i=1}^{m}x_{ij}=b_i,i=1,2,\cdots,n & ①\\ \sum\limits_{i=1}^{m}x_{ij}=a_i,i=1,2,\cdots,m & ②\\ x_{ij}\geqslant 0\end{cases}\tag{3.1}$$

（2）这就是运输问题的数学模型，它包括 $m \times n$ 个变量，$m+n$ 个约束方程，其系数矩阵的结构比较松散且特殊。

$$
\begin{array}{c}
\begin{matrix} x_{11} & x_{12} & \cdots & x_{1n} & x_{21} & x_{22} & \cdots & x_{2n} & \cdots & x_{m1} & x_{m2} & \cdots & x_{mn} \end{matrix} \\
\left[\begin{matrix}
1 & 1 & \cdots & 1 & & & & & & & & & \\
 & & & & 1 & 1 & \cdots & 1 & & & & & \\
 & & & & & & & & \ddots & & & & \\
 & & & & & & & & & 1 & 1 & \cdots & 1 \\
1 & & & & 1 & & & & & 1 & & & \\
 & 1 & & & & 1 & & & & & 1 & & \\
 & & \ddots & & & & \ddots & & & & & \ddots & \\
 & & & 1 & & & & 1 & & & & & 1
\end{matrix}\right]
\begin{matrix} \left.\begin{matrix} \\ \\ \\ \\ \end{matrix}\right\} m\text{行} \\ \left.\begin{matrix} \\ \\ \\ \\ \end{matrix}\right\} n\text{行} \end{matrix}
\end{array}
\tag{3.2}
$$

（3）该系数矩阵中对应于变量 x_{ij} 的系数向量 $\boldsymbol{P}_{ij}$，其分量中除第 i 个和第 $m+j$ 个为 1 外，其余的都为零，即

$$\boldsymbol{P}_{ij} = (0\cdots1\cdots1\cdots0)^{\mathrm{T}} = c_i + c_{m+j} \tag{3.3}$$

（4）对产销平衡的运输问题，由于有以下关系式存在：

$$\sum_{i=1}^{n} b_i = \sum_{i=1}^{m}\left(\sum_{i=1}^{n} x_y\right) = \sum_{i=1}^{n}\left(\sum_{i=1}^{m} x_y\right) = \sum_{i=1}^{m} a_i \tag{3.4}$$

所以模型最多只有 $m+n-1$ 个独立的约束方程，即系数矩阵的秩≤$m+n-1$。由于有以上特征，所以求解运输问题时，可用比较简便的计算方法，习惯上称为表上作业法。

3.2　表上作业法

表上作业法是单纯形法在求解运输问题时的一种简化方法，其实质是单纯形法，但具体计算和术语有所不同，可归纳为以下几点。

（1）找出初始基可行解，即在（$m \times n$）产销平衡表上给出 $m+n-1$ 个数字格。

（2）求各非基变量的检验数，即在表上计算空格的检验数，判别是否达到最优解，如已是最优解，则停止计算，否则转到下一步。

（3）确定换入变量和换出变量，找出新的基可行解，在表上用闭回路法调整。

（4）重复（2）、（3）直到得到最优解为止。

例 2　某公司经销甲产品，设有三个加工厂。每日的产量分别为 A_1—7 吨，A_2—4 吨，A_3—9 吨。该公司把这些产品分别运往四个销售点，各销售点每日销量为 B_1—3 吨，B_2—6 吨，B_3—5 吨，B_4—6 吨。已知从各工厂到各销售点的单位产品的运价如表 3.3 所示。问该公司应如何调运产品，在满足各销点的需要量的前提下，使总运费最少。

解：先画出该问题的单位运价表和产销平衡表，如表 3.3 和表 3.4 所示。

表 3.3　　　　单位：元/吨

产地	销地			
	B_1	B_2	B_3	B_4
A_1	3	11	3	10
A_2	1	9	2	8
A_3	7	4	10	5

表 3.4

产地	销地				
	B_1	B_2	B_3	B_4	产量/台
A_1					7
A_2					4
A_3					9
销量/吨	3	6	5	6	

3.2.1　确定初始基可行解

这与一般线性规划问题不同，产销平衡的运输问题总存在可行解。因有

$$\sum_{i=1}^{m} a_i = \sum_{i=1}^{n} b_i = d \tag{3.5}$$

必存在

$$x_{ij} \geqslant 0 (i=1,\cdots,m; j=1,\cdots,n) \tag{3.6}$$

这就是可行解，又因为

$$0 \leqslant x_{u} \leqslant \min(a_1, b_1)$$

故运输问题必存在最优解。

确定初始基可行解的方法有很多，一般希望的方法是既简便，又尽可能接近最优解。下面介绍两种方法：最小元素法和伏格尔（Vogel）法。

一、最小元素法

最小元素法的基本思想就是就近供应，即从单位运价表中最小的运价开始确定供销关系，然后次小，一直到给出初始基可行解为止。

例 2（续）

第一步：从表 3.3 中找出最小运价为 1 元/吨，这表示先将 A_2 的产品供应给 B_1。因为 $a_2 > b_2$，所以 A_2 除满足 B_1 的全部要求外，还可多余 1 吨产品。在表 3.4 的 (A_2, B_1) 的交叉格处填上 3，得到表 3.5，并将表 3.3 的 B_1 列运价划去，得到表 3.6。

第二步：在表 3.6 未划去的元素中再找出最小运价 2 元/吨，确定 A_2 多余的 1 吨供应给 B_3，并给出表 3.7 和表 3.8。

表 3.5

产地	销地				
	B_1	B_2	B_3	B_4	产量/吨
A_1					7
A_2	3				4
A_3					9
销量/吨	3	6	5	6	

表 3.6　　单位：元/吨

产地	销地			
	B_1	B_2	B_3	B_4
A_1	3	11	3	10
A_2	1	9	2	8
A_3	7	4	10	5

表 3.7

产地	销地				
	B_1	B_2	B_3	B_4	产量/吨
A_1					7
A_2	3		1		4
A_3					9
销量/吨	3	6	5	6	

表 3.8　　单位：元/吨

产地	销地			
	B_1	B_2	B_3	B_4
A_1	3	11	3	10
A_2	1	9	2	8
A_3	7	4	10	5

第三步：在表 3.8 未划去的元素中再找出最小运价 3 元/吨，这样一步步地进行下去，直到单位运价表上的所有元素划去为止。最后在产销平衡表上得到一个调运方案，如表 3.9 所示，该方案的总运费为 86 元。

表 3.9

产地	销地				产量/吨
	B_1	B_2	B_3	B_4	
A_1			4	3	7
A_2	3		1		4
A_3		6		3	9
销量/吨	3	6	5	6	

注： 用最小元素法给出的初始解是运输问题的基可行解，其理由如下。

（1）用最小元素法给出的初始解是从单位运价表中逐次挑选的最小元素，并比较产量和销量。当产量大于销量时，划去该元素所在列。当产量小于销量时，划去该元素所在行。然后在未划去的元素中找最小元素，再确定供应关系。这样在产销平衡表上每填入一个数字，在运价表上就划去一行或一列，表中共有 m 行 n 列，总共可划（$n+m$）条直线，但当表中只剩一个元素时，这时在产销平衡表上填这个数字，在运价表上同时划去一行和一列。此时，把单价表上所有元素都划去了，相应地在产销平衡表上填（$m+n-1$）个数字，即给出了（$m+n-1$）个基变量的值。

（2）（$m+n-1$）个基变量对应的系数列向量是线性独立的。

证： 若产销平衡表中确定的第一个基变量为 $x_{i_1j_1}$，则它对应的系数列向量为

$$\boldsymbol{P}_{i_1j_1}=\boldsymbol{c}_{i_1}+\boldsymbol{c}_{m+j_1} \tag{3.7}$$

因当给定 $x_{i_1j_1}$ 的值后，将划去第 i_1 行或第 j_1 列，即其后的系数列向量中再不出现 $\boldsymbol{c}_{i_1}$ 或 $\boldsymbol{c}_{m+j_1}$，因而 $\boldsymbol{P}_{i_1j_1}$ 不可能用解中的其他向量的线性组合表示。类似地给出第二个，…，第（$m+n-1$）个。这（$m+n-1$）个向量都不可能用解中的其他向量的线性组合表示，故这（$m+n-1$）个向量是线

性独立的。

（3）用最小元素法给出初始解时，有可能在产销平衡表上填入一个数字后，在单位运价表上同时划去一行或一列，这时就出现退化。关于退化时的处理将在 3.2.4 节中讲述。

二、伏格尔法

最小元素法的缺点：为了节省一处的费用，有时造成在其他处要多花几倍的运费。伏格尔法考虑到，一个产地的产品假如不能按最小运费就近供应，就考虑次小运费，这就有一个差额。差额越大，说明不能按最小运费调运时，运费增加越多，因而在差额最大处，就应当采用最小运费调运。基于此，伏格尔法的步骤如下。

例 2（续）

第一步：在表 3.3 中分别计算出各行和各列的最小运费和次小运费的差额，并填入该表的最右列和最下行，如表 3.10 所示。

表 3.10

产地	销地				行差额/元
	B_1	B_2	B_3	B_4	
A_1	3	11	3	10	0
A_2	1	9	2	8	1
A_3	7	4	10	5	1
列差额/元	2	5	1	3	

第二步：从行或列差额中选出最大者，选择它所在行或列中的最小元素。在表 3.10 中 B_2 列是最大差额所在列。B_2 列中最小元素为 4，可确定 A_3 的产品先供应 B_2 的需要，得到表 3.11。同时将运价表中的 B_2 列数字划去，如表 3.12 所示。

表 3.11

产地	销地				产量/吨
	B_1	B_2	B_3	B_4	
A_1					7
A_2					4
A_3		6			9
销量/吨	3	6	5	6	

表 3.12　　单位：元/吨

产地	销地			
	B_1	B_2	B_3	B_4
A_1	3	11	3	10
A_2	1	9	2	8
A_3	7	4	10	5

第三步：对表 3.12 中未划去的元素再分别计算出各行、各列的最小运费和次小运费的差额，并填入该表的最右列和最下行，重复第一、二步，直到给出初始解为止。用此法给出例 1 的初始解列于表 3.13 中。

表 3.13

产地	销地				产量/吨
	B_1	B_2	B_3	B_4	
A_1			5	2	7
A_2	3			1	4
A_3		6		3	9
销量/吨	3	6	5	6	

注：由以上可见，伏格尔法同最小元素法除在确定供应关系的原则上不同外，其余步骤相同。伏格尔法给出的初始解比用最小元素法给出的初始解更接近最优解。

本例用伏格尔法给出的初始解就是最优解。

3.2.2　最优解的判别

判别的方法是计算空格（非基变量）的检验数 $c_{ij} = \boldsymbol{c_B B}^{-1} \boldsymbol{P}_{ij} (i,j \in N)$。因运输问题的目标函数是要求实现最小化，故当所有的 $c_{ij} - \boldsymbol{c_B B}^{-1} \boldsymbol{P}_{ij} \geqslant 0$ 时为最优解。下面介绍两种求空格检验数的方法。

一. 闭回路法

在给出调运方案的计算表上（见表 3.13），从每一空格出发找一条闭回路。它以某空格为起点，用水平或垂直线向前划，每碰到一数字格转 90°后，继续前进，直到回到起始空格为止。闭回路如图 3.1（a）、（b）、（c）所示。

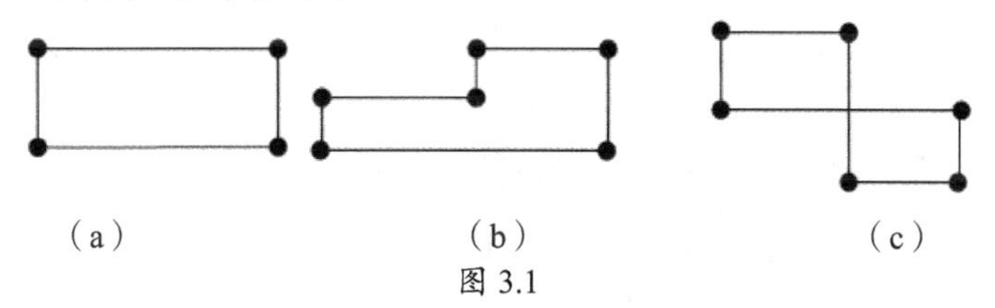

（a）　　（b）　　（c）

图 3.1

（1）从每一空格出发，一定存在且可以找到唯一的闭回路。因 $m+n-1$ 个数字格（基变量）对应的系数向量是一个基，所以任一空格（非基变量）对应的系数向量是这个基的线性组合，如 $\boldsymbol{P}_{ij}\left(i,j \in N\right)$ 可表示为

$$\begin{aligned}
\boldsymbol{P}_{ij} &= \boldsymbol{c}_i + \boldsymbol{c}_{m+j} \\
&= \boldsymbol{c}_i + \boldsymbol{c}_{m+k} - \boldsymbol{c}_{m+k} + \boldsymbol{c}_l - \boldsymbol{c}_l + \boldsymbol{c}_{m+s} - \boldsymbol{c}_{m+s} + \boldsymbol{c}_m - \boldsymbol{c}_m + \boldsymbol{c}_{m+j} \\
&= \left(\boldsymbol{c}_i + \boldsymbol{c}_{m+k}\right) - \left(\boldsymbol{c}_l + \boldsymbol{c}_{m+k}\right) + \left(\boldsymbol{c}_l + \boldsymbol{c}_{m+s}\right) - \left(\boldsymbol{c}_m + \boldsymbol{c}_{m+s}\right) + \left(\boldsymbol{c}_m + \boldsymbol{c}_{m+j}\right) \\
&= \boldsymbol{P}_{ik} - \boldsymbol{P}_{lk} + \boldsymbol{P}_{ls} - \boldsymbol{P}_{ms} + \boldsymbol{P}_{mj}
\end{aligned} \tag{3.8}$$

其中，$\boldsymbol{P}_{ik}, \boldsymbol{P}_{lk}, \boldsymbol{P}_{ls}, \boldsymbol{P}_{ms}, \boldsymbol{P}_{mj} \in \boldsymbol{B}$，而这些向量构成了闭回路（见图 3.2）。

（2）闭回路法计算检验数的经济解释：在已给出初始解的表 3.9 中，可以从任一空格出发，如(A_1,B_1)。若将 A_1 的产品调运 1 吨给 B_1，为了保持产销平衡，就要依次进行以下调整。

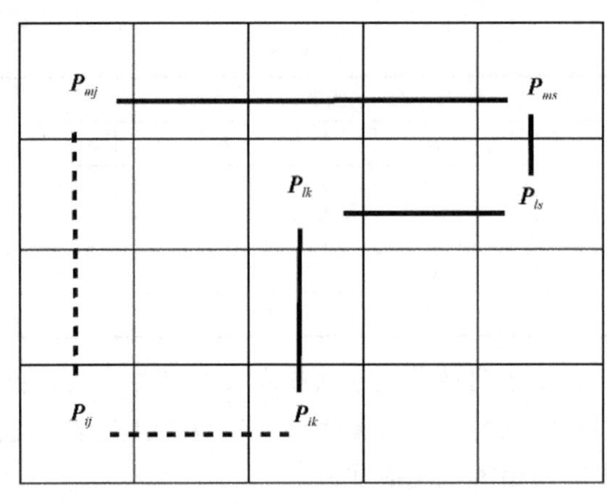

图 3.2

在(A_1,B_3)处减少 1 吨，(A_2,B_3)处增加 1 吨，(A_2,B_1)处减少 1 吨，即构成了以(A_1,B_1)空格为起点，其他为数字格的闭回路，如表 3.14 中的虚线所示，在该表中闭回路各顶点所在格的右上角数字是单位运价。

表 3.14

产地	销地				产量/吨
	B_1	B_2	B_3	B_4	
A_1	3 (+1)		3 4(−1)	3	7
A_2	1 3(−1)		2 1(+1)		4
A_3		6		3	9
销量/吨	3	6	5	6	

（3）由表 3.14 可见，调整后的方案使运费增加为

$$(+1)\times 3+(-1)\times 3+(+1)\times 2+(-1)\times 1=1（元）\tag{3.9}$$

这表明若这样调整运量则将增加运费。将“1”这个数填入(A_1,B_1)格，这就是检验数。按以上所述，可找出所有空格的检验数，如表 3.15 所示。

表 3.15

空格	闭回路	检验数
(11)	(11) - (13) - (23) - (21) - (11)	1
(12)	(12) - (14) - (34) - (32) - (12)	2
(22)	(22) - (23) - (13) - (14) - (34) - (32) - (22)	1
(24)	(24) - (23) - (13) - (14) - (24)	-1
(31)	(31) - (34) - (14) - (13) - (23) - (21) - (31)	10
(33)	(33) - (34) - (14) - (13) - (33)	12

（4）当检验数还存在负数时，说明原方案不是最优解，改进方法见 3.2.3 节。

用闭回路法求检验数时，需要给每一个空格找一条闭回路。当产销点很多时，这种计算很烦琐。下面介绍较为简便的方法——位势法。

二. 位势法

设$u_1,u_2,\cdots,u_m$；$v_1,v_2,\cdots,v_n$是对应运输问题的$m+n$个约束条件的对偶变量。$\boldsymbol{B}$是含有一个人工变量x_a的$(m+n)\times(m+n)$初始基矩阵。从线性规划的对偶理论可知

$$\boldsymbol{c_B B}^{-1}=(u_1,u_2,\cdots,u_m;v_1,v_2,\cdots,v_n) \tag{3.10}$$

而每个决策变量x_{ij}的系数向量$\boldsymbol{P}_{ij}=\boldsymbol{e}_i+\boldsymbol{e}_{m+j}$，所以$\boldsymbol{c_B B}^{-1}\boldsymbol{P}_{ij}=u_i+v_j$。于是检验数为

$$\sigma_{ij}=c_{ij}-\boldsymbol{c_B B}^{-1}\boldsymbol{P}_{ij}=c_{ij}-(u_i+v_j) \tag{3.11}$$

由单纯形法得知，所有基变量的检验数等于 0。即

$$c_{ij}-(u_i+v_j)=0 \quad i,j\in\boldsymbol{B} \tag{3.12}$$

例如，在例 2 的由最小元素法得到的初始解中，$x_{24},x_{34},x_{21},x_{32},x_{13},x_{14}$是基变量。$x_a$为人工变量，这时对应的检验数如下。

基变量	检验数		令 $u_1=0$
x_{24}	$c_{24}-(u_2+v_4)=0$		$8-(u_2+v_4)=0$
x_{34}	$c_{34}-(u_3+v_4)=0$		$5-(u_3+v_4)=0$
x_{21}	$c_{21}-(u_2+v_1)=0$	即	$1-(u_2+v_1)=0$
x_{32}	$c_{32}-(u_3+v_2)=0$		$4-(u_3+v_2)=0$
x_{13}	$c_{13}-(u_1+v_3)=0$		$3-(u_1+v_3)=0$
x_{14}	$c_{14}-(u_1+v_4)=0$		$10-(u_1+v_4)=0$

从以上 7 个方程中可求得

$$u_1=0,\ u_2=-2,\ u_3=-5,\ v_1=3,\ v_2=9,\ v_3=3,\ v_4=10 \tag{3.13}$$

因非基变量的检验数

$$\sigma_{ij}=c_{ij}-(u_i+v_j) \quad i,j\in\mathbf{N} \tag{3.14}$$

这样就可以从已知的u_1、v_1值中求得。这些计算可在表格中进行，以例 2 说明。

例 2（续）

第一步：按最小元素法给出表 3.9 的初始解，制作表 3.16。在对应表 3.9 的数字格处填入单位运价，如表 3.16 所示。

表 3.16　　单位：元/吨

产地	销地			
	B_1	B_2	B_3	B_4
A_1			3	10
A_2	1		2	
A_3		4		5

第二步：在表 3.16 上增加一行一列，在列中填入u_i，在行中填入v_j，得表 3.17。

表 3.17　　　　单位：元/吨

产地	销地				
	B_1	B_2	B_3	B_4	u_i
A_1			3	10	0
A_2	1		2		−1
A_3		4		5	−5
v_j	2	9	3	10	

先令 $u_1 = 0$，然后按 $u_i + v_j = c_{ij}(i, j \in \boldsymbol{B})$ 相继确定 u_i 和 v_j。由表 3.17 可见，当 $u_1 = 0$ 时，由 $u_1 + v_3 = 3$ 可得 $v_3 = 3$，由 $u_1 + v_4 = 10$ 可得 $v_4 = 10$；当 $v_4 = 10$ 时，由 $u_3 + v_4 = 5$ 可得 $u_3 = -5$，以此类推，可确定所有 u_i 和 v_j 的数值。

第三步：按 $\sigma_{ij} = c_{ij} - \left(u_i + v_j\right)(i, j \in \mathbf{N})$ 计算所有空格的检验数，如：

$$\begin{aligned}\sigma_{11} &= c_{11} - \left(u_1 + v_1\right) = 3 - (0 + 2) = 1 \\ \sigma_{12} &= c_{12} - \left(u_1 + v_2\right) = 11 - (0 + 9) = 2\end{aligned} \tag{3.15}$$

这些计算可直接在表 3.17 上进行。为了计算方便，特设计计算表，如表 3.18 所示。

表 3.18　　　　单位：元/吨

产地	销地				u_i
	B_1	B_2	B_3	B_4	
A_1	3 1	11 2	3 0	10 0	0
A_2	1 0	9 1	2 0	8 −1	−1
A_3	7 10	4 0	10 12	5 0	−5
v_j	2	9	3	10	

在表 3.18 中还有负检验数，说明未得最优解，还可以改进。

3.2.3 改进的方法——闭回路调整法

当在表 3.18 中空格处出现负检验数时，表明未得最优解。若有两个和两个以上的负检验数时，一般选其中最小的负检验数，以它对应的空格为调入格，即以它对应的非基变量为换入变量。由表 3.18 得(A_2,B_4)为调入格，以此格为出发点，作一闭回路，如表 3.19 所示。

表 3.19

产地	销地				产量/吨
	B_1	B_2	B_3	B_4	
A_1			4（+1）	3（−1）	7
A_2	3		1（−1）	（+1）	4
A_3		6		3	9
销量/吨	3	6	5	6	

(A_2,B_4)格的调入量θ是选择闭回路上具有（−1）的数字格中的最小者，即$\theta=\min(2,3)=1$（其原理与单纯形法中按θ规划来确定换出变量相同）。然后按闭回路上的正、负号，加入和减去此值，得到调整方案，如表 3.20 所示。

表 3.20

产地	销地				产量/吨
	B_1	B_2	B_3	B_4	
A_1			5	2	7
A_2	3			1	4
A_3		6		3	9
销量/吨	3	6	5	6	

对表 3.20 给出的解，再用闭回路法或位势法求各空格的检验数，如表 3.21 所示，表中的所有检验数都非负，故表 3.20 中的解为最优解，这时得到的总运费最小是 85 元。

表 3.21　　单位：元/吨

产地	销地			
	B_1	B_2	B_3	B_4
A_1	0	2		
A_2		2	1	
A_3	9		12	

3.2.4　表上作业法计算中的问题

一．无穷多最优解

在 3.2.1 节中提到，产销平衡的运输问题必定存在最优解。有唯一最优解还是无穷多最优解，判别依据与 1.3.3 节讲述的相同，即某个非基变量（空格）的检验数为 0 时，该问题有无穷多最优解。表 3.21 中(A_1,B_1)的检验数是 0，表明例 1 有无穷多最优解。可在表 3.20 中以(A_1,B_1)为调入格，作闭回路(A_1,B_1)+—(A_1,B_4)−—(A_2,B_4)+—(A_2,B_1)−—(A_1,B_1)+。确定$\theta=\min(2,3)=2$。经调整后得到另一最优解，如表 3.22 所示。

表 3.22

产地	销地				产量/吨
	B_1	B_2	B_3	B_4	
A_1	2		5		7
A_2	1			3	4
A_3		6		3	9
销量/吨	3	6	5	6	

二．退化

用表上作业法求解运输问题，当出现退化时，在相应的格中一定要填一个 0，以表示此格为数字格。有以下两种情况。

（1）当确定初始解的各供需关系时，若在$\left(A_i,B_j\right)$格填入某数字后，则出现A_i处的余量等于B_j处的需要量。这时在产销平衡表上填一个数，而在单位运价表上相应地要划去一行和一列。为了使在产销平衡表上有（$m+n-1$）个数字格，这时需要填一个 0，它的位置可在对应同时划去的那行或那列的任一空格处，如表 3.23 和表 3.24 所示。因第一次划去第一列，剩下最小元素为 2，其对应的销地B_2需要量为 6，而对应的产地A_3未分配量也为 6。这时在产销表(A_3,B_2)交叉格中填入 6，在单位运价表 3.24 中需要同时划去B_2列和A_3行，在表 3.23 的空格(A_1,B_2)，(A_2,B_2)，(A_3,B_3)，(A_3,B_4)中任选一格填一个 0。

表 3.23

产地	销地				产量/吨
	B_1	B_2	B_3	B_4	
A_1					7
A_2					4
A_3	3	6			9
销量/吨	3	6	5	6	

表 3.24

产地	销地			
	B_1	B_2	B_3	B_4
A_1	3	11	4	5
A_2	7	7	3	8
A_3	1	2	10	6

（2）在用闭回路法调整时，在闭回路上出现两个和两个以上的具有（−1）标记的相等的最小值，这时只能选择其中一个作为调入格，而经调整后，得到退化解。这时另一个数字格必须填入一个 0，表明它是基变量。当出现退化后，并进行改进调整时，可能在某闭回路上有标记为（−1）的取值为 0 的数字格，这时应取调整量$\theta=0$。

3.3 产销不平衡的运输问题

前面讨论的运输问题的理论和方法都是以产销平衡，即

$$\sum_{i=1}^{m} a_i = \sum_{j=1}^{n} b_j \tag{3.16}$$

为前提的，但是实际问题中的产销往往是不平衡的。对于产销不平衡的运输问题，可以把它们先转化为产销平衡问题，然后用表上作业法求解。

（1）产大于销的情况，即

$$\sum_{i=1}^{m} a_i > \sum_{j=1}^{n} b_j \tag{3.17}$$

由于总产量大于总销量，需要考虑多余的物资在哪些产地就地存储的问题。将各产地的仓库设成一个假想销地 B_{n+1}，该销地的总需求量为

$$b_{n+1} = \sum_{i=1}^{m} a_i - \sum_{j=1}^{n} b_j \tag{3.18}$$

再令运价表中各产地到虚设销地 B_{n+1} 的单位运价，$c_{i,n+1}=0$，$i=1,2,\cdots,m$，则该问题就转化为一个产销平衡的运输问题，即可以用表上作业法求解。在最优解中，产地 A_i 到虚设销地 B_{n+1} 的运量实际上就是产地 A_i 就地存储的多余物资数量。

（2）销大于产的情况，即

$$\sum_{i=1}^{m} a_i < \sum_{j=1}^{n} b_j \tag{3.19}$$

与产大于销情况相似，当销大于产时，可以在产销平衡表中虚设一个产地 A_{m+1}，该产地的产量为

$$a_{n+1} = \sum_{j=1}^{n} b_j - \sum_{i=1}^{m} a_i \tag{3.20}$$

再令虚设产地 A_{m+1} 到各销地的单位运价 $c_{m+1,j}=0$，$j=1,2,\cdots,n+1$，则该问题可以转化为一个产销平衡的运输问题。在最优解中，虚设产地 A_{m+1} 到销地 B_j 的运量实际上就是最后分配方案中销地 B_j 的缺货量。

（3）在产销不平衡问题中，如果某产地不允许将多余物资就地存储，或某销地不允许缺货，则要令相应运价 $c_{i,n+1}$ 或 $c_{m+1,j}=M$（M 是相当大的正数）。

例 3 设有 A_1,A_2,A_3 三个产地生产某种物资，其产量分别为 5 吨、6 吨、8 吨，B_1,B_2,B_3 三个销地需要该物资，销量分别为 4 吨、8 吨、6 吨，已知各产销地之间的单位运价（见表 3.25），试确定总运费最少的调运方案。

表 3.25

产地	销地			产量/吨
	B_1	B_2	B_3	
A_1	3	1	3	5
A_2	4	6	2	6
A_3	2	8	5	8
销量/吨	4	8	6	

解：产地总产量为 19 吨，销地总销量为 18 吨，这是一个产大于销的运输问题。虚设销地 B_4，令其销量 b_4=1 吨，$c_{i4}=0(i=1,2,3)$，则问题变为如下平衡运输问题。

表 3.26

产地	销地				产量/吨
	B_1	B_2	B_3	B_4	
A_1	3	1	3	0	5
A_2	4	6	2	0	6
A_3	2	8	5	0	8
销量/吨	4	8	6	1	

利用表上作业法求解，结果如表 3.27～表 3.32 所示。

表 3.27

加工厂	销地				产量/吨
	B_1	B_2	B_3	B_4	
A_1		4		1	5
A_2	0		6		6
A_3	4	4			8
销量/吨	4	8	6	1	

表 3.28 单位：元/吨

产地	销地			
	B_1	B_2	B_3	B_4
A_1	3	1	3	0
A_2	4	6	2	0
A_3	2	8	5	0

表 3.29

加工厂	销地				u_i
	B_1	B_2	B_3	B_4	
A_1	8	4	10	1	0
A_2	0	−4	6	−9	9
A_3	4	4	5	−7	7
v_i	−5	1	−7	0	

表 3.30 单位：元/吨

加工厂	销地				u_i
	B_1	B_2	B_3	B_4	
A_1	8	4	1	1	0
A_2	9	5	6	0	0
A_3	4	4	−4	−7	7
v_i	−5	1	2	0	

表 3.31

加工厂	销地				u_i
	B_1	B_2	B_3	B_4	
A_1	8	5	8	7	0
A_2	2	−2	6	0	7
A_3	4	3	3	1	7
v_i	−5	1	−5	−7	

表 3.32 单位：元/吨

加工厂	销地				u_i
	B_1	B_2	B_3	B_4	
A_1	8	5	6	7	0
A_2	4	0	6	2	5
A_3	4	3	1	1	7
v_i	−5	1	−3	−7	

表 3.32 中所有检验数均非负，所以已是最优解，最小总运费为 5×1+6×2+4×2+3×8+1×0=49（元）。

下面通过实例介绍转运问题的处理方法。

例 4　某公司下属三个加工厂生产某种物资，分别运往四个地区的门市部去销售。有关各厂的产量、各门市部的销售量及运价等信息如表 3.33 所示，要求总的运费支出为最少的调运方案。

表 3.33

加工厂	门市部				产量/吨
	B_1	B_2	B_3	B_4	
A_1	3	11	3	10	7
A_2	1	9	2	8	4
A_3	7	4	10	5	9
销量/吨	3	6	5	6	

这是普通的产销平衡的运输问题，但是如果假定：

（1）每个工厂生产的物资不一定直接发运到销地，可以从其中几个产地集中一起运；

（2）运往各销地的物资可以先运到其中几个销地，再转运给其他销地；

（3）除产地、销地外，中间还可以设几个转运站，在产地之间、销地之间或产地与销地之间转运。

已知各产地、销地、中间转运站及相互之间每吨物资的运价表（见表 3.34），在考虑到产地、销地之间直接运输和非直接运输的各种可能方案的情况下，如何将三个工厂每天生产的物资运往销地，才能使总的运费最少，这就是转运问题。

表 3.34　　单位：元/吨

		产地			中间转运站				销地			
		A_1	A_2	A_3	T_1	T_2	T_3	T_4	B_1	B_2	B_3	B_4
产地	A_1		1	3	2	1	4	3	3	11	3	10
	A_2	1		—	3	5	—	2	1	9	2	8
	A_3	3	—		1	—	2	3	7	4	10	5
中间转运站	T_1	2	3	1		1	3	2	2	8	4	6
	T_2	1	5	—	1		1	1	4	5	2	7
	T_3	4	—	2	3	1		2	1	8	2	4
	T_4	3	2	3	2	1	2		1	—	2	6
销地	B_1	3	1	7	2	4	1	1		1	4	2
	B_2	11	3	4	8	5	8	—	1		2	1
	B_3	3	2	10	4	2	2	2	4	2		3
	B_4	10	8	5	6	7	4	6	2	1	3	

解：从表 3.34 中可以看出，从 A_1 到 B_2，每吨物资的直接运价为 11 元，如从 A_1 经 A_3 运往 B_2，运价为 3+4=7（元），从 A_1 经 T_2 运往 B_2 只需要 1+5=6（元），而从 A_1 到 B_2 运价最少的路径为 $A_1 \to A_2 \to B_1 \to B_2$，每吨物资的运价只需要 1+1+1=3（元）。可见，在这个问题中从每个产地到各销地之间的运输方案有很多种。为了把这个问题仍当成一般的产销平衡的运输问题

来处理，我们可以进行如下操作。

（1）由于问题中所有产地、中间转运站、销地都可以看成产地，又可以看成销地，所以把整个问题当成有 11 个产地和 11 个销地扩大了的运输问题。

（2）对扩大了的运输问题建立运价表，方法是将表 3.34 中不可能的运输方案的运价用任意大的正数 M 代替。

（3）所有中间转运站的产量等于销量。由于运价最少时不可能出现一批物资来回倒运的现象，所以每个转运站的转运量不超过 20 吨。可以规定 T_1，T_2，T_3，T_4 的产量和销量均为 20 吨。由于实际的转运量

$$\sum_{j=1}^{n} x_{ij} \leqslant a_i\,,\ \sum_{i=1}^{m} x_{ij} \leqslant b_j \tag{3.21}$$

可以在每个约束条件中增加一个松弛变量 x_{ii}，x_{ii} 相当于一个虚构的转运站，其意义就是自己运给自己。$(20-x_{ii})$ 就是每个转运站的实际转运量，x_{ii} 的对应运价 $c_{ii}=0$。

（4）扩大了的运输问题中原来的产地与销地由于也具有转运站的作用，所以同样在原来产量与销量上加 20 吨，即三个工厂的物资产量改为 27 吨、24 吨、29 吨，销量均为 20 吨；四个销地的每天销量改为 23 吨、26 吨、25 吨、26 吨，产量均为 20 吨，同时引进 x_{ii} 作为松弛变量。

下面写出扩大了的运输问题的产销平衡表与运价表，如表 3.35 所示。

表 3.35

产地	销地											产量/吨
	A_1	A_2	A_3	T_1	T_2	T_3	T_4	B_1	B_2	B_3	B_4	
A_1	0	1	3	2	1	4	3	3	11	3	10	27
A_2	1	0	M	3	5	M	2	1	9	2	8	24
A_3	3	M	0	1	M	2	3	7	4	10	5	29
T_1	2	3	1	0	1	3	2	2	8	4	6	20
T_2	1	5	M	1	0	1	1	4	5	2	7	20
T_3	4	M	2	3	1	0	2	1	8	2	4	20
T_4	3	2	3	2	1	2	0	1	M	2	6	20
B_1	3	1	7	2	4	1	1	0	1	4	2	20
B_2	11	9	4	8	5	8	M	1	0	2	1	20
B_3	3	2	10	4	2	2	2	4	2	0	3	20
B_4	10	8	5	6	7	4	6	2	1	3	0	20
销量/吨	20	20	20	20	20	20	20	23	26	25	26	240

这是一个产销平衡的运输问题，可以用表上作业法求解（计算略）。

课后习题

（1）用表上作业法求解表 3.36～表 3.39 中运输问题的最优解（表 3.39 中数字 M 为任意大的正数）。

①

表 3.36

产地	销地				产量/吨
	甲	乙	丙	丁	
1	3	7	6	4	5
2	2	4	3	2	2
3	4	3	8	5	3
销量/吨	3	3	2	2	

②

表 3.37

产地	销地				产量/吨
	甲	乙	丙	丁	
1	10	6	7	12	4
2	16	10	5	9	9
3	5	4	10	10	4
销量/吨	5	2	4	6	

③

表 3.38

产地	销地					产量/吨
	甲	乙	丙	丁	戊	
1	10	20	5	9	10	5
2	2	10	8	30	6	6
3	1	20	7	10	4	2
4	8	6	3	7	5	9
销量/吨	4	4	6	2	4	

④

表 3.39

产地	销地					产量/吨
	甲	乙	丙	丁	戊	
1	10	18	29	13	22	100
2	13	M	21	14	16	120
3	0	6	11	3	M	140
4	9	11	23	18	19	80
5	24	28	36	30	34	60
销量/吨	100	120	100	60	80	

（2）某公司去采购 A、B、C、D 四种规格的信号灯，数量分别为 A—1500 个，B—2000 个，C—3000 个，D—3500 个，有三个生产厂家可供应上述规格信号灯，各厂家供应数量分别为Ⅰ—2500 个，Ⅱ—2500 个，Ⅲ—5000 个。由于这些厂家的设备质量、运价和销售情况不同，预计售出后的利润（元/个）也不同，如表 3.40 所示，请帮助该公司确定一个预期盈利最

大采购方案。

表 3.40　　单位：元/个

产地	销地			
	A	B	C	D
I	10	5	6	7
II	8	2	7	6
III	9	3	4	8

（3）甲、乙、丙三个公司每年需要某种交通设备零部件分别为 320 万件、250 万件、350 万件，由 A、B 两个生产厂家负责供应。已知该零部件年供应量分别为 A—400 万件，B—450 万件。由生产厂家至各公司的单位运价（万元/万件）如表 3.41 所示。由于需求量大于供应量，经研究平衡决定，甲公司的供应量可减少 0～30 万件，乙公司需求量应全部满足，丙公司供应量不少于 270 万件。试求将供应量分配完又使总运费最低的调运方案。

表 3.41　　单位：万元/万件

产地	销地		
	甲	乙	丙
A	15	18	22
B	21	25	16

第 4 章　整数规划

4.1　整数规划问题

在线性规划问题中，它的解假设为具有连续型的数值。但是在许多实际问题中，决策变量仅仅在取整数值时才有意义，如变量表示的是工人的数量、机器的台数、货物的箱数、装货的车皮数等。为了满足整数解的要求，比较自然的简便方法似乎就是把用线性规划所求得的分数解进行“四舍五入”或“取整”处理。当然这样做有时确实也是有效的，可以取得与整数最优解相近的可行整数解，因此它是实际工作中经常采用的方法。但是实际问题中并不都是如此，有时这样处理得到的解可能不是原问题的可行解，有的虽是原问题的可行解，但却不是整数最优解，因而有必要研究整数规划问题的解法。

在一个线性规划问题中，如果它的全部决策变量或者部分决策变量要求取整数时，那么这个问题就称为整数线性规划问题，简称整数规划。整数规划是最近几年发展起来的规划论的一个分支。

整数规划中如果所有的变量都限制为整数，则称为纯整数规划；如果仅一部分变量被限制为整数，则称为混合整数规划。整数规划的一个特殊情形是 0—1 规划，它的变量取值仅限于 0 或 1 两个逻辑值。下面举例说明整数规划问题。

例 1　现有甲、乙两种货物拟用集装箱托运，每件甲、乙货物的体积、重量、可获利润，以及集装箱的托运限制如表 4.1 所示。

表 4.1

货物	体积/（米^3/件）	重量/（万斤/件）	利润/（万元/件）
甲	5	2	20
乙	4	5	10
托运限制	24	13	

试确定集装箱中托运甲、乙货物的件数，使托运利润最大。

解：设 x_1、x_2 分别为甲、乙两种货物的件数（整数），则该问题数学模型为

$$\max Z = 20x_1 + 10x_2 \quad ①$$
$$\begin{cases} 5x_1 + 4x_2 \leqslant 24 & ② \\ 2x_1 + 5x_2 \leqslant 13 & ③ \\ x_1, x_2 \geqslant 0\text{是整数} & ④ \end{cases} \tag{4.1}$$

这里货物的件数只能是整数，所以这是一个纯整数规划。若先不考虑整数限制，则可求得问题的最优解为

$$x_1 = 4.8,\ x_2 = 0,\ \max Z = 96$$

由于 $x_1 = 4.8$ 不符合整数的要求，所以该解不是整数规划的最优解。

注：（1）是否可以将非整数解用“四舍五入”的方法处理呢？事实上如果将 $x_1 = 4.8$，$x_2 = 0$ 近似为 $x_1 = 5$，$x_2 = 0$，则该解不符合体积限制条件［见式（4.1）②］，因而它不是可行解；那么用“取整”方法处理结果又如何呢？将 $x_1 = 4.8$，$x_2 = 0$ “取整”视为 $x_1 = 4$，$x_2 = 0$，显然满足各约束条件，因而是整数规划问题的可行解，但它不是整数最优解。因为当 $x_1 = 4$，$x_2 = 1$ 时该解也是可行解且 $Z = 90$，目标值优于 $x_1 = 4$，$x_2 = 0$ 这个解。

（2）如何求得这类问题的整数最优解呢？到目前为止，整数规划问题还没有一种很满意的和有效的解法。现在求解整数规划的方法，基本上都是将整数规划变为一系列线性规划来求解的，这里我们介绍分支定界法和割平面法两种方法。

4.2 分支定界法

分支定界法是求解整数规划的常用方法，既可用来求解全部变量取值都要求为整数的纯整数规划，又可用来求解混合整数规划。

分支定界法的基本思路：先不考虑整数限制，求出相应的线性规划的最优解，若此解不符合整数要求，则去掉不包含整数解的部分可行域，将可行域 D 分成 D_1、D_2 两部分（分支），然后分别求解这两部分可行域对应的线性规划。如果它们的解仍不是整数解，则继续去掉不包含整数解的部分可行域，将可行域 D_1 或 D_2 分成 D_3 与 D_4 两部分，再求解 D_3 与 D_4 对应的线性规划……。在计算中若已得到一个整数可行解 x_0，则以该解的目标函数值 Z_0 作为分支的界限，如果某一线性规划的目标值 $Z > Z_0$，就没有必要继续分支，因为分支（增加约束）的结果所得的最优值只能比 Z_0 更差。反之，若 $Z > Z_0$，则该线性规划分支后，有可能产生比 Z_0 更好的整数解，一旦真的产生了一个更好的整数解，则以这个更好的整数解目标值作为新的界限，继续进行分支，直至产生不出更好的整数解为止。

下面以实例来说明算法的步骤。

例 2 求解下面整数规划：

$$\max Z = 40x_1 + 90x_2 \quad ①$$

$$\begin{cases} 9x_1 + 7x_2 \leqslant 56 & ② \\ 7x_1 + 20x_2 \leqslant 70 & ③ \\ x_1 x_2 \geqslant 0 & ④ \\ x_1, x_2 \text{为整数} & ⑤ \end{cases} \tag{4.2}$$

解： 先不考虑条件 x_1, x_2 为整数，求解相应的线性规划问题 L，得最优解（见图 4.1）为

$$x_1 = 4.81,\ x_2 = 1.82,\ Z_0 = 356$$

该解不是整数解，注意到其中一个非整数变量，如 $x_1 = 4.81$，于是对问题 L 分别增加约束条件 $x_1 \leqslant 4$，$x_1 \geqslant 5$。

将问题 L 分解为两个子问题 L_1 和 L_2（分支），也就是去掉问题 L 不含整数解的一部分可行域，将可行域 D 变为 D_1 和 D_2 两部分，如图 4.2 所示。

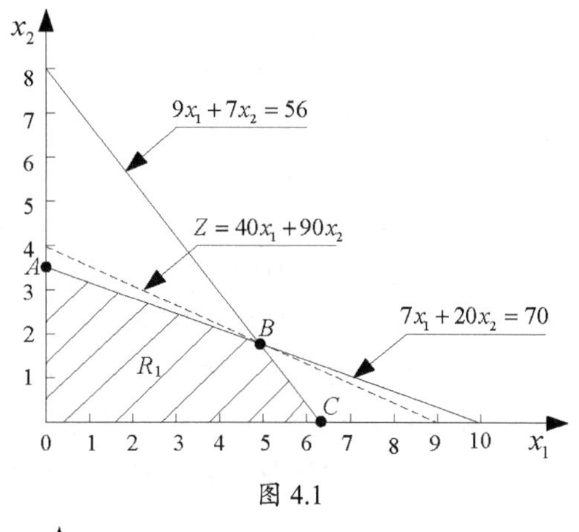

图 4.1

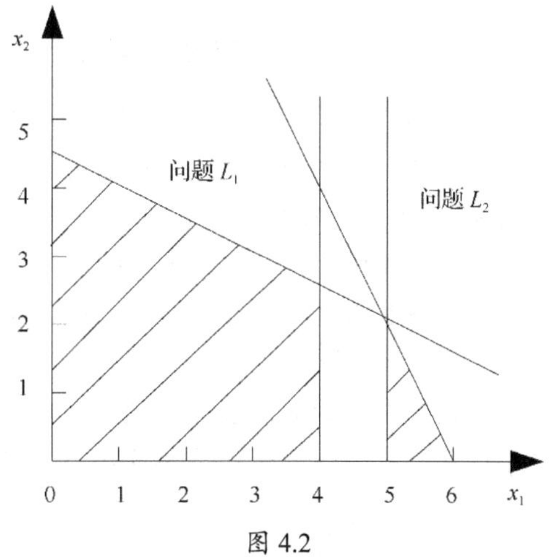

图 4.2

求解线性规划问题 L_1 和问题 L_2，得到最优解如表 4.2 所示。

表 4.2

问题 L_1	问题 L_2
$Z_1=349$ $x_1=4.00$ $x_2=2.10$	$Z_2=341$ $x_1=5.00$ $x_2=1.57$

因为没有得到整数解，所以继续对问题 L_1 进行分解，增加约束 $x_2\leqslant 2$ 与 $x_2\geqslant 3$，将 L_1 分解成问题 L_3 与问题 L_4，并求得最优解如表 4.3 所示。

表 4.3

问题 L_3	问题 L_4
$Z_3=340$ $x_1=4.00$ $x_2=2.00$	$Z_4=327$ $x_1=1.42$ $x_2=3.00$

问题 L_3 的解已是整数解，它的目标值 $Z_3=340$。大于问题 L_4 的目标值，所以问题 L_4 不需要分支了。但由于问题 L_2 的目标值 Z_2 大于 Z_3，分解问题 L_2 还有可能产生更好的整数解，所以继续对问题 L_2 分支。增加约束 $x_2\leqslant 1$ 与 $x_2\geqslant 2$，将 L_2 分解为问题 L_5 和问题 L_6，并求解，结果如表 4.4 所示。

表 4.4

问题 L_5	问题 L_6
$Z_5=308$ $x_1=5.44$ $x_2=1.00$	无可行解

问题 L_5 虽是非整数解，但 $Z_5=308<Z_3$，所以不必分解了。问题 L_6 为无可行解，于是可以断定问题 L_3 的解：x_1=4.00，$x_2=2.00$，$Z=340$ 为最优整数解。整个解题过程如图 4.3 所示。

注：（1）用分支定界法求解整数规划问题的步骤，可总结如下。

步骤 1：求解与整数规划相对应的线性规划 L，若 L 无可行解，则整数规划也没有可行解，计算停；若 L 的最优解是整数解，则该解即整数规划的最优解，计算停；若 L 的最优解不是整数解，则转步骤 2。

步骤 2：（分支）在 L 的最优解中任选一个不符合整数条件的变量 x_{B_i}，其值为 $(\boldsymbol{B}^{-1}\boldsymbol{b})_i$，$(\boldsymbol{B}^{-1}\boldsymbol{b})_i$ 为小于 $(\boldsymbol{B}^{-1}\boldsymbol{b})_i$ 的最大整数，构造两个约束条件 $x_{B_i}\leqslant\left[(\boldsymbol{B}^{-1}\boldsymbol{b})_i\right]$ 和 $x_{B_i}\geqslant\left[(\boldsymbol{B}^{-1}\boldsymbol{b})_i\right]+1$，将这两个约束条件分别加在问题 L 的约束上，形成两个子问题 L_1 和 L_2，并求解 L_1 和 L_2。

步骤 3：（定界）取整数解中最大目标值为界限值 Z，如果计算中尚无整数解，则取 $Z=-\infty$。检查分支 L_i，若它的最优解不是整数解且 $Z_i>Z$，则重复步骤 2，若 $Z_i\leqslant Z$，则 L_i 不再分解。

重复步骤 2、步骤 3 直至所有分支都不能再分解为止，这时 Z 对应的整数解为原问题的最优解。

（2）用分支定界法可解纯整数规划问题和混合整数规划问题，它比穷举法优越，因为它仅在一部分可行的整数解中寻求最优解，计算量比穷举法小。若变量数目很大，那么其计算工作量也是相当可观的。

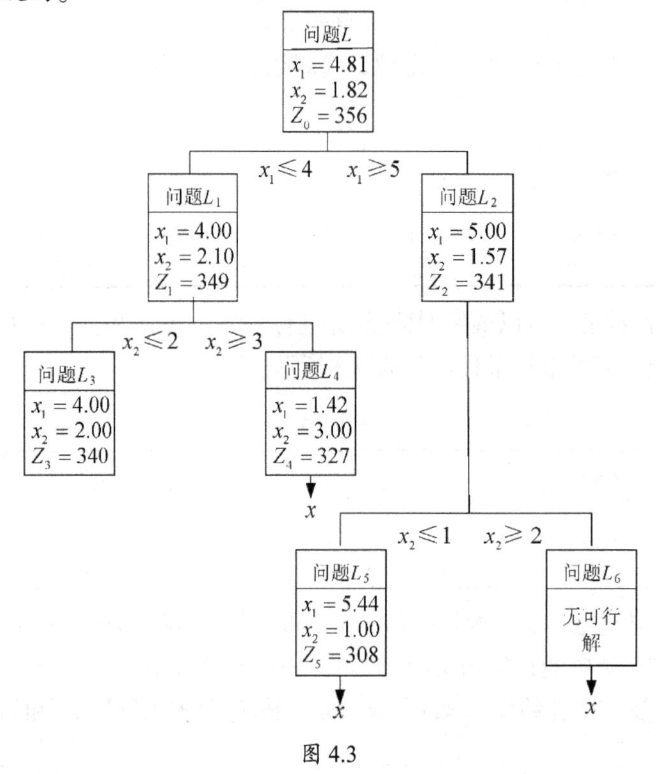

图 4.3

4.3　割平面法

割平面法是 1958 年美国学者 R. E. Gomory 提出的求解整数规划的一种比较简单的方法，其基本思想：先不考虑变量的整数限制求解相应的线性规划，如果得到的解不是整数解，则不断增加适当的线性约束，割掉原可行域不含整数解的一部分，最终得到一个具有若干整数顶点的可行域，而这些顶点中恰有一个顶点是原问题的整数最优解。

割平面法的基本步骤如下。

步骤 1：不考虑变量的整数限制，求解相应的线性规划问题，如果该问题无解或最优解已是整数解，则停止计算，否则转下一步。

步骤 2：对上述线性规划的可行域进行“切割”，去掉不含整数解的一部分可行域，即增加适当的线性约束，然后转步骤 1。

割平面法的关键在于如何确定切割方程，使之能对可行域进行真正切割，而且切去部分不含整数解点，下面讨论切割方程的求法。

设与整数规划相对应的线性规划最优解中的基变量 $x_{\boldsymbol{B}_i}=(\boldsymbol{B}^{-1}\boldsymbol{b})_i$，其不是整数，将最优单纯形表中该基变量对应的行还原成约束，即

$$x_{\boldsymbol{B}_i}+\sum_j a_{ij}x_i=(\boldsymbol{B}^{-1}\boldsymbol{b})_i \tag{4.3}$$

将 $(\boldsymbol{B}^{-1}\boldsymbol{b})_i$ 和 a_{ij} 都分解成整数与非负真分数之和的形式，即

$$(\boldsymbol{B}^{-1}\boldsymbol{b})_i=N_i+f_i \qquad \text{其中}\ 0\leqslant f_i\leqslant 1 \tag{4.4}$$

$$a_{ij}=N_{ij}+f_{ij} \qquad \text{其中}\ 0\leqslant f_{ij}\leqslant 1 \tag{4.5}$$

这里 N_i、N_{ij} 是整数，将式（4.4）和式（4.5）代入式（4.3）得

$$x_{\boldsymbol{B}_i}+\sum_j\left(N_{ij}+f_{ij}\right)x_j=N_i+f_i$$

即

$$x_{\boldsymbol{B}_i}+\sum_j N_{ij}x_j-N_i=f_i-\sum_j f_{ij}x_j \tag{4.6}$$

当 x_i 是整数时，式（4.6）左端是整数，所以右端也应该是整数，但右端是两个正数之差，且 $0\leqslant f_i\leqslant 1$，所以式（4.6）两端只能取小于或等于零的整数值，因此

$$f_i-\sum_j f_{ij}x_j\leqslant 0$$

取这个不等式作为切割方程，显然能对原可行域进行切割，而且不会切割掉整数解。

例 3　用割平面法求解：

$$\max Z=x_1+x_2$$

$$\begin{cases}-x_1+x_2\leqslant 1\\ 3x_1+x_2\leqslant 4\\ x_1,x_2\geqslant 0\\ x_1,x_2\text{为整数}\end{cases} \tag{4.7}$$

解：将问题标准化得

$$
\max Z = x_1 + x_2 \quad ①
$$

$$
\begin{cases} -x_1 + x_2 + x_3 = 1 & ② \\ 3x_1 + x_2 + x_4 = 4 & ③ \\ x_1, x_2 \geqslant 0 & ④ \\ x_1, x_2 \text{为整数} & ⑤ \end{cases} \tag{4.8}
$$

不考虑条件 x_1, x_2 为整数，求解相应线性规划，结果如表 4.5 所示。

表 4.5

$\boldsymbol{c}$			1	1	0	0
$\boldsymbol{c_B}$	$\boldsymbol{x_B}$	$\boldsymbol{B^{-1}b}$	x_1	x_2	x_3	x_4
0	x_3	1	−1	1	1	0
0	x_4	4	3	1	0	1
σ			1	1	0	0
…			…			
1	x_1	3/4	1	0	−1/4	1/4
1	x_2	7/4	0	1	3/4	1/4
σ			0	0	−1/2	−1/2

表 4.5 中 $x_1=\frac{3}{4}$，不是整数，将表中第一行还原成方程，即

$$
x_1 - \frac{1}{4}x_3 + \frac{1}{4}x_4 = \frac{3}{4} \tag{4.9}
$$

因为 $\frac{3}{4}=0+\frac{3}{4}$，$-\frac{1}{4}=-1+\frac{3}{4}$，$\frac{1}{4}=0+\frac{1}{4}$，所以有切割方程：

$$
\frac{3}{4}x_3 + \frac{1}{4}x_4 \geqslant \frac{3}{4} \tag{4.10}
$$

即

$$
3x_3 + x_4 \geqslant 3
$$

引入松弛变量 x_5，得方程

$$
-3x_3 - x_4 + x_5 = -3 \tag{4.11}
$$

将新约束方程加到原最优解下面（切割），求得新的最优解如表 4.6 所示。

表 4.6

$\boldsymbol{c}$			1	1	0	0	0
$\boldsymbol{c_B}$	$\boldsymbol{x_B}$	$\boldsymbol{B^{-1}b}$	x_1	x_2	x_3	x_4	x_5
1	x_1	3/4	1	0	1/4	1/4	0
1	x_2	7/4	0	1	3/4	1/4	0
0	x_5	−3	0	0	[−3]	−1	1
σ			0	0	−1/2	−1/2	0
1	x_1	1	1	0	0	1/6	1/12
1	x_2	1	0	1	0	0	1/4
1	x_3	1	0	0	1	1/3	−1/3
σ			0	0	0	−1/6	−1/3

由于 x_1, x_2 的值已是整数，所以该题经一次切割已得最优解。

现在来看看切割方程 $3x_3 + x_4 \geqslant 3$ 的几何意义。

例 3 对应的线性规划用图解法求得可行域 D 及最优解点 A 如图 4.4 所示。

由式（4.8）中②、③可得

$$x_3 = 1 + x_1 - x_2, \quad x_4 = 4 - 3x_1 - x_2 \tag{4.12}$$

代入切割方程得

$$3(1 + x_1 - x_2) + 4 - 3x_1 - x_2 \geqslant 3 \tag{4.13}$$

即
$$x_2 \leqslant 1$$

将该切割方程加到原约束中，就等价于去掉原可行域的 ABD 部分，显然在该区域不含整数解点，对原可行域切割的结果是产生了一个新顶点 $D(1,1)$，用图解法在新的可行域中搜索最优解，恰好最优解是 $D(1,1)$，如图 4.5 所示。

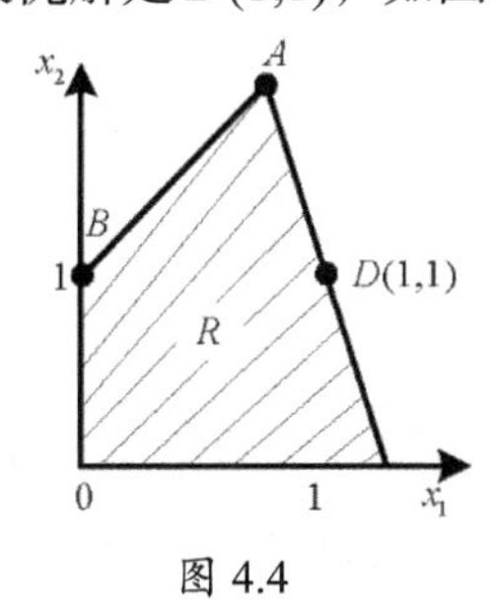

图 4.4

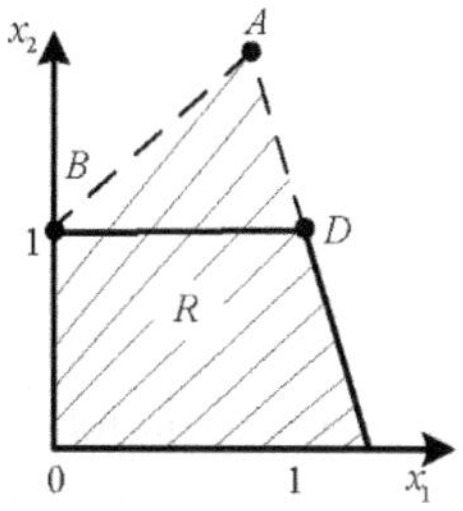

图 4.5

在求解实际问题中，割平面法经常会遇到收敛很慢的情况，但若与其他方法，如分支定界法，联合使用一般能收到比较好的效果。

4.4　0—1 型整数规划

0—1 型整数规划是整数规划的特殊情形。它的决策变量仅取 0 或 1 这两个值，这时的决策变量 x_i 称为 0—1 变量。在实际问题中，有些问题只需回答“是”或“否”，问题就算是解决了，描述这类问题的变量只需取两个值就可以了。例如：是否采纳某个方案；某项任务是否可以交某人承担；集装箱内是否装入某种货物等。对于这类问题我们可以用逻辑变量来描述。

$$x = \begin{cases} 1 & \text{是} \\ 0 & \text{否} \end{cases}$$

4.4.1　引入 0—1 变量的实例

1．确定投资方案——相互排斥的计划

例 4　为支持交通运输业的发展，某市银行拟抽调 a 万元资金对公路、铁道和航空三个交通运输业给予低息贷款。由于资金有限，所以只能在四个公路部门 A_1，A_2，A_3，A_4 中最多选两个给予贷款；在五个铁道部门 A_5，A_6，A_7，A_8，A_9 中最多选三个给予贷款；在航空部门

A_{10}，A_{11}，A_{12} 中最多选两个给予贷款。已知部门 A_i 得到贷款 $a_i\left(i=1,2,\cdots,n\right)$ 万元后，每万元贷款可获利 b_i 万元。问该市银行应如何发放贷款，可使总利润最大？

解：因为本问题只要求解决是否对部门 A_i 给予贷款，所以可用 0—1 变量描述所求方案。

设
$$x_i=\begin{cases}1 & 给A_i贷款\\0 & 不给A_i贷款\end{cases}$$

于是根据题意，上面问题可描述为

$$\max Z=\sum_{i=1}^{12}a_ib_ix_i$$

$$\begin{cases}\sum\limits_{i=1}^{12}a_ix_i\leqslant a\\ \sum\limits_{i=1}^{4}x_i\leqslant 2\\ \sum\limits_{i=5}^{9}x_i\leqslant 3\\ \sum\limits_{i=10}^{12}x_i\leqslant 2\\ x_i=0或1,\ i=1,2,\cdots,12\end{cases} \tag{4.14}$$

这是一个 0—1 整数规划问题，与其类似的问题，如投资项目的选择、投资场所的选择、工厂的选址、确定新产品的开发方案等。总之，凡是一些相互排斥的计划，方案的确定问题都可以归结为与例 4 类似的 0—1 规划问题。

2．相互排斥的约束条件

在本章例 1 中，关于运货的重量限制为

$$2x_1+5x_2\leqslant 13 \tag{4.15}$$

今设集装箱有车运和船运两种方式，上面的条件是车运时的重量限制条件，如用船运时关于重量的限制条件为

$$2x_1+5x_2\leqslant 20 \tag{4.16}$$

试确定集装箱中托运甲、乙货物的数量及运输方式，使总利润最大。

为了建立问题的模型，除了设甲、乙货物的件数为 x_1，x_2，还要把运输方式表示出来。由于只有两种运输方式，所以可设 $y=\begin{cases}1 & 车运\\0 & 船运\end{cases}$。在约束条件中，两种不同运输方式对应的重量约束条件是相互排斥的，所以不能简单地将它们都写到约束中，利用 y 的 0—1 变量可以将上述两个重量约束改写成

$$2x_1+5x_2\leqslant 13+(1-y)M \tag{4.17}$$

$$2x_1+5x_2\leqslant 20+yM \tag{4.18}$$

其中，M 是相当大的正数，可以验证当 $y=1$ 时，式（4.17）就是式（4.15），而式（4.18）自然成立，因而是多余的；当 $y=0$ 时，式（4.18）就是式（4.16），而式（4.17）成为多余的。经过这样处理后问题的数学模型可以写成如下形式：

$$\max Z = 20x_1 + 10x_2$$
$$\begin{cases} 5x_1 + 4x_2 \leqslant 24 \\ 2x_1 + 5x_2 \leqslant 13 + (1-y)M \\ 2x_1 + 5x_2 \leqslant 20 + My \\ x_1, x_2 \geqslant \text{是整数} \\ y = 1\text{或}0 \end{cases} \tag{4.19}$$

注：如果有 m 个互相排斥的约束条件：

$$a_{i1}x_1 + a_{i2}x_2 + \cdots + a_{in}x_n \leqslant b_i \quad (i = 1,2,\cdots,m) \tag{4.20}$$

为了保证这 m 个条件只有一个起作用，可以引入 m 个 0—1 变量 $y_i\,(i=1,2,\cdots,m)$ 和充分大的正数 M，将这 m 个约束条件改写成

$$a_{i1}x_1 + a_{i2}x_2 + \cdots + a_{in}x_n \leqslant b_i + y_i M \quad (i = 1,2,\cdots,m) \tag{4.21}$$

$$y_1 + y_2 + \cdots + y_m = m - 1 \tag{4.22}$$

显然，这些 y_i 中只有一个能取 0 值，因而这 m 个约束只能有一个起作用，而其余的都是多余的。

4.4.2　0—1 型整数规划的解法

对于 0—1 型整数规划的求解问题，由于每个变量只取 0、1 两个值，人们自然会想到用穷举法来求解，即列出变量取值为 0 或 1 的每一种组合，算出目标函数在每一组合点（共 2^n 个点）上的函数值，验证它们是否满足约束条件，再比较每个可行解函数值以求得最优解。显然当 n 较大时，计算量是相当大的。因此常设计一些方法，只检查变量取值组合的一部分，就能求得问题的最优解，这一类方法称为隐枚举法。

为了便于应用隐枚举法，当目标函数要求极大值时，可先将 0—1 规划中 x_i 的顺序重新排列，使在目标函数中 x_i 系数是递增（不减）的，并且按（00……0）（00……1）（00……10）……的顺序生成每一个解，最优解容易比较早被发现，可使计算简化。

下面举例说明如何运用隐枚举法求解 0—1 规划。

例 5　求解

$$\max Z = 3x_1 - 2x_2 + 5x_3$$
$$\begin{cases} x_1 + 2x_2 - x_3 \leqslant 2 \\ x_1 + 4x_2 + x_3 \leqslant 4 \\ x_1 + x_2 \leqslant 3 \\ 4x_2 + x_3 \leqslant 6 \\ x_1, x_2, x_3 = 0\text{或}1 \end{cases} \tag{4.23}$$

解：调整 x_1、x_2 的顺序，则问题变成

$$\max Z = -2x_2 + 3x_1 + 5x_3$$
$$\begin{cases} 2x_2 + x_1 - x_3 \leqslant 2 \\ 4x_2 + x_1 + x_3 \leqslant 4 \\ x_2 + x_1 \leqslant 3 \\ 4x_2 + x_3 \leqslant 6 \\ x_2, x_1, x_3 = 0\text{或}1 \end{cases} \tag{4.24}$$

生成各个解，并计算它们的目标值。若它们的目标值小于目前最好的可行解的目标值，则不必检查是否满足约束条件，当所有解检查完毕时，可判断出最优解。计算结果如表 4.7 所示。

在计算中，（0 1 1）是可行解，目标值等于 8，而（1 0 0）（1 0 1）（1 1 0）目标值肯定小于 8，所以不必计算目标值及检查可行性；（1 1 1）对应目标值等于 6，小于（0 1 1）的目标值，所以也没有必要检查可行性，最终得到的最优解：

$$x_1 = 1，x_3 = 1，x_2 = 0$$

最优值：Z=8。

表 4.7

解 (x_2, x_1, x_3)	目标值	约束条件			
		①	②	③	④
(0 0 0)	0	√	√	√	√
(0 0 1)	5	√	√	√	√
(0 1 0)	3	—	—	—	—
(0 1 1)	8	√	√	√	√
(1 0 0)	—	—	—	—	—
(1 0 1)	—	—	—	—	—
(1 1 0)	—	—	—	—	—
(1 1 1)	6	—	—	—	—

4.5 指派问题

在实际工作中，常常会碰到这样的问题，要指派 n 个人去完成 n 项不同的任务，每个人必须完成其中一项而且仅仅一项。但由于每个人的专长不同，任务的难易程度不一样，所以完成不同任务的效率就不同。那么应该指派哪个人去完成哪项任务使总的效率最好呢？这就是典型的指派问题。

例 6 现欲指派张、王、李、赵四人加工 A，B，C，D 四种不同的零件，每人加工四种零件所需要的时间如表 4.8 所示，则应该指派谁加工何种零件可使总的花费时间最少？

表 4.8

人	零件			
	A	B	C	D
张	4	6	5	8
王	6	10	7	8
李	7	8	11	9
赵	9	3	8	4

（1）在类似的问题中必须给出一个矩阵，如给出表 4.8 的矩阵 $\boldsymbol{C}$，称为效率矩阵。

$$
\boldsymbol{C}=\begin{bmatrix} C_{11} & C_{12} & \cdots & C_{1n} \\ C_{21} & C_{22} & \cdots & C_{2n} \\ \vdots & \vdots & & \vdots \\ C_{n1} & C_{n2} & \cdots & C_{nn} \end{bmatrix} \tag{4.25}
$$

矩阵中的元素 C_{ij}，表示指派第 i 个人去完成第 j 项任务时的效率。

（2）求解这类问题时，通常引入 0—1 变量 x_{ij}：

$$
x_{ij}=\begin{cases} 1 & \text{指派第}i\text{ 个人去完成第}j\text{ 项任务} \\ 0 & \text{不指派第}i\text{ 个人去完成第}j\text{ 项任务} \end{cases} \tag{4.26}
$$

由于任一项任务只能由一个人去完成，而一个人只能完成其中的一项任务，所以应分别有

$$
\sum_{i=1}^{n} x_{ij}=1 \quad j=1,2,\cdots,n
$$

$$
\sum_{j=1}^{n} x_{ij}=1 \quad i=1,2,\cdots,n
$$

于是，对于极小化问题，指派问题数学模型为

$$
\min Z=\sum_{i=1}^{n}\sum_{j=1}^{n} C_{ij}x_{ij}
$$

$$
\begin{cases} \sum_{i=1}^{n} x_{ij}=1 & j=1,2,\cdots,n \\ \sum_{j=1}^{n} x_{ij}=1 & i=1,2,\cdots,n \\ x_{ij}=1\text{或}0 & i,j=1,2,\cdots,n \end{cases} \tag{4.27}
$$

（3）从模型看，指派问题是特殊的 0—1 规划，也是特殊的运输问题，既可以用 0—1 规划的方法也可以用运输问题的方法求解。但这样是不合算的，根据指派问题的特殊结构，我们有更为简便的方法。这就是将要介绍的匈牙利法，这个方法是由匈牙利数学家康尼格（D. Konig）给出的。

匈牙利法是以指派问题最优解的性质为根据的。

指派问题最优解性质：如果将指派问题的效率矩阵的每一行（列）的各个元素都减去该行（列）的最小元素，得到一个新的矩阵 $\boldsymbol{C}$，则以 $\boldsymbol{C}$ 为效率矩阵的指派问题的最优解与原问题的最优解相同。

证明：设 $\boldsymbol{C}$ 的第 i 行元素都减去该行最小元素 C_{ik}，其余元素都不变，则原问题的约束不变，效率矩阵第 i 行元素变为 $C_{i1}-C_{ik},C_{i2}-C_{ik},\cdots,C_{in}-C_{ik}$，由于与第 i 行对应的变量中仅有一个取 1 值，其余全是 0，所以 $\sum_{i=1}^{n}\left(C_{ij}-C_{ik}\right)x_{ij}=\sum_{j=1}^{n}C_{ij}x_{ij}-C_{ik}$。也就是说，将效率矩阵的某一行减去该行最小元素就等价于原目标函数减去该元素，所以新问题最优解与原问题最优解相同，只是目标值相差一个常数，证毕。

利用这个性质，可以使原效率矩阵变换为含有很多个零元素的新效率矩阵，而最优解不变。在新的效率矩阵中如果能找到 n 个不同行且不同列的零元素，则可以令它们对应的 x_{ij} 等

于1，其他x_{ij}等于零，显然，该解一定是最优解。这就是匈牙利法的基本思想，具体步骤如下。

第一步：变换效率矩阵，使各行各列都出现零元素。

（1）效率矩阵每行元素都减去该行最小元素。

（2）效率矩阵每列元素都减去该列最小元素。

第二步：找出不同行且不同列的零元素。

（1）给只有一个零元素的行中的零画圈，记作“◎”，并划去与其同列的其余零元素（行搜索）。

（2）给只有一个零元素的列中的零画圈，记作“◎”，并划去与其同行的其余零元素（列搜索）。

（3）反复进行（1）、（2），直到所有的零元素都有标记为止。

（4）若“◎”个数已达n个，则令它们对应的$x_{ij}=1$，其余$x_{ij}=0$，已得最优解，计算停，否则转第三步。

特别地，如果效率矩阵中存在以零为顶点的闭回路，则将闭回路上任一个零标“◎”，并划去与其同行同列的其余零。

第三步：用最少直线覆盖效率矩阵中的零元素。

（1）对没有“◎”的行打“√”。

（2）对打“√”行中零元素所在列打“√”。

（3）对打“√”列中“◎”所在行打“√”。

（4）反复（2）、（3）直至打不出新“√”为止。

（5）对没有打“√”的行画横线，对打“√”列画垂线，则效率矩阵中所有零元素被这些直线覆盖。

第四步：调整效率矩阵，出现新的零元素。

（1）找出未被划去元素中的最小元素，以其作为调整量θ。

（2）矩阵中打“√”行各元素都减去θ，打“√”列各元素都加θ，然后去掉所有标记，转第二步。

下面用上述方法求解例6。

解：先变换效率矩阵，然后找出不同行且不同列的零元素，结果如下：

$$\begin{pmatrix} 4 & 6 & 5 & 8 \\ 6 & 10 & 7 & 8 \\ 7 & 8 & 11 & 9 \\ 9 & 3 & 8 & 4 \end{pmatrix} \Rightarrow \begin{pmatrix} 0 & 2 & 1 & 4 \\ 0 & 4 & 2 & 1 \\ 0 & 1 & 4 & 2 \\ 6 & 0 & 5 & 1 \end{pmatrix} \Rightarrow \begin{pmatrix} 0 & 2 & ◎ & 3 \\ 0 & 4 & 0 & 1 \\ ◎ & 1 & 3 & 1 \\ 6 & ◎ & 4 & 0 \end{pmatrix} \tag{4.28}$$

由于不同行不同列的零元素只有3个，所以要继续第三步和第四步。

$$\begin{pmatrix} 0 & 2 & ◎ & 3 \\ 0 & 4 & 0 & 1 \\ ◎ & 1 & 3 & 1 \\ 6 & ◎ & 4 & 0 \end{pmatrix}, \quad \theta=1 \tag{4.29}$$

调整$\boldsymbol{C}$并检查不同行不同列的“◎”的个数：

$$\begin{pmatrix} ◎ & 1 & 0 & 2 \\ 0 & 3 & ◎ & 0 \\ 0 & ◎ & 3 & 0 \\ 7 & 0 & 5 & ◎ \end{pmatrix} \tag{4.30}$$

由于◎个数已达 4 个，所以令◎对应的 $x_{ij}=1$，其余 $x_{ij}=0$，已得最优解。

最优指派方案：张—A，王—C，李—B，赵—D。所需总时间最少为 4＋7＋8＋4=23。

注：以上讨论限于极小化的指派问题。对于极大化的问题，只需要将目标函数变为 $\min Z=\sum_{i=1}^{n}\sum_{j=1}^{n}\left(M-C_{ij}\right)x_{ij}$ 即可。这里 M 是一个足够大的正数，一般取 $M=\max\left\{C_{ij}\right\}$。也就是说，对于极大化问题，只要将效率矩阵中元素用 $M\left(M=\max\left\{C_{ij}\right\}\right)$ 相减，就可以用匈牙利法求解了。另外，如果任务数与人数不相等，可以像不平衡的运输问题一样，虚设一项任务或一个人，并且令相应的 $C_{i,n+1}(i,j=1,2,\cdots,n+1)$ 或 $C_{i,n+1}(i,j=1,2,\cdots,n+1)$ 等于零，然后用匈牙利法求解。

课后习题

（1）用分支定界法求解下列的整数规划。

① $\max Z=6x_1+4x_2$

$$\begin{cases} 2x_1+4x_2\leqslant 13 \\ 2x_1+x_2\leqslant 7 \\ x_1,x_2\geqslant 0 \\ x_1,x_2\text{为整数} \end{cases}$$

② $\max Z=3x_1+2x_2$

$$\begin{cases} 2x_1+3x_2\leqslant 14 \\ 2x_1+x_2\leqslant 9 \\ x_1,x_2\geqslant 0 \\ x_1,x_2\text{为整数} \end{cases}$$

③ $\max Z=x_1+x_2$

$$\begin{cases} x_1+\dfrac{9}{14}x_2\leqslant\dfrac{51}{14} \\ -2x_1+x_2\leqslant\dfrac{1}{3} \\ x_1,x_2\geqslant 0 \\ x_1,x_2\text{为整数} \end{cases}$$

（2）用割平面法求解下列的整数规划。

① $\max Z=8x_1+5x_2$

$$\begin{cases} 2x_1+3x_2\leqslant 12 \\ 2x_1-x_2\leqslant 6 \\ x_1,x_2\geqslant 0 \\ x_1,x_2\text{为整数} \end{cases}$$

② $\max Z=x_1+x_2$

$$\begin{cases} 2x_1+x_2\leqslant 6 \\ 4x_1+5x_2\leqslant 20 \\ x_1,x_2\geqslant 0 \\ x_1,x_2\text{为整数} \end{cases}$$

（3）用隐枚举法求解下列的整数规划。

① $\max Z=5x_1-2x_2+3x_3$

$$\begin{cases} x_1+2x_2-x_3\leqslant 2 \\ x_1+4x_2+x_3\leqslant 4 \\ x_1+x_2\geqslant 3 \\ x_1,x_2,x_3=0\text{或}1 \end{cases}$$

② $\max Z=2x_1-3x_2+6x_3$

$$\begin{cases} x_1+2x_2-x_3\leqslant 2 \\ x_1+4x_2+x_3\leqslant 4 \\ x_1+x_2\leqslant 3 \\ 4x_1+x_2\leqslant 7 \\ x_1,x_2,x_3=0\text{或}1 \end{cases}$$

第 5 章　目标规划

5.1　目标规划的数学模型

例 1　某工厂生产Ⅰ、Ⅱ型两种交通设备，已知有关数据如表 5.1 所示。

表 5.1

	Ⅰ	Ⅱ	拥有量/kg
原材料/kg	2	1	11
设备　hr	1	2	10
利润/（元/件）	8	10	

试求获利最大的生产方案。

解：这是一个单目标的规划问题，用线性规划模型表述为

$$\max Z = 8x_1 + 10x_2$$

$$\begin{cases} 2x_1 + x_2 \leqslant 11 \\ x_1 + 2x_2 \leqslant 10 \\ x_1, x_2 \geqslant 0 \end{cases} \tag{5.1}$$

用图解法求得最优决策方案：$x_1^* = 4$（件），$x_2^* = 3$（件），$x^* = 62$（元）。

（1）实际上，工厂在进行决策时，要考虑市场等一系列其他条件。

① 根据市场信息，Ⅰ型交通设备的销售量有下降的趋势，故考虑Ⅰ型交通设备的产量不大于Ⅱ型交通设备的产量。

② 超过计划供应的原材料时，需要用高价采购，这就使成本增加。

③ 应尽可能充分利用Ⅰ型交通设备，但不希望加班。

④ 应尽可能达到并超过计划利润目标 56 元。

（2）这样在考虑产品决策时，便为多目标决策问题。目标规划方法是解这类决策问题的方法之一。下面引入与建立目标规划数学模型有关的概念。

① 设 x_1、x_2 为决策变量，此外，引进正、负偏差变量 d^+、d^-。

正偏差变量 d^+ 表示决策值超过目标值的部分；负偏差变量 d^- 表示决策值未达到目标值的部分。因决策值不可能既超过目标值又未达到目标值，即恒有 $d^+ \times d^- = 0$。

② 绝对约束和目标约束。

绝对约束是必须严格满足的等式约束和不等式约束，如线性规划问题的所有约束条件，不能满足这些约束条件的解称为非可行解，所以它们是硬约束；目标约束是目标规划特有的，可把约束右端顶看成要追求的目标值。在达到此目标值时允许发生正或负偏差，因此在这些约束中加入正、负偏差变量，它们是软约束。线性规划问题的目标函数，在给定目标值和加入正、负偏差变量后可以变换为目标约束，也可以根据问题的需要将绝对约束变换为目标约

束，如例 1 的目标函数 $\max Z = 8x_1 + 10x_2$ 可变换为目标约束 $8x_1 + 10x_2 + d_1^- - d_1^+ = 56$。绝对约束 $2x_1 + x_2 \leqslant 11$ 可变换为目标约束 $2x_1 + x_2 + d_2^- - d_2^+ = 11$。

③ 优先因子（优先等级）与权系数。

一个规划问题常常有若干个目标，但决策者在要求达到这些目标时，是有主次或轻重缓急之分的。凡要求首位达到的目标赋予优先因子 P_1，次位的目标赋予优先因子 P_2，……，并规定 $P_k >> P_{k+1}\left(k = 1,2,\cdots,K\right)$ 表示 P_k 比 P_{k+1} 有更大的优先权，即首先保证 P_1 级目标的实现，这时可不考虑次级目标，而 P_2 级目标是在实现 P_1 级目标的基础上考虑的。以此类推，若要区别具有相同优先因子的两个目标的差别，可分别赋予它们不同的权系数 ω_j，这些由决策者根据具体情况而定。

④ 目标规划的目标函数。

目标规划的目标函数（准则函数）是按目标约束的正、负偏差变量和赋予相应的优先因子构造的。当目标函数确定后，决策者的要求是尽可能缩小偏差目标值。因此，目标规划的目标函数只能是 $\min Z = f\left(d^+, d^-\right)$。其基本形式有以下三种。

a. 要求恰好达到目标值，即正、负偏差变量要尽可能小，则

$$\min Z = f\left(d^+ + d^-\right) \tag{5.2}$$

b. 要求不超过目标值，即允许达不到目标值，就是正偏差变量要尽可能小，则

$$\min Z = f\left(d^+\right) \tag{5.3}$$

c. 要求超过目标值，即超过量不限，但必须是负偏差变量要尽可能小，则

$$\min Z = f\left(d^-\right) \tag{5.4}$$

例 2　例 1 的决策者在原材料供应受严格限制的基础上考虑：首先是Ⅱ型交通设备的产量不低于Ⅰ型交通设备的产量；其次是充分利用设备有效台时，不加班；最后是利润额不小于 56 元。求决策方案。

解：按决策者所要求的，分别赋予这三个目标 P_1, P_2, P_3 优先因子。该问题的数学模型为

$$\min Z = P_1 d_1^+ + P_2\left(d_2^- + d_2^+\right) + P_3 d_3^-$$

$$\begin{cases} 2x_1 + x_2 \leqslant 11 \\ x_1 - x_2 + d_1^- - d_1^+ = 0 \\ x_1 + 2x_2 + d_2^- - d_2^+ = 10 \\ 8x_1 + 10x_2 + d_3^- - d_3^+ = 56 \\ x_1, x_2, d_i^-, d_i^+ \geqslant 0,\ i = 1,2,3 \end{cases} \tag{5.5}$$

目标规划的一般数学模型为

$$\min Z = \sum_{l=1}^{L} P_l \sum_{k=1}^{K}\left(\omega_{lk}^- d_k^- + \omega_{lk}^+ d_k^+\right)$$

$$\begin{cases} \sum_{j=1}^{n} c_{kj} x_j + d_k^- - d_k^+ = g_k,\ k = 1,\cdots,K \\ \sum_{j=1}^{n} a_{ij} x_j \leqslant (=,\geqslant) b_i,\ i = 1,\cdots,m \\ x_j \geqslant 0,\ j = 1,\cdots,n \\ d_k^-, d_k^+ \geqslant 0,\ k = 1,\cdots,K \end{cases} \tag{5.6}$$

建立目标规划的数学模型时，需要确定目标值、优先等级、权系数等，它具有一定的主观性和模糊性，可以用专家评定法给予量化。

5.2 解目标规划的单纯形法

目标规划的数学模型结构与线性规划的数学模型结构没有本质的区别，所以可用单纯形法求解。但要考虑目标规划的数学模型一些特点，进行以下规定：

（1）因目标规划的目标函数都是求最小化，所以以 $c_j - z_j \geqslant 0\left(j=1,2,\cdots,n\right)$ 为最优准则；

（2）因非基变量的检验数中含有不同等级的优先因子，即

$$c_j - z_j = \sum \alpha_{kj} P_k \quad \left(j=1,2,\cdots,n;\ k=1,2,\cdots,K\right) \tag{5.7}$$

因 $P_1 >> P_2 >> \cdots >> P_K$，从每个检验数的整体来看：检验数的正、负首先决定于 P_1 的系数 α_{1j} 的正、负。若 $\alpha_{1j}=0$，则这时此检验数的正、负就决定于 P_2 的系数 α_{2j} 的正、负，下面可以以此类推。

解目标规划问题的单纯形法的计算步骤如下。

（1）建立初始单纯形表，在表中将检验数行按优先因子个数分别列成 K 行，置 $k=1$。

（2）检查该行中是否存在负数，且对应的前 $k-1$ 行的系数是零。若取其中最小者对应的变量为换入变量，则转（3），若无负数，则转（5）。

（3）按最小比值规划确定换出变量，当存在两个和两个以上相同的最小比值时，选取具有较高优先级别的变量为换出变量。

（4）按单纯形法进行基变换运算，建立新的计算表，返回（2）。

（5）当 $k=K$ 时，计算结束，单纯形表中的解即满意解，否则置 $k=k+1$ 返回（2）。

例 3 试用单纯形法来求解例 2。

解：将例 2 的数学模型化为标准型：

$$\min Z = P_1 d_1^+ + P_2\left(d_2^- + d_2^+\right) + P_3 d_3^-$$

$$\begin{cases} 2x_1 + x_2 + x_3 = 11 \\ x_1 - x_2 + d_1^- - d_1^+ = 0 \\ x_1 + 2x_2 + d_2^- - d_2^+ = 10 \\ 8x_1 + 10x_2 + d_3^- - d_3^+ = 56 \\ x_1, x_2, x_3, d_i^-, d_i^+ \geqslant 0,\ i=1,2,3 \end{cases} \tag{5.8}$$

（1）取 x_3，d_1^-，d_2^-，d_3^- 为初始基变量，列初始单纯形表如表 5.2 所示。

（2）取 $k=1$，检查检验数的 P_1 行，因该行无负检验数，故转（5）。

表 5.2

c_j							P_1	P_2	P_2	P_3		θ
c_B	x_B	b	x_1	x_2	x_3	d_1^-	d_1^+	d_2^-	d_2^+	d_3^-	d_3^+	
	x_3	11	2	1	1							
	d_1^-	0	1	−1		1	−1					

续表

P_2	d_2	10	1	[2]				1	−1			10/2
P_3	d_3^-	56	8	10						1	−1	
c_j-z_j	P_1						1					
	P_2		−1	−2					2			
	P_3		−8	−10							1	

（3）因 $k(=1)<k(=3)$，故置 $k=k+1=2$，返回（2）。

（4）查出检验数 P_2 行中有−1、−2；取 min(−1,−2)=−2。它对应的变量 x_2 为换入变量，转入（3）。

（5）在表 5.2 上计算最小比值：

$$\theta=\min(11/1\,,-\,,10/2\,,56/10)=10/2 \tag{5.9}$$

它对应的变量 d_2^- 为换出变量，转入（4）。

（6）进行基变换运算，得表 5.3，返回（2），以此类推，直至得到最终表为止，如表 5.4 所示。

表 5.3

c_j							P_1	P_2	P_2	P_3		θ
c_B	x_B	b	x_1	x_2	x_3	d_1^-	d_1^+	d_2^-	d_2^+	d_3^-	d_3^+	
	x_3	6	3/2		1			−1/2	1/2			
	d_1^-	5	3/2			1	−1	1/2	−1/2			
	d_2	5	1/2	1				1/2	−1/2			
P_3	d_3^-	6	[3]					−5	5	1	−1	6/3
c_j-z_j	P_1						1					
	P_2							1	1			
	P_3		−3					5	−5		1	

表 5.4 中的解 $x_1^*=2$，$x_2^*=4$ 为例 1 的满意解。检查表 5.4 的检验数行，发现非基变量 d_3^+ 的检验数为 0，这表示存在多重解。在表 5.4 中以非基变量 d_3^+ 为换入变量，d_2^- 为换出变量，经迭代得到表 5.5，由表 5.5 得到解 $x_1^*=10/3$，$x_2^*=10/3$。两个满意解的凸线性组合都是例 1 的满意解。

表 5.4

c_j							P_1	P_2	P_2	P_3		θ
c_B	x_B	b	x_1	x_2	x_3	d_1^-	d_1^+	d_2^-	d_2^+	d_3^-	d_3^+	
	x_3	3			1			2	−2	−1/2	1/2	
	d_1^-	2				1	−1	3	−3	−1/2	1/2	
	x_2	4		1				4/3	−4/3	−1/6	1/6	
	x_1	2	1					−5/3	5/3	1/3	−1/3	
c_j-z_j	P_1						1					
	P_2							1	1			
	P_3									1		

表 5.5

c_j							P_1	P_2	P_2	P_3		θ
$\boldsymbol{c_B}$	$\boldsymbol{x_B}$	$\boldsymbol{b}$	x_1	x_2	x_3	d_1^-	d_1^+	d_2^-	d_2^+	d_3^-	d_3^+	
	x_3	1			1	−1	1	−1	1			
	d_3^+	4				2	−2	6	−6	−1	1	
	x_2	10/3		1		−1/3	1/3	1/3	−1/3			
	x_1	10/3	1			2/3	−2/3	1/3	−1/3			
$c_j - z_j$		P_1					1					
		P_2						1	1			
		P_3								1		

课后习题

（1）用单纯形法求解以下目标规划的满意解。

① $\min Z = P_1 d_2^+ + P_1 d_2^- + P_2 d_1^-$

$$\begin{cases} x_1 + 2x_2 + d_1^- - d_1^+ = 10 \\ 10x_1 + 12x_2 + d_2^- - d_2^+ = 62.4 \\ 2x_1 + x_2 \leqslant 8 \\ x_1, x_2, x_3, d_i^-, d_i^+ \geqslant 0,\ i = 1,2 \end{cases}$$

② $\min Z = P_1 d_1^- + P_2 d_2^+ + P_3(5d_3^- + 3d_4^-) + P_4 d_1^+$

$$\begin{cases} x_1 + x_2 + d_1^- - d_1^+ = 80 \\ x_1 + x_2 + d_2^- - d_2^+ = 90 \\ x_1 + d_3^- - d_3^+ = 70 \\ x_2 + d_4^- - d_4^+ = 45 \\ x_1, x_2, d_i^-, d_i^+ \geqslant 0,\ i = 1,2,3,4 \end{cases}$$

③ $\min Z = P_1(d_1^+ + d_2^+) + P_2 d_3^-$

$$\begin{cases} x_1 + x_2 + d_1^- - d_1^+ = 1 \\ 2x_1 + 2x_2 + d_2^- - d_2^+ = 4 \\ 6x_1 - 4x_2 + d_3^- - d_3^+ = 50 \\ x_1, x_2, d_i^-, d_i^+ \geqslant 0,\ i = 1,2,3 \end{cases}$$

（2）求解以下目标规划问题。

$$\min Z = P_1 d_1^- + P_2 d_4^+ + P_3(5d_2^- + 3d_3^-) + P_3(3d_2^+ + 5d_3^+)$$

$$\begin{cases} x_1 + x_2 + d_1^- - d_1^+ = 80 \\ x_1 + d_2^- - d_2^+ = 70 \\ x_2 + d_3^- - d_3^+ = 45 \\ d_1^+ + d_4^- - d_4^+ = 10 \\ x_1, x_2, d_i^-, d_i^+ \geqslant 0,\ i = 1,2,3,4 \end{cases}$$

① 用单纯形法求该问题的满意解。

② 若目标函数变为

$$\min Z = P_1 d_1^- + P_2(5d_2^- + 3d_3^-) + P_2(3d_2^+ + 5d_3^+) + P_3 d_4^+$$

则问原满意解有什么变化吗？

③ 若将第一个目标约束的右端项改为 120，那么这时原满意解又有什么变化？

第 6 章　非线性规划

6.1　非线性规划问题

6.1.1　非线性规划问题举例

非线性规划是与线性规划对应的，如果规划的约束函数或目标函数中存在非线性函数，则这类问题称为非线性规划问题。

例 1　某企业生产 A、B 两种产品，在计划期间产量分别为 x_1, x_2，产量受资源限制如下：

$$\begin{cases} x_1 + 0.429x_2 \leqslant 150 \\ x_1 + 0.75x_2 \leqslant 175 \\ x_1, x_2 \geqslant 0 \end{cases} \tag{6.1}$$

已知 B 单位产品收益为 6 元，而 A 单位产品收益随产销量增加而减少，每件为$(10-0.01x_1)$元，试确定 x_1, x_2，使总收益最大。该问题的数学模型如下：

$$\max Z = 10x_1 - 0.01x_1^2 + 6x_2$$
$$\begin{cases} x_1 + 0.429x_2 \leqslant 150 \\ x_1 + 0.75x_2 \leqslant 175 \\ x_1, x_2 \geqslant 0 \end{cases} \tag{6.2}$$

一般非线性规划可表示为

$$\min Z = f\left(x_1, x_2, \cdots, x_n\right)$$
$$\begin{cases} g_i\left(x_1, x_2, \cdots, x_n\right) \leqslant 0 \quad i = 1, 2, \cdots, m \\ h_j\left(x_1, x_2, \cdots, x_n\right) = 0 \quad j = 1, 2, \cdots, L \end{cases} \tag{6.3}$$

例如，记 $\boldsymbol{X} = \left(x_1, x_2, \cdots, x_n\right)^{\mathrm{T}}, f\left(\boldsymbol{X}\right) = f\left(x_1, x_2, \cdots, x_n\right), g_i\left(\boldsymbol{X}\right) = g_i\left(x_1, x_2, \cdots, x_n\right), h_j\left(\boldsymbol{X}\right) = h_j\left(x_1, x_2, \cdots, x_n\right)$，则非线性规划可记为

$$\min Z = f\left(\boldsymbol{X}\right)$$
$$\begin{cases} g_i\left(\boldsymbol{X}\right) \leqslant 0 \ \ i = 1, 2, \cdots, m \\ h_j\left(\boldsymbol{X}\right) = 0 \ \ j = 1, 2, \cdots, L \end{cases} \tag{6.4}$$

由于 $\max f\left(\boldsymbol{X}\right) = -\min\left(-f\left(\boldsymbol{X}\right)\right)$，当目标函数是求极大值时，容易将它变为求极小值。另外，当约束条件是“≥”形式时，仅需用-1 乘该约束两端，即可将这个约束变为“≤”形式。满足所有约束条件的点称为可行解，全体可行解集合称为可行域。即

$$D = \left\{\boldsymbol{X} | g_i\left(\boldsymbol{X}\right) \leqslant 0\left(i = 1, 2, \cdots, m\right), h_j\left(\boldsymbol{X}\right) = 0\left(j = 1, 2, \cdots, l\right)\right\}$$

6.1.2 多元函数极值的有关概念和性质

梯度：$f(x)$对各自变量的一阶偏导数组成的向量称为$f(x)$的梯度，记作

$$\nabla f(x)=\left(\frac{\partial f}{\partial x_1},\frac{\partial f}{\partial x_2},\cdots,\frac{\partial f}{\partial x_n}\right)^{\mathrm{T}} \tag{6.5}$$

海森（Hession）矩阵：多元函数$f(x)$的二阶偏导数构成的矩阵

$$\boldsymbol{H}(x)=\begin{pmatrix} \dfrac{\partial^2 f}{\partial x_1^2} & \dfrac{\partial^2 f}{\partial x_1 x_2} & \cdots & \dfrac{\partial^2 f}{\partial x_1 x_n} \\ \dfrac{\partial^2 f}{\partial x_2 x_1} & \dfrac{\partial^2 f}{\partial x_2^2} & \cdots & \dfrac{\partial^2 f}{\partial x_2 x_n} \\ \vdots & \vdots & & \vdots \\ \dfrac{\partial^2 f}{\partial x_n x_1} & \dfrac{\partial^2 f}{\partial x_n x_2} & \cdots & \dfrac{\partial^2 f}{\partial x_n^2} \end{pmatrix} \tag{6.6}$$

称为海森矩阵；

如果$f(x)$的所有二阶偏导数在x_0点连续，则

$$\frac{\partial^2 f(x_0)}{\partial x_i \partial x_j}=\frac{\partial^2 f(x_0)}{\partial x_j \partial x_i} \quad (i,j=1,2,\cdots,n) \tag{6.7}$$

所以$\boldsymbol{H}(x_0)$为对称矩阵。

定理 6.1 设函数$f(x)$存在二阶连续导数，则$f(x)$可在$x=x_0$处展成泰勒展开式：

$$f(x)=f(x_0)+\nabla f(x_0)^{\mathrm{T}}(x-x_0)+\frac{1}{2}(x-x_0)^{\mathrm{T}}\boldsymbol{H}(x_0+\lambda(x-x_0))(x-x_0)(0\leqslant\lambda\leqslant 1)$$

证明：对点x，记$p=x-x_0$，则$x=x_0+p$。

设$\varphi(t)=f(x_0+tp)$，则$\varphi(t)$在$t=0$处二阶连续可微，按一元函数的泰勒展开式，有

$$\varphi(t)=\varphi(0)+\varphi'(0)t+\frac{1}{2}\varphi''(\lambda t)t^2 \tag{6.8}$$

即

$$f(x_0+tp)=f(x_0)+\nabla f(x_0)^{\mathrm{T}}(x-x_0)t+\frac{1}{2}(x-x_0)^{\mathrm{T}}\boldsymbol{H}(x_0+\lambda tp)(x-x_0)t^2$$

令$t=1$，得

$$f(x)=f(x_0)+\nabla f(x_0)^{\mathrm{T}}(x-x_0)+\frac{1}{2}(x-x_0)^{\mathrm{T}}\boldsymbol{H}[x_0+\lambda(x-x_0)](x-x_0)$$

δ邻域：n维空间中到某点x_0距离小于某正数δ的所有点集合，称为x_0点的一个δ邻域，记作

$$N(x_0,\delta)=\{x|x-x_0<\delta\} \tag{6.9}$$

定义 6.1 设点$x_0\in D$，如果存在$\delta>0$使对于任何$x\in N(x_0,\delta)\cap D$，均有$f(x_0)\leqslant f(x)$，则称x_0为非线性规划的局部极小值点（若$f(x_0)<f(x)$，则称x_0为严格局部极小值点）。

定义 6.2 对于$x_0\in D$，如果对一切$x\in D$均有

$$f(x_0) \leqslant f(x) \tag{6.10}$$

则称 x_0 为非线性规划的一个全局极小值点。

关于多元函数极值点判别，有如下定理。

定理 6.2（一阶必要条件） 设多元函数在 x^n 点可微，如果 x^n 是 $f(x)$ 局部极小值点，则 $\nabla f(x^n)=0$，称 x^n 为 $f(x)$ 的驻点或平稳点。

定理 6.3（二阶必要条件） 设 $f(x)$ 在 x^n 处二阶可微，如果 x^n 是 $f(x)$ 局部极小值点，则 $\nabla f(x^n)=0$ 且 $\boldsymbol{H}(x^n)$ 半正定。

定理 6.4（二阶充分条件） 设多元函数 $f(x)$ 在 x^n 处二阶可微，$\nabla f(x^n)=0$ 且 $\boldsymbol{H}(x^n)$ 正定，则 x^n 是 $f(x)$ 的严格局部极小值点。

定理 6.5（二阶充分条件） 设 $f(x)$ 在 x^n 的某邻域上二阶可微，$\nabla f(x^n)=0$ 且存在 $\delta>0$，使对一切 $x\in N(x_0,\delta)\cap D$ 均有 $\boldsymbol{H}(x)$ 半正定，则 x^n 是 $f(x)$ 的局部极小值点。

6.1.3 正定矩阵与二次型

设 $f(x_1\cdots x_n)=a_{11}x_1^2+\cdots+a_{nn}x_n^2+2a_{12}x_1x_2+\cdots+2a_{n-1,n}x_{n-1}x_n$，
则

$$f(x_1\cdots x_n)=(x_1\cdots x_n)\boldsymbol{A}\begin{pmatrix}x_1\\ \vdots\\ x_n\end{pmatrix} \tag{6.11}$$

其中，$\boldsymbol{A}$ 是一个 n 阶对称矩阵，主对角线上元素依次为 $a_{11}\cdots a_{nn}$，主对角线右上方元素 a_{ij} 就是 x_ix_j 系数的一半，主对角线左下方元素 a_{ji} 等于 x_ix_j 系数的一半，即 $a_{ij}=a_{ji}$。

定义 6.3 设有实二次型 $f(x)=\boldsymbol{x}^{\mathrm{T}}\boldsymbol{A}x$，如果对任何 $x\neq 0$ 都有 $f(x)>0$，则称 f 为正定二次型，并称对称矩阵 $\boldsymbol{A}$ 是正定的（如果 $f(x)\geqslant 0$ 则对称矩阵 $\boldsymbol{A}$ 是半正定的）。

设 $\boldsymbol{A}$ 为 n 阶对称矩阵，则下列命题等价。

（1）$\boldsymbol{A}$ 为半正定矩阵；	$\boldsymbol{A}$ 为正定矩阵。
（2）有高矩阵 $\boldsymbol{G}$，使 $\boldsymbol{A}=\boldsymbol{G}\boldsymbol{G}'$；	有非奇异阵 $\boldsymbol{Q}$，使 $\boldsymbol{A}=\boldsymbol{Q}'\boldsymbol{Q}$。
（3）有矩阵 $\boldsymbol{B}$，使 $\boldsymbol{A}=\boldsymbol{B}'\boldsymbol{B}$；	
（4）$\boldsymbol{A}$ 的所有主子式≥0；	$\boldsymbol{A}$ 的所有主子式 >0。
（5）$\boldsymbol{A}$ 的所有 i 阶主子式之和≥0；	$\boldsymbol{A}$ 的所有 i 阶主子式之和 >0。
（6）$\boldsymbol{A}$ 的特征根≥0；	$\boldsymbol{A}$ 的特征根 >0。

6.1.4 凸函数的极值

定义 6.4（凸函数） 设 $f(x)$ 是定义在 n 维空间 E_n 某个凸集 D 上的函数，如果对于 D 中任意两点 $x^{(1)}$，$x^{(2)}\in D$ 及任意实数 $\alpha(0<\alpha<1)$，恒有

$$f\left[\alpha x^{(1)}+(1-\alpha)x^{(2)}\right]\leqslant \alpha f\left(x^{(1)}\right)+(1-\alpha)f\left(x^{(2)}\right) \tag{6.12}$$

则称 $f(x)$ 为 D 上的凸函数（若不等号为“<”，则称 $f(x)$ 为严格凸函数），如图 6.1 所示。

类似可定义凹函数。

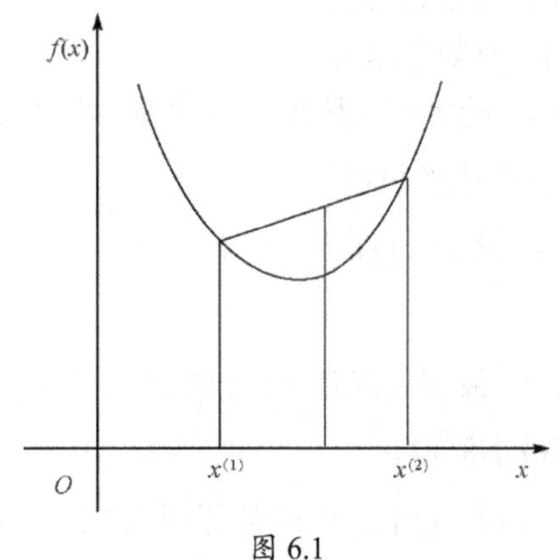

图 6.1

线性函数既是凸函数又是凹函数。

1）凸函数的性质

性质 1 若 $f(x)$ 是凸集 D 上的凸函数，则对任意非负实数 α、$\alpha f(x)$ 也是凸函数。

性质 2 若 $f(x)$、$g(x)$ 都是凸集 D 上的凸函数，则 $f(x)+g(x)$ 也是凸集 D 上的凸函数。

性质 3 若 $f(x)$ 是凸集 D 上的凸函数，则对任何实数 β，$D_\beta=\left\{x|f(x)\leqslant\beta,\ x\in D\right\}$ 为凸集。

2）凸函数的判别

定理 6.6 设 $f(x)$ 是定义在凸集上的 n 元可微函数，则 $f(x)$ 为凸集 D 上凸函数的充要条件：对任意 $x^{(1)}$，$x^{(2)}\in D$，恒有

$$f\left(x^{(2)}\right)\geqslant f\left(x^{(1)}\right)+\nabla f\left(x^{(1)}\right)^{\mathrm{T}}\left(x^{(2)}-x^{(1)}\right) \tag{6.13}$$

定理 6.7 设 $f(x)$ 在开集 D 上有连续二阶偏导数，D_0 是 D 内的一个凸集，且 D_0 非空，则 $f(x)$ 为 D_0 上凸函数的充要条件：$f(x)$ 的海森矩阵 $\boldsymbol{H}(x)$ 在 D_0 上半正定。

3）凸函数的极值性质

定理 6.8 设 $f(x)$ 为 D 上的凸函数，则 $f(x)$ 的任一局部极小值点必为全局极小值点，且 $f(x)$ 在 D 上的所有极小值点组成一个凸集。

证明：设 $x^{(n)}$ 为 D 上局部极小值点，若 $x^{(n)}$ 不是全局极小值点，则必有 $x^{(nn)}\in D$，使 $f\left(x^{(nn)}\right)<f\left(x^{(n)}\right)$。

对任意 $0<\alpha<1$，令 $x=\alpha x^{(n)}+(1-\alpha)x^{(nn)}$，则

$$f(x)\leqslant\alpha f\left(x^{(n)}\right)+(1-\alpha)f\left(x^{(nn)}\right)<f\left(x^{(n)}\right) \tag{6.14}$$

当 $\alpha\nearrow 1$ 时，$x\nearrow x^{(n)}$，这与 $x^{(n)}$ 为局部极小值点矛盾。

定理 6.9 设 $f(x)$ 是凸集 D 上可微凸函数，如果存在 D 的内点 x^n，使 $\nabla f\left(x^{(n)}\right)=0$，则 $x^{(n)}$ 是 D 上 $f(x)$ 的全局极小值点。

证明：对一切 $x\in D$ 恒有

$$f(x) \geqslant f\left(x^{(n)}\right) + \nabla f\left(x^{(n)}\right)^{\mathrm{T}}\left(x - x^{(n)}\right) = f\left(x^{(n)}\right) \tag{6.15}$$

4）凸规划

定义 6.5（凸规划） 如果问题可行域 D 为凸集，并且目标函数 $f(x)$ 为 D 上的凸函数，则称该规划为凸规划。

定理 6.10 $\min f(x)$

$$g_i(x) \leqslant 0 \quad i = 1,2,\cdots,m$$

如果 $g_i(x)$ 和 $f(x)$ 均为 E_n 上的凸函数，则该规划为凸规划。

证明： 只需要证明 D 为凸集即可。

如果规划中还含有等式约束 $h_j(x)=0$，即使 $h_j(x)$ 是凸函数，只要不是线性的，则可行域不是凸集（一般）。

但是，如果 $f(x)$、$g_i(x)$ 是凸函数，$h_j(x)$ 是线性函数，则是凸规则。

定理 6.11 如果 $f(x)$ 为严格凸函数，且只要凸规则

$$\begin{aligned} &\min f(x) \\ &x \in D \end{aligned} \tag{6.16}$$

最优解存在，则必唯一。

6.2 一维搜索

多元函数的极值问题经常可以转化为沿着若干个方向寻找极值的问题，而沿着某个方向寻找极值的问题，实际上是等价于一维最优化问题。

求一元函数的极小值的方法有很多，这里主要介绍常见的解析法：牛顿法、对分法、二次插值法（抛物线法）和 0.618 法。

6.2.1 牛顿法与对分法

如果单变量函数 $f(x)$ 在 $x^{(n)}$ 处取得局部极小值，并且在 $x^{(n)}$ 处可微，则 f 在 $x^{(n)}$ 处的一阶导数必须等于零，即局部极小值点是下列方程 $f'(x)=0$ 的解。

我们可以尝试求解这个非线性方程，得到它的所有解。如果可能，则利用这些解点的二阶导数 $f''(x)$ 值判别哪些点对应极大值或极小值。但是在很多情况下，无法求得方程的解析解，而需要采用迭代方法求解。在迭代中产生点列 $\left\{x^{(k)}\right\}$ 和 f 的导数序列 $\left\{f'\left(x^{(k)}\right)\right\}$，使得导数序列极限为零。牛顿法就是求解非线性方程的一种经典迭代方法，在这里要求知道 $f''(x)$ 的值。

1．牛顿法

设 $x^{(0)}$ 是 $f'(x)=0$ 的真根 $x^{(n)}$ 的一个估计值，在曲线 $f'(x)$ 上的点 $\left(x^{(0)}, f'\left(x^{(0)}\right)\right)$ 处作曲线

的切线，切线与 x 轴交于 $\left(x^{(1)}, y\right)=\left(x^{(1)},0\right)$。

由 $\dfrac{y-f'\left(x^{(0)}\right)}{x^{(1)}-x^{(0)}}=f''\left(x^{(0)}\right)$，得 $x^{(1)}=x^{(0)}-\dfrac{f'\left(x^{(0)}\right)}{f''\left(x^{(0)}\right)}$。

$x^{(1)}$ 希望比 $x^{(0)}$ 更好地近似于 x^*。

又在曲线上 $\left(x^{(1)},f'\left(x^{(1)}\right)\right)$ 点处作曲线的切线交 x 轴于 $\left(x^{(2)},0\right)$ 点，$x^{(2)}=x^{(1)}-\dfrac{f'\left(x^{(1)}\right)}{f''\left(x^{(1)}\right)}$，依次可以不断进行下去，得出一串 $x^{(0)},x^{(1)},x^{(2)},\cdots,x^{(k)}$。

如果 $\left|f'\left(x^{(k)}\right)\right|<\varepsilon$（$\varepsilon$ 预先给定），则停止迭代，此时 $x^{(k)}$ 可作为极值点 x^* 的近似值（见图 6.2）。

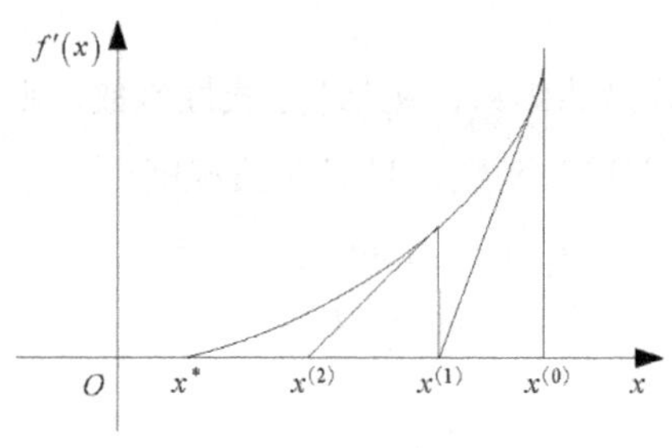

图 6.2

注：一般来说，牛顿法的收敛速度比较快，步骤简单，但每次迭代都要用到二阶导数，计算量大，更为重要的是有很多函数在计算中是发散的，不能求得 $f'(x)=0$ 的近似解（见图 6.3）。

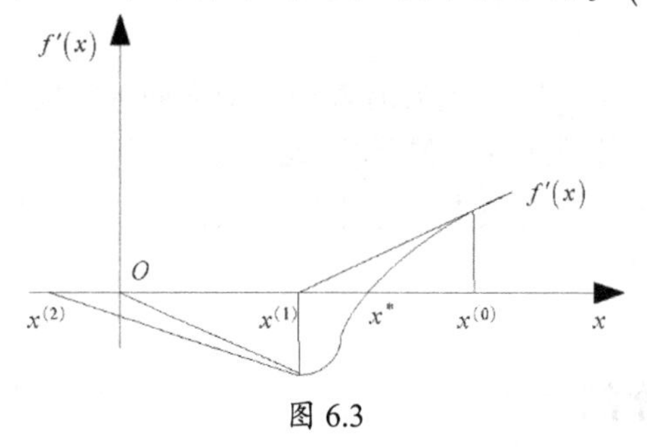

图 6.3

2．对分法

为了避免牛顿法求二阶导数的较大工作量，可采取其他迭代法，最简单的是对分法。

若 $f'(x)$ 在 $[a,b]$ 上是连续函数，并且 $f'(a)$ 与 $f'(b)$ 有相反的符号，不妨设 $f'(a)<0,f'(b)>0$，则 $[a,b]$ 内必有 $f'(x)$ 的一个零点。将 $[a,b]$ 分成两部分，$c=\dfrac{1}{2}(a+b)$。

若 $f'(c)=0$，则 c 即所求值。否则，若 $f'(c)>0$，则取 $b_1=c,a_1=a$；若 $f'(c)<0$，则取 $a_1=c,b_1=b$，对分 $[a_1,b_1]$，再继续下去。经过 m 次对分得到方程的有根区间，其长度为 $(b-a)/2^m$，如取 $[a_m,b_m]$ 的中点，$x_m=\dfrac{1}{2}(b_m-a_m)$ 为 $x^{(n)}$ 的近似值，则 x_m 与 $x^{(n)}$ 的误差不会超过 $(b-a)/2^m$ 的一半。即

$$\left|x_m - x^{(n)}\right| \leqslant \frac{b-a}{2^{m+1}} \tag{6.17}$$

6.2.2　二次插值法（抛物线法）

二次插值法的基本思想：利用目标函数 $f(x)$ 在三个不同点的函数值，构造一个二次函数 $\varphi(x)$，用 $\varphi(x)$ 的极小值点来近似 $f(x)$ 的极小值点。

设 $f(x)$ 是连续的，x_1、x_2、x_3 满足：

（1）$x_1 < x_2 < x_3$。

（2）$f(x_1) > f(x_2) > f(x_3)$。　（高、低、高）

令 $\varphi(x) = a_0 + a_1 x + a_2 x^2$，使 $\varphi(x_i) = f(x_i)$，$i = 1,2,3$，即 $\begin{cases} a_0 + a_1 x_1 + a_2 x_1^2 = f(x_1) = f_1 \\ a_0 + a_1 x_2 + a_2 x_2^2 = f(x_2) = f_2 \\ a_0 + a_1 x_3 + a_2 x_3^2 = f(x_3) = f_3 \end{cases}$。

抛物线 $\varphi(x)$ 的极小值点为 x_4，则 $\varphi'(x_4) = 0$，即

$$x_4 = -\frac{a_1}{2a_2}$$

由克莱姆法则

$$x_4 = \frac{-\begin{vmatrix} 1 & f_1 & x_1^2 \\ 1 & f_2 & x_2^2 \\ 1 & f_3 & x_3^2 \end{vmatrix}}{2\begin{vmatrix} 1 & x_1 & f_1 \\ 1 & x_2 & f_2 \\ 1 & x_3 & f_3 \end{vmatrix}} = \frac{1}{2} \times \frac{(x_2^2 - x_3^2) f_1 + (x_3^2 - x_1^2) f_2 + (x_1^2 - x_2^2)}{(x_2 - x_3) f_1 + (x_3 - x_1) f_2 + (x_1 - x_2) f_2} = \frac{1}{2}\left(x_1 + x_3 - \frac{C_1}{C_2}\right) \tag{6.18}$$

式中，$C_1 = \dfrac{f_3 - f_1}{x_3 - x_1}, C_2 = \dfrac{1}{x_2 - x_3}\left(\dfrac{f_2 - f_1}{x_2 - x_1} - C_1\right)$。

一般仅仅通过一次拟合，用 $\varphi(x)$ 代替 $f(x)$ 求极小值点，误差可能较大。将 x_4 作为 $[x_1, x_2]$ 一个内点，比较 $f(x_2)$ 与 $f(x_4)$ 的值，若 $f(x_2) < f(x_4)$ 且 $x_4 > x_2$，则去掉 x_3；若 $x_4 < x_2$，则去掉 x_1，由余下的 x_1, x_2, x_4 或 x_2, x_4, x_3 重复上述步骤搜索新的极小值点。

若 $f(x_2) > f(x_4)$，则可类似处理。

对于给定 $\varepsilon > 0$，如果抛物线上极小值点 x_4 与 x_1, x_2, x_3 的中间点 x_2 满足 $|x_2 - x_4| < \varepsilon$，则停止计算。

例 2　当 ε=0.01 时，由初始点 $x_1 = -1, x_2 = 2.5, x_3 = 6$，求 $f(x) = x^4 - 4x^3 - 6x^2 - 16x + 4$ 的极小值点 x^*。

解： $f(x_1) = 19, f(x_2) = -96.9375, f(x_3) = 124$。$x_1, x_2, x_3$ 满足“两头高中间低”的条件，用这三点使用二次插值法求解，结果如表 6.1 所示。

表 6.1

K	x_1	x_2	x_3	x_4	$f(x_4)$
1	−1	2.5	6	1.9545	−65.4648
2	1.9545	2.5	6	3.1932	−134.5394
3	2.5	3.1932	6	3.4952	−146.7761
4					
5					
6					
7					
8					
9					
10	3.9724	3.9845	6	3.9914	−155.9969

$|x_2 - x_4| = 0.0069 < \varepsilon = 0.01$，取 $x^* = 3.9914$， x^* 的精确值为 4。

6.2.3　0.618 法

0.618 法又称为黄金分割法，它通过逐步缩小搜索区间的方法来求得一元函数的极小值点的近似值。

设 $f(x)$ 是单峰函数，$[a,b]$ 内存在 x^* 使 $f(a) > f(x^*), f(b) > f(x^*)$，称 $[a,b]$ 为搜索区间。

若在 $[a,b]$ 取

$$x_1 = a + (1-\beta)(b-a)$$
$$x_2 = a + \beta(b-a)\left(\frac{1}{2} < \beta < 1\right) \tag{6.19}$$

则 x_1, x_2 为 $[a,b]$ 中的对称两点，如图 6.4 所示。

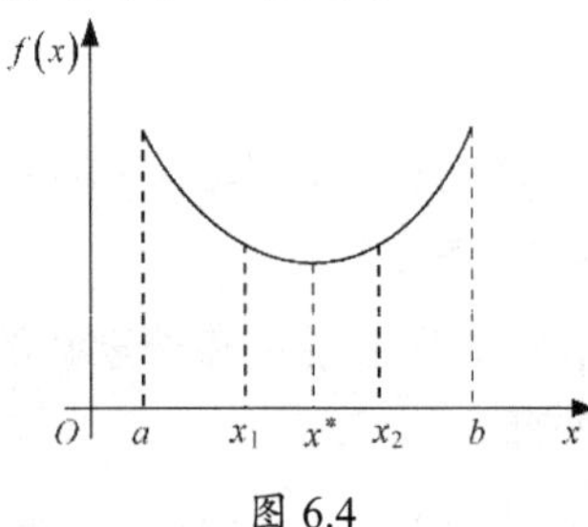

图 6.4

若 $f(x_1) < f(x_2)$，则去掉 $(x_2, b]$，以 $[a, x_2]$ 为新的搜索区间；

若 $f(x_1) > f(x_2)$，则去掉 $[a, x_1)$，以 $[x_1, b]$ 为新的搜索区间。

重复上述步骤，则最小值点的搜索区间逐步缩小。当搜索区间长度小于给定 $\varepsilon < 0$ 时，取区间中点作为极小值点 x^* 的近似值。

可以证明，如果取 $\beta = 0.618$，则去掉一个端点后，余下的 x_1 或 x_2 仍是搜索区间中处于 $[a_m, b_m]$ 中满足 $a_m + \beta(b_m - a_m)$ 或 $a_m + (1-\beta)(b_m - a_m)$ 的点，按此数能快速缩小搜索区间，如图 6.5 所示。

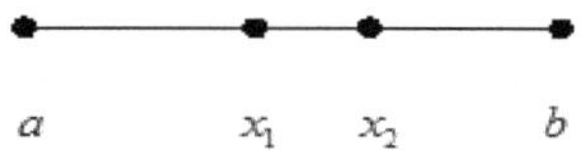

a　　　x_1　x_2　　　b

图 6.5

证明： 设 $b-a=1$，$x_1=a+(1-\beta)$，$x_2=a+\beta$

则　　$x_2-a=\beta$，$x_1-a=1-\beta$

去掉 $[x_2,b]$，令 $x_1-a=\beta(x_2-a)=\beta\beta=1-\beta$，

由 $\beta^2+\beta-1=0$，解得 $\beta=\dfrac{\sqrt{5}-1}{2}=0.618$。

6.3　无约束最优化方法

实际中抽象出来的规划问题都是有约束的，但约束问题往往转化为无约束问题求解，因此，我们先来讨论无约束最优化方法。无约束非线性规划问题

$$\min f(x) \qquad x\in E \tag{6.20}$$

是求 n 元函数 $f(x)$ 在 n 维空间上的最小值。

无约束最优化方法可归纳为以下两类。

第一类为解析法，构造算法时要用到目标函数的导数（梯度）或二阶导数（海森矩阵）。

第二类为直接法，这类算法不用导数，而是通过目标函数值的比较构造具体下降迭代法。

下面将介绍解析法中的最速下降法、牛顿法、共轭梯度法，以及直接法中的坐标轮换法和单纯形法。

6.3.1　最速下降法（梯度法）

最速下降法的基本思想：每次沿目标函数在迭代点下降最快的方向进行一维搜索时，会逐步走向极小值点，因为每次都用到迭代点的梯度，所以又称为梯度法。

定理 6.12　设 $f(x)$ 在 $x=x^{(0)}$ 处可微，则负梯度方向 $-\nabla f\left(x^{(0)}\right)$ 是 $f(x)$ 在该点最速下降的方向。

证明： 函数 $f(x)$ 在 $x^{(0)}$ 点沿方向 Z 的变化率为（设 $\|Z\|=1$）

$$\left.\frac{\mathrm{d}f\left(x^{(0)}+\lambda Z\right)}{\mathrm{d}\lambda}\right|_{\lambda=0}=\nabla f\left(x^{(0)}\right)Z \tag{6.21}$$

由不等式

$$\nabla f\left(x^{(0)}\right)Z\leqslant\left\|\nabla f\left(x^{(0)}\right)\right\| \quad \|Z\| \tag{6.22}$$

且当 $f\left(x^{(0)}\right)^{\mathrm{T}}$ 与 Z 的方向相反时：

$$f\left(x^{(0)}\right)Z=\left\|\nabla f\left(x^{(0)}\right)\right\| \quad \|Z\|\cos\theta=-\left\|\nabla f\left(x^{(0)}\right)\right\| \quad \|Z\| \tag{6.23}$$

因此，当取 $Z=-\nabla f\left(x^{(0)}\right)$ 时，函数在 $x^{(0)}$ 点下降最快。

计算步骤：

（1）给初始点 $x^{(0)}$ 及精度要求 $\varepsilon>0$，置 $k=0$。

（2）计算 $f\left(x^{(k)}\right)$，置 $g^{(k)}=\nabla f\left(x^{(k)}\right)$。

（3）如果 $\left\|g^{(k)}\right\|<\varepsilon$，则令 $x^{*}=x^{(k)}$ 输出 x^{*} 及 $f\left(x^{*}\right)$ 停止；否则，转（4）。

（4）从 $x^{(k)}$ 出发沿 $P^{(k)}=-g^{(k)}$ 进行一维搜索，即 λ_k 使 $f\left(x^{(k)}-\lambda_k g^{(k)}\right)=\min\limits_{\lambda\geqslant 0} f\left(x^{(k)}-g^{(k)}\right)$。

（5）令 $x^{(k+1)}=x^{(k)}-\lambda_k g^{(k)}$，置 $k=k+1$，转（2）。

例 3 用最速下降法求 $f(x)=\dfrac{1}{3}x_1^2+\dfrac{1}{2}x_2^2$ 的极小值点。设初始点 $\boldsymbol{x}^{(0)}=(3,2)^{\mathrm{T}}, \varepsilon=10^{-3}$。

解： $\nabla f\left(\boldsymbol{x}^{(0)}\right)=(2,2)^{\mathrm{T}} \qquad \left\|\nabla f\left(\boldsymbol{x}^{(0)}\right)\right\|>\varepsilon$

求

$$\min f\left(\boldsymbol{x}^{(0)}-\lambda\nabla f\left(\boldsymbol{x}^{(0)}\right)\right)=\min\left[\frac{1}{3}(3-2\lambda)^2+\frac{1}{2}(2-2\lambda)^2\right]=\min\left(\frac{10}{3}\lambda^2-8\lambda+5\right) \tag{6.24}$$

当 $\lambda_0=\dfrac{6}{5}$ 时，最小值取 $\boldsymbol{x}^{(1)}=\boldsymbol{x}^{(0)}-\lambda_0\nabla f\left(\boldsymbol{x}^{(0)}\right)=(3,2)^{\mathrm{T}}-\dfrac{6}{5}(2,2)^{\mathrm{T}}=\left[\dfrac{3}{5},-\dfrac{2}{5}\right]^{\mathrm{T}}$，

再从 $x^{(1)}$ 出发求

$$\nabla f\left(\boldsymbol{x}^{(1)}\right)=\left[\frac{2}{5},-\frac{2}{5}\right]^{\mathrm{T}} \left\|\nabla\left(\boldsymbol{x}^{(1)}\right)\right\|>\varepsilon \tag{6.25}$$

求 $\min\limits_{\lambda}\left\{f\left(\boldsymbol{x}^{(1)}-\lambda\nabla f\left(\boldsymbol{x}^{(1)}\right)\right)\right\}=\min\limits_{\lambda}\left\{\dfrac{1}{3}\left(\dfrac{3}{5}-\lambda\dfrac{2}{5}\right)^2+\dfrac{1}{2}\left(-\dfrac{2}{5}+\lambda\dfrac{2}{5}\right)^2\right\}=\min\limits_{\lambda}\left\{\dfrac{2}{15}\lambda^2-\dfrac{8}{25}\lambda+\dfrac{1}{5}\right\}$，

得 $\lambda_1=\dfrac{6}{5}$。

令 $\boldsymbol{x}^{(2)}=\boldsymbol{x}^{(1)}-\lambda_1\nabla f\left(\boldsymbol{x}^{(1)}\right)=\left[\dfrac{3}{5^2},\dfrac{2}{5^2}\right]^{\mathrm{T}}$

继续迭代求得

$$\boldsymbol{x}^{(3)}=\left[\frac{3}{5^3},\frac{-2}{5^3}\right]^{\mathrm{T}} \quad \boldsymbol{x}^{(4)}=\left[\frac{3}{5^4},\frac{2}{5^4}\right]^{\mathrm{T}} \quad \boldsymbol{x}^{(5)}=\left[\frac{3}{5^5},\frac{-2}{5^5}\right]^{\mathrm{T}} \quad \boldsymbol{x}^{(6)}=\left[\frac{3}{5^6},\frac{2}{5^6}\right]^{\mathrm{T}}$$

当 $K=6$ 时，$\left\|\nabla f\left(\boldsymbol{x}^{(6)}\right)\right\|=\left\|\dfrac{2}{5^6},\dfrac{(-1)^6\times 2}{5^6}\right\|<\varepsilon$

所以 $\boldsymbol{x}^{*}\approx\left[\dfrac{3}{5^6},\dfrac{2}{5^6}\right]^{\mathrm{T}}$

本例极小值点为 $(0,0)^{\mathrm{T}}$。

最速下降法好像瞎子爬山，每一步都沿着最陡方向。

但应当提出，最速下降法收敛速度是很慢的。最速下降方向仅仅反映了 $f(x)$ 在 $x^{(k)}$ 点的局部性质，局部最速下降方向对全局而言就未必是最速下降方向。

如图 6.6 所示，从全局看 $x^{(0)}$ 最速下降方向应直指 x^{*}，但实际上搜索线路却是锯齿形的，

且越接近 x^* 步长越小，收敛越慢。尽管最速下降法具有慢收敛性，但在某些实用算法中，可在初始阶段用最速下降法，以取得较理想点，然后转用其他收敛较快的方法。

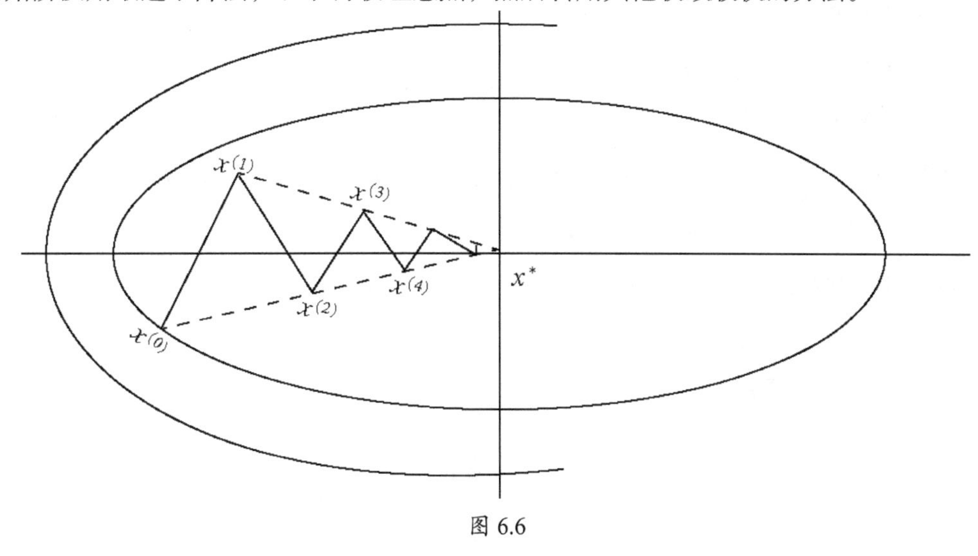

图 6.6

6.3.2　牛顿法

1. 基本思想

牛顿法是一种用到一阶导数及二阶导数的解析法，在确定搜索方向时，不仅考虑了函数在这一点的梯度，还考虑了梯度的变化趋势，所以在更大范围内考虑了函数的性质。它的基本思想是在目标函数 $f(x)$ 具有二阶连续导数的条件下，用二次函数 $\varphi(x)$ 去近似 $f(x)$，然后求出这个二次函数的极小值点，作为 $f(x)$ 极小值点的近似值。

设 $x^{(k)}$ 是 $f(x)$ 极小值点的 k 次近似，将 $f(x)$ 在 $x^{(k)}$ 点作泰勒展开并略去高于二次的项，即

$$f(x)=\varphi(x)=f\left(x^{(k)}\right)+\nabla f\left(x^{(k)}\right)\left(x-x^{(k)}\right)+\frac{1}{2}\left(x-x^{(k)}\right)^{\mathrm{T}}\boldsymbol{H}\left(x^{(k)}\right)\left(x-x^{(k)}\right) \tag{6.26}$$

令 $\varphi'(x)=\nabla f\left(x^{(k)}\right)+\boldsymbol{H}\left(x^{(k)}\right)\left(x-x^{(k)}\right)=0$，

得 $x^{(k+1)}=x^{(k)}-\boldsymbol{H}\left(x^{(k)}\right)^{-1}\nabla f\left(x^{(k)}\right)=x^{(k)}+p^{(k)}$，

称 $p^{(k)}=-\boldsymbol{H}\left(x^{(k)}\right)^{-1}\nabla f\left(x^{(k)}\right)$ 为牛顿方向，

称 $\begin{cases}x^{(k+1)}=x^{(k)}+p^{(k)}\\ P^{(k)}=-\boldsymbol{H}\left(x^{(k)}\right)^{-1}\nabla f\left(x^{(k)}\right)\\ k=0,1,2,\cdots\end{cases}$ 为牛顿迭代公式。

牛顿法收敛准则：对预先给定的精度 $\varepsilon>0$，当 $\left\|\nabla f\left(x^{(k)}\right)\right\|\leqslant\varepsilon$ 时停止迭代，以 $x^{(k)}$ 作为极小值点 x^* 的近似值。

在牛顿法迭代中要求 $H\left(x^{(k)}\right)$ 可逆。由于函数 $f(x)$ 是由二次函数近似的，所以如果 $f(x)$ 形状与二次函数比较接近，则采用牛顿法可以很快收敛。特别地，如果 $f(x)$ 本身就是正定二

次函数，则$\varphi(x)$与$f(x)$一致，从任何点出发只需要经过一次迭代，即可求得极小值点x^*。

2．计算步骤

（1）取初始点$x^{(0)}$，置$k=0$。

（2）计算$\nabla f\left(x^{(k)}\right)$。

（3）若$\left\|\nabla f\left(x^{(k)}\right)\right\|<\varepsilon$，则停止，$x^*\approx x^{(k)}$；否则，计算$\boldsymbol{H}\left(x^{(k)}\right)$，令$P_k=-\boldsymbol{H}\left(x^{(k)}\right)^{-1}\nabla f\left(x^{(k)}\right)$。

（4）置$x^{(k+1)}=x^{(k)}+p^{(k)},k=k+1$，转（2）。

例 4　用牛顿法求$\min f(x)=x_1^2+2x_2^2-4x_1-2x_1x_2$，设$\boldsymbol{x}^{(0)}=(1,1)^{\mathrm{T}}$。

解：

$$\nabla f\left(\boldsymbol{x}^{(0)}\right)=\left(2x_1-4-2x_2,4x_2-2x_1\right)^{\mathrm{T}}\Big|_{x_2=1}^{x_1=1}=(-4,2)^{\mathrm{T}}$$

$$\boldsymbol{H}\left(\boldsymbol{x}^{(0)}\right)=\begin{pmatrix}2&-2\\-2&4\end{pmatrix}\quad \boldsymbol{H}\left(\boldsymbol{x}^{(0)}\right)^{-1}=\frac{1}{2}\begin{pmatrix}2&1\\1&1\end{pmatrix}$$

$$\boldsymbol{x}^{(1)}=\boldsymbol{x}^{(0)}-\frac{1}{2}\begin{pmatrix}2&1\\1&1\end{pmatrix}\begin{pmatrix}-4\\2\end{pmatrix}=\begin{pmatrix}1\\1\end{pmatrix}-\begin{pmatrix}-3\\-1\end{pmatrix}=\begin{pmatrix}4\\2\end{pmatrix}$$

因为$\left\|\nabla f\left(\boldsymbol{x}^{(1)}\right)\right\|=\sqrt{(8-4-4)^2+(4\times2-2\times4)^2}=0$。

所以$\boldsymbol{x}^{(1)}=\begin{pmatrix}4\\2\end{pmatrix}$就是全局极小值点。

注：（1）牛顿法虽然收敛快，但是如果初始点选择不当则可能会出现$f\left(x^{(k+1)}\right)>f\left(x^{(k)}\right)$或者$\left\{x^{(k)}\right\}$不收敛或收敛不到$f(x)$极小值点的情形。

（2）另外，更主要的缺点是计算太复杂，要计算$\boldsymbol{H}\left(x^{(k)}\right)$和其逆矩阵。当变量维数$n$较高时，所需的存储量和计算时间呈$n^2$倍增长，因此当$n$较大时牛顿法几乎不能使用。

（3）但有些实践中认为非常成功的方法是在它的基础上修改而成的，所以讨论牛顿法是必要的。

6.3.3　共轭梯度法

共轭梯度法是介于最速下降法与牛顿法之间的一种算法，这种算法是基于这样一种想法而提出来的：既要加速最速下降法引起的慢收敛性，又要避免牛顿法涉及的$\boldsymbol{H}$矩阵计算存储及求逆。共轭梯度法是针对二次问题$\min\left(\frac{1}{2}\boldsymbol{x}^{\mathrm{T}}\boldsymbol{Q}x-\boldsymbol{b}^{\mathrm{T}}\boldsymbol{x}\right)$提出来的，可以把这种方法推广到更一般的问题。这是一种适用效果好、用途广的方法。

1）共轭方向

定义 6.6　两个方向$\boldsymbol{x}\in E_n,\boldsymbol{y}\in E_n$被称为关于$n\times n$的对称正定矩阵$\boldsymbol{Q}$的共轭方向，如果$\boldsymbol{x}^{\mathrm{T}}\boldsymbol{Q}\boldsymbol{y}=0$，当$\boldsymbol{Q}=\boldsymbol{I}$时，则$\boldsymbol{x}$与$\boldsymbol{y}$正交，所以共轭可认为是正交的推广。

如果对所有$i\neq j$，有$\boldsymbol{P}_i^{\mathrm{T}}\boldsymbol{Q}\boldsymbol{P}_j=0$，则称$\boldsymbol{P}_1\boldsymbol{P}_2\cdots\boldsymbol{P}_n$为$\boldsymbol{Q}$共轭$n$维非零向量，此向量组必线

性无关。

证明： 设 $\boldsymbol{P}_1\boldsymbol{P}_2\cdots\boldsymbol{P}_n$ 有线性关系，即

$$\alpha_1\boldsymbol{P}_1+\alpha_2\boldsymbol{P}_2+\cdots+\alpha_n\boldsymbol{P}_n=0$$

对 $i=1,2,\cdots,n$ ，用 $\boldsymbol{P}_i^{\mathrm{T}}\boldsymbol{Q}$ 左乘上式得

$$\alpha_j\boldsymbol{P}_i^{\mathrm{T}}\boldsymbol{Q}\boldsymbol{P}_j=0,\quad j\neq i$$

又因为 $\boldsymbol{P}_i^{\mathrm{T}}\boldsymbol{Q}\boldsymbol{P}_j\neq 0$ ，所以 $\alpha_i=0,i=1,2,\cdots,n$ 。

证毕。

2）共轭梯度法计算过程

设二次函数

$$f(\boldsymbol{x})=\boldsymbol{b}^{\mathrm{T}}\boldsymbol{x}+\frac{1}{2}\boldsymbol{x}^{\mathrm{T}}\boldsymbol{Q}\boldsymbol{x} \tag{6.27}$$

$\boldsymbol{Q}$ 为 $n\times n$ 正定矩阵， $\boldsymbol{P}_1\boldsymbol{P}_2\cdots\boldsymbol{P}_n$ 为任意一组 $\boldsymbol{Q}$ 共轭向量，则由任意 $\boldsymbol{x}^{(1)}$ 出发按如下迭代格式最多 n 步即可收敛。

$$\min_{\lambda} f\left(\boldsymbol{x}^{(k)}+\lambda\boldsymbol{P}_k\right)=f\left(\boldsymbol{x}^{(k)}+\lambda_k\boldsymbol{P}_k\right) \tag{6.28}$$

$$\boldsymbol{x}^{(k+1)}=\boldsymbol{x}^{(k)}+\lambda_k\boldsymbol{P}_k \tag{6.29}$$

（证明略）。

由于这一特性，对于二次凸函数 $f(x)$ ，只要迭代中构造一组 $\boldsymbol{Q}$ 共轭向量作为搜索方向，就可求出 $f(x)$ 的极小值点。

令任意初始点 $\boldsymbol{x}^{(1)}$ ，取 $\boldsymbol{P}_1=-\nabla f\left(\boldsymbol{x}^{(1)}\right)$ ，由

$$\min_{\lambda} f\left(\boldsymbol{x}^{(1)}+\lambda\boldsymbol{P}_1\right)=f\left(\boldsymbol{x}^{(1)}+\lambda_1\boldsymbol{P}_1\right) \tag{6.30}$$

令

$$\boldsymbol{x}^{(2)}=\boldsymbol{x}^{(1)}+\lambda_1\boldsymbol{P}_1$$

则

$$-\nabla f\left(\boldsymbol{x}^{(2)}\right)^{\mathrm{T}}\boldsymbol{P}_1=\nabla f\left(\boldsymbol{x}^{(2)}\right)^{\mathrm{T}}\quad\nabla f\left(\boldsymbol{x}^{(1)}\right)=0$$

$$\frac{\mathrm{d}f\left(\boldsymbol{x}^{(1)}+\lambda\boldsymbol{P}_1\right)}{\mathrm{d}\lambda}=\nabla f\left(\boldsymbol{x}^{(1)}+\lambda\boldsymbol{P}_1\right)^{\mathrm{T}}\boldsymbol{P}_1 \tag{6.31}$$

令 $\boldsymbol{P}_2=-\nabla f\left(\boldsymbol{x}^{(2)}\right)+V_1\boldsymbol{P}_1$ ，与 $\boldsymbol{P}_1$ 、$\boldsymbol{Q}$ 共轭。

则

$$\boldsymbol{P}_1^{\mathrm{T}}\boldsymbol{Q}\boldsymbol{P}_1=\left[-\nabla f\left(\boldsymbol{x}^{(2)}\right)+V_1\boldsymbol{P}_1\right]^{\mathrm{T}}\boldsymbol{Q}\boldsymbol{P}_1=0 \tag{6.32}$$

即

$$V_1=\frac{\nabla f\left(\boldsymbol{x}^{(2)}\right)^{\mathrm{T}}\boldsymbol{Q}\boldsymbol{P}_1}{\boldsymbol{P}_1^{\mathrm{T}}\boldsymbol{Q}\boldsymbol{P}_1} \tag{6.33}$$

对于二次函数 $f(x)=f\left(\boldsymbol{x}^{(k)}\right)+\nabla f\left(\boldsymbol{x}^{(k)}\right)^{\mathrm{T}}\left(x-\boldsymbol{x}^{(k)}\right)+\frac{1}{2}\left(x-\boldsymbol{x}^{(k)}\right)^{\mathrm{T}}\boldsymbol{H}\left(\boldsymbol{x}^{(k)}\right)\left(x-\boldsymbol{x}^{(k)}\right)$

$$\nabla f(x)=\nabla f\left(\boldsymbol{x}^{(k)}\right)+\boldsymbol{H}\left(\boldsymbol{x}^{(k)}\right)\left(x-\boldsymbol{x}^{(k)}\right) \tag{6.34}$$

所以
$$\nabla f\left(\boldsymbol{x}^{(2)}\right)-\nabla f\left(\boldsymbol{x}^{(1)}\right)=\boldsymbol{Q}\left(\boldsymbol{x}^{(2)}-\boldsymbol{x}^{(1)}\right)=\boldsymbol{Q}\lambda_1\boldsymbol{P}_1$$

$$\begin{aligned}V_1&=\frac{\nabla f\left(\boldsymbol{x}^{(2)}\right)^{\mathrm{T}}\boldsymbol{QP}_1}{\boldsymbol{P}_1^{\mathrm{T}}\boldsymbol{QP}_1}=\frac{\nabla f\left(\boldsymbol{x}^{(2)}\right)^{\mathrm{T}}\left[\nabla f\left(\boldsymbol{x}^{(2)}\right)-\nabla f\left(\boldsymbol{x}^{(1)}\right)\right]}{\lambda_1\boldsymbol{P}_1^{\mathrm{T}}\boldsymbol{QP}_1}\\&=\frac{\nabla f\left(\boldsymbol{x}^{(2)}\right)^{\mathrm{T}}\nabla f\left(\boldsymbol{x}^{(2)}\right)}{\boldsymbol{P}_1^{\mathrm{T}}\left(\nabla f\left(\boldsymbol{x}^{(2)}\right)-\nabla f\left(\boldsymbol{x}^{(1)}\right)\right)}=\frac{\left\|\nabla f\left(\boldsymbol{x}^{(2)}\right)\right\|^2}{\left\|\nabla f\left(\boldsymbol{x}^{(1)}\right)\right\|^2}\end{aligned}\tag{6.35}$$

对$\boldsymbol{x}^{(2)}$点继续寻优，将$\boldsymbol{x}^{(1)}$代之以$\boldsymbol{x}^{(2)}$，$\boldsymbol{P}_1$代之以$\boldsymbol{P}_2$，λ_1代之以λ_2，求得$\boldsymbol{x}^{(3)}$点再求得V_2、$\boldsymbol{P}_3$。如此继续重复上述过程，直至$\nabla f\left(\boldsymbol{x}^{(i)}\right)=0$。

可以证明，对于二次函数，$\boldsymbol{P}_1\boldsymbol{P}_2\cdots\boldsymbol{P}_n$是$\boldsymbol{Q}$共轭的，在$n$步内总可收敛。

由于计算中不显含$\boldsymbol{Q}$矩阵，所以此法可推广用于一般目标函数，在某些假设下，方法也是收敛的。这个方法结构简单、存储量小。

一般而言，共轭梯度法在目标是二次性极强区域收敛性较好，而最速下降法在非二次性区域能使目标下降较快。因此，在计算开始时用最速下降法搜索到函数有较好二次性，最速下降法收敛变慢时，采用共轭梯度法能有较好效果。

共轭梯度法迭代步骤如下。

（1）取初始点$\boldsymbol{x}^{(1)}\in E^n$，$\varepsilon>0$。

（2）检验$\left\|\nabla f\left(\boldsymbol{x}^{(1)}\right)\right\|\leqslant\varepsilon$，若满足，则取$\boldsymbol{x}^*=\boldsymbol{x}^{(1)}$，计算停；否则转（3）。

（3）令$\boldsymbol{P}_1=-\nabla f\left(\boldsymbol{x}^{(1)}\right)$，$k=1$。

（4）求$\min\limits_{\lambda}f\left(\boldsymbol{x}^{(k)}+\lambda\boldsymbol{P}_k\right)=f\left(\boldsymbol{x}^{(k)}+\lambda_k\boldsymbol{P}_k\right)$。

（5）令$\boldsymbol{x}^{(k+1)}=\boldsymbol{x}^{(k)}+\lambda_k\boldsymbol{P}_k$。

（6）检验$\left\|\nabla f\left(\boldsymbol{x}^{(k+1)}\right)\right\|\leqslant\varepsilon$，若满足，则令$\boldsymbol{x}^*=\boldsymbol{x}^{(k+1)}$计算停；否则转（7）。

（7）判别$k=n$是否成立，若$k=n$，则令$\boldsymbol{x}_1=\boldsymbol{x}^{(n+1)}$转（3），否则计算：

$$V_k=\frac{\left\|f\left(\boldsymbol{x}^{(k+1)}\right)\right\|^2}{\left\|\nabla f\left(\boldsymbol{x}^{(k)}\right)\right\|^2},\ \text{令}\boldsymbol{P}_{k+1}=-\nabla f\left(\boldsymbol{x}^{(k+1)}\right)+V_k\boldsymbol{P}_k\tag{6.36}$$

若$f(x)$是非二次函数，则计算V_k时可以增加修正项，即

$$V_k=\frac{\left\|\nabla f\left(\boldsymbol{x}^{(k+1)}\right)\right\|^2-\nabla f\left(\boldsymbol{x}^{(k)}\right)^{\mathrm{T}}\nabla f\left(\boldsymbol{x}^{(k+1)}\right)}{\left\|\nabla f\left(\boldsymbol{x}^{(k)}\right)\right\|^2}\tag{6.37}$$

令$k=k+1$，转（4）。

例 5 用共轭梯度法求 $\min f(x)=x_1^2+2x_2^2-4x_1-2x_1x_2$，取$\boldsymbol{x}^{(1)}=(1,1)^{\mathrm{T}}$为初始点。

解：

$$\nabla f(\boldsymbol{x})=\left(2x_1-4-2x_2,4x_2-2x_1\right)^{\mathrm{T}}\tag{6.38}$$

$$\nabla f\left(\boldsymbol{x}^{(1)}\right)=\left(2x_1-4-2x_2,4x_2-2x_1\right)^{\mathrm{T}}\Big|(1,1)=(-4,2)^{\mathrm{T}}=\begin{pmatrix}-4\\2\end{pmatrix}$$

令 $P_1=-\nabla f\left(x^{(1)}\right)=\begin{pmatrix}4\\-2\end{pmatrix}$，$\left\|\nabla f\left(x^{(1)}\right)\right\|^2=20$

求

$$\begin{aligned}\min_{\lambda} f\left(x^{(1)}+\lambda\begin{pmatrix}4\\-2\end{pmatrix}\right)&=\min_{\lambda} f\left(\begin{pmatrix}1\\1\end{pmatrix}+\begin{pmatrix}4\lambda\\-2\lambda\end{pmatrix}\right)\\&=\min_{\lambda}\begin{pmatrix}1+4\lambda\\1-2\lambda\end{pmatrix}=\min_{\lambda}\left\{(1+4\lambda)^2+2(1-2\lambda)^2-4(1+4\lambda)-2(1+4\lambda)(1-2\lambda)\right\}\\&=\min_{\lambda}\left\{40\lambda^2-20\lambda-3\right\}\end{aligned}$$

得 $\lambda_1=\dfrac{1}{4}$。

$$x^{(2)}=x^{(1)}+\lambda_1\begin{pmatrix}4\\-2\end{pmatrix}=\begin{pmatrix}1\\1\end{pmatrix}+\frac{1}{4}\begin{pmatrix}4\\-2\end{pmatrix}=\begin{pmatrix}2\\\frac{1}{2}\end{pmatrix}$$

$$\nabla f\left(x^{(2)}\right)=\left(2\times2-4-2\times\frac{1}{2},4\times\frac{1}{2}-2\times2\right)^{\mathrm{T}}=\begin{pmatrix}-1\\-2\end{pmatrix}\quad\left\|\nabla f\left(x^{(2)}\right)\right\|^2=5$$

取

$$V_1=\frac{\left\|\nabla f\left(x^{(2)}\right)\right\|^2}{\left\|\nabla f\left(x^{(1)}\right)\right\|^2}=\frac{5}{20}=\frac{1}{4}$$

$$P_2=-\nabla f\left(x^{(2)}\right)+V_1P_1=\begin{pmatrix}1\\2\end{pmatrix}+\frac{1}{4}\begin{pmatrix}4\\-2\end{pmatrix}=\begin{pmatrix}2\\\frac{3}{2}\end{pmatrix}$$

求

$$\begin{aligned}\min_{\lambda} f\left(x^{(2)}+\lambda\begin{pmatrix}2\\\frac{3}{2}\end{pmatrix}\right)&=\min_{\lambda}\begin{pmatrix}2+2\lambda\\\frac{1}{2}+\frac{3}{2}\lambda\end{pmatrix}\\&=\min_{\lambda}\left[(2+2\lambda)^2+2\left(\frac{1}{2}+\frac{3}{2}\lambda\right)^2-4(2+2\lambda)-2(2+2\lambda)\left(\frac{1}{2}+\frac{3}{2}\lambda\right)\right]\quad(6.39)\\&=\min_{\lambda}\left[\left(4+\frac{9}{2}-6\right)\lambda^2+(8+3-8-8)\lambda+\left(-\frac{11}{2}\right)\right]\end{aligned}$$

得 $\lambda_2=1$，$x^{(3)}=x^{(2)}+\lambda_2\begin{pmatrix}2\\\frac{3}{2}\end{pmatrix}=\begin{pmatrix}2\\\frac{1}{2}\end{pmatrix}+\begin{pmatrix}2\\\frac{3}{2}\end{pmatrix}=\begin{pmatrix}4\\2\end{pmatrix}$。

$\nabla f\left(x^{(3)}\right)=\left(2\times4-4-2\times2,4\times2-2\times4\right)^{\mathrm{T}}=\begin{pmatrix}0\\0\end{pmatrix}$，计算停，已得最优解：$x^*=\begin{pmatrix}x_1\\x_2\end{pmatrix}=\begin{pmatrix}4\\2\end{pmatrix}$。

6.3.4　坐标轮换法

前面介绍的解析法在求解过程中要应用目标函数的导数，下面介绍不用导数的直接搜索法。这类方法由目标函数值比较求得最优解，算法简单，对函数要求很少（可以不连续，不可导），但收敛速度不比解析法快。

坐标轮换法基本思想：把从某 $\boldsymbol{x}^{(1)}$ 出发求 $f(x)$ 极小值问题转化为一系列沿坐标方向的一维优化问题。该方法分成两种，一种是使用一维搜索的坐标轮换法，另一种是定步长探测的坐标轮换法。

1．使用一维搜索的坐标轮换法

设初始点为 $\boldsymbol{x}^{(0)}$，由 $\boldsymbol{x}^{(0)}$ 按第一个坐标轴方向 $\boldsymbol{e}_1=(10\cdots\cdots0)^{\mathrm{T}}$ 求最优解，得 $\boldsymbol{x}^{(1)}$ 点，即

$$\min f\left(\boldsymbol{x}^{(0)}+\lambda\boldsymbol{e}_1\right)=f\left(\boldsymbol{x}^{(0)}+\lambda_1\boldsymbol{e}_1\right) \tag{6.40}$$

令 $\boldsymbol{x}^{(1)}=\boldsymbol{x}^{(0)}+\lambda_1\boldsymbol{e}_1$，然后以 $\boldsymbol{x}^{(1)}$ 为出发点按第二坐标轴方向 $\boldsymbol{e}_2=(0\ 1\ \cdots\ 0)^{\mathrm{T}}$ 求最优解，得 $\boldsymbol{x}^{(2)}$ 点，以此类推，一直到按第 n 个坐标方向 $\boldsymbol{e}_n$ 求得 $\boldsymbol{x}^{(n)}$，即

$$\min f\left(\boldsymbol{x}^{(n-1)}+\lambda\boldsymbol{e}_n\right)=f\left(\boldsymbol{x}^{(n-1)}+\lambda_n\boldsymbol{e}_n\right) \tag{6.41}$$

令 $\boldsymbol{x}^{(n)}=\boldsymbol{x}^{(n-1)}+\lambda_n\boldsymbol{e}_n$，此时若 $\left\|\boldsymbol{x}^{(n)}-\boldsymbol{x}^{(1)}\right\|\leqslant\varepsilon$，则停止计算，取 $\boldsymbol{x}^{(0)}=\boldsymbol{x}^{(n)}$，否则再以 $\boldsymbol{x}^{(n)}$ 为 $\boldsymbol{x}^{(0)}$ 重复上述步骤（步骤与框图略）。

2．定步长探测的坐标轮换法

定步长探测的坐标轮换法与使用一维搜索的坐标轮换法差别在于：从 $\boldsymbol{x}^{k-1}$ 求 $\boldsymbol{x}^{k}$ 过程不使用一维搜索方法，而是按指定步长 h 沿第 k 个坐标方向探测。

如果 $\boldsymbol{x}^{(k)}=\left(\boldsymbol{x}^{(k+1)}+h\boldsymbol{e}_k\right)<f\left(\boldsymbol{x}^{(k-1)}\right)$，则令 $\boldsymbol{x}^{(k)}=\boldsymbol{x}^{(k+1)}+h\boldsymbol{e}_k$，否则再沿 $\boldsymbol{e}_k$ 的反方向以 h 为步长探测。

从 $\boldsymbol{x}^{(0)}$ 出发沿 n 个坐标方向都探测完毕时得 $\boldsymbol{x}^{(n)}$，如果 $f\left(\boldsymbol{x}^{(n)}\right)<f\left(\boldsymbol{x}^{(0)}\right)$ 则称这一轮探测成功，以 $\boldsymbol{x}^{(n)}$ 代 $\boldsymbol{x}^{(0)}$ 进行下一轮探测；如果 $\boldsymbol{x}^{(n)}=\boldsymbol{x}^{(0)}$ 则说明探测失败，缩短步长为 $h=\beta h\ \left(\beta=\dfrac{1}{2}\right)$，再从 $\boldsymbol{x}^{(0)}$ 开始进行探测。

当步长因子 $h<\varepsilon$ 时，停止计算，以 $\boldsymbol{x}^{(0)}$ 为 $\boldsymbol{x}^{*}$ 的近似值。

计算步骤：

（1）给定初始点 $x^{(0)}$，精度要求 $\varepsilon>0$，步长因子 h，收缩因子 $\beta<1$，置 $k=1$。

（2）令 $\boldsymbol{x}^{(k)}=\boldsymbol{x}^{(k+1)}+h\boldsymbol{e}_k$，计算 $f\left(\boldsymbol{x}^{(k)}\right)$，若 $f\left(\boldsymbol{x}^{(k)}\right)<f\left(\boldsymbol{x}^{(k+1)}\right)$ 则转（4）；否则转（3）。

（3）令 $\boldsymbol{x}^{(k)}=\boldsymbol{x}^{(k-1)}-h\boldsymbol{e}_k$，计算 $f\left(\boldsymbol{x}^{(k)}\right)$，若 $f\left(\boldsymbol{x}^{(k)}\right)<f\left(\boldsymbol{x}^{(k-1)}\right)$ 则转（4）；否则取 $\boldsymbol{x}^{(k)}=\boldsymbol{x}^{(k-1)}$ 转（4）。

（4）如果 $k<n$，则置 $k=k+1$ 转（2）；如果 $k=n$，$f\left(\boldsymbol{x}^{(n)}\right)<f\left(\boldsymbol{x}^{(0)}\right)$，则置 $\boldsymbol{x}^{(0)}=\boldsymbol{x}^{(n)},k=1$ 转（2）；否则转（5）。

（5）若 $h<\varepsilon$，令 $\boldsymbol{x}^{*}=\boldsymbol{x}^{(0)}$，输出 x^{*} 及 $f\left(x^{*}\right)$，则计算停；否则置 $h=\beta h$，置 $k=1$ 转（2）。

坐标轮换法还可作为其他形式发展和改进，如每一轮完成时可沿 $\boldsymbol{x}^{(n)}-\boldsymbol{x}^{(0)}$ 方向进行一维搜索，然后进行坐标轮换法。

6.3.5　单纯形法

n 维空间单纯形是由 $n+1$ 个顶点所构成的超多面体，如二维空间的三角形，三维空间的四面体等都是单纯形，如果单纯形的各棱长相等则称为正规单纯形。

1．基本思想

在 n 维空间取 $n+1$ 个点构成初始单纯形，比较这 $n+1$ 个点的函数值大小，丢弃最坏的点（函数值最大）代之以新的点，构成新的单纯形。反复迭代使顶点处函数值逐步下降，逼近函数的极小值点。

现以二维为例，求 $\min f(x)$。

先取初始单纯形，一般取正三角形。设顶点是 x_1,x_2,x_3，比较函数值：

$$f\left(x^{(h)}\right)=\max\left\{f\left(x^{(i)}\right)\middle|i=1,2,3\right\} \tag{6.42}$$

$$f\left(x^{(l)}\right)=\min\left\{f\left(x^{(i)}\right)\middle|i=1,2,3\right\} \tag{6.43}$$

$$f\left(x^{(g)}\right)=\max\left\{f\left(x^{(i)}\right)\middle|i\neq h\right\} \tag{6.44}$$

即 $f\left(x^{(h)}\right)>f\left(x^{(g)}\right)>f\left(x^{(l)}\right)$。

$x^{(h)}$ 是最高点，$x^{(g)}$ 是次最高点，$x^{(l)}$ 是最低点，找出不含 $x^{(h)}$ 的其余点的重心，记为 $x^{(n+2)}$。求 $x^{(h)}$ 关于质心 $x^{(n+2)}$ 的对称点 $x^{(n+3)}$，如图 6.7 所示。

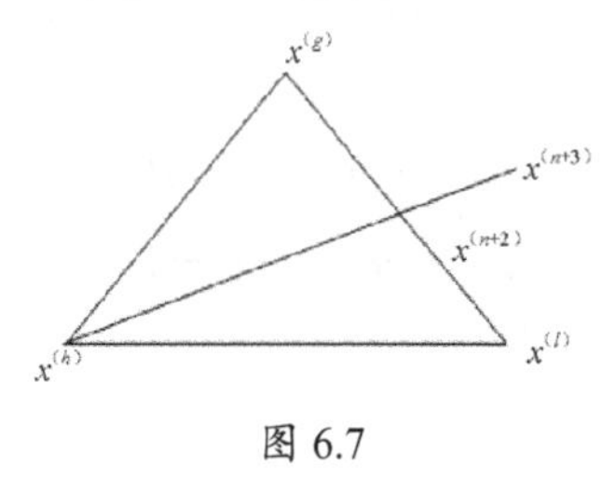

图 6.7

（1）如果 $f\left(x^{(n+3)}\right)<f\left(x^{(l)}\right)$，则说明从 $x^{(n+2)}$ 到 $x^{(n+3)}$ 方向的函数值有可能下降较快，因此在该方向扩张，再扩大一步得 $x^{(n+4)}$。

如果 $f\left(x^{(n+4)}\right)<f\left(x^{(l)}\right)$，则用 $x^{(n+4)}$ 代替 $x^{(h)}$ 形成新的单纯形，否则以 $x^{(n+3)}$ 代替 $x^{(h)}$ 形成新的单纯形，即 $f\left(x^{(h)}\right)>f\left(x^{(g)}\right)>f\left(x^{(l)}\right)\Rightarrow f\left(x^{(g)}\right)>f\left(x^{(l)}\right)>f\left(x^{(n+3)}\right)$ 或 $f\left(x^{(g)}\right)>f\left(x^{(l)}\right)>f\left(x^{(n+4)}\right)$。

（2）如果 $f\left(x^{(l)}\right)\leqslant f\left(x^{(n+3)}\right)\leqslant f\left(x^{(g)}\right)$，则以 $x^{(n+3)}$ 代替 $x^{(h)}$ 形成新的单纯形。

（3）如果 $f\left(x^{(g)}\right)\leqslant f\left(x^{(n+3)}\right)<f\left(x^{(h)}\right)$，则从 $x^{(n+3)}$ 退回，并进行压缩取 $x^{(n+5)}$ 为 $x^{(n+2)}$ 和 $x^{(n+3)}$ 的中点，如果 $f\left(x^{(n+5)}\right)<f\left(x^{(n)}\right)$，则用 $x^{(n+5)}$ 代替 $x^{(h)}$ 形成新的单纯形。

（4）如果 $f\left(x^{(h)}\right)\leqslant f\left(x^{(n+3)}\right)$，则从 $x^{(n+2)}$ 退回，取压缩点为 $x^{(n+6)}$，如果 $f\left(x^{(n+6)}\right)<f\left(x^{(h)}\right)$，则以 $x^{(n+6)}$ 代替 $x^{(h)}$ 形成新的单纯形。

（5）如果 $f\left(x^{(h)}\right)\leqslant f\left(x^{(n+5)}\right)$ 或 $f\left(x^{(h)}\right)\leqslant f\left(x^{(n+6)}\right)$，则缩小单纯形，将单纯形的各棱向最

低点 $x^{(l)}$ 缩短一半形成新的单纯形。

形成新的单纯形后，重复以上过程反复迭代，直至单纯形最大边长小于给定精度为止。通过反复迭代，可得到一系列单纯形 $s^{(k)}$。随着 k 的增大，顶点函数值逐渐下降，逐渐逼近最低点。这个方法可推广到一般 n 维问题。

2. 初始单纯形选取

任取 $\boldsymbol{x}^{(1)}=(a_1,a_2,\cdots,a_n)^{\mathrm{T}}$，则其余顶点为

$$\begin{aligned}\boldsymbol{x}^{(2)}&=(a_1+d_1,a_2+d_1,\cdots,a_n+d_n)\\ \boldsymbol{x}^{(3)}&=(a_1+d_2,a_2+d_2,\cdots,a_n+d_2)\\ &\vdots\\ \boldsymbol{x}^{(n+1)}&=(a_1+d_2,a_2+d_2,\cdots,a_n+d_1)\end{aligned} \tag{6.45}$$

令

$$\begin{cases}\left\|\boldsymbol{x}^{(i)}-\boldsymbol{x}^{(1)}\right\|^2=d_1^2+(n-1)d_2^2=a^2 & i=2,3,\cdots,n+1\\ \left\|\boldsymbol{x}^{(i)}-\boldsymbol{x}^{(j)}\right\|^2=2\left(d_2-d_1\right)^2=a^2 & i\neq j\quad j=2,3,\cdots,n+1\end{cases} \tag{6.46}$$

得

$$d_1=\frac{\sqrt{n+1}+n-1}{\sqrt{2}n}a,d_2=\frac{\sqrt{n+1}-1}{\sqrt{2}n}a$$

这样，$n+1$ 个点构成棱长为 a 的正规单纯形。

另一种取法

$$\begin{aligned}&\boldsymbol{x}^{(1)}=(a_1\cdots a_m)^{\mathrm{T}}\quad \boldsymbol{e}^i=(0,1,\cdots,0)^{\mathrm{T}}\\ &\boldsymbol{x}^{(i+1)}=\boldsymbol{x}^{(1)}+a\boldsymbol{e}^i\quad (i=1,2,\cdots,n)\end{aligned} \tag{6.47}$$

但形成的不是正规单纯形。

3. 计算步骤

（1）取初始单纯形 $S^{(1)}$，给定 $\varepsilon>0$，置 $k=1$。

（2）计算 $f\left(x^{(i)}\right)$，$i=1,2,\cdots,n+1$，确定 $x^{(h)},x^{(g)},x^{(l)}$ 及 f_h,f_g,f_l。

（3）如果 $\frac{1}{n+1}\left\{\sum_{i=1}^{n+1}\left[f\left(x^{(i)}\right)-f\left(x^{(l)}\right)\right]^2\right\}^{\frac{1}{2}}<\varepsilon$，则停止计算，取 $x^*=x^{(l)}$；否则转（4）。

（4）求质心 $x^{(n+2)}=\frac{1}{n}\left(\sum_{i=1}^{n+1}x^{(i)}-x^{(b)}\right)$。

（5）反射。求 $x^{(b)}$ 关于 $x^{(n+2)}$ 的反射点 $x^{(n+3)}$。

$x^{(n+3)}=x^{(n+2)}+\alpha\left(x^{(n+2)}-x^{(b)}\right)$，$\alpha>0$ 为反射系数。

如果 $f\left(x^{(n+3)}\right)<f\left(x^{(l)}\right)$，则转（6），否则转（7）。

（6）扩张。在 $x^{(n+2)}$ 到 $x^{(n+3)}$ 方向上再跨一步得扩张点 $x^{(n+4)}$，$x^{(n+4)}=x^{(n+2)}+r\left(x^{(n+3)}-x^{(n+2)}\right)$，其中 $r>1$ 为扩张系数。

如果 $f\left(x^{(n+4)}\right)<f_l$，则以 $x^{(n+4)}$ 代替 $x^{(b)}$ 构成新的单纯形 $S^{(k+1)}$，令 $k=k+1$ 转（2）；否则用 $x^{(n+2)}$ 代替 $x^{(b)}$ 构成单纯形 $S^{(k+1)}$，令 $k=k+1$ 转（2）。

（7）如果 $f_l \leqslant f\left(x^{(n+3)}\right) \leqslant f_g$，则用 $x^{(n+3)}$ 代替 $x^{(b)}$ 构成新单纯形 $S^{(k+1)}$，令 $k=k+1$ 转（2）；否则转（8）。

（8）压缩。如果 $f_g \leqslant f\left(x^{(n+3)}\right) \leqslant f_b$，则从 $x^{(n+3)}$ 退回，取压缩点 $x^{(n+5)}$。

$$x^{(n+5)}=x^{(n+2)}+\beta\left(x^{(n+3)}-x^{(n+2)}\right),0<\beta<1 \tag{6.48}$$

转（9）；否则转（10）。

（9）如果 $f\left(x^{(n+5)}\right)<f_b$，则以 $x^{(n+5)}$ 代替 $x^{(b)}$ 构成新单纯形 $S^{(k+1)}$，令 $k=k+1$ 转（2）；否则转（11）。

（10）如果 $f\left(x^{(n+3)}\right)<f_h$，则从 $x^{(n+2)}$ 退回，得压缩点 $x^{(n+6)}$。

$$x^{(n+6)}=x^{(n+2)}+\beta\left(x^{(b)}-x^{(n+2)}\right) \tag{6.49}$$

如果 $f\left(x^{(n+6)}\right)<f_h$，则以 $x^{(n+6)}$ 代替 $x^{(b)}$，令 $k=k+1$ 转（2）；否则转（11）。

（11）缩小单纯形。将向量 $x^{(i)}-x^{(l)}$ 向着 $x^{(l)}$ 缩短一半，令

$$x^{(i)}=\frac{1}{2}\left(x^{(i)}-x^{(l)}\right) \quad (i=1,2,\cdots,n+1) \\ k=k+1 \tag{6.50}$$

转（2）。

说明：一般 $\alpha=1,\beta=0.5,r=0.2$。

6.4 约束最优化

约束最优化一般形式为

$$\min f(x) \\ s.t.\begin{cases} g_i(x)\leqslant 0 & i=1,2,\cdots,m \\ h_j(x)=0 & j=1,2,\cdots,l \end{cases} \tag{6.51}$$

问题的可行域记为 D，最优解记为 x^*。求解约束最优化问题一般采用将非线性规划转化成一系列线性规划来求解，或者将其转化为无约束极值问题加以求解。

6.4.1 用线性规划逼近非线性规划（近似规划法）

线性规划已有成功的解法。将非线性规划问题可以转化为一系列线性规划问题，用它们的解来逼近非线性规划的最优解，这是求解非线性规划的主要途径之一。

假设已求得问题的近似解 $x^{(k)}$，在 $x^{(k)}$ 处分别作 $f(x)$、$g_i(x)$、$h_j(x)$ 泰勒展开式，并略去二次以上项得近似规划：

$$\min\left(f\left(x^{(k)}\right)+\left(x-x^{(k)}\right)^{\mathrm{T}}\nabla f\left(x^{(k)}\right)\right)$$
$$\begin{cases}g_i\left(x^{(k)}\right)+\left(x-x^{(k)}\right)^{\mathrm{T}}\nabla g_i\left(x^{(k)}\right)\leqslant 0 & i=1,2,\cdots,m\\ h_j\left(x^{(k)}\right)+\left(x-x^{(k)}\right)^{\mathrm{T}}\nabla h_j\left(x^{(k)}\right)=0 & j=1,2,\cdots,l\end{cases}\tag{6.52}$$

求得最优解 $x^{(k+1)}$，如果 $x^{(k+1)}$ 可行且 $\left\|x^{(k+1)}-x^{(k)}\right\|<\varepsilon$，则以 $x^{(k+1)}$ 作为原问题最优解，否则重复以上步骤，直至 $\left\|x^{(k+1)}-x^{(k)}\right\|<\varepsilon$ 为止。

注意，求解近似规划的最优解 $x^{(k+1)}$，可能会出现 $x^{(k+1)}$ 不是原问题的可行解，这是由于线性展开式只有在展开点 $x^{(k)}$ 邻近时才能逼近原函数，为此对变量范围要加以限制，增加约束：

$$\left|x_i-x_i^{(k)}\right|\leqslant\delta_j^{(k)},\delta_j^{(k)}>0,j=1,2,\cdots,n\tag{6.53}$$

如果求出的最优解，仍不是可行解，则缩小 $\delta_j^{(k)}$ 重求线性规划。

近似规划法步骤：

（1）给出原问题一个初始可行解 $x^{(0)}$，常数 $\alpha\left(0<\alpha<1\right)$，初始步长界限 $\delta_j^{(0)}>0\left(j=1,2,\cdots,n\right)$，精度要求 $\varepsilon_1,\varepsilon_2>0$，置 $k=0$。

（2）建立原规划在 $x^{(k)}$ 处的线性近似规划。

（3）求解近似规划，设其最优解为 $\bar{x}$。

（4）如果 $\bar{x}\in D$，则令 $x^{(k+1)}=\bar{x}$ 转（5）；否则令 $\delta_j^{(k)}=\alpha\delta_j^{(k)}\left(0<\alpha<1\right)$，$j=1,2,\cdots,n$ 转（3）。

（5）如果 $\left|f\left(x^{(k+1)}\right)-f\left(x^{(k)}\right)\right|<\varepsilon_1$，且 $\left\|x^{(k+1)}-x^{(k)}\right\|<\varepsilon_2$，则取 $x^*=x^{(k+1)}$，停止计算；否则令 $\delta_j^{(k+1)}=\delta_j^{(k)}$，$k=k+1$ 转（2）。

例 6 求解

$$\min f\left(x\right)=x_1^2+x_2^2-16x_1-10x_2$$
$$\begin{cases}g_1\left(x\right)=x_1^2-6x_1+4x_2-11\leqslant 0\\ g_2\left(x\right)=e^{x_1-3}-x_1x_2+3x_2-1\leqslant 0\\ g_3\left(x\right)=-x_1+3\leqslant 0\\ g_4\left(x\right)=-x_2\leqslant 0\end{cases}\tag{6.54}$$

解：取初始点 $\boldsymbol{x}^{(0)}=\left(4,3\right)^{\mathrm{T}}\in D,\varepsilon=0.01,\delta_j^{(0)}=0.5,\alpha=0.8$

得

$$\min f\left(x\right)=-8x_1-4x_2-25$$
$$\begin{cases}2x_1+4x_2-27\leqslant 0\\ -0.28x_1-x_2+2.84\leqslant 0\\ -x_1+3\leqslant 0\\ -x_2\leqslant 0\\ \left|x_1-4\right|-0.5\leqslant 0\\ \left|x_2-3\right|-0.5\leqslant 0\end{cases}\tag{6.55}$$

最优解 $\bar{\boldsymbol{x}}=\left(4,5,3,5\right)^{\mathrm{T}}$，经检验 $\bar{\boldsymbol{x}}\in D$，取 $\boldsymbol{x}^{(1)}=\bar{\boldsymbol{x}}$。

精度不满足要求，令 $\delta_j^{(1)}=0.8\delta_j^{(0)}$，将原问题在 $\boldsymbol{x}^{(1)}$ 处近似展开：

$$
\min f(x) = 7x_1 - 5x_2 - 36
$$

$$
\begin{cases}
3x_1 + 3x_2 - 31.4 \leqslant 0 \\
1.98x_1 - 1.5x_2 - 5.42 \leqslant 0 \\
-x_1 + 3 \leqslant 0 \\
-x_2 \leqslant 0 \\
|x_1 - 4.5| - 0.4 \leqslant 0 \\
|x_2 - 3.5| - 0.4 \leqslant 0
\end{cases}
\tag{6.56}
$$

最优解 $\overline{\boldsymbol{x}} = (4,9,2,9)^{\mathrm{T}} \in D$。令 $\boldsymbol{x}^{(2)} = \overline{\boldsymbol{x}}$，按检验精度要求，继续迭代，直至满足要求为止。

该方法适用于约束中只有少量非线性约束时使用。

6.4.2　惩罚函数法

将非线性规划问题还可以转化为一个或一系列无约束问题，用这一系列无约束问题最优解逼近原问题最优解。

一．外点法

考虑问题　$\min f(x)$

$x \in D$　　D 是可行域

外点法的思路是用一个形如 $\min F(x,\mu)=f(x)+\mu P(x)$ 的无约束极值问题来代替原问题的。其中 μ 是一个正数，$P(x)$ 满足：

（1）连续。

（2）对所有 $x \in E$，$P(x) \geqslant 0$。

（3）当且仅当 $x \in D$ 时，$P(x) = 0$。

由 $P(x)$ 条件可以看出，对于正数 μ，如果极值点 $x^*(\mu)$ 不属于 D，则 $p(x) \neq 0$，通过加大 μ 使得那些 $\overline{\boldsymbol{x}} \in D$ 的点对应的 $F(x,\mu)$ 值很大。如果 μ 取值足够大，则可以使 $F(x,\mu)$ 的极小值点落在 D 之中，而一旦 $F(x,\mu)$ 的极小值点落在 D 中，则该点也是原问题的最小值点。

$p(x)$ 为罚函数，μ 为罚因子。

罚函数求法如下。

（1）设问题为

$$
\begin{cases}
\min f(x) \\
s.t.\ \ h_j(x) = 0 \qquad j = 1,2,\cdots,t
\end{cases}
$$

令

$$
p(x) = \sum_{i=1}^{t} \left[h_i(x) \right]^2
$$

无约束极值为

$$
\min \left\{ f(x) + \mu \sum_{i} \left[h_i(x) \right]^2 \right\}
$$

（2）设问题为

$$\begin{cases}\min f(x) \\ s.t.\ g_i(x) \geqslant 0 \quad i=1,2,\cdots,m\end{cases}$$

令

$$P(x)=\sum_{i=1}^{m}\left[\min\left(0,g_i(x)\right)\right]^2$$

无约束极值为

$$\min\left\{f(x)+\mu\sum_{i=1}^{m}\left[\min\left\{0,g_i(x)\right\}\right]^2\right\}$$

由以上可知，对于某个μ，如果$F(x,\mu)$的极小值点落在可行域上，则该点即原问题极小值点。我们取一系列μ值，$\mu_1<\mu_2<\cdots<\mu_k<\cdots$，使相应的$F(x,\mu_k)$极小值点$x^k(\mu_k)$不断靠近可行域，一旦$x^k\in D$，则该点就是原问题极小值点。由于该算法是从可行域外部逐步逼近可行域上最小值点的，所以称为外点法。

计算步骤如下。

（1）取初始点$x^{(0)}$，精度$\varepsilon>0$、$\mu_1>0$及$\rho>0$，置$k=1$。

（2）以$x^{(k-1)}$为初始点，求$\min F(x,\mu)=\min\left\{f(x)+\mu_k p(x)\right\}$，最优解记为$x^k(\mu_k)$。

（3）如果对所有i,j都有

$$\begin{aligned}&g_i\left(x^{(k)}\right)>-\varepsilon \quad i=1,2,\cdots,m\\&\left|h_j\left(x^{(k)}\right)\right|<\varepsilon \quad j=1,2,\cdots,l \qquad（可行）\end{aligned} \tag{6.57}$$

或满足$\mu_k p\left(x^{(k)}\right)<\varepsilon$，则停止计算，$x^*=x^{(k)}(\mu_k)$；否则转（4）。

（4）取$\mu_{k+1}=\rho\mu_k$，以$x^{(k)}(\mu_k)$为初始点，置$k=k+1$转（2）。

例 7 求解

$$\begin{aligned}&\min f(x)=(x_1-2)^4+(x_1-2x_2)^2\\&x_1^2-x_2=0\end{aligned} \tag{6.58}$$

解：取初始点$(2,1)^{\mathrm{T}}=\boldsymbol{x}^{(0)},\mu_1=0.1,\rho=10,\varepsilon=0.001$，置$k=1$。

求

$$\min\left\{(x_1-2)^4+(x_1-2x_2)^2+0.1\left(x_1^2-x_2\right)^2\right\}$$

得极小值点

$$\boldsymbol{x}^{(1)}=(1.4539,0.7608)^{\mathrm{T}}$$

结果如表 6.2 所示。

表 6.2

迭代次数	μ_k	$\boldsymbol{x}^{(k)}(\mu_k)$	$\mu_k P\left(\boldsymbol{x}^{(k)}\right)$
1	0.1	（1.4539，0.7608）	0.1837
2	1.0	（1.1687，0.7407）	0.3908

续表

迭代次数	μ_k	$\boldsymbol{x}^{(k)}(\mu_k)$	$\mu_k P(\boldsymbol{x}^{(k)})$
3	10	（0.9906，0.8425）	0.1926
4	100	（0.9507，0.8875）	0.0267
5	1000	（0.94611，0.89344）	0.0028

二. 内点法

内点法的基本思想是从原问题的一个可行点出发的，在可行域边界建立一个障碍函数 $q(x)$，阻挡可行点离开可行域，从而使可行点始终在可行域内部迭代逐渐逼近约束最优解。

对于问题

$$\begin{cases}\min f(x)\\ g_i(x)\geqslant 0 \quad i=1,2,\cdots,m\end{cases}$$

可构造 $q(x)=r\sum_{i=1}^{m}\frac{1}{g_i(x)}$，将问题变为 $\min\left(f(x)+q(x)\right)$，其中 $r>0$。

当 x 从可行域 D 的内部趋于边界时，至少有一个约束由小于零而趋于零，使得 $q(x)$ 趋于正无穷大。

内点法计算步骤如下。

（1）选取初始点 $x^{(0)}\in D$，给定 $\varepsilon>0$，$r_1>0$，缩小系数 $0<c<1$，置 $k=1$。

（2）以 $x^{(k-1)}$ 为初始点，求 $\min\left\{f(x)+r_k\sum_{i=1}^{m}\frac{1}{g_i(x)}\right\}$ 得极小值点 $x^{(k)}(r_k)$。

（4）如果 $r_k\sum\frac{1}{g_i\left(x^{(k)}\right)}<\varepsilon$，则 $x^{(k)}$ 就是原问题最优解，停止计算；否则转（4）。

（4）令 $r_{k+1}=cr_k$，置 $k=k+1$，转（2）。

例 8　用内点法求解

$$\begin{aligned}&\min f(x)=(x_1-2)^2+(x_1-2x_2)^2\\&x_1^2-x_2\leqslant 0\end{aligned}\tag{6.59}$$

解：设初始点 $\boldsymbol{x}^{(0)}=\begin{pmatrix}0\\1\end{pmatrix}$，$r_1=10$，$c=0.1$，$\varepsilon=0.1$。

计算结果如表 6.3 所示。

表 6.3

迭代次数 k	r_k	$\boldsymbol{x}^{(k)}(r_k)$	$r_k\sum\frac{1}{g_i\left(\boldsymbol{x}^{(k)}\right)}$
1	10	（0.7079，1.5315）	9.705
2	1	（0.8282，1.1098）	2.3691
3	0.1	（0.8989，0.9638）	0.6419
4	0.01	（0.9294，0.9162）	0.1908
5	0.001	（0.9403，0.9011）	0.0590
6	0.0001	（0.94389，0.89635）	0.0184

课后习题

（1）用切线法求解下列非线性规划问题。

① $\begin{cases}\min f(x)=\min\left(\dfrac{1}{4}x^4-\dfrac{2}{3}x^3-2x^2-7x+8\right) \\ x\in[3,4]\end{cases}$，取 $\varepsilon=0.05$

② $\begin{cases}\min f(x)=e^x-5x \\ x\in[1,2]\end{cases}$，取 $\varepsilon=0.01$

（2）用 0.618 法求解下列非线性规划问题。

① $\begin{cases}\min f(x)=e^x-5x \\ x\in[1,2]\end{cases}$，取 $\varepsilon=0.1$

② $\begin{cases}\min f(x)=x^2 \\ x\in[-1,2]\end{cases}$，取 $\varepsilon=0.8$

（3）用牛顿法求解下列非线性规划问题。

① $\min f(x)=x_1^2+25x_2^2, \boldsymbol{x}^{(0)}=\begin{pmatrix}2\\2\end{pmatrix}, \varepsilon=0.01$

② $\min f(x)=x_1^2+x_2^2-4x_1-2x_2, \boldsymbol{x}^{(0)}=\begin{pmatrix}1\\1\end{pmatrix}, \varepsilon=0.01$

（4）用最速下降法求解下列非线性规划问题。

$\min f(x)=(x_1-1)^2+(x_2-1)^2$，初始点 $\boldsymbol{x}^{(0)}=\begin{pmatrix}3\\3\end{pmatrix}, \varepsilon=0.01$

（5）用共轭梯度法求解下列非线性规划问题。

① $\min f(x)=x_1^2+x_2^2-4x_1-2x_2, \boldsymbol{x}^{(1)}=\begin{pmatrix}1\\1\end{pmatrix}, \varepsilon=0.01$

② $\min f(x)=\dfrac{1}{3}x_1^2+\dfrac{1}{2}x_2^2, \boldsymbol{x}^{(1)}=\begin{pmatrix}3\\2\end{pmatrix}, \varepsilon=0.01$

（6）用一维搜索的坐标轮换法求解下列非线性规划问题。

① $\min f(x)=x_1^2+2x_2^2, \boldsymbol{x}^{(0)}=\begin{pmatrix}1\\1\end{pmatrix}, \varepsilon=0.01$

② $\min f(x)=x_1^2+x_2^2-4x_1-2x_2, \boldsymbol{x}^{(0)}=\begin{pmatrix}1\\1\end{pmatrix}, \varepsilon=0.01$

（7）用近似规划法求解下列问题的第二次近似解。

$$\min f(x) = -2x_1 - x_2$$

$$\begin{cases} x_1^2 + x_2^2 \leqslant 25 \\ x_1^2 - x_2^2 \leqslant 7 \end{cases}$$

$$\boldsymbol{x}^{(0)} = \begin{pmatrix} 2 \\ 2 \end{pmatrix}, \delta_1^{(1)} = 1$$

（8）用外点法求解下列非线性规划问题。

$$\begin{cases} \min f(x) = x_1^2 + 2x_2^2 \\ x_1 + x_2 \geqslant 1 \\ \varepsilon = 0.01 \end{cases}$$

（9）用内部惩罚函数法求解下列问题的第三次近似解。

$$\min f(x) = x_1^2 + x_2^2 - 10x_1 - 6x_2$$

$$\begin{cases} x_1 + x_2 \leqslant 3 \\ -x_1 + x_2 \leqslant 4 \end{cases}$$

$$\boldsymbol{x}^{(0)} = \begin{pmatrix} 0 \\ 0 \end{pmatrix}, r_1 = 1, r_2 = 0.1, r_3 = 0.01$$

第 7 章　多目标规划

7.1　多目标规划问题

前面讨论的线性规划、非线性规划都涉及一个目标函数，称为单目标数学规划。但在实际问题中，所遇到的问题往往难以用一个目标函数来衡量，我们将具有两个或两个以上目标函数的规划问题称为多目标规划问题。

多目标规划问题在经济活动、科学研究和工程设计上经常遇到，如设计导弹，既要射程远，又要省燃料，还要精度高；确定一个新橡胶配方往往需要同时考察八、九个指标，如强力、硬度、变形、伸长等；选一个新厂址，除了要考虑运输费用、造价、燃料费，还要考虑污染等社会因素。

一般地，设有 n 个变量 $\boldsymbol{x}=\left(x_1\cdots x_n\right)^{\mathrm{T}}$， m 个约束条件：

$$g\left(\boldsymbol{x}\right)=\left(g_1\left(\boldsymbol{x}\right)\cdots g_m\left(\boldsymbol{x}\right)\right)^{\mathrm{T}}\geqslant 0 \tag{7.1}$$

p 个目标函数 $f\left(\boldsymbol{x}\right)=\left(f_1\left(\boldsymbol{x}\right)\cdots f_p\left(\boldsymbol{x}\right)\right)^{\mathrm{T}}$ 的多目标规划可记作：

$$\mathrm{VP}\begin{cases}\min f\left(\boldsymbol{x}\right)=\left(f_1\left(\boldsymbol{x}\right)\cdots f_p\left(\boldsymbol{x}\right)\right)^{\mathrm{T}}\\ s.t.\ \ g\left(\boldsymbol{x}\right)=\left(g_1\left(\boldsymbol{x}\right)\cdots g_m\left(\boldsymbol{x}\right)\right)^{\mathrm{T}}\geqslant 0\end{cases} \tag{7.2}$$

可行域 $R=\left\{\boldsymbol{x}\middle|g\left(\boldsymbol{x}\right)=\left(g_1\left(\boldsymbol{x}\right)\cdots g_m\left(\boldsymbol{x}\right)\right)^{\mathrm{T}}\geqslant 0\right\}$ 为 VP 多目标规划标准型。

7.2　绝对最优解、有效解及弱有效解

$$\mathrm{VP}\cdots\min_{x\in R} f\left(\boldsymbol{x}\right)=\left(f_1\left(\boldsymbol{x}\right)\cdots f_p\left(\boldsymbol{x}\right)\right)^{\mathrm{T}} \tag{7.3}$$

$$R=\left\{\boldsymbol{x}\middle|g\left(\boldsymbol{x}\right)=\left(g_1\left(\boldsymbol{x}\right)\cdots g_m\left(\boldsymbol{x}\right)\right)^{\mathrm{T}}\geqslant 0\right\} \tag{7.4}$$

1．绝对最优解

设 $x^*\in R$，如果对任意 $x\in R$ 及一切 $j=1,2,\cdots,p$ 均有 $f_j\left(x^*\right)\leqslant f_j\left(x\right)$，则称 x^* 是 VP 问题的绝对最优解，其全部记为 R_{ab}。

绝对最优解是最理想的解，可惜这种解一般很难存在。

2．有效解及弱有效解（非劣解）

设 $x^{(0)}\in R$，如果不存在 $x\in R$ 使 $f\left(x\right)\leqslant f\left(x^{(0)}\right)$（或 $f\left(x\right)<f\left(x^{(0)}\right)$），则称 $x^{(0)}$ 是 VP 问

题的有效解（或弱有效解），其全体记为 R_{pa} 及 R_{wp} 。

这时，$f(x) \leqslant f\left(x^{(0)}\right)$ 的含义是至少存在一个 $f_j(x) < f_j\left(x^{(0)}\right)$，如图 7.1 所示。

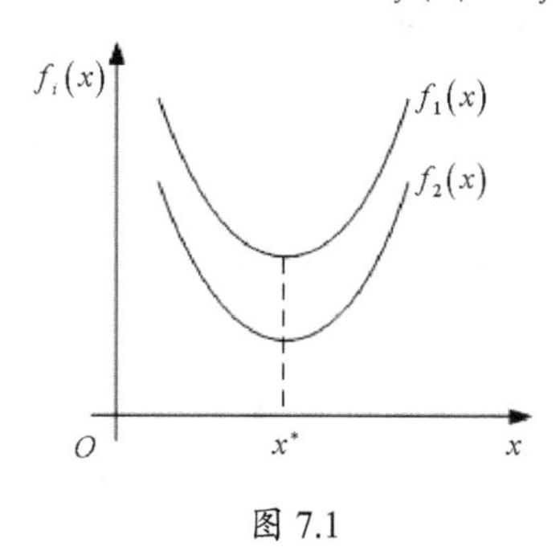

图 7.1

定理：对多目标规划问题总是 $R_{ab} \subset R_{pa} \subset R_{wp} \subset R$ 。

例 1　由定义可直接求出图 7.2、图 7.3 的有效解或弱有效解。

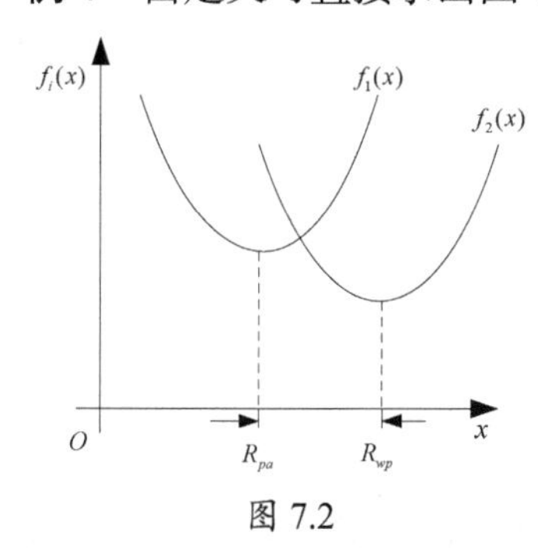

图 7.2

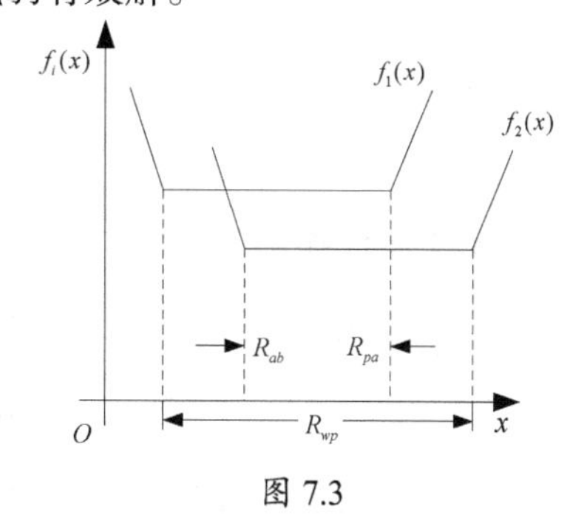

图 7.3

7.3　化多为少法

要求所有的目标同时都达到它们的最好值往往是不可能的，经常是有所失才能有所得，各种不同的思路引出各种合理处理这些得失的方法，各种方法大体分成以下几类。

① 化多为少法；

② 分层序列法；

③ 多目标线性规划法；

④ 其他解法。

这些方法共同点都是将多目标问题在各种意义下转化为单目标问题而加以求解的。

本节介绍化多为少法。

1．主要目标法

主要目标法基本思想：根据问题的实际意义，确定一个主要目标而把其余目标在一定的允许界限内作为约束。

不妨设 $f_1(x)$ 为主要目标，其余目标给定一组允许界限，如 $f_j(x) \leqslant f_j^{(0)}$。这样可将原问题变为

$$\min f_1(x)$$
$$\begin{cases} g_i(x)\geqslant 0 & i=1,2,\cdots,m \\ f_j(x)\leqslant f_j^{(0)} & j=2,3,\cdots,p \end{cases} \tag{7.5}$$

例 2 用主要目标法求解：

$$\begin{cases} \min f_1(x)=x_1^2+x_2^2 \\ \min f_2(x)=(x_1-2)^2+x_2^2 \\ x_1,x_2\geqslant 0 \end{cases} \tag{7.6}$$

解：取 $f_2(x)$ 为主要目标，$\boldsymbol{x}^{(0)}=\left(\frac{\sqrt{2}}{2},\frac{\sqrt{2}}{2}\right)^{\mathrm{T}}$ 为可行解。以 $f_1(x)\leqslant f_1\left(\boldsymbol{x}^{(0)}\right)$ 为约束，则原问题可化作

$$\min\left((x_1-2)^2+x_2^2\right)$$
$$\begin{cases} x_1^2+x_2^2\leqslant 1 \\ x_1,x_2\geqslant 0 \quad \text{其解为}\ \overline{\boldsymbol{x}}=(1,0)^{\mathrm{T}} \end{cases} \tag{7.7}$$

2．线性加权和法

对 p 个目标 $f_i(x)$ 分别给以权系数 λ_i，然后作为新的目标函数（效用函数）：

$$\min U(x)=\sum_{i=1}^{p}\lambda_i f_i(x) \tag{7.8}$$

这个方法难处在于如何找到合理的权系数，使多个目标用同一尺度统一起来，同时找到的最优解又是向量极值的好的非劣解。下面介绍特定权系数选择方法。

以两个目标为例，设 $f_1(x)$ 越小越好，$f_2(x)$ 越大越好，新目标函数为

$$U(x)=\alpha_1 f_1(x)-\alpha_2 f_2(x) \tag{7.9}$$

其中，α_1,α_2 由下式确定：

$$\alpha_1=\frac{f_2^{(0)}-f_2^*}{f_2^{(0)}-f_2^*+f_1^*-f_1^{(0)}} \qquad \alpha_2=\frac{f_1^*-f_1^{(0)}}{f_2^{(0)}-f_2^*+f_1^*-f_1^{(0)}}$$

其中，$f_1^{(0)}=\min f_1(x)=f_1\left(x^{(1)}\right)$ $\qquad f_2^{(0)}=\max f_2(x)=f_2\left(x^{(2)}\right)$

$$f_2^*=f_2\left(x^{(1)}\right) \qquad f_1^*=f_1\left(x^{(2)}\right)$$

对有 p 个目标函数 $f_1(x),\cdots,f_p(x)$ 的情况，不妨设 $f_1(x)\cdots f_k(x)$ 求最小值，而求 $f_{k+1}(x)\cdots f_p(x)$ 的最大值，这时可构成下述新的目标函数

$$\min U(x)=\sum_{j=1}^{k}\alpha_j f_j(x)-\sum_{j=k+1}^{p}\alpha_j f_j(x) \tag{7.10}$$

其中，$\{\alpha_j\}$ 满足下列方程组：

$$\begin{cases} \sum_{j=1}^{k}\alpha_i f_{ij}-\sum_{j=k+1}^{p}\alpha_j f_{ij}=\beta \quad i=1,2,\cdots,p \\ \sum\alpha_j=1 \end{cases} \tag{7.11}$$

其中

$$
\begin{aligned}
&f_{ii}=f_i^{(0)}=\min f_i(x)=f_i\left(x^{(i)}\right) \quad i=1,2,\cdots,k \\
&f_{ii}=f_i^{(0)}=\max f_i(x)=f_i\left(x^{(i)}\right) \quad i=k+1,\cdots,p \\
&f_{ij}=f_j\left(x^{(i)}\right) \quad j\neq i \quad i,j=1,2,\cdots,p
\end{aligned} \tag{7.12}
$$

如果所有目标均求最小值，则也可采用下面新的目标函数：

$$\min U(x)=\sum_{i=1}^{p}\lambda_i f_i(x) \tag{7.13}$$

$$\lambda=\frac{1}{f_i^{(0)}}\ ,\ i=1,2,\cdots,p\ \ f_i^{(0)}=\min_{x\in R} f_i(x) \tag{7.14}$$

3．理想点法

有 p 个目标函数 $f_1(x),\cdots,f_p(x)$，对于每个目标函数分别各有其最优值：

$$f_i^{(0)}=\min_{x\in R} f_i(x)=f_i\left(x^{(i)}\right) \quad i=1,2,\cdots,p \tag{7.15}$$

如果 $x^{(i)}$ 都相同，记为 $x^{(0)}$，则该解是绝对最优解。可惜一般该解不存在，因此对向量函数

$$\boldsymbol{F}(x)=\left(f_1(x)\cdots f_p(x)\right)^{\mathrm{T}} \tag{7.16}$$

向量 $\left(f_1^{(0)}\cdots f_p^{(0)}\right)$ 只是一个理想点。

理想点法的思想是定义一个模，在这个模的意义下，找一个与理想点尽量接近的点。一般取欧氏空间的距离为模。

令评价函数为 $\sqrt{\sum_{j=1}^{p}\left(f_j-f_j^{(0)}\right)^2}$，求 $\min_{x\in R}\sqrt{\sum_{j=1}^{p}\left(f_j-f_j^{(0)}\right)^2}$ 的最优解。

容易证明理想点法求出的解一定是弱有效解。

例 3　用理想点法求解：

$$
\begin{aligned}
&\max f_1(x)=-3x_1+2x_2 \\
&\max f_2(x)=4x_1+3x_2 \\
&\begin{cases}2x_1+3x_2\leqslant 18\\ 2x_1+x_2\leqslant 10\\ x_1,x_2\geqslant 0\end{cases}
\end{aligned} \tag{7.17}
$$

解：先分别对单目标求出最优解：

$$\boldsymbol{x}^{(1)}=\begin{pmatrix}0\\6\end{pmatrix},\quad \boldsymbol{x}^{(2)}=\begin{pmatrix}3\\4\end{pmatrix}$$

对应的目标值为

$$
\begin{aligned}
&f_1\left(\boldsymbol{x}^{(1)}\right)=f_1^{(0)}=12 \\
&f_2\left(\boldsymbol{x}^{(2)}\right)=f_2^{(0)}=24
\end{aligned} \tag{7.18}
$$

故理想点为

$$\begin{pmatrix}f_1^{(0)}\\ f_2^{(0)}\end{pmatrix}=\begin{pmatrix}12\\24\end{pmatrix}$$

令评价函数为$\sqrt{\sum_{j=1}^{2}\left(f_i - f_i^{(0)}\right)^2}$，则原问题变为

$$\min\sqrt{\left(-3x_1+2x_2-12\right)^2+\left(4x_1+3x_2-24\right)^2}$$
$$\begin{cases}2x_1+3x_2\leqslant 18\\2x_1+x_2\leqslant 10\\x_1,x_2\geqslant 0\end{cases}\tag{7.19}$$

解得$\boldsymbol{x}^{(0)}=\begin{pmatrix}0.53\\5.65\end{pmatrix}$。

4．平方和加权法

设有p个值$f_1^{(0)},\cdots,f_p^{(0)}$，要求$p$个目标函数$f_1(x),\cdots,f_p(x)$，分别与规定的值相差尽量小，如果对其中不同目标的相差程度又可以完全不同，这时可采用下述评价函数：

$$\min h(f)=\sum_{j=1}^{p}\lambda_j\left(f_j(x)-f_j^{(0)}\right)^2\tag{7.20}$$

λ_j可按要求预先确定，f_j越重要则λ_j越大。

5．乘除法

当p个目标函数$f_1(x),\cdots,f_p(x)$中前k个要求最小，$f_{k+1}(x),\cdots,f_p(x)$要求最大时，假定$f_{k+1}(x)\cdots f_p(x)>0$，这时可采用下面评价函数：

$$\min h(f)=\frac{f_1(x)f_2(x)\cdots f_k(x)}{f_{k+1}(x)f_{k+2}(x)\cdots f_p(x)}\tag{7.21}$$

6．功效系数法——几何平均法

有些问题要求前k个目标函数$f_1(x),\cdots,f_k(x)$越小越好，$f_{k+1}(x),\cdots,f_p(x)$则越大越好。如果问题不存在绝对最优解，则问题要求这些目标函数不能取太差的值。功效系数法针对这些目标函数给予一个功效系数（函数），即

令 $$d_j=d_j\left(f_j(x)\right)\quad j=1,2,\cdots,p$$

满足$0\leqslant d_j\leqslant 1$，而且最满意时$d_j=1$，最差时$d_j=0$。有了功效系数$d_j$后，评价函数为

$$\max h(f)=\max_{x\in R}\left[\prod_{j=1}^{p}d_j\left(f_j(x)\right)\right]^{\frac{1}{p}}\tag{7.22}$$

这里如何选取功效系数d_j呢？下面介绍线性型取法。

（1）对于$j=1,2,\cdots,k$，$d_j=\begin{cases}1 & f_j=f_{j\min}\\0 & f_j=f_{j\max}\end{cases}$。

当$f_{j\min}<f_j(x)<f_{j\max}$时，由两点式$\dfrac{d_j-1}{f_j(x)-f_{\min}}=\dfrac{0-1}{f_{j\max}-f_{j\min}}$可得$d_j=1+\dfrac{-\left(f_j-f_{\min}\right)}{f_{j\max}-f_{j\min}}=$

$\dfrac{f_{j\max}-f_j(x)}{f_{j\max}-f_{j\min}}$，如图 7.4 所示。

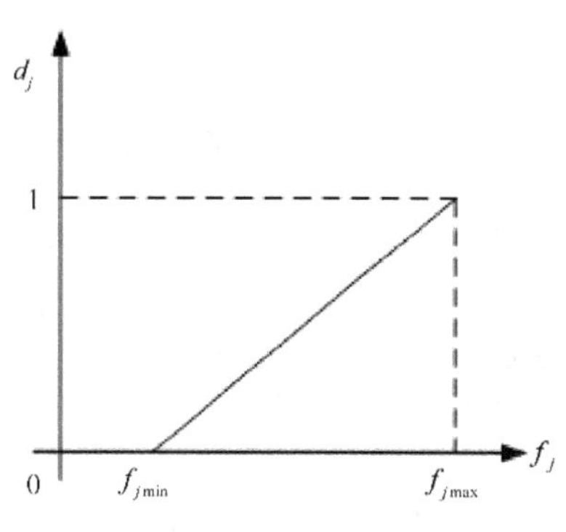

图 7.4

（2）对于 $j=k+1,\cdots,p$，$d_j=\begin{cases}1 & f_j=f_{j\max}\\ 0 & f_j=f_{j\min}\end{cases}$。

当 $f_{j\min}<f_j(x)<f_{j\max}$ 时，同样可求得 $d_j=\dfrac{f_j(x)-f_{j\min}}{f_{j\max}-f_{j\min}}$，如图 7.5 所示。

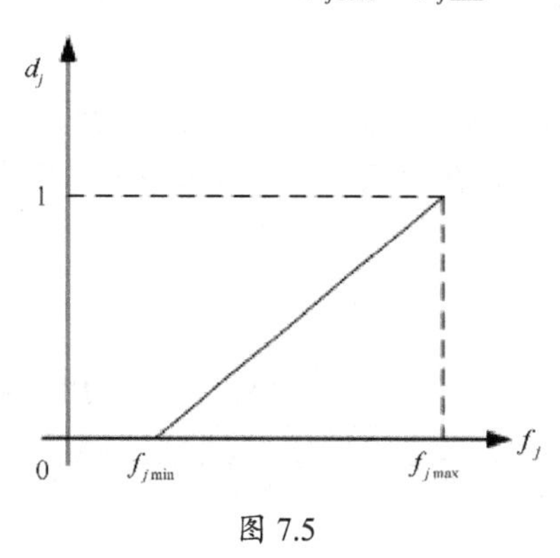

图 7.5

例 4　设问题为

$$\begin{aligned}&\min f_1(x,y)=2x+y\\&\max f_2(x,y)=-x-y\\&\begin{cases}0\leqslant x\leqslant 1\\1-x\leqslant y\leqslant 1\end{cases}\end{aligned}\tag{7.23}$$

试用功效系数法求解。

解：设 $f_{1\min}=1,\ f_{1\max}=3,\ f_{2\min}=-2,\ f_{2\max}=-1$。

则 $d_1=\dfrac{3-(2x+y)}{3-1}=\dfrac{3}{2}-x-\dfrac{y}{2}$，$d_2=\dfrac{-x-y+2}{1}=2-x-y$

评价函数为

$$h(f)=\sqrt{\frac{3-2x-y}{2}(2-x-y)}=\frac{\sqrt{2}}{2}\sqrt{2x^2+y^2+3xy-7x-5y+6}\tag{7.24}$$

求极值

$$\max\left(2x^2+y^2+3xy-7x-5y+6\right)$$
$$\begin{cases}0\leqslant x\leqslant 1\\1-x\leqslant y\leqslant 1\end{cases}\tag{7.25}$$

得极值点$\begin{pmatrix}x\\y\end{pmatrix}=\begin{pmatrix}0\\1\end{pmatrix}$，最大函数值为 2，所以$\max h(f)=\frac{\sqrt{2}}{2}\times\sqrt{2}=1$。

7.4 分层序列法

分层序列法的基本思想：将目标函数按其重要程度排一个次序，即分成最重要目标、次重要目标等。如果已排好顺序，不妨分别记为$f_1(x),\cdots,f_p(x)$，然后在前一个目标函数最优解的集合上求后一个目标函数的最优解。

首先对第一个目标函数求最优解，并找出最优解集合$R^{(1)}$，然后在$R^{(1)}$内求第二个目标函数最优解，记这时最优解集合为$R^{(2)}$，以此类推，一直求出第p个目标函数的最优解$\bar{x}$。

这个方法有解的前提是$R^{(1)},R^{(2)},\cdots,R^{(P)}$等集合不为空，而且$R^{(1)},R^{(2)},\cdots,R^{(P-1)}$都不能只有一个元素，否则很难找下去。

如果分层序列法是严格的，那么下面按工程考虑，容许在求后一个目标最优解时，不必将前一目标函数也达到最优，而是在一定宽容范围即可（如公差）。这样化成一系列带宽容条件的极值问题，其概型如下：

$$\begin{aligned}&f_1\left(x^{(1)}\right)=\min_{x\in R}f_1(x)\\&f_2\left(x^{(2)}\right)=\min_{x\in R^1}f_2(x)\qquad R^{(1)}=\left\{x\middle|f_1(x)<f_1\left(x^{(1)}\right)+\alpha_1,x\in R^{(0)}\right\}\\&f_3\left(x^{(3)}\right)=\min_{x\in R^2}f_3(x)\qquad R^{(2)}=\left\{x\middle|f_2(x)<f_2\left(x^{(2)}\right)+\alpha_2,x\in R^{(1)}\right\}\\&\qquad\vdots\\&f_p\left(x^{(p)}\right)=\min_{x\in R^{p-1}}f_p(x)\qquad R^{(p-1)}=\left\{x\middle|f_{p-1}(x)<f_{p-1}\left(x^{(p-1)}\right)+\alpha_{p-1},x\in R^{(p-2)}\right\}\end{aligned}\tag{7.26}$$

其中，$\alpha_1,\alpha_2,\cdots,\alpha_{p-1}$是预先给定的宽容限。

课后习题

分别用功效系数法、理想点法求解下面的问题。

$$\min f_1(x,y)=x+2y$$
$$\max f_2(x,y)=x+y$$
$$\begin{cases}y\leqslant x\leqslant 2-y\\0\leqslant y\leqslant 1\end{cases}$$

第 8 章　动态规划

动态规划是运筹学的一个重要分支，它是从 1951 年开始由美国贝尔曼（R. Belman）为首的一个学派发展起来的。动态规划在经济、管理、军事、工程技术等方面都有着广泛的应用。

动态规划是解决多阶段决策过程的最优化问题的一种方法。多阶段决策过程是指这样一类决策过程：它可以把一个复杂问题按时间（或空间）分成若干个阶段，每个阶段都需要做出决策，以便得到过程的最优结局。由于在每个阶段采取的决策是与时间有关的，而且前一阶段采取的决策如何，不但与该阶段的经济效果有关，还影响以后各阶段的经济效果，可见这类多阶段决策问题是一个动态的问题，因此，处理的方法称为动态规划方法。然而，动态规划也可以处理一些本来与时间没有关系的静态模型，这只要在静态模型中引入“时间”因素，分成时段，就可以把它看成是多阶段的动态模型，并用动态规划方法去处理。

动态规划对于解决多阶段决策问题的效果是明显的，但是动态规划也有一定的局限性。它没有统一的处理方法，必须根据问题的各种性质并结合一定的技巧来处理。另外，当变量的维数增大时，总的计算量及存储量急剧增大。因而，由于计算机的存储量及计算速度的限制，所以目前的计算机仍不能用动态规划方法来解决较大规模的问题，这就是“维数障碍”。

8.1　多阶段决策问题

在研究社会经济、经营管理和工程技术领域内的有关问题中，有一类特殊形式的动态决策问题——多阶段决策问题。在多阶段决策过程中，系统的动态过程可以按照时间进程分为相互联系而又相互区别的各个阶段，在每个阶段都要进行决策。系统在每个阶段存在许多不同的状态，在某个时点的状态往往要依某种形式受到过去某些决策的影响，而系统的当前状态和决策又会影响系统今后的发展。因而在寻求多阶段决策问题的最优解时，重要的是不能仅仅从眼前的局部利益出发进行决策，而需要从系统所经过的整个期间的总效应出发，有预见性地进行动态决策，找到不同时点的最优决策及整个过程的最优策略。下面举例说明什么是多阶段决策问题。

例 1　（最短路线问题）在线路网络图 8.1 中，从 A 至 E 有一批交通设备需要调运。图 8.1 上所标数字为各节点之间的运输距离，为使总运费最少，必须找出一条由 A 至 E 总里程最短的路线。

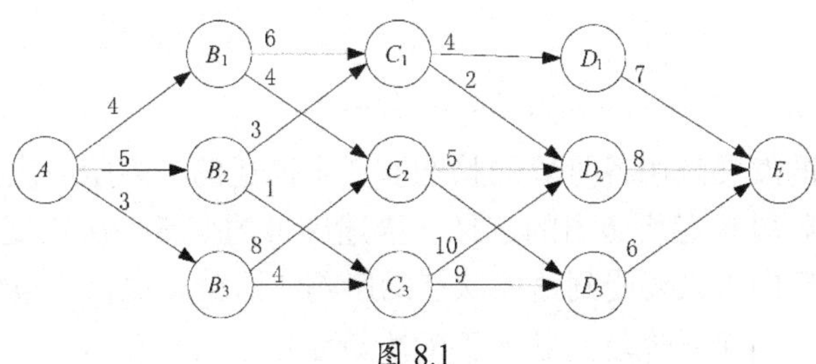

图 8.1

为了找到由 A 至 E 的最短线路，可以将该问题分成 A—B、B—C、C—D、D—E 4 个阶段，在每个阶段都需要做出决策，即在 A 点需要决定下一步到 B_1 或 B_2 或 B_3；同样，若到达第二阶段某个状态，如 B_1，需要决定走向 C_1 还是 C_2；以此类推，可以看到：各个阶段的决策不同，由 A 至 E 的线路就不同，当从某个阶段的某个状态出发做出一个决策，则这个决策不仅影响到下一个阶段的距离，而且直接影响后面各阶段的行进路线。所以，这类问题要求在各个阶段选择一个恰当的决策，使由这些决策序列决定的一条路线对应的总里程最短。

例 2 （带回收的资源分配问题）某生产厂新购某种交通配件加工机床 125 台。据估计，这种设备 5 年后将被其他设备代替。此机床如果在高负荷状态下工作，那么年损坏率为 1/2，年利润为 10 万元；如果在低负荷状态下工作，那么年损坏率为 1/5，年利润为 6 万元。应该如何安排这些机床的生产负荷，才能在 5 年内获得最大利润呢?

分析：本问题具有时间上的次序性，在五年计划的每一年都要做出关于这些机床生产负荷的决策，并且一旦做出决策，不仅影响本年的利润，还影响下一年年初完好机床数，进而影响以后各年的利润。所以在每年年初进行决策时，必须将当年的利润和以后各年利润结合起来，统筹考虑。

与上面例 1、例 2 类似的多阶段决策问题还有资源分配生产存储、可靠性、背包、设备更新问题等。

8.2 动态规划的基本概念和最优性原理

8.2.1 动态规划的基本概念

1．阶段

动态规划问题通常都具有时间或空间上的次序性，因此求解这类问题时首先要将问题按一定的次序划分成若干相互联系的阶段，以便能按一定次序去求解，如例 1 可以按空间次序分为 A—B、B—C、C—D、D—E 4 个阶段，而例 2 按照时间次序可分成 5 个阶段。

2．状态

在多阶段决策过程中，每个阶段都需要做出决策，而决策是根据系统所处情况决定的。状态是描述系统情况所必需的信息，如例 1 中每阶段的出发点位置就是状态，例 2 中每年年初拥有的完好机床数是做出机床负荷安排的根据，所以 k 年年初完好机床数是状态。

一般地，状态可以用一个变量来描述，称为状态变量，记第 k 阶段的状态变量为 x_k，$k=1,2,\cdots,n$。

3．决策

多阶段决策过程的发展是用各阶段的状态演变来描述的，多阶段决策就是决策者从本阶段某状态出发对下一阶段状态所做出的选择。描述决策的变量为决策变量，当第 k 阶段的状态确定之后，可能做出的决策要受到这一状态的影响。这就是说，决策变量 u_k 还是状态变量 x_k 的函数，因此，又可将第 k 阶段 x_k 状态下的决策变量记为 $u_k\left(x_k\right)$。

在实际问题中，决策变量的取值往往限制在某一范围之内，此范围称为允许决策变量集合，记作 $D_k(u_k)$。例如，例 2 中取高负荷运行的机床数 u_k 为决策变量，则 $0 \leqslant u_k \leqslant x_k$（$x_k$ 是 k 阶段初完好机床数）为允许决策变量集合。

4．状态转移方程

在多阶段决策过程后，如果给定了 k 阶段的状态变量 x_k 和决策变量 u_k，则第 $k+1$ 阶段的状态变量 x_{k+1} 也会随之确定，也就是说 x_{k+1} 是 x_k 和 u_k 的函数。这种关系可记为

$$x_{k+1} = T(x_k, u_k) \tag{8.1}$$

称为状态转移方程。

5．策略

在一个多阶段决策中，如果各个阶段的决策变量 $u_k(x_k)(k=1,2,\cdots,n)$ 都已确定，则整个过程也就完全确定。称决策序列 $\{u_1(x_1), u_2(x_2),\cdots, u_n(x_n)\}$ 为该过程的一个策略，从阶段 k 到阶段 n 的决策序列称为子策略，表示为 $\{u_k(x_k), u_{k+1}(x_{k+1}),\cdots, u_n(x_n)\}$，如例 1 中，选取路线 A—B_1—C_2—D_2—E 就是一个策略。

由于每一阶段都有若干个可能的状态和多种不同的决策，因而一个多阶段决策的实际问题存在许多策略可供选择，其中能够满足预期目标的策略为最优策略。例 1 中存在 12 条不同路线，其中 A—B_2—C_1—D_2—E 是最短线路。

6．指标函数

用来衡量过程优劣的数量指标，称为指标函数。在阶段 k 的状态下执行决策 u_k，不仅带来系统状态的转移，而且也必然对目标函数给予影响。阶段效应就是执行阶段决策时给目标函数的影响。

多阶段决策过程关于目标函数的总效应是由各阶段的阶段效应累积形成的。常见的全过程目标函数有以下两种形式。

（1）全过程的目标函数等于各阶段目标函数的和，即

$$R = r_1(x_1,u_1) + r_2(x_2,u_2) + \cdots + r_n(x_n,u_n) \tag{8.2}$$

（2）全过程的目标函数等于各阶段目标函数的积，即

$$R = r_1(x_1,u_1) \times r_2(x_2,u_2) \times \cdots \times r_n(x_n,u_n) \tag{8.3}$$

指标函数的最优值称为最优函数值。一般地，$f_1(x_1)$ 表示从第 1 阶段 x_1 状态出发至第 n 阶段（最后阶段）的最优指标函数，$f_k(x_k)(k=2,3,\cdots,n)$ 表示从第 k 阶段 x_k 状态出发至第 n 阶段的最优指标函数。

8.2.2　最优性原理和动态规则递推方程

多阶段决策过程的特点是每个阶段都要进行决策，具有 n 个阶段的决策过程的策略是由 n 个相继进行阶段决策构成的决策序列。由于前阶段的终止状态又是后一阶段的初始状态，因此确定阶段最优决策不能只从本阶段的效应出发，必须通盘考虑，整体规划。就是说，阶段 k

的最优决策不应只是在本阶段最优，而必须是本阶段及其所有后续阶段的总体最优，即关于整个后部子过程的最优决策。

对此，贝尔曼在深入研究的基础上，针对具有无后效性的多阶段决策过程的特点，提出了著名的解决多阶段决策问题的最优性原理：整个过程的最优策略具有这样的性质，即无论过程过去的状态和决策如何，对前面的决策所形成的状态而言，余下的决策必须构成最优策略。

（1）最优性原理的含意就是，最优策略的任何一部分子策略也必须是最优的。

（2）例 1 中 $A—B_2—C_1—D_2—E$ 是由 A 到 E 的最短路线，我们在该路线上任取一点 C_1，按照最优性原理 $C_1—D_2—E$ 应该是 C_1 到 E 的最短路线。

（3）下面我们用反证法来证明上述结论的正确性。设上述结论不正确，假定存在一条 C_1 到 E 的更短的路线，则 A 至 E 的最短路线就不应该是上述给定的路线，这与已知矛盾，说明假定是不成立的，从而说明了最优性原理的正确性。

根据最优性原理，可以将例 1 分成 $A—B$、$B—C$、$C—D$、$D—E$ 4 个阶段，由后向前逐步求出各点到 E 的最短路线，直至求出 A 至 E 的最短路线。

当 $k=4$ 时，出发点有 D_1，D_2，D_3 三个，记 $f_4(D_i)$，$i=1,2,3$ 为 D_i 到 E 的最短距离，显然

$$\begin{aligned} f_4(D_1)=7 \quad u_4(D_1)=E \\ f_4(D_2)=8 \quad u_4(D_2)=E \\ f_4(D_3)=6 \quad u_4(D_3)=E \end{aligned} \tag{8.4}$$

这里 $u_4(D_i)$ 表示从 D_i 状态出发采取的决策。

当 $k=3$ 时，出发点有 C_1，C_2，C_3 三个，仍然用 $f_3(C_i), i=1,2,3$ 表示 C_i 到 E 的最短距离，则

$$f_3(C_1)=\min\begin{cases} d(C_1D_1)+f_4(D_1) \\ d(C_1D_2)+f_4(D_2) \end{cases}=\min\begin{cases} 4+7 \\ 2+8 \end{cases}=10 \tag{8.5}$$

$$u_3(C_1)=D_2 \tag{8.6}$$

$$f_3(C_2)=\min\begin{cases} d(C_2D_2)+f_4(D_2) \\ d(C_2D_3)+f_4(D_3) \end{cases}=\min\begin{cases} 5+8 \\ 7+6 \end{cases}=13 \tag{8.7}$$

$$u_3(C_2)=D_2\text{或}D_3 \tag{8.8}$$

$$f_3(C_3)=\min\begin{cases} d(C_3D_2)+f_4(D_2) \\ d(C_3D_3)+f_4(D_3) \end{cases}=\min\begin{cases} 10+8 \\ 9+6 \end{cases}=15 \tag{8.9}$$

$$u_3(C_3)=D_3 \tag{8.10}$$

同理当 $k=2$ 时，有

$$f_2(B_1)=\min\begin{cases} d(B_1C_1)+f_3(C_1) \\ d(B_1C_2)+f_3(C_2) \end{cases}=\min\begin{cases} 6+10 \\ 4+13 \end{cases}=16 \tag{8.11}$$

$$u_2(B_1)=C_1 \tag{8.12}$$

$$f_2(B_2)=\min\begin{cases} d(B_2C_1)+f_3(C_1) \\ d(B_2C_3)+f_3(C_3) \end{cases}=\min\begin{cases} 3+10 \\ 1+15 \end{cases}=13 \tag{8.13}$$

$$u_2(B_2)=C_1 \tag{8.14}$$

$$f_2(B_3)=\min\begin{cases}d(B_3C_2)+f_3(C_2)\\d(B_3C_3)+f_3(C_3)\end{cases}=\min\begin{cases}8+13\\4+15\end{cases}=19 \tag{8.15}$$

$$u_2(B_3)=C_3 \tag{8.16}$$

当 $k=1$ 时，出发点只有 A：

$$f_1(A)=\min\begin{cases}d(AB_1)+f_2(B_1)\\d(AB_2)+f_2(B_2)\\d(AB_3)+f_2(B_3)\end{cases}=\min\begin{cases}4+16\\5+13\\3+19\end{cases}=18 \tag{8.17}$$

$$u_1(A)=B_2 \tag{8.18}$$

由 $f_1(A)$ 值可知，从起点 A 到终点 E 的最短距离为 18。

为了找出最短路线，再按计算的顺序反推回去，可求出最优决策序列，即由

$$u_1(A)=B_2 \quad u_2(B_2)=C_1 \quad u_3(C_1)=D_2 \quad u_4(D_2)=E$$

组成最优策略，也就是最短路线为 $A\to B_2\to C_1\to D_2\to E$。

从上面例子不难看出，对于最短路线问题，有如下的递推关系（函数方程）：

$$\begin{cases}f_k(x_k)=\min\{d(x_k,u_k(x_k))+f_{k+1}(T(x_k,u_k))\}\\f_{n+1}(x_{n+1})=C \qquad k=n,n-1,\cdots,1\end{cases} \tag{8.19}$$

一般情况下，多阶段决策问题存在下面的递推关系：

$$\begin{cases}f_k(x_k)=\underset{u_k\in D_k(x_k)}{\text{opt}}\{r_k(x_k,u_k(x_k))*f_{k+1}(T(x_k,u_k))\}\\f_{n+1}(x_{n+1})=C \qquad k=n,n-1,\cdots,1\end{cases} \tag{8.20}$$

注：（1）这里 $r_k(x_k,u_k(x_k))$ 是第 k 阶段采用 $u_k(x_k)$ 决策产生的阶段效应；$f_{n+1}(x_{k+1})=C$ 是边界条件；* 在大多数情况下是"＋"号，也可能是"×"号。上述递推关系为动态规划的基本方程，这个方程是最优化原理的具体表达形式。

（2）在基本方程中 $r_k(x_k, u_k)$，$x_{k+1}=T(x_k, u_k)$ 都是已知函数，最优子策略函数 $f_k(x_k)$ 与 $f_{k+1}(x_{k+1})$ 之间是递推关系，要求出 $f_k(x_k)$ 及 u_k 需要先求出 $f_{k+1}(x_{k+1})$，这就决定了应用动态规划基本方程求最优策略总是逆着阶段的顺序进行的。

（3）由于 $k+1$ 阶段的状态 x_{k+1} 是由前面阶段的状态和决策形成的，在计算 $f_{k+1}(x_{k+1})$ 时还不能确定 x_{k+1} 的值，这就是要求必须就 $k+1$ 阶段的各个可能的状态 x_{k+1} 计算 $f_{n+1}(x_{k+1})$，因此动态规划不但能求出整个问题的最优策略和最优目标值，还能求出决策过程中所有可能状态的最优策略及最优目标值。

8.3 建立动态规划数学模型的步骤

“最优化原理”是动态规划的核心，所有动态规划问题的递推关系都是根据这个原理建立起来的，并且根据递推关系依次计算，最终可求得动态规划问题的解。

一般来说，利用动态规划求解实际问题需要先建立问题的动态模型，具体步骤如下。

（1）将问题按时间或空间次序划分成若干阶段。有些问题不具有时空次序，也可以人为引进时空次序，划分阶段。

（2）正确选择状态变量 x_k，这一步是形成动态模型的关键，状态变量是动态规划模型中最重要的参数。一般来说，状态变量应具有以下三个特性。

① 要能够用来描述决策过程的演变特征。

② 要满足无后效性，即如果某阶段状态已给定，则以后过程的进展不受以前各状态的影响，也就是说，过去的历史只通过当前的状态去影响未来的发展。

③ 递推性，即由 k 阶段的状态变量 x_k 及决策变量 u_k 可以计算出 $k+1$ 阶段的状态变量 x_{k+1}。

（3）确定决策变量 u_k 及允许变量集合 $D_k\left(x_k\right)$。

（4）写出状态转移方程。根据状态变量之间的递推关系，写出状态转移函数：

$$x_{k+1}=T\left(x_k,u_k\left(x_k\right)\right) \tag{8.21}$$

（5）建立指标函数。一般用 $r_k\left(x_k,\ u_k\right)$ 描写阶段效应，$f_k\left(x_k\right)$ 表示 k—n 阶段的最优子策略函数。

（6）建立动态规划基本方程：

$$\begin{cases} f_k\left(x_k\right)=\operatorname{opt}\left\{r_k\left(x_k,u_k\right)*f_{k+1}\left(x_{k+1}\right)\right\} \\ u_k\in D_k\left(x_k\right) \\ k=n,n-1,\cdots,1 \\ f_{n+1}\left(x_{k+1}\right)=C \end{cases} \tag{8.22}$$

以上是建立动态规划模型的过程，这个过程是正确求解动态规划的基础。在此基础上，由后向前逐步计算，最终可以得出全过程的最优策略函数值及最优策略。

下面按上述步骤求解例 2（带回收的资源分配问题）。

解：（1）以年为阶段 $k=1,2,\cdots,5$；

（2）取第 k 年年初完好机床数 x_k 为状态变量；

（3）记 u_k 为第 k 年投入高负荷运行的机床数，则低负荷机床数是 x_k-u_k；

（4）于是状态转移方程为

$$x_{k+1}=1/2u_k+4/5\left(x_k-u_k\right) \tag{8.23}$$

（5）以利润为目标函数，则第 k 年利润为

$$10u_k+6\left(x_k-u_k\right) \tag{8.24}$$

（6）记 $f_k(x_k)$ 为第 k 年至第 5 年年末最大总利润，则函数方程为

$$\begin{cases} f_k(x_k) = \max\limits_{0\leqslant u_k\leqslant x_k} \left\{10u_k + 6(x_k - u_k) + f_{k+1}\left(1/2u_k + 4/5(x_k - u_k)\right)\right\} \\ f_6(x_6) = 0 \qquad k=5,4,\cdots,1 \end{cases} \tag{8.25}$$

以上是建立动态模型的过程，下面具体求解：

当 k=5 时，则

$$\begin{aligned} f_5(x_5) &= \max_{0\leqslant u_5\leqslant x_5} \left\{10u_5 + 6(x_5 - u_5) + 0\right\} \\ &= \max_{0\leqslant u_5\leqslant x_5} \left\{4u_5 + 6x_5\right\} \\ &= 10x_5 \qquad u_5 = x_5 \end{aligned} \tag{8.26}$$

当 k=4 时，则

$$\begin{aligned} f_4(x_4) &= \max_{0\leqslant u_4\leqslant x_4} \left\{10u_4 + 6(x_4 - u_4) + f_5\left(1/2u_4 + 4/5(x_4 - u_4)\right)\right\} \\ &= \max_{0\leqslant u_4\leqslant x_4} \left\{4u_4 + 6x_4 + 10\left[1/2u_4 + 4/5(x_4 - u_4)\right]\right\} \\ &= \max_{0\leqslant u_4\leqslant x_4} \left\{u_4 + 14x_4\right\} \\ &= 15x_4 \qquad u_4 = x_4 \end{aligned} \tag{8.27}$$

当 k=3 时，则

$$\begin{aligned} f_3(x_3) &= \max_{0\leqslant u_3\leqslant x_3} \left\{10u_3 + 6(x_3 - u_3) + f_4\left(1/2u_3 + 4/5(x_3 - u_3)\right)\right\} \\ &= \max_{0\leqslant u_3\leqslant x_3} \left\{4u_3 + 6x_3 + 15\left[1/2u_3 + 4/5(x_3 - u_3)\right]\right\} \\ &= \max_{0\leqslant u_3\leqslant x_3} \left\{-0.5u_3 + 18x_3\right\} \\ &= 18x_3 \qquad u_3 = 0 \end{aligned} \tag{8.28}$$

当 k=2 时，则

$$\begin{aligned} f_2(x_2) &= \max_{0\leqslant u_2\leqslant x_2} \left\{10u_2 + 6(x_2 - u_2) + f_3\left(1/2u_2 + 4/5(x_2 - u_2)\right)\right\} \\ &= \max_{0\leqslant u_2\leqslant x_2} \left\{4u_2 + 6x_2 + 18\left[1/2u_2 + 4/5(x_2 - u_2)\right]\right\} \\ &= \max_{0\leqslant u_2\leqslant x_2} \left\{-1.4u_2 + 20.4x_2\right\} \\ &= 20.4x_2 \qquad u_2 = 0 \end{aligned} \tag{8.29}$$

当 k=1 时，则

$$\begin{aligned} f_1(x_1) &= \max_{0\leqslant u_1\leqslant x_1} \left\{10u_1 + 6(x_1 - u_1) + f_2\left(1/2u_1 + 4/5(x_1 - u_1)\right)\right\} \\ &= \max_{0\leqslant u_1\leqslant x_1} \left\{4u_1 + 6x_1 + 20.4\left[1/2u_1 + 4/5(x_1 - u_1)\right]\right\} \\ &= \max_{0\leqslant u_1\leqslant x_1} \left\{-2.12u_1 + 22.32x_1\right\} \\ &= 22.32x_1 \\ &=2790 \qquad u_1 = 0 \end{aligned} \tag{8.30}$$

至此，已算得最大利润为 2790 万元，接着按与计算过程相反的顺序推回去，可得最优计划如表 8.1 所示。

表 8.1

	完好机器数/台	高负荷机床数/台	低负荷机床数/台
第 1 年	125	0	125
第 2 年	100	0	100
第 3 年	80	0	80
第 4 年	64	64	0
第 5 年	32	32	0

课后习题

（1）某公司拟将 5 万元资金投放下属的 A，B，C 三个企业，各企业在获得资金后的收益如表 8.2 所示，试确定总收益最大的投资分配方案（投资数以百万元计）。

表 8.2

投资数/百万元		0	1	2	3	4	5
收益/百万元	A	0	2	2	3	3	3
	B	0	0	1	2	4	7
	C	0	1	2	3	4	5

（2）某车间需要按月生产一定数量的某种部件给总装车间，由于生产条件的变化，该车间在各月份中生产这种部件的费用不同，各月份的生产量于当月的月底前，全部要存入仓库以备后用。已知总装车间在各月月初的需求量及在加工年间生产该部件所需费用如表 8.3 所示。

表 8.3

月份 k	0	1	2	3	4
需求量 d_k	0	8	5	3	2
单位成本 C_k	11	18	13	17	20

设仓库容量限制 $H=9$，开始库存量为 2，要求 4 月月末库存为 2，试制订一个各月的生产计划，使其既满足需要和库容量限制，又使得生产该部件的总成本最低。

（3）某厂有 100 台设备，可用于加工甲、乙两种产品。据以往经验，这些设备加工甲产品每季度末损坏$\frac{1}{3}$，而加工乙产品每季度末损坏$\frac{1}{10}$，损坏的设备当年不能复修。这些设备一季度全加工甲或乙产品，其创利为 1000 元或 700 元。如何安排各季度加工任务，能使全年获利最大？

第二篇

决策论与对策论

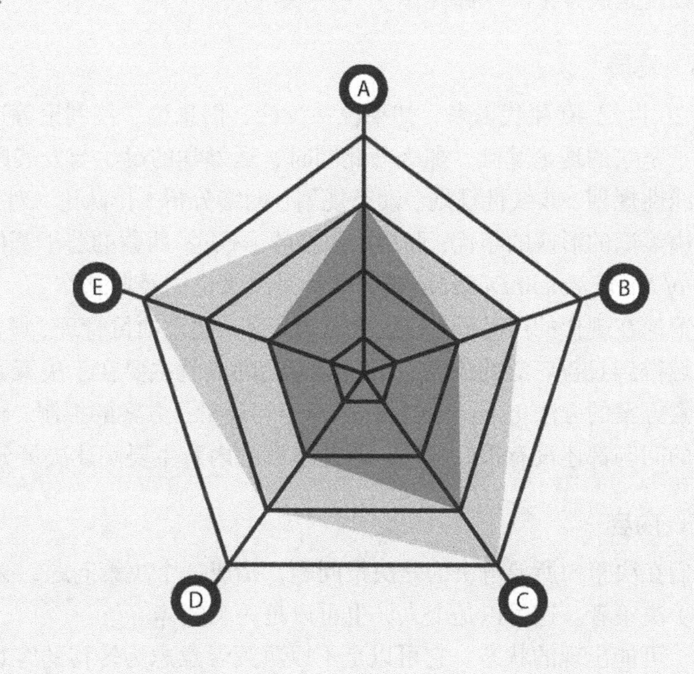

第 9 章　决策论

一、背景

决策是做出决定的意思，它是人们生活和工作中普遍存在的一种活动，是为解决当前或未来可能发生的问题（预测问题），根据当前和未来的环境和条件，从多种可能方案中选取最优或满意方案的一个过程。例如，某工厂计划生产一种新产品，但对市场的销路不太清楚，存在销路好、一般、差三种可能，相应的收益也可能是获利较多、获利较少或者亏损。这种产品是否投产就是一个决策问题。工厂负责人做出这种产品投产或不投产的决定就是决策。

决策在现代管理中具有重要的意义。在现代社会中，随着社会生产力的增长和科学技术的迅速进步，各种经济部门和组织的规模越来越大，它们之间的社会联系越来越广泛、越来越复杂，竞争也越来越激烈。个人、企业、部门、地区乃至国家，经常面临许多需要做出决策的问题。决策者能否做出正确的决策是至关重要的。就一个企业来说，面对千变万化的外部情况，如果对生产的方向、机构的设置、新产品的开发、人员的培训、计划的安排和调度等方面能及时做出符合实际的决策，这企业就能够获得较高的经济效益。在激烈的竞争中不仅能立于不败之地，而且能发展壮大。如果决策失误，企业就要亏本、衰败甚至倒闭。国内外实践证明，管理的重心应放在决策上，尤其放在影响全局的战略决策上。

为了在情况错综复杂和条件千变万化中尽可能地做出正确的决策，避免或减少决策的失误，决策应按科学的决策程序进行。

决策虽然是一种思维活动，但也有它的客观规律，而决策论就是研究决策的规律、理论与方法的一门学问。我国古代的一部经典著作《孙子兵法》虽是一部研究战争规律的名著，但也可以说是决策论的一部佳作。

二、发展

从 20 世纪 40 年代以来，如果说系统论、信息论、控制论等这些新学科的出现，给决策论打下了坚实的理论基础，那么与此同时，运筹学的诞生与发展则提供了多种决策方法。其中包括线性规划、非线性规划、动态规划、网络分析、排队论、对策论等，尽管如此，但要具体说出决策论的形成的年代，那是很困难的。不过，西蒙的若干著作，特别是 1960 年 *The New Science of Management Decision* 被公认为是决策论的经典著作。

决策论在现代的产品设计、企业经营管理、建设项目管理、城市规划、地质勘探和军事工作等领域得到日益广泛的应用。不过决策论的成就主要在于决策方法（从多种方案中选取最优或满意方案的方法），至于对目标的确定和计量、方案的拟制、价值标准系统的确定和计量等方面的问题都还没有很好解决。因此本章的内容主要阐述决策分析的一些方法。

三、内容

人们在决策中所要解决的是决策问题，构成一个决策问题，必须包含以下一些因素。

（1）决策者。这可以是个人，也可以是一个集体。

（2）可能出现的状态。它可以是不以决策者意志为转移的客观上出现的状态，称为自然状态，如市场销路，天气好坏等，也可以是有智慧的竞争对手，如制造同类产品的诸家工厂等。

（3）可供选择的策略（方案、方法和行动等统称为策略）。

（4）在某状态下选取某一策略产生的结果。

（5）判断策略好坏的数量或价值标准。

为了便于分析和研究，人们常把各种各样的决策问题从不同角度进行分类。按决策者获得的信息的确定程度，可分为确定型决策、风险型决策和非确定型决策。本书前面介绍的线性规划、整数规划等内容，均属于确定型决策。因为决策者可以获得完全确定的信息，即肯定知道将出现哪些状态，利用运筹学其他分支的计算方法（如求解线性规划的单纯形法等）能找到最优策略（最优解）。确定型决策这里不再讨论，本章所要叙述的是风险型决策和非确定型决策。

风险型决策和非确定型决策是指决策问题中存在着不可控制的因素，决策者获得的信息是不完全确定的，即今后会出现什么状态是不确定的，如本章开头所述产品销售的例子，销路好、一般、差三种状态是不确定的。如果决策者对于今后将出现哪种状态能获得一定程度的确定性——状态出现的概率，就称这种决策为风险型的；如果只知道状态，但不知道它们出现的概率，就称这种决策为非确定型的。以概率的语言来说，状态是一个随机变量（记为 θ），它的取值就是状态可能出现几种情况的数量表示值（如用数值 1，2，3 分别表示销路好、一般、差，销路这个随机变量的取值就是 1 或 2 或 3，即 $\theta=1$ 或 2 或 3）。状态（随机变量）θ 的概率为已知的决策称为风险型决策，概率分布不知道或不能确定的决策称为非确定型决策。

在风险型决策和非确定型决策中，由于信息不能完全确定，决策者对所选取的策略是否“最优”或“满意”会有不同的判断准则。在风险型决策中，有期望值准则（利润期望值最大或费用期望值最小），期望值与标准差准则等。在非确定型决策中，有最大最小准则、折衷准则、等可能性准则和后悔值准则等。这些决策准则（又称决策分析方法）将在后面详细讨论。

9.1　非确定型决策

决策者在非确定型决策问题中获得的信息的确定程度最差，只知道可能出现的状态，因此在决策时，只能根据自己对事物的态度进行分析和选择。不同决策者对自己的决策是否“最优”或“满意”会有不同的判别准则，对同一问题可能有不同的选择和结果。决策者带有相当程度的主观性或随意性。

对于离散型的非确定型决策，所利用的信息通常可用一个表格或一个矩阵表示，它的行表示可能采取的策略，列表示可能出现的未来状态，某行某列所对应的元素表示其结果。

例 1　有一工厂经销各种交通设施零部件，其中有一种零件进货价是 0.03 元/个，出售价是 0.05 元/个，如果这种零件当天卖不完，就要造成损失 0.01 元/个。根据以往销售情况，这种零件每天的销售量可能为 1000 个、2000 个和 3000 个。商店经理要决定每天进多少货才使每天的利润最大。

显然这个决策问题的未来状态是销售量，其值可能是1000个、2000个和3000个三种，可能采取的策略（进货量）也是这三种。这是离散型决策问题，可以用一个矩阵表示不同状态（销售量）下采取不同策略（进货量）的结果值（利润）：

$$\begin{array}{cc} & \text{状态（销售量）} \\ & \begin{array}{ccc} 1000 & 2000 & 3000 \end{array} \\ \text{策略（进货量）}\begin{array}{c} 1000 \\ 2000 \\ 3000 \end{array} & \begin{bmatrix} 20 & 20 & 20 \\ 10 & 40 & 40 \\ 0 & 30 & 60 \end{bmatrix} \end{array} \tag{9.1}$$

一般地，设决策问题有 n 种未来状态（第 j 种状态记为 θ_j）、m 种可能采取的策略（第 i 种策略记为 a_i），对应于策略 a_i 和状态 θ_j 的结果值记为 $v(a_i,\theta_j)$，简记成 v_{ij}，于是决策问题中的信息可用如下矩阵表示：

$$\begin{array}{cc} & \begin{array}{cccc} \theta_1 & \theta_2 & \cdots & \theta_n \end{array} \\ \begin{array}{c} a_1 \\ a_2 \\ \vdots \\ a_m \end{array} & \begin{bmatrix} v_{11} & v_{12} & \cdots & v_{1n} \\ v_{21} & v_{22} & \cdots & v_{2n} \\ \vdots & \vdots & & \vdots \\ v_{m1} & v_{m2} & \cdots & v_{mn} \end{bmatrix} \end{array} \tag{9.2}$$

根据决策目标的不同，矩阵的元素 v_{ij} 可以代表收益（如利润、产值、产量等），也可以代表支出（如费用、损失等），此矩阵称为损益矩阵。

非确定型决策常用的决策准则有以下四种，分述如下。

9.1.1 等可能性准则

这个准则又称为拉普拉斯（Laplace）准则。19世纪著名数学家拉普拉斯认为，人们面临一个事件的集合，在没有什么特殊理由说明时间集合中的某个事件，比其他事件有更多的机会发生时，只能认为它们发生的机会是等可能的。根据这个观点，决策者在决策时认为未来各状态出现的可能性相同，然后计算各策略所得结果的平均值，比较其大小来确定最优策略。

例2 对例1用等可能性准则进行决策。

各状态（销售量）出现的可能性相等，均为 $\frac{1}{3}$。设策略 a_i 所获得利润的平均值为 $E\left(a_i\right)$，因此

$$\begin{aligned} E(a_1) &= \frac{1}{3}(20+20+20) = 20 \\ E(a_2) &= \frac{1}{3}(10+40+40) = \boxed{30} \\ E(a_3) &= \frac{1}{3}(0+30+60) = \boxed{30} \end{aligned} \tag{9.3}$$

决策问题的目标是求利润最大，最优策略 a_i^* 应为 a_2 或 a_3，即每天进货2000个或3000个零部件，平均每天可获得利润30元。计算结果也可列在收益矩阵之外的右侧，然后选其中最大的打上方框，其对应的策略为最优策略，即

$$\begin{array}{c} \\ 1000 \\ 2000 \\ 3000 \end{array}\begin{array}{c} \begin{matrix} 1000 & 2000 & 3000 \end{matrix} \\ \begin{bmatrix} 20 & 20 & 20 \\ 10 & 40 & 40 \\ 0 & 30 & 60 \end{bmatrix} \end{array}\begin{array}{l} \text{平均值} \\ 20 \\ 30 \leftarrow \max \\ 30 \leftarrow \max \end{array} \tag{9.4}$$

当决策者不能肯定某一状态比另一状态出现的可能性大时,可考虑用等可能准则进行决策。

对于有 n 种状态的决策问题，各状态出现的可能性为 $\frac{1}{n}$。当决策目标求收益最大时，策略 a_i 的收益平均值为

$$E(a_i) = \frac{1}{n}\sum_{j=1}^{n} v_{ij} \tag{9.5}$$

最优策略 a_i^* 的最大平均值：

$$\max_{a_i}\left\{\frac{1}{n}\sum_{j=1}^{n} v_{ij}\right\} \tag{9.6}$$

所对应的策略，即

$$E(a_i^*) = \max_{a_i}\left\{\frac{1}{n}\sum_{j=1}^{n} v_{ij}\right\} \tag{9.7}$$

当决策目标是成本或费用最小时，等可能性准则的计算公式为

$$E(a_i^*) = \min_{a_i}\left\{\frac{1}{n}\sum_{j=1}^{n} v_{ij}\right\} \tag{9.8}$$

9.1.2　最大最小（或最小最大）准则

这个决策准则又称华尔德（Wald）准则，其基本思想是从最坏的结果着想，再从最坏的结果中选取其中最好的结果。因此这个决策准则又称为保守（或悲观）准则。

对于离散型对策问题，当决策目标是求效益最大，并用这个准则（最大最小准则）时，在各策略（矩阵的行）所对应的各未来状态（矩阵的列）的结果中选出最小值，并列在矩阵的外右侧，再从这列中选出最大值（小中取大），这个最大值所对应的策略就是最优策略。

例 3　用最大最小准则对例 1 进行决策。

重列利润矩阵，并在矩阵外右侧列出 $\min\limits_{\theta_j}\{v_{ij}\}$，然后“小中取大”得

$$\begin{array}{c} \\ 1000 \\ 2000 \\ 3000 \end{array}\begin{array}{c} \begin{matrix} 1000 & 2000 & 3000 \end{matrix} \\ \begin{bmatrix} 20 & 20 & 20 \\ 10 & 40 & 40 \\ 0 & 30 & 60 \end{bmatrix} \end{array}\begin{array}{l} \min\limits_{\theta_j}\{v_{ij}\} \\ \boxed{20} \leftarrow \max \\ 10 \\ 0 \end{array} \tag{9.9}$$

因此，$a_i^* = a_i$，即最优策略是每天进货 1000 个，每天稳获利润 20 元。

一般地，当结果 v_{ij} 表示收益时，对于策略 a_i，最小收益是 $\min\limits_{\theta_j}\{v_{ij}\}$，再对各 a_i 求最大值（记为 $V(a_i^*)$），因此最大最小准则的计算公式为

$$V(a_i^*) = \max_{a_i} \min_{\theta_j} \left\{ v_{ij} \right\} \tag{9.10}$$

其中，a_i^* 为最大值 $V(a_i^*)$ 所对应的最优策略。

当 v_{ij} 表示费用或损失时，用最小最大准则，其计算公式为

$$V(a_i^*) = \min_{a_i} \max_{\theta_j} \left\{ v_{ij} \right\} \tag{9.11}$$

其中，a_i^* 为最优策略。

当决策者怕承担风险，或者由于情况不明时，一旦决策失误会造成严重后果，决策者往往比较谨慎小心，态度趋于保守为好。在这种情况下可考虑用最大最小（或最小最大）决策准则。

9.1.3 折衷准则

与上述保守准则正好相反的是乐观或冒险的决策。当决策目标是收益最大时，冒险的决策是"大中取大"，即有表达式

$$V(a_i^*) = \max_{a_i} \max_{\theta_j} \left\{ v_{ij} \right\} \tag{9.12}$$

当决策目标是费用或损失最小时，冒险的决策是"小中取小"，即有表达式

$$V(a_i^*) = \min_{a_i} \min_{\theta_j} \left\{ v_{ij} \right\} \tag{9.13}$$

这样的决策显然过于乐观或冒险了。把保守和冒险两种极端情况进行某种程度的折衷，就是折衷准则。这个准则是胡尔维茨（Huwitz）提出的，因此又称胡尔维茨准则。

用折衷准则进行决策时，是保守程度多一点还是冒险程度多一点，取决于决策者的态度，而冒险（或保守）程度的定量可用权数 λ（或 $1-\lambda$）表示，$0<\lambda<1$。当 v_{ij} 是收益时，计算公式为

$$V(a_i^*) = \max_{a_i} \left\{ \lambda \max_{\theta_j} v_{\{ij\}} + (1-\lambda) \min_{\theta_j} v_{\{ij\}} \right\} \tag{9.14}$$

当 v_{ij} 是费用或损失时，计算公式为

$$V(a_i^*) = \min_{a_i} \left\{ \lambda \min_{\theta_j} v_{\{ij\}} + (1-\lambda) \max_{\theta_j} v_{\{ij\}} \right\} \tag{9.15}$$

其中，v_{ij} 为最优策略。

权数 λ 称为乐观系数或调整系数，λ 在区间(0,1)取何值，取决于决策者的态度。在决策者很难确定是保守点还是冒险点时，取 $\lambda = \frac{1}{2}$ 似乎比较合理。当取 $\lambda = 1$ 或 $\lambda = 0$ 时就变为冒险或保守的决策了。

例 4 考虑例 1，设 $\lambda = 0.7$ 用折衷准则进行决策。

为方便起见，先在利润矩阵外右侧列出 $\max_{\theta_j}\left\{v_{ij}\right\}$ 和 $\min_{\theta_j}\left\{v_{ij}\right\}$ 的数值：

$$\begin{array}{c} \\ 1000 \\ 2000 \\ 3000 \end{array} \begin{array}{c} \begin{array}{ccc} 1000 & 2000 & 3000 \end{array} \\ \begin{bmatrix} 20 & 20 & 20 \\ 10 & 40 & 40 \\ 0 & 30 & 60 \end{bmatrix} \end{array} \quad \begin{array}{cc} \max_{\theta_j}\left\{v_{ij}\right\} & \min_{\theta_j}\left\{v_{ij}\right\} \\ 20 & 20 \\ 40 & 10 \\ 60 & 0 \end{array} \tag{9.16}$$

然后计算 $V(a_i)=0.7\max_{\theta_j} v_{ij}+0.3\min_{\theta_j} v_{ij}$：

$$\begin{aligned} V(a_1)&=0.7\times 20+0.3\times 20=20\\ V(a_2)&=0.7\times 40+0.3\times 10=31\\ V(a_3)&=0.7\times 60+0.3\times 0=\boxed{42}\leftarrow \max \end{aligned} \tag{9.17}$$

因此，$V(a_i^*)=V(a_3)$ 的最优策略是，每天进货 3000 个，每天获得利润 42 元，这是决策者比较乐观，λ 取 0.7 的结果。

9.1.4　后悔值准则

后悔值准则是由经济学家塞维基（Savage）提出的，因此又称塞维基准则。它是对最大最小（或最小最大）准则的一种修正，目的是使保守程度少一些。

后悔值是在某一状态 θ_j 出现时，对应这一状态的最优策略就可知道，如果决策者当初没有采取这一策略，而是采取了其他策略，这时他会觉得后悔。该状态 θ_j 出现时的最优策略（记为 a_k）的结果 v_{kj} 与所采取策略 θ_i 的结果 v_{ij} 的差额称为后悔值（regret value），记为 r_{ij}。后悔值代表了决策者由于当初未采取对应某一状态出现时的最优策略，而是采取了其他策略所造成的损失值，所以后悔值又称为机会损失值。例如，在例 1 的决策问题中，当状态 θ_1 出现（销售量为 1000 个）时，最优策略为 a_1（进货 1000 个），如果决策者当初未采取这一策略，而是采取了策略 a_2，则后悔值 $r_{21}=20-10=10$；当采取策略 a_3 时，后悔值 $r_{23}=20-0=20$。一般地，当 v_{ij} 表示收益时，后悔值为

$$r_{ij}=\max_{a_i}\left\{v_{ij}\right\}-v_{ij} \tag{9.18}$$

当 v_{ij} 表示费用或损失时，后悔值为

$$r_{ij}=v_{ij}-\min_{a_i}\left\{v_{ij}\right\} \tag{9.19}$$

后悔值是一种“损失值”，对它们用最小最大准则就是后悔值准则，其计算公式为

$$V(a_i^*)=\min_{a_i}\max_{\theta_j}\left\{r_{ij}\right\} \tag{9.20}$$

对于离散型决策问题，后悔值可用矩阵表示：

$$\begin{array}{c} \\ a_1\\ a_2\\ \vdots\\ a_m \end{array}\begin{array}{c} \begin{array}{cccc}\theta_1 & \theta_2 & \cdots & \theta_n\end{array}\\ \begin{bmatrix} r_{11} & r_{12} & \cdots & r_{1n}\\ r_{21} & r_{22} & \cdots & r_{2n}\\ \vdots & \vdots & & \vdots\\ r_{m1} & r_{m2} & \cdots & r_{mn} \end{bmatrix} \end{array} \tag{9.21}$$

这个矩阵称为后悔值矩阵。

例 5　用后悔值准则对例 1 的问题进行决策。

对例 1 问题的后悔值矩阵的求法，实际上是在前面所列的利润矩阵中，选出各列中的最大元素（分别为 20、40 和 60），然后减去相应列的各元素，得到如下后悔值矩阵：

$$\begin{array}{c} \\ a_1 \\ a_2 \\ a_3 \end{array}\begin{array}{c} \begin{matrix} \theta_1 & \theta_2 & \cdots & \theta_n \end{matrix} \\ \begin{bmatrix} 0 & 20 & \cdots & 40 \\ 10 & 0 & \cdots & 20 \\ 20 & 10 & \cdots & 0 \end{bmatrix} \end{array}\begin{array}{c} \max\{r_{ij}\} \\ 40 \\ \boxed{20} \\ \boxed{20} \end{array}\begin{array}{c} \\ \\ \leftarrow \max \\ \leftarrow \max \end{array} \tag{9.22}$$

利用“大中取小”可得最优策略 $a_i^* = a_2$ 或 a_3，即每天进货 2000 个或 3000 个。

以上例子都是离散型的，对于连续型的决策问题，上述各个决策准则的计算公式仍然适用，只是求最大值和最小值的方法有所不同罢了。

例 6 某工厂一个车间有四台不同型号的机床，它们都可生产某种交通设备。每一台机床生产这种设备的准备费用和单位设备的生产费用均不同，设第 i 台机床的生产准备费用为 K_i，单位生产费用为 C_i，具体数据如表 9.1 所示。

表 9.1

机床 i	1	2	3	4
K_i	100	40	150	90
C_i	5	12	3	8

该设备的生产批量 Q 是个未知数，但满足 $1000 \leqslant Q \leqslant 4000$。第 i 台机床生产该设备的成本 z_i 是批量 Q 的线性函数：

$$z_i = K_i + C_i Q \quad i = 1,2,3,4 \tag{9.23}$$

问选用哪一台机床最为经济？

显然，这里的状态是生产批量 Q，对于采用的策略 a_i（选用哪台机床），其结果值是生产成本 z_i，它是批量（状态）Q 的连续函数，不能像离散型那样用矩阵形式表示。下面分别用四种决策准则确定最优策略。

1．等可能性准则

生产批量（状态）Q 是一个取值为[1000，4000]的随机变量，根据等可能性准则，必须假设 Q 取[1000，4000]中任一值的可能性（概率）相同，因此 Q 应是一个在[1000，4000]上均匀分布的随机变量，其概率密度函数为

$$f(x) = \begin{cases} \dfrac{1}{3000} & 1000 \leqslant Q \leqslant 4000 \\ 0 & \text{其他} \end{cases} \tag{9.24}$$

显然，第 i 台机床的生产成本 z_i 也是一个随机变量，选取策略 a_i（选用第 i 台机床）的生产成本 z_i 的平均值记为 $E(z_i)$，其值为

$$\begin{aligned} E(z_i) &= \int_{1000}^{4000} (K + C_i Q) \cdot \frac{1}{3000} \mathrm{d}Q \\ &= K_i + 2500 C_i \quad i = 1,2,3,4 \end{aligned} \tag{9.25}$$

最小平均值为

$$E(z_i^*) = \min_{a_j}\{K_i + 2500 C_i\} = \min\{126000, 30040, 7650, 20090\} = 7650 \tag{9.26}$$

它所对应的策略为最优策略，即 $a_i^* = a_3$，选第 3 台机床最好，费用为 7650 元。

2．最小最大准则

由于单位生产费 $C_i > 0$，生产成本 z_i 是生产批量 Q 的单调递增函数，因此 Q=4000 时生产成本最大，即

$$\max_{1000 \leqslant Q \leqslant 4000}\{K_i + C_i Q\} = K_i + 4000C_i \quad i = 1,2,3,4 \tag{9.27}$$

根据最小最大准则的计算公式，有

$$\begin{aligned} V(a_i^*) &= \min_{a_i} \max_{1000 \leqslant Q \leqslant 4000}\{K_i + C_i Q\} \\ &= \min_{a_i}\{K_i + 4000C_i\} \\ &= \min\{20100, 48040, 12150, 32090\} \\ &= 12150 \end{aligned} \tag{9.28}$$

因此，$a_i^* = a_3$，即选第 3 台机床最好，其费用为 12150 元。

3．折衷准则

设乐观系数 $\lambda = 0.7$，进行类似上述最小最大准则的分析，可使用折衷准则时的最优决策值：

$$\begin{aligned} V(a_i^*) &= \min_{a_i}\left\{0.7 \min_{1000 \leqslant Q \leqslant 4000}(K_i + C_i Q) + 0.3 \max_{1000 \leqslant Q \leqslant 4000}(K_i + C_i Q)\right\} \\ &= \min_{a_i}\{0.7(K_i + 1000C_i) + 0.3(K_i + 4000C_i)\} \\ &= \min\{9600, 22840, 5850, 15290\} \\ &= 5850 \end{aligned} \tag{9.29}$$

因此，$a_i^* = a_3$，即仍选第 3 台机床最好，其费用为 5850 元。

4．后悔值准则

用后悔值准则进行决策时，首先要确定的是后悔值，在连续型决策问题中，要确定后悔函数，如图 9.1 所示。对于批量为 Q，采取的策略为 a_i 的后悔函数记为 $r(a_i, Q)$，类似于后悔值的定义，后悔函数为

$$r(a_i, Q) = K_i + C_i Q - \min_{a_i}\{K_i + C_i Q\} \quad i = 1,2,3,4 \tag{9.30}$$

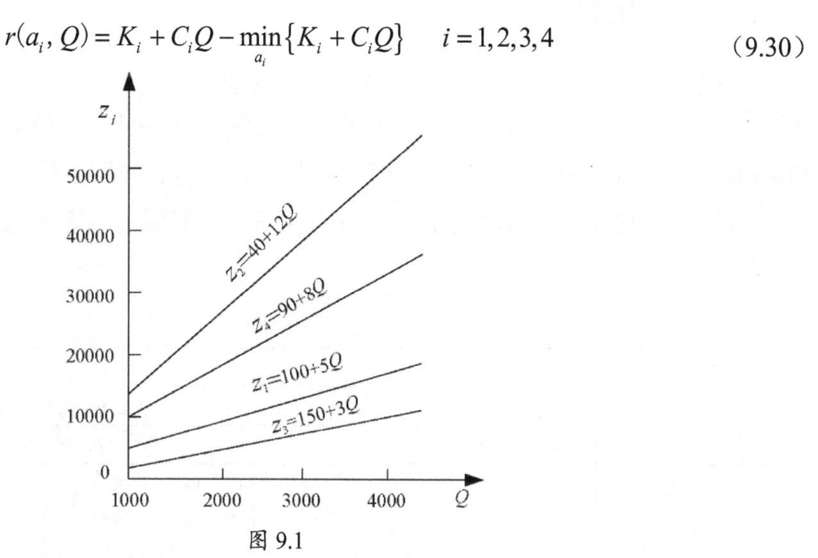

图 9.1

由图 9.1 可知

$$\min_{a_i}\{K_i + C_1Q\} = K_3 + C_3Q = 150 + 3Q \tag{9.31}$$

因此

$$r(a_i,Q) = K_i + C_iQ - 150 - 3Q = (C_i - 3)Q + K_i - 150 \tag{9.32}$$

根据后悔值准则的计算公式，有

$$V(a_i^*) = \min_{a_i} \max_{1000\leqslant Q\leqslant 4000}\{(C_i - 3)Q + K_i - 150\} \tag{9.33}$$

显然，$C_1 - 3 \geqslant 0$，$r(a_i,Q) = (C_i - 3)Q + K_i - 150$是单调递增函数，因为

$$\begin{aligned} V(a_i^*) &= \min_{a_j}\{(C_1 - 3)Q_2 + K_i - 150\} \\ &= \min\{7950, 35890, 0, 19940\} \\ &= 0 \end{aligned} \tag{9.34}$$

可见$a_i^* = a_3$，即最优策略仍为选第 3 台机床。

以上非确定型四种决策准则究竟哪一种最为合理，现在理论上还不能证明。在实际工作中选用哪一种准则进行决策，要由决策者根据具体情况决定。

9.2 风险型决策

风险型决策是指在决策问题中，决策者除了知道未来可能出现的哪些状态，还知道出现这些状态的概率分布。换句话说，状态是一个随机变量，当它的概率分布已知时，决策是风险型的。当概率分布为离散型时，决策为离散型风险决策，否则为连续型风险决策。

与非确定型决策一样，风险型决策也有不同的决策准则，最常用的是期望值准则，此外还有期望值与标准差准则、最大可能性准则等。

9.2.1 期望值准则

期望值准则是把每个策略（方案或行动）的期望值求出来，然后根据期望值的大小确定最优策略。对于离散型决策问题，假定有 m 种策略，n 种状态，第 j 种状态 θ_j 出现的概率为 $P(\theta = \theta_j) = p_j$，对于策略 a_i 和状态 θ_j 的结果为 $v(a_i,\theta_j)$，并简记成 v_{ij}，这样就可把这些数据像在非确定型离散决策中那样，用一个矩阵来表示，但要把概率 p_i 写在矩阵的上面一行，如表 9.2 所示。

表 9.2

a_i	v_{ij}	
	θ_j	θ_1 θ_2 $\cdots$ θ_n
	p_j	P_1 P_2 $\cdots$ P_n
a_1 a_2 $\vdots$ a_m		$\begin{bmatrix} v_{11} & v_{12} & \cdots & v_{1n} \\ v_{21} & v_{22} & \cdots & v_{2n} \\ \vdots & \vdots & & \vdots \\ v_{m1} & v_{m2} & \cdots & v_{mn} \end{bmatrix}_{m\times n}$

策略 a_i 的期望值 $E\left[v(a_i,\theta)\right]$ 简记为 $E(a_i)$，其值为

$$E(a_i)=\sum_{j=1}^{n}p_j v_{ij} \qquad i=1,2,\cdots,m \tag{9.35}$$

当决策目标为收益最大（v_{ij} 代表收益）时，最优策略为期望值最大时所对应的策略，即

$$E(a_i^*)=\max_{a_j}\{E(a_i)\}=\max_{a_i}\left\{\sum_{j=1}^{n}p_j v_{ij}\right\} \tag{9.36}$$

当决策目标为费用（或损失）最小时，最优策略应为期望值最小时所对应的策略，即

$$E(a_i^*)=\min_{a_j}\{E(a_i)\}=\min_{a_i}\left\{\sum_{j=1}^{n}p_j v_{ij}\right\} \tag{9.37}$$

具体确定最优策略时，可把求得的期望值 $E(a_i)$ 写在上述矩阵的外右侧，然后选其中最大值或最小值，它们所对应的策略为最优策略。

例 7　在例 1 中，假定根据已往的统计资料估计交通设施零部件每天销售 1000 个、2000 个和 3000 个的概率分别为 0.3、0.5 和 0.2，有关数据用矩阵表示如下：

$$\begin{array}{lcccc}
 & \theta_j \to 1000 & 2000 & 3000 & \\
a_i\ \ p_j \to & 0.3 & 0.5 & 0.2 & E(a_i) \\
\downarrow & & & & \\
1000 & 20 & 20 & 20 & 20 \\
2000 & 10 & 40 & 40 & \boxed{31} \leftarrow \max \\
3000 & 0 & 30 & 60 & 27
\end{array} \tag{9.38}$$

用期望值准则决策，首先计算各策略（进货量）的期望值：

$$\begin{aligned}
E(a_1)&=0.3\times 20+0.5\times 20+0.2\times 20=20\\
E(a_2)&=0.3\times 10+0.5\times 40+0.2\times 40=\boxed{31}\\
E(a_3)&=0.3\times 0+0.5\times 30+0.2\times 60=27
\end{aligned} \tag{9.39}$$

最优策略 $a_i^*=a_2$，即每天进货 2000 个最好，每天利润期望值为 31 元。

对于连续型的决策问题，设状态这个随机变量 θ 的概率密度函数为 $f(\theta)$，则对应于策略 a_i 的期望值为

$$E(a_i)=\int_{-\infty}^{+\infty}v(a_i,\theta)f(\theta)\mathrm{d}\theta \tag{9.40}$$

当 $v(a_i,\theta)$ 表示收益时，最优策略为下式所对应的策略：

$$E(a_i^*)=\max_{a_i}\{E(a_i)\}=\max_{a_i}\left\{\int_{-\infty}^{+\infty}v(a_i,\theta)f(\theta)\mathrm{d}\theta\right\} \tag{9.41}$$

当 $v(a_i,\theta)$ 表示费用或损失时，最优策略为下式所对应的策略：

$$E(a_i^*)=\min_{a_i}\{E(a_i)\}=\min_{a_i}\left\{\int_{-\infty}^{+\infty}v(a_i,\theta)f(\theta)\mathrm{d}\theta\right\} \tag{9.42}$$

例 8　考虑例 6 的决策问题。如果状态——生产批量 Q 的概率密度函数为在[1000,4000]上的均匀分布，即

$$f(Q)=\begin{cases}\dfrac{1}{3000} & 1000\leqslant Q\leqslant 4000\\ 0 & 其他\end{cases} \tag{9.43}$$

那么其结论同非确定型按等可能性（拉普拉斯）准则决策时一样，即

$$\begin{aligned}E(a_i)&=\int_{1000}^{4000}(K_i+C_iQ)\frac{1}{3000}\mathrm{d}Q\\&=K_i+2500C_i \qquad i=1,2,3,4\end{aligned} \tag{9.44}$$

$$\begin{aligned}E(a_i^*)&=\min_{a_i}\{K_i+2500C_i\}\\&=\min\{13500,30040,7650,20090\}\\&=7650\end{aligned} \tag{9.45}$$

因此，$a_i^*=a_3$，选第 3 台机床最好。

9.2.2 期望值与标准差准则

应用期望值准则时，首先要求出状态出现的概率估计值或使预测接近实际值，只有这样的期望值才比较准确，据此做出的决策也才比较正确。然而要使估计或预测的概率符合实际，重要的是必须对决策系统进行较长时间的观测和占有大量的统计资料，换句话说，必须使决策系统处于“长期运行”之中，才能较准确地估计出状态的概率。决策系统受各种因素的限制，只能或暂时只能处于“短期运行”，这就使得观察的时间不够长、收集的数据不够充分，估计出的状态概率不够准确，从而有可能导致决策失误。为了减少决策失误的可能性，希望找到一个期望值最大（或最小）、决策的结果值偏离期望值程度又小的策略，也希望找到一个期望值达到最大（或最小）、标准差又达到最小的策略。综合考虑这两方面因素的是期望值与标准差准则。

期望值与标准差准则可以用一个综合值表达。当决策目标是求收益最大时，对于决策 a_i，综合值为

$$ED(a_i)=E(a_i)-K\sigma(a_i) \qquad i=1,2,\cdots,m \tag{9.46}$$

其中，$E(a_i)$ 为策略 a_i 的期望值；$\sigma(a_i)$ 为策略 a_i 的标准差；K 是一个常数，通常称为“风险厌恶因子”，它表示标准差 $\sigma(a_i)$ 对期望值 $E(a_i)$ 的“重要程度”。如果决策者对低于 $E(a_i)$ 的收益十分敏感，可取大于 1 的 K 值。最优策略是综合值 $ED(a_i)$ 最大的策略，即 a_i^* 是对应于

$$\max_{a_i}\{ED(a_i)\}=\max_{a_i}\{E(a_i)-K\sigma(a_i)\} \tag{9.47}$$

的策略。

当决策目标要求费用最低或损失最小时，最优策略是综合值，即

$$ED(a_i)=E(a_i)+K\sigma(a_i) \qquad i=1,2,\cdots,m \tag{9.48}$$

达到最小的策略，即 a_i^* 是对应于

$$\min_{a_i}\{ED(a_i)\}=\min_{a_i}\{E(a_i)+K\sigma(a_i)\} \tag{9.49}$$

的策略。

例 9 用期望值与标准差准则对例 7 进行决策（设 $K=1$）。

根据 $E(a_i)=\sum_{j=1}^{3}p_i v_{ij}$ ，$\sigma(a_i)=\sqrt{\sum_{j=1}^{3}p_i\left[v_{ij}-E(a_i)\right]^2}$ 和 $ED(a_i)=E(a_i)-K\sigma(a_i)$ 算得的数值，列于收益矩阵的外右侧：

$$\begin{array}{c} \\ \\ a_1 \\ a_2 \\ a_3 \end{array}\begin{array}{c} 1000\quad 2000\quad 3000 \\ 0.3\quad\ 0.5\quad\ 0.2 \\ \begin{bmatrix} 20 & 20 & 20 \\ 10 & 40 & 40 \\ 0 & 30 & 60 \end{bmatrix}\end{array}\begin{array}{ccc} \\ E(a_i) & \sigma(a_i) & ED(a_i) \\ 20 & 0 & \boxed{20} \\ 31 & 12 & 19 \\ 27 & 16 & 11 \end{array}\begin{array}{c} \\ \\ \leftarrow \max \\ \\ \\ \end{array} \tag{9.50}$$

由于 $\max\limits_{a_i}\{ED(a_i)\}=20$ ，最优策略 $a_i^*=a_1$ ，即每天进货 1000 个。

如果决策者对获得的利润低于利润的期望值不太敏感，则可把 K 值取得小些。取 K=0.8，这时策略 a_1 、a_2 和 a_3 的综合值 $ED(a_i)$ 各为 20、21.4 和 14.2，最优策略变为 a_2 ，每天进货 2000 个最好。

对于连续型的决策问题可作为类似的讨论，这里不再阐述。

9.2.3　最大可能性准则

最大可能性准则是按可能性最大的状态来选取最优策略的，也就是说，挑选一个概率最大的状态进行决策，其他的状态不予考虑。这实际上是把一个风险型决策问题变为一个相应的确定型问题。这是一种简化，不仅是为了分析方便，更主要的是为了实用。修改例 7 中零件每天销售量的概率如表 9.3 所示。

表 9.3

销售量/个	1000	2000	3000
概率	0.04	0.93	0.03

显然，可以只考虑概率最大（0.93）的销售量（2000 个），并在这个状态下进行决策，如表 9.4 所示。

表 9.4

策略 a_i	a_1	a_2	a_3
状态（2000/个）	20	40	30

利润最大值为 40（元/天），最优策略为 a_2 ，即每天进货 2000 个。

最大可能性准则用起来较简单，但要强调指出的是，只有在某种状态的概率比其他状态的概率大得多时才能用。某种状态的概率虽然较大，但不是很大，或者状态数较多，除某一状态的概率较大外，其余状态的概率都很小且很接近时，都不宜采用最大可能性准则。例如，对于例 7 就不能用这个准则，这是因为销售量为 2000 个的概率为 0.5，与其他状态的概率相比虽然是最大的，但没有大很多。

9.3 决策树

离散型风险决策在用期望值准则决策时，是用矩阵形式表达和分析的。这虽是一种常用的方法，但对于较为复杂的离散型风险决策却很不方便，尤其是对需要逐级进行决策的“多级决策问题”更是如此，甚至无法使用。利用决策树能弥补这个缺陷，而且形象直观、思路清晰。

决策树是一个按逻辑关系画出的树形图。图 9.2 所示为简单决策树的示意图。

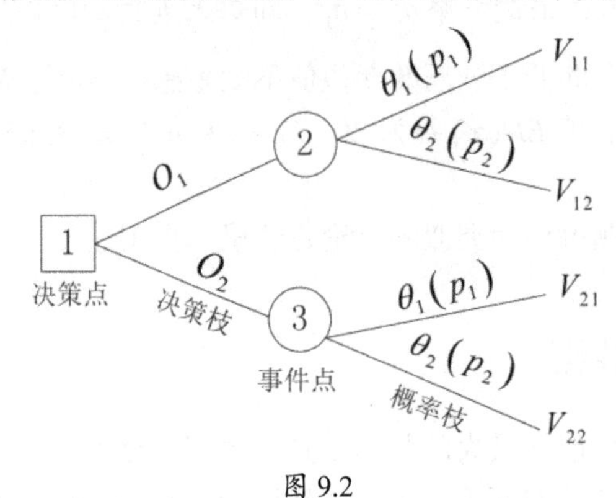

图 9.2

画决策树的方法，一般是在左端先画一个方框作为出发点，也称为决策点。从决策点画出若干条直线，每一条直线代表一个策略，这些直线称为决策枝。在各个决策枝的末端画一个圆圈，它们被称为事件点（或机会点）。从事件点引出若干条直线，每条直线代表一种状态，这些直线被称为概率枝。把各个策略在各种状态下的结果（收益或费用）记在概率枝的末端，这样就构成了决策树。

计算各事件点的期望值和决策树时，顺序是从右往左的。各事件点的期望值标注在该点上，然后从中选出最优策略，并把最优策略的期望值标注在决策点上，不取的策略在其决策枝上打上双截号“//”。

下面利用决策树这个决策分析工具，对单级决策问题和多级决策问题进行分析和求解。

9.3.1 单级决策问题

单级决策问题是指只包含一项决策的问题，在决策树中只有一个决策点。决策的准则是期望值的准则。

例 10 某公司为生产一种产品需要建设一个工厂。建厂有两个方案：一个是建大厂，投资 300 万元；另一个是建小厂，投资 160 万元。大厂或小厂用于生产该产品的期限都是 10 年。根据市场预测，在该产品生产的 10 年期限内，前三年销路好的概率为 0.7，而如果前三年销路好，则后七年销路好的概率为 0.9；如果前三年销路差，则后七年销路肯定差。在 10 年期限内两个方案的每年回收的资金（万元）为

$$\begin{array}{ccc} & \text{销路好} & \text{销路差} \\ \text{大厂} & \left[\begin{array}{l} 100 \\ 40 \end{array}\right. & \left.\begin{array}{r} -20 \\ 10 \end{array}\right] \\ \text{小厂} & & \end{array}$$

利用决策树的方法，根据 10 年获得总利润（期望值）的大小确定哪个方案较好。

画出决策树如图 9.3 所示。

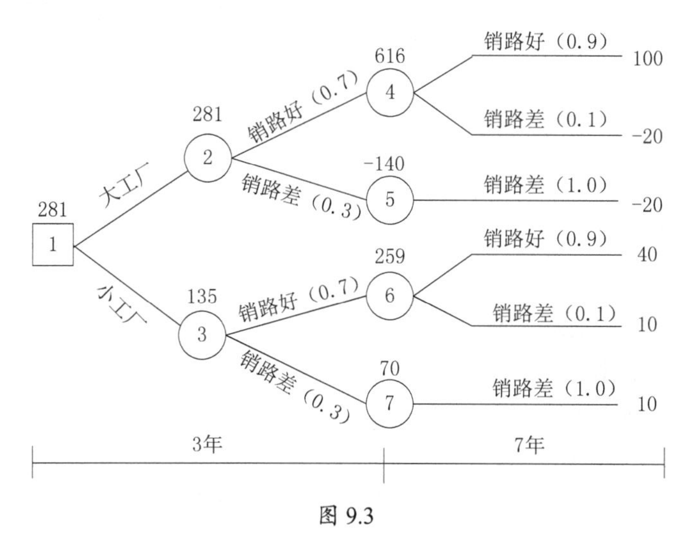

图 9.3

计算各事件点的回收或利润的期望值。

点 4：$0.9\times100\times7+0.1\times(-20)\times7=616$（万元）

点 5：$1.0\times(-20)\times7=-140$（万元）

点 2：$0.7\times616+0.3\times(-140)+0.7\times100\times3+0.3\times(-20)\times3-300\approx281$（万元）

即建大厂的期望利润为 281 万元。

点 6：$0.9\times40\times7+0.1\times10\times7=259$（万元）

点 7：$1.0\times10\times7=70$（万元）

点 3：$0.7\times259+0.3\times70+0.7\times40\times3+0.3\times10\times3-160\approx135$（万元）

即建小厂的期望利润为 135 万元。

比较事件点 2 和事件点 3 的期望值，点 2 的数值大，即建大厂的利润期望值大，最优策略为建大厂，把点 2 的期望值标注在决策点 1 上。

9.3.2　多级决策问题

多级决策问题是指需要从右往左依次做出两项或两项以上决策的问题，反映在决策树中便是有两个或两个以上的决策点。画多级决策问题的决策树和计算各事件点的期望值与单级决策问题没有本质区别，只是比较复杂、计算量大些罢了。

例 11　再考虑例 10 的问题。现在假定还有第三个方案，即先建小厂，若销路好，则三年后扩建成大厂，扩建投资为 140 万元。扩建后该产品只生产七年，每年的回收资金与第一方案建大厂时相同。这个方案与第一方案相比，哪个经济效益好？

第一方案和第二方案在例 10 中已比较过，第一方案（建大厂）好。在画本问题决策树时，略去第一方案（建大厂）的一部分“树枝”，只保留建大厂方案的决策枝及其事件点②。根据题意和有关数据，本题的决策树如图 9.4 所示。

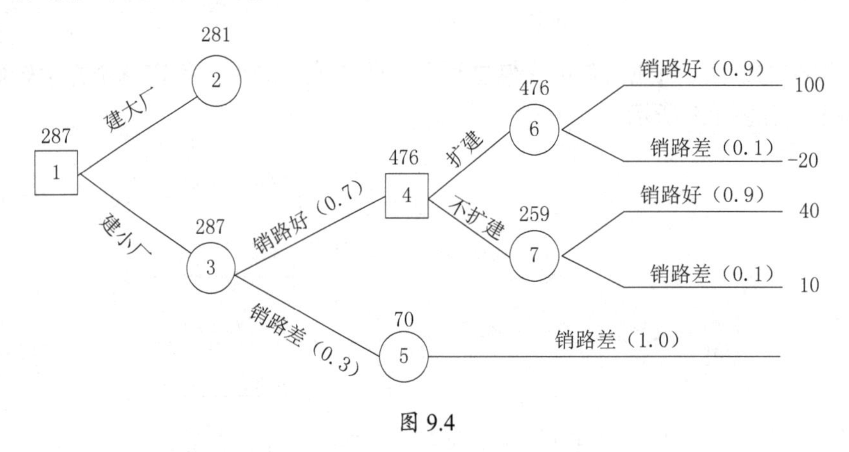

图 9.4

计算各事件点的回收或利润期望值。

点 2：由例 11 算得利润期望值为 281（万元）

点 6：$0.9\times100\times7+0.1\times(-20)\times7-140=476$（万元）

点 7：$0.9\times40\times7+0.1\times10\times7=259$（万元）

决策点 4：因 476>259，所以扩建方案较好。将点 6 的 476 转移到决策点 4。

点 5：$1.0\times10\times7=70$（万元）

点 3：$0.7\times476+0.3\times70+0.7\times40\times3+0.3\times10\times3-160\approx287$（万元）

决策点 1：因 287>281，所以第三方案比第一方案好，即最优策略是先建小厂，若销路好，则三年后再扩建成大厂，十年的利润期望值为 287 万元。

例 13 某石油公司想在某地钻探石油，它有两个方案可供选择，一个是先勘探，然后决定钻井或不钻井，另一个是不勘探，只凭经验来决定钻井或不钻井。假定勘探的费用每次为 1 万元，钻井费用为 7 万元。直接钻井，出油的情况及其概率如表 9.5 所示。

表 9.5

出油情况	无油（θ_1）	油量少（θ_2）	油量多（θ_3）
概率 $P(\theta_j)$	0.5	0.3	0.2

据估计，如油量少，可收入 12 万元；如油量多，收入可达 27 万元。

如果先进行勘探，它的结果可能有地质构造差、构造一般和构造良好三种情况。据分析，它们的概率分别为 0.41、0.35 和 0.24。对不同的地质构造条件，钻井后出油情况及其概率为

$$\begin{array}{r} \\ \text{无油}(\theta_1) \\ \text{油量少}(\theta_2) \\ \text{油量多}(\theta_3) \end{array} \begin{array}{c} \begin{array}{ccc} \text{差}(s_1) & \text{一般}(s_2) & \text{良好}(s_3) \end{array} \\ \begin{bmatrix} 0.73 & 0.22 & 0.05 \\ 0.43 & 0.34 & 0.23 \\ 0.21 & 0.37 & 0.42 \end{bmatrix} \end{array} \tag{9.51}$$

问题是如何决策可使公司的利润最大。

画决策树如图 9.5 所示，树右端的各数为利润值。

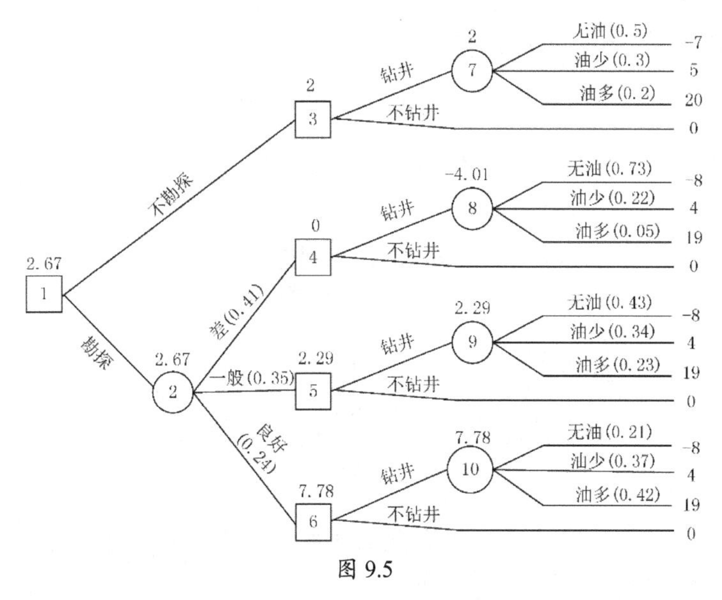

图 9.5

计算各事件点利润期望值和在各决策点进行决策。

点 7：$0.5\times(-7)+0.3\times5+0.2\times20=2$

点 8：$0.73\times(-8)+0.22\times4+0.05\times19=-4.01$

点 9：$0.43\times(-8)+0.34\times4+0.23\times19=2.29$

点 10：$0.21\times(-8)+0.37\times4+0.42\times19=7.78$

决策点 3：$\max(2,0)=2$，选钻井方案

决策点 4：$\max(-4.01,0)=0$，选不钻井方案

决策点 5：$\max(2.29,0)=2.29$，选钻井方案

决策点 6：$\max(7.78,0)=7.78$，选钻井方案

点 2：$0.41\times0+0.35\times2.29+0.24\times7.78=2.67$

决策点 1：$\max(2,2.67)=2.67$

由上可见，应选先进行地质勘探的方案，利润期望值为 26700 元。

9.4　贝叶斯决策

前面讨论的期望值决策方法，是根据自然状态 θ_j 及其概率 $P(\theta_j)$ 来计算期望值的，$P(\theta_j)$ 为先验概率。然而，先验概率是根据过去的经验进行的估计，为了更正确地进行决策，可采用有预报信息的贝叶斯（Bayes）决策方法。

贝叶斯决策就是根据调查研究所得到的信息，对先验概率进行修改，然后根据修改后的概率对应的期望值进行决策的。

下面先复习概率论的两个基本公式。

全概率公式形式：

$$P(A)=\sum_{i=1}^{n}P(A|\theta_i)P(\theta_i) \tag{9.52}$$

其中，$\theta_1,\theta_2,\cdots,\theta_n$为互不相容事件，即

$$\theta_i \cap \theta_j = \varnothing \quad (i,j=1,2,\cdots,n;\ i \neq j) \tag{9.53}$$

且
$$\theta_1+\theta_2+\cdots+\theta_n=U$$

贝叶斯公式：

$$P(\theta|A)=\frac{P(\theta A)}{P(A)} \tag{9.54}$$

这里$P(A)\neq U$。

把全概率公式与贝叶斯公式结合起来，便得到

$$P\left(\theta_i|A\right)\frac{P(A\,|\,\theta_i)P(\theta_i)}{\sum_{j=1}^{n}P(A\,|\,\theta_i)P(\theta_i)} \qquad i=1,2,\cdots,n \tag{9.55}$$

我们称$P(\theta_i)$（$i=1,2,\cdots,n$）为事件θ_i的先验概率，而称$p\left(\theta_i|A\right)$（$i=1,2,\cdots,n$）为事件θ_i的后验概率。这里的A为任一事件，满足$P(A)\neq 0$。

例 14 以往数据分析表明，每天早上机器开动时，机器调整良好的概率为75%，当机器调整良好时，产品的合格率为90%，而当机器发生故障时，其合格率为30%。试求某日早上第一件产品是合格品时，机器调整良好的概率是多少？

解： 记θ为事件“机器调整良好”，A为事件“产品合格”，由题意可知$P(\theta)=0.75$，$P(\bar{\theta})=0.25$，$P(A|\theta)=0.9$，$P(A|\bar{\theta})=0.3$，所求概率为$P(\theta|A)$。代入贝叶斯公式得

$$P\left(\theta|A\right)=\frac{P(A|\theta)P(\theta)}{P(A|\theta)P(\theta)+P(A|\bar{\theta})P(\bar{\theta})}=\frac{0.9\times0.75}{0.9\times0.75+0.3\times0.25}=0.9 \tag{9.56}$$

就是说，根据生产出第一件产品是合格的这个信息，可以将机器调整良好的先验概率$P(\theta)=0.75$修改为后验概率$P(\theta|A)=0.9$。

决策是否正确与信息有密切的关系。决策者在决策过程中获得的有效信息越多，对未来状态出现概率的估计或预测就越准确，据此做出的决策也就越可靠。但为了获得较多的信息，需要进行调整、实验和咨询等。这往往要花费一笔费用，为了权衡这笔费用是否值得，有必要对信息本身的价值进行计算。

一般地，设没有全信息的期望值为EV，全信息的期望值为TIV，全信息的价值记为V，当决策目标是收益最大时：

$$V=\text{TIV}-\text{EV}$$

当决策目标是费用最小时：

$$V=\text{EV}-\text{TIV}$$

实际上，在风险型决策中当然不可能取得完全的信息，只能取得一部分信息（补充信息）。取得补充信息后，会使原来的期望值发生变化。它的变化值，即取得补充信息后的收益（或费用）期望值（记为IV）与原来期望值（EV）的差额，代表了补充信息的价值（简称为信息价值，记为V）。于是，当决策目标为收益最大时，信息价值为

$$V=\text{IV}-\text{EV}$$

当目标为费用最小时，信息价值为

$$V=\mathrm{EV}-\mathrm{IV}$$

如果为取得补充信息而付出的费用超过它的价值 V，那么就没有必要收集这些信息了。

下面的例子说明补充信息及其价值的应用。

例 15 某工厂计划生产一种新型行车记录仪，该产品的销售情况有好（θ_1）、中（θ_2）和差（θ_3）三种，据以往的经验，估计三种情况的概率分布和利润如表 9.6 所示。

表 9.6

状态 θ_j	好（θ_1）	中（θ_2）	差（θ_3）
概率 $P(\theta_j)$	0.25	0.30	0.45
利润/万元	15	1	−6

为进一步摸清市场对这种产品的需求情况，工厂通过调查和咨询等方式得到一份市场调查表。销售情况也有好（S_1）、中（S_2）和差（S_3）三种，其概率分布如表 9.7 所示。

表 9.7

$P(S_i \mid \theta_j)$	好 θ_1	θ_2	θ_3
好（S_1）	0.65	0.25	0.10
中（S_2）	0.25	0.45	0.15
差（S_3）	0.10	0.30	0.75

假定做相关调查并得到市场调查表的费用为 0.6 万元。试问：

（1）补充信息（市场调查表）价值为多少？

（2）如何决策可使利润期望值最大？

解：最后画出的决策树如图 9.6 所示，其数值产生过程见后面的计算过程。

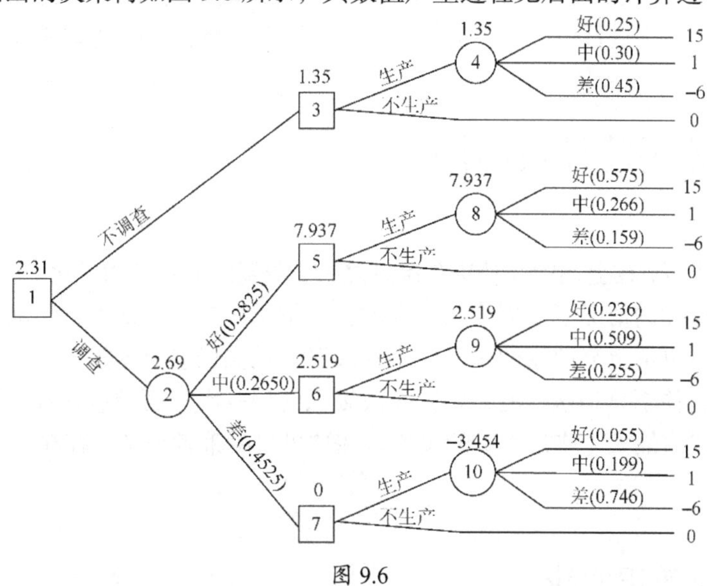

图 9.6

由图 9.6 可知，要计算调查后的各个期望值，必须先计算概率 $P(S_i)$ 和后验概率 $P(\theta_j \mid S_i)$。计算概率 $P(S_i)$ 可把先验概率 $P(\theta_j)$ 和条件概率 $P(S_i \mid \theta_j)$ 代入如下全概率公式：

$$P(S_i)=P(\theta_1)P(S_i \mid \theta_1)+P(\theta_2)P(S_i \mid \theta_2)+P(\theta_3)P(S_i \mid \theta_3) \tag{9.57}$$

其结果如表 9.8 所示。

计算后验概率 $P(\theta_j|S_i)$ 可用贝叶斯公式：

$$P(\theta_j|S_i)=\frac{P(S_i|\theta_j)P(\theta_j)}{P(S_i)} \tag{9.58}$$

将上述有关概率值代入贝叶斯公式如表 9.9 所示。

把 $P(S_i)$ 和 $P(\theta_j|S_i)$ 的数值写入决策树对应位置后，就可以计算各事件点的期望值和在各决策点上进行决策，其结果分别标注在图 9.6 各点上，其中决策点 1 的期望值为

2.91−0.6（调查费）=2.31

表 9.8

$P(\theta_j)P(S_i\|\theta_j)$	θ_1	θ_2	θ_3	$P(S_i)$
S_1	0.1625	0.0750	0.0450	0.2825
S_2	0.0635	0.1350	0.0675	0.2650
S_3	0.0250	0.0900	0.3375	0.4525

表 9.9

$P(\theta_j\|S_i)$	θ_1	θ_2	θ_3
S_1	0.575	0.266	0.159
S_2	0.236	0.509	0.255
S_3	0.055	0.199	0.746

由以上可知，补充信息的价值是 2.91−1.35=1.56（万元），取得市场调查表这个补充信息的费用是 0.6 万元，因此取得补充信息是值得的。最优策略是进行市场调查，如果调查结果是新产品销路好或中，则进行生产，否则就不生产。这个策略获得的期望利润为 2.31 万元。

9.5 效用值及其应用

对于风险型决策，在上述的几种决策准则之中，期望值准则最为常用。但要注意的是，期望值准则只有在这样的情况下使用才是合理的：决策系统是“长期运行”的，状态的概率分布相当稳定，同一决策重复使用的次数较多，决策一旦失误造成的损失对决策者来说并不严重。然而现实问题并不总是这样的，如同一决策只使用一次，而且包含较大风险时，决策者往往并不采用期望值最大（或最小）的策略。在这里对决策者来说，存在一个效用（utility）问题。

9.5.1 效用与效用曲线

“效用”在决策分析中是一个较常用的概念，为了说明它的含意，先举一个例子。设有一个投资机会，有两个方案可供选择。方案一是投资 10 万元，有 50%的可能获得 20 万元利润，50%的可能损失 10 万元；方案二是投资 10 万元，有 100%的可能获得 2 万元利润。方案一、

方案二的利润期望值分别为 5 万元和 2 万元，如用期望值准则，最优策略是用方案一。如果投资者是甲和乙，投资者甲资本雄厚，一旦决策失误，就会损失掉投资的 10 万元，对他来说后果不算严重，投资者甲很可能采取方案一投资；投资者乙资金单薄，如采用方案一投资，风险很大，一旦损失掉投资的 10 万元，后果会相对严重，他只能采取方案二投资。由此可见，不同的决策者由于他的处境、条件等的不同，对于相同的期望值会有不同的反应和评价。随着处境和条件等变化，既使是同一个决策者，对同期望值的反应和评价也会变化。这种决策者对于利益或损失的反应和评价，称为效用，它对策略的选取有重大的影响。

效用的数量通常用效用值表示，它的大小可规定在 0 与 1 之间。为了叙述方便，假定决策目标是求收益最大，这时确定效用值的方法是，把最大收益期望值的效用值定为 1，最小收益期望值的效用值定为 0，然后决策分析人员向决策者提出一系列的询问，根据决策者的回答确定不同收益的效用值。询问的方式可以这样：首先提出“以 0.5 的概率获得 x 收益，以 0.5 的概率获得 y 收益”的机会，然后询问决策者，这个机会对他来说相当于收益的多少。保持概率不变，改变收益值（注意：改变的收益值，应取在前面的机会中已求出其效用值的那些收益值），即提出另一机会，然后请决策者对这个机会做出判断。这样依次重复几次，就要算出决策者判断收益的效用值。

下面用本节所举的投资例子方案一说明怎样具体计算效用值。假定被询问的决策者是投资者乙，设 $u(x)$ 代表利润为 x 万元的效用值，于是 $u(20)=1$，$u(-10)=0$。

机会一：以 0.5 的概率得 20 万元，以 0.5 的概率损失 10 万元。这个机会用树形图表示如图 9.7 所示，概率枝末端的数为利润，括号内的数为它们的效用值。

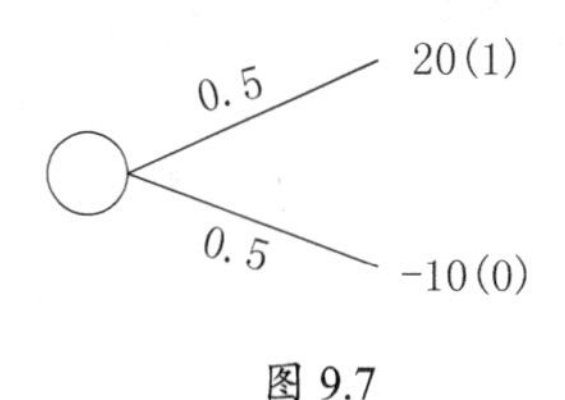

图 9.7

判断：这个机会对投资者乙来说相当于利润为 0。因此，$u(0)=0.5\times1+0.5\times0=0.5$。

机会二：以 0.5 的概率得 20 万元，以 0.5 的概率得 0 万元，树形图如图 9.8 所示。

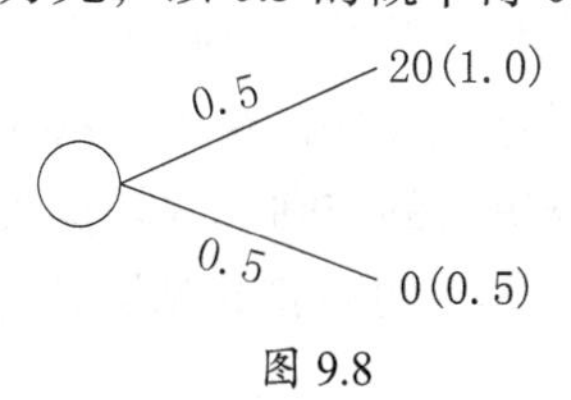

图 9.8

判断：这个机会相当于获得 8 万元利润。因此，$u(8)=0.5\times1+0.5\times0.5=0.75$。

机会三：以 0.5 的概率得 0 万元，以 0.5 的概率损失 10 万元，树形图如图 9.9 所示。

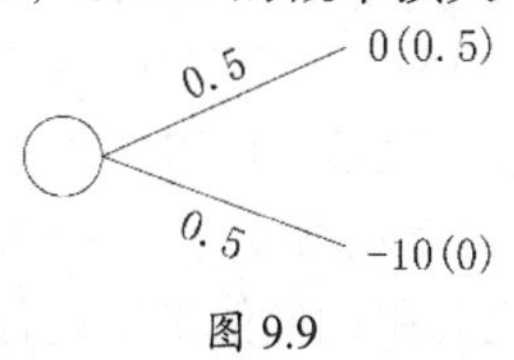

图 9.9

判断：这个机会相当于损失 6 万元。因此，$u(-6)=0.5\times0.5+0.5\times0=0.25$。

为了求得其他没有做出判断的收益的效用值，以便进一步决策分析，可根据已算得的效用值画出效用曲线。该曲线以收益值为横坐标，效用值为纵坐标。对于本例，在坐标系中标出(−10,0)、(−6,0.25)、(0,0.5)、(8,0.75)和(20,1)各点，并连成光滑曲线，得到决策者乙的效用曲线（见图 9.10 中的曲线乙）。这条效用曲线是向下凹的。

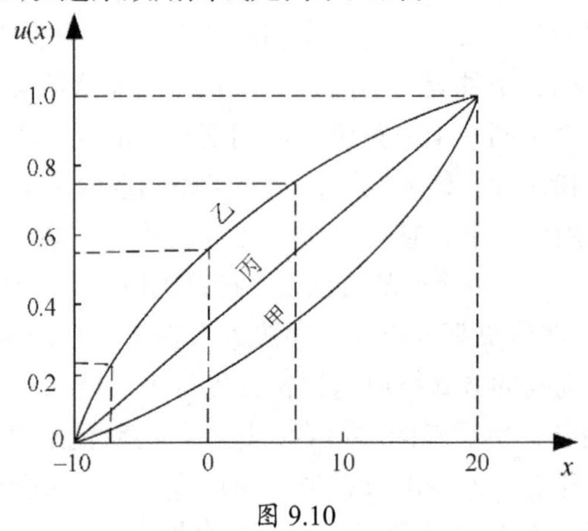

图 9.10

效用曲线有三种基本类型：向下凹的、向上凸的和直线型的如图 9.10 中的甲、乙、丙。由向下凹的曲线（曲线乙）表明，当收益值最大时，效用值增大较缓慢；当收益值减少时，效用值减少较快。这说明这种决策者对利益的反应较迟缓，而对损失较敏感，他是一个“不求大利，力免风险”的保守型决策者。向上凸的曲线（曲线甲）正好相反，这种决策者对利益的反应较敏感，对损失较迟缓，他是一个“谋求大得，敢冒风险”的冒险型决策者。介于两者之间的直线（直线丙）表明，收益的效用值与收益的期望值成正比。这类决策者是完全按照期望值大小来决策的人，他是一个介于保守型和冒险型之间的中间决策者。通过大量调查，可以认为大多数决策者属于保守型，少数决策者属于冒险型或介于保险型和冒险型之间。

9.5.2 效用值准则

对于离散型风险决策问题，在用决策树方法决策时，采用的是期望值准则。如前所述，不同决策者对同一期望值，或同一决策者在不同时期或条件下，对同一期望值有着不同的效用。为了反映决策者对待风险的态度及其在决策中的影响，必须把各收益值用它的效用值代替，然后计算效用值的期望值，以它作为决策的准则。这就是效用值准则。

例 16 考虑上述例 15 的新产品是否进行销售情况调查和生产的决策问题。用效用准则进行决策。

解：设 15 万元的效用值为 1，−6 万元的效用值为 0。用上述求效用曲线的方法画出该厂决策者的效用曲线如图 9.11 所示，这属于保守型效用曲线。在图 9.11 上画出效用值：$u(-6)=0$，$u(0)=0.60$，$u(0.6)=0.62$，$u(1)=0.64$，$u(15)=1$。把图 9.6 中的各收益用相应效用值代替，然后算出各事件点效用期望值，并在各决策点决策，可得图 9.12（各概率分支末端和各点上的括号内数值为效用值）。进行市场调查的期望效用值为 0.64−0.62=0.02，因此最优策略应为不进行市场调查和不生产新产品。这个结论与用期望值准则进行决策的结论正好相反。这是考虑了决策者对风险的态度，他是一个不愿冒风险的保守型决策者。

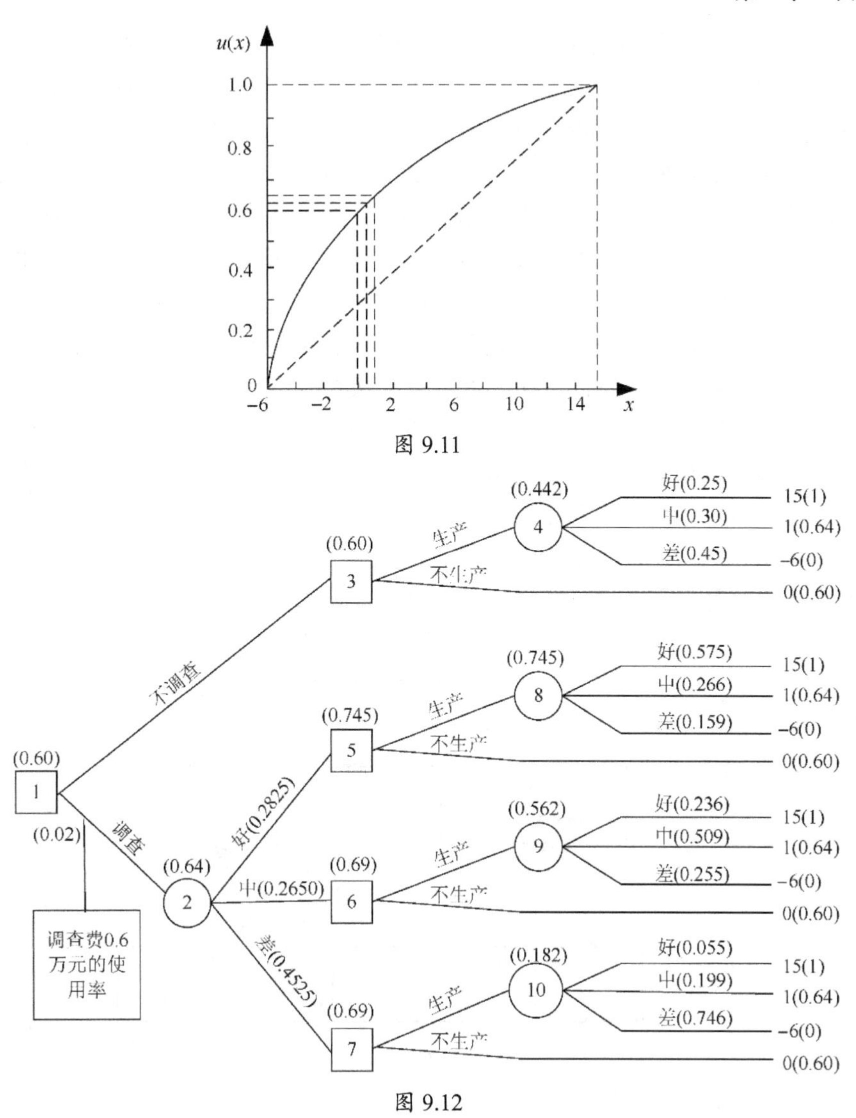

图 9.11

图 9.12

9.6　层次分析法

层次分析法（Analytic Hierarchy Process，AHP 法）是美国运筹学家沙旦（T. L. Ssaaty）于 20 世纪 70 年代提出的，是一种定性与定量分析相结合的多目标决策分析方法。特别是将决策者的经验判断给予量化，对目标（因素）结构复杂且缺乏必要数据的情况下更为实用，所以近几年来层次分析法在我国实际应用中发展较快。

9.6.1　层次分析法原理

例如，某工厂在扩大企业自主权后，有一笔企业留成的利润，这时厂领导要合理使用这笔资金。根据各方面反映和意见，提出可供领导决策的方案：①作为奖金发给职工；②扩建职工食堂、托儿所；③开办职工业余技术学校和培训班；④建立图书馆；⑤引进新技术扩大生产规模等。领导在决策时，要考虑调动职工的劳动生产积极性，提高职工文化技术水平，改善职工物质文化生活状况等方面，对这些方案的优劣性进行评价，排队后才能进行决策。

面对这类复杂的决策问题，处理的方法是，先对问题涉及的因素进行分类，然后构造一个各因素之间相互联结的层次结构模型。因素分类：第一类为目标类，如合理使用今年企业留成的利润，以促进企业发展；第二类为准则类，这是衡量目标能否实现的标准，如调动职工劳动积极性，提高企业生产技术水平；第三类为措施类，是指实现目标的方案、方法、手段等，如发奖金，扩建集体福利设施，引进新技术等。按目标类到措施类的自上而下将各类因素之间的直接影响关系排列于不同层次，并构成层次结构图，如图 9.13 所示。

构造好各类问题的层次结构图是一项细致的分析工作，要有一定经验。根据层次结构图确定每一层的各因素的相对重要性的权数，直至计算出措施层各方案的相对权数。这就给出了各方案的优劣次序，以便供决策者决策。

设有 n 件物体 $A_1, A_2, \cdots, A_n$，它们的重量分别为 $w_1, w_2, \cdots, w_n$。若将它们两两比较重量，那么其比值可构成 $n\times n$ 矩阵 $\boldsymbol{A}$。

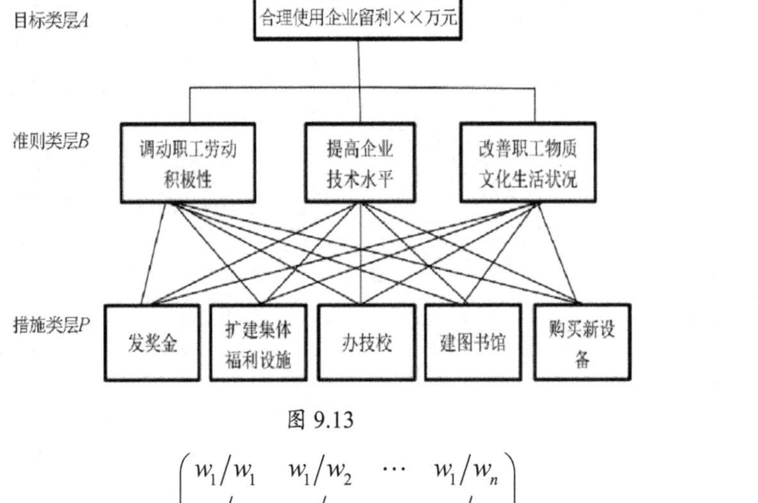

图 9.13

$$\boldsymbol{A}=\begin{pmatrix} w_1/w_1 & w_1/w_2 & \cdots & w_1/w_n \\ w_2/w_1 & w_2/w_2 & \cdots & w_2/w_n \\ \vdots & \vdots & & \vdots \\ w_n/w_1 & w_n/w_2 & \cdots & w_n/w_n \end{pmatrix} \tag{9.59}$$

$\boldsymbol{A}$ 矩阵具有如下性质：若用权重向量

$$\boldsymbol{W}=\left(w_1, w_2, \cdots, w_n\right)^{\mathrm{T}} \tag{9.60}$$

右乘 $\boldsymbol{A}$ 矩阵，得到

$$\boldsymbol{AW}=\begin{pmatrix} w_1/w_1 & w_1/w_2 & \cdots & w_1/w_n \\ w_2/w_1 & w_2/w_2 & \cdots & w_2/w_n \\ \vdots & \vdots & & \vdots \\ w_n/w_1 & w_n/w_2 & \cdots & w_n/w_n \end{pmatrix}\begin{pmatrix} w_1 \\ w_2 \\ \vdots \\ w_n \end{pmatrix}=n\begin{pmatrix} w_1 \\ w_2 \\ \vdots \\ w_n \end{pmatrix}=n\boldsymbol{W} \tag{9.61}$$

即

$$(\boldsymbol{A}-n\boldsymbol{I})\boldsymbol{W}=0$$

由矩阵理论可知，$\boldsymbol{W}$ 为特征向量，n 为特征值。若 $\boldsymbol{W}$ 为未知时，则可根据决策者对物体

之间两两相比的关系，主观做出比值的判断，或用 Delphi 法来确定这些比值，使 $\boldsymbol{A}$ 矩阵为已知，故判断矩阵记作 $\overline{\boldsymbol{A}}$ 。

根据正矩阵的理论，可以证明，若 $\boldsymbol{A}$ 矩阵有以下特点（设 $a_{ij} = w_i / w_j$ ）：

（1） $a_{ij} = 1$ ；

（2） $a_{ij} = 1 / a_{ij} (i, j = 1, 2, \cdots, n)$ ；

（3） $a_{ij} = a_{ij} / a_{ik} (i, j = 1, 2, \cdots, n)$ 。

则该矩阵具有唯一非零的最大特征值 $\lambda_{\max}$ ，且 $\lambda_{\max} = n$ 。

若给出的判断矩阵 $\overline{\boldsymbol{A}}$ 具有上述特征，则该矩阵具有完全一致性。然而人们对复杂事物的各因素，采用两两比较时，不可能做到判断的完全一致性，而存在估计误差，这必然导致特征值及特征向量也有偏差，这时问题由 $\boldsymbol{AW}=n\boldsymbol{W}$ 变成 $\overline{\boldsymbol{A}}\boldsymbol{W}' \equiv \lambda_{\max}\boldsymbol{W}'$ ，这里 $\lambda_{\max}$ 是矩阵 $\overline{\boldsymbol{A}}$ 的最大值，$\boldsymbol{W}'$ 便是带有偏差的相对权重向量。这就是由判断不相容而引起的误差。为了避免误差太大，所以要衡量 $\overline{\boldsymbol{A}}$ 矩阵的一致性，当 $\boldsymbol{A}$ 矩阵完全一致时，因 $a_{ii} = 1$ ，则

$$\sum_{i=1}^{n} \lambda_i = \sum_{i=1}^{n} a_{ii} = n \tag{9.62}$$

存在唯一的非零 $\lambda = \lambda_{\max} = n$ 。而当 $\overline{\boldsymbol{A}}$ 矩阵存在判别不一致时，一般是 $\lambda_{\max} \geqslant n$ 。这时由于

$$\lambda_{\max} + \sum_{i \neq \max} \lambda_i = \sum_{i=1}^{n} a_{ii} = n \tag{9.63}$$

$$\lambda_{\max} - n = -\sum_{i \neq \max} \lambda_i$$

所以，以其平均值作为检验判断矩阵一致性指标（CI）：

$$\mathrm{CI} = \frac{\lambda_{\max} - n}{n-1} = \frac{-\sum\limits_{i \neq \max} \lambda_i}{n-1} \tag{9.64}$$

当 $\lambda_{\max} = n$ ，CI=0 时，判断矩阵为完全一致的；CI 值越大判断矩阵的完全一致性越差。一般只要 CI≤0.1，认为判断矩阵的一致性可以被接受，否则重新进行两两比较判断。

判断矩阵的维数 n 越大，判断的一致性将越差，故应放宽对高维判断矩阵一致性的要求。于是引入修正值 RI，如表 9.10 所示，并取更为合理的 CR 为衡量判断矩阵一致性的指标。

$$\mathrm{CR} = \frac{\mathrm{CI}}{\mathrm{RI}} \tag{9.65}$$

表 9.10

维数	1	2	3	4	5	6	7	8	9
RI	0.00	0.00	0.58	0.90	1.12	1.24	1.32	1.41	1.45

9.6.2 标度

为了使各因素之间进行两两比较得到量化的判断矩阵，引入 1～9 的标度，如表 9.11 所示。心理学家的研究结果：人们区分信息等级的极限能力为 7±2。

因为自己与自己比是同等重要的，所以对角线上元素不用进行判断比较，只需要给出矩阵对角线上三角形中的元素。

可见，对于 $n \times n$ 矩阵，只需要给出 $\dfrac{n(n-1)}{2}$ 个判断数值。

除表 9.11 的标度方法外，还可以用其他标度方法。

表 9.11

标 度 a_{ij}	定 义
1	i 因素与 j 因素同样重要
3	i 因素与 j 因素略重要
5	i 因素与 j 因素较重要
7	i 因素与 j 因素非常重要
9	i 因素与 j 因素绝对重要
2，4，6，8	为以上两判断之间的中间状态对应的标度值
倒数	若 j 因素与 i 因素比较，则得到判断值为 $a_{ij}=1/a_{ij}$ $a_{ij}=1$

9.6.3 层次模型

根据具体问题一般分为目标层、准则层和措施层（见图 9.14）。复杂的问题可分为目标层、制约因素、制约子因素、开发方案或分为层次更多的结构（见图 9.15）。下面举若干例子加以说明。

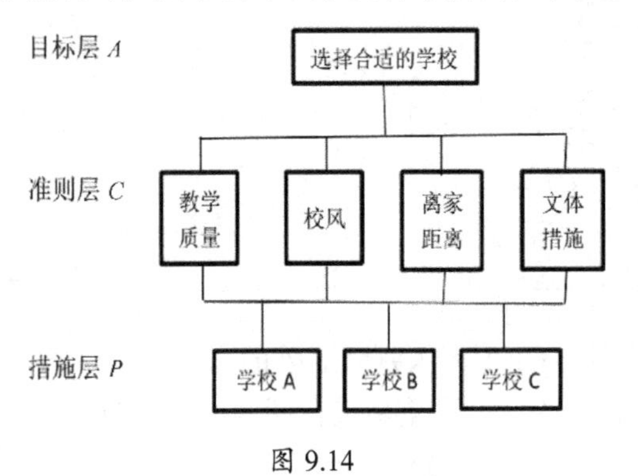

图 9.14

按给出的层次结构模型，设为目标层 A、准则层 C（有 K 个准则因素）、措施层 p（有 n 个方案）。由决策者用其他方法给出各层因素之间的两两比较得出 **A—C** 判断矩阵：

A	$\boldsymbol{C}_1\ \boldsymbol{C}_2 \cdots \boldsymbol{C}_k$
$\boldsymbol{C}_1$	$C_{11}\ C_{12} \cdots C_{1k}$
$\boldsymbol{C}_2$	$C_{21}\ C_{22} \cdots C_{2k}$
$\cdots$	$\vdots\ \vdots\ \ \vdots$
$\boldsymbol{C}_k$	$C_{k1}\ C_{k2} \cdots C_{kk}$

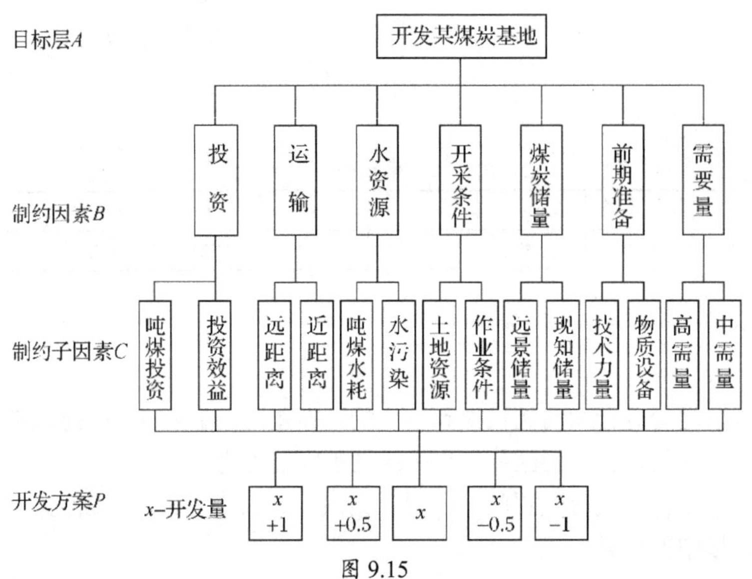

图 9.15

然后，分别给出 C_i—P 的判断矩阵(i=1，2，…，k)：

$$
\begin{array}{c|cccc}
C_i & P_1 & P_2 & \cdots & P_n \\
P_1 & a_{11} & a_{12} & \cdots & a_{1n} \\
\hline
P_2 & a_{21} & a_{22} & \cdots & a_{1n} \\
\vdots & \vdots & \vdots & & \vdots \\
P_n & a_{n1} & a_{n2} & \cdots & a_{nn}
\end{array} \tag{9.66}
$$

用近似法计算各判断矩阵的最大特征值和特征向量。

9.6.4　计算方法

一般地，在层次分析法中，计算判断矩阵的最大特征值与特征向量，并不需要很高的精度，用近似法计算即可。最简单的方法是求和法及其改进的方法，但方根法更好，这里只介绍方根法。

1．方根法

方根法是一种近似计算法，其计算步骤如下。

（1）计算判断矩阵每行所有元素的几何平均值:

$$
\bar{\omega} = \sqrt[n]{\prod_{j=1}^{n} a_{ij}} \qquad i = 1,2,\cdots,n \tag{9.67}
$$

得到 $\bar{\omega} = (\overline{\omega_1}, \overline{\omega_2}, \cdots, \overline{\omega_i})^{\mathrm{T}}$ 。

（2）将 $\bar{\omega}_i$ 归一化，即

$$
\omega_i = \frac{\overline{\omega}_i}{\sum_{i=1}^{n} \overline{\omega}_i} \qquad i = 1,2,\cdots,n \tag{9.68}
$$

得到 $\bar{\omega} = (\overline{\omega_1}, \overline{\omega_2}, \cdots, \overline{\omega_i})^{\mathrm{T}}$ ，即所求特征向量的近似值，这也是各因素的相对权重。

（3）计算判断矩阵的最大特征值 $\lambda_{\max}$ ：

$$
\lambda_{\max} = \sum_{i=1}^{n} \frac{(A\bar{\omega})_i}{n\bar{\omega}_i} \tag{9.69}
$$

其中，$(A\bar{\omega})_i$ 为向量 $A\omega$ 的第 i 个元素。

（4）计算判断矩阵一致性指标，检验其一致性。

当各层次的诸因素的相对权重都得到后，进行措施层的组合权重计算。

2．组合权重计算

设有目标层 A、准则层 C、方案层 P 构成的层次模型（当模型层次有更多时，计算方法相同），目标层 A 对准则层 C 的相对权重为

$$
\bar{\omega}^{(1)} = \left(\omega_1^{(1)},\ \omega_2^{(1)}, \cdots, \omega_k^{(1)}\right)^{\mathrm{T}}
$$

准则层的各准则 C_l 对方案层 P 有 n 个方案的相对权重为

$$
\overline{\omega}_l^{(2)} = \left(\omega_{1l}^{(2)}, \omega_{2l}^{(2)}, \cdots, \omega_{nl}^{(2)}\right)^{\mathrm{T}} \qquad l = 1,2,\cdots,k \tag{9.70}
$$

那么各方案对目标而言，其相对权重是通过权重 $\bar{\omega}^{(1)}$ 与 $\bar{\omega}_l^{(2)}$ $(l = 1,2,\cdots,k)$ 组合得到的，其

计算可采用表 9.12 进行。

这时得到$\boldsymbol{V}^{(2)}=\left(v_1^{(2)},\ v_2^{(2)},\dots,\ v_n^{(2)}\right)^{\mathrm{T}}$为方案层 P 各方案的相对权重。

表 9.12

方案层 P	准则层 C	
	因素及权重	组合权重 $\boldsymbol{V}^{(2)}$
	$C_1\quad C_2\quad \dots\ C_k$ $\omega_1^{(1)}\omega_2^{(1)}\dots\omega_k^{(1)}$	
$\boldsymbol{P}_1$	$\omega_1^{(2)}\omega_2^{(2)}\dots\omega_k^{(2)}$	$V_1^{(2)}=\sum_{j=1}^{k}\omega_j^{(1)}\omega_{1j}^{(2)}$
$\boldsymbol{P}_2$	$\omega_{21}^{(2)}\omega_{22}^{(2)}\dots\omega_{2k}^{(2)}$	$V_2^{(2)}=\sum_{j=1}^{k}\omega_j^{(1)}\omega_{2j}^{(2)}$
…	…	…
$\boldsymbol{P}_n$	$\omega_{n1}^{(2)}\omega_{n2}^{(2)}\dots\omega_{nk}^{(2)}$	$V_n^{(2)}=\sum_{j=1}^{k}\omega_j^{(1)}\omega_{nj}^{(2)}$

决策论从单目标发展到多目标是在理论和实践上的一个飞跃。用多目标决策方法来处理决策问题更能满足实践的要求。从理论上看，多目标决策方法吸取了行为科学等社会科学方面的成就，强调了决策者在决策过程中的中心地位。此外，在解的概念方面，提出有效解（非劣解）、满意解、妥协解等更能反映复杂现实情况的解的概念。在应用方面具有广阔的前景。1974 年 Zeleny 编著的《线性多目标规划》一书较系统地总结了各种处理线性多目标规划问题的方法。20 世纪 70 年代中期后，各种交互式的多目标决策方法迅速发展起来，1982 年 Zeleny 编写了第一本论述多目标决策问题的教材。20 世纪 70 年代以来多目标决策发展的特点是，各种计算方法都已有较实用的软件，便于使用。我国自 1977 年以来也开始了多目标决策方面的研究和应用工作，被广大的运筹学工作者和实际工作部门重视，并取得了一定的成果。

课后习题

（1）为生产某种产品而设计了两个基本建设方案（见表 9.13）：一个是建大厂，另一个是建小厂。建大厂需要投资 300 万元，建小厂需要投资 140 万元，两者的使用期限都是 10 年，估计在此期间产品销路好的概率为 0.7，销路差的概率为 0.3，两方案的年度益损值如表 9.10 所示。若某咨询机构可以对 10 年内产品销路好坏提供进一步的情报，所提供情报的准确度为 80%。也就是说，如果产品销路好，而咨询机构预报销路好（记为 B_1）的条件概率为 0.8，预报销路差（记为 B_2）的条件概率为 0.2；如果产品销路差，而咨询机构预报销路差的条件概率为 0.8，预报销路好的条件概率为 0.2，那么建大厂好还是建小厂好呢？

表 9.13

方案	状态	
	销路好 θ_1	销路差 θ_2
	0.7	0.3
建大厂 a_1	100	−20
建小厂 a_2	40	10

（2）某公司经理的决策效用函数$U(M)$如表 9.14 所示，他需要决定是否为该公司的财产保火险。根据大量社会资料，一年内该公司发生火灾概率为 0.0015，那么他是否愿意每年付 100 元保 10000 元财产的潜在火灾损失呢？

表 9.14

$U(M)$	M/万元
-800	-10000
-2	-200
-1	-100
0	0
250	10000
注：M 为发生火灾造成的损失金额	

（3）现要建立一个企业，有 4 个投资方案，3 种自然状态，投资数量如表 9.15 所示。用决策树法进行决策。

表 9.15

投资方案	自然状态		
	Q_1	Q_2	Q_3
	1/2	1/3	1/6
A_1	4	7	4
A_2	5	2	3
A_3	8	6	10
A_4	3	1	9

第 10 章　对策论

10.1　对策现象及其要素

10.1.1　对策现象

我们几乎到处可以看到一些具有竞争性的活动，如游戏、球赛、棋类比赛，以及在经济领域各公司企业为争夺国际或国内市场、为取得某一种项目的竞争，在军事领域的战争等。显然人们在比赛或竞争中，总希望自己一方能战胜对手，或取得尽可能好的结果。但竞争中是有对手的，所以每一方为取得尽可能好的结局所做的努力，都会遭到对方的干扰，因此人们想获得尽可能好的结局，必须考虑对手可能怎样决策，从而找出好的对付策略。这类比赛或竞争现象被称为对策现象。对策论就是研究对策行为中竞争各方是否存在着最合理的行为方案，以及如何找到这个合理的行为方案的数学理论和方法。

在我国古代，齐王赛马就是一个典型的对策论研究的例子。

战国时期，有一天齐王提出要与田忌进行赛马，双方约定：从各自的上、中、下三个等级的马中各选一匹参赛，每匹马均只能参赛一次，每一次比赛双方各出一匹马，负者要付给胜者千金。已经知道，在同等级的马中，田忌的马不如齐王的马，而如果田忌的马比齐王的马高一等级，则田忌的马可取胜。当时，田忌手下的一个谋士给田忌出了一个主意，即每次比赛时先让齐王牵出他要参赛的马，然后用下马对齐王的上马，用中马对齐王的下马，用上马对齐王的中马。比赛结果，田忌二胜一负，可得千金。由此看来，两个人各采取什么样的出马次序对胜负是至关重要的。

10.1.2　对策现象的基本要素

对策模型可以千差万别，但本质上都必须包括如下共同要素。

1）局中人

在一场竞争中有权决策的参加人为局中人，为了研究问题清楚起见，把对策中利害完全一致的参加者看成一个局中人。我们称只有两个局中人的对策现象为“两人对策”，而多于两人的对策称为“多人对策”。此外，根据局中人之间是否合作，又有结盟和不结盟对策。

2）策略

在一局对策中，每个局中人都有供他选择的实际可行的由始至终的完整行动方案，我们把一个局中人可行的由始至终的通盘筹划的行动方案称为这个局中人的一个策略，而把一个局中人所能选择的全体策略称为这个局中人的策略集。

例如，齐王赛马中，齐王和田忌都各有 6 个策略，即（上中下）（上下中）（中上下）（中下上）（下上中）（下中上）。在一局对策中，各个局中人都只有有限个策略，则称为有限对策，否则称为无限对策。

3）一局对策的得失

在一局对策结束后，每个局中人的得失（胜或负，收入或支出……）显然是全体局中人取定的一组策略的函数，称为支付函数或支付表。例如，齐王赛马中，齐王的支付表如表 10.1 所示。

表 10.1

	田忌策略					
齐王策略	β_1（上中下）	β_2（上下中）	β_3（中上下）	β_4（中下上）	β_5（下中上）	β_6（下上中）
α_1（上中下）	3	1	1	1	1	−1
α_2（上下中）	1	3	1	1	−1	1
α_3（中上下）	1	−1	3	1	1	1
α_4（中下上）	−1	1	1	3	1	1
α_5（下中上）	1	1	−1	1	3	1
α_6（下上中）	1	1	1	−1	1	3

在一局对策中，每个局中人各取一个策略所形成的策略组称为一个局势。这样，支付函数实际上是局势的函数。如果在任一局势中全体局中人得失之和总等于零，则称这个对策为零和对策，否则称非零和对策。显然齐王赛马是零和对策。

以上讨论了局中人、策略集和支付函数这三个要素。一般情况下，当三个要素确定后，一个对策模型也就给定了。

10.1.3 对策的分类

对策的种类有很多，可以依据不同的原则进行分类，根据参加对策的局中人的数目，可分为二人对策和多人对策。在多人对策中还有结盟对策与不结盟对策之分，结盟对策又包括联合对策和合作对策。根据局中人策略集中的有限或无限，可以将对策分为有限对策和无限对策，还可以根据各局中人赢得函数值的代数和（赢者为正，输者为负）是否为零，将对策分为零和对策与非零和对策。零和对策是指一方的所得值为他方的所失值，零和对策也称为对抗对策。此外，根据策略与时间的关系可将对策分为静态对策与动态对策。根据对策的数学模型的类型可分为矩阵对策、连续对策、微分对策、阵地对策、随机对策等。

在众多对策模型中，占有重要地位的是有限两人零和对策，这类对策又称为矩阵对策。矩阵对策是到目前为止在理论研究和求解方法方面都比较完善的一类对策，而且这类对策的研究思想和理论结果又是研究其他类型对策模型的基础。因此，本章主要介绍矩阵对策的基本理论和方法。

10.2 有限两人零和对策

有限两人零和对策是一种最简单最常见的对策形式，它只有两个局中人，每个局中人都有有限个可选择的策略，而且在任一局势中两个局中人得失之和总等于零。用 α 和 β 表示两个局中人，并设它们的策略集分别为 $S_\alpha=\{\alpha_1,\alpha_1,\cdots,\alpha_m\}$，$S_\beta=\{\beta_1,\beta_2,\cdots,\beta_n\}$。如果对于局势 (α_i,β_j)，局中人 α 的收入为 α_{ij}，则局中人 α 的支付表如表 10.2 所示。

表 10.2

S_α	S_β			
	β_1	β_2	…	β_n
α_1	α_{11}	α_{12}		α_{1n}
$\vdots$	$\vdots$	$\vdots$	…	$\vdots$
α_m	α_{m1}	α_{m2}		α_{mn}

而局中人 β 的支付表中元素恰好是 $\{-a_{ij}\}$，所以只要给出局中人 α 的支付表，就相当于给出有限两人零和对策。α 的支付表所形成的矩阵，可记作

$$\boldsymbol{A}=\begin{pmatrix} a_{11} & \cdots & a_{1n} \\ \vdots & & \vdots \\ a_{m1} & \cdots & a_{mn} \end{pmatrix} \tag{10.1}$$

$\boldsymbol{A}$ 为局中人 α 的支付矩阵。两人零和对策也称为矩阵对策，用 $\boldsymbol{G}=\{S_\alpha,S_\beta,\boldsymbol{A}\}$ 表示矩阵对策。

10.3 最优纯策略

10.3.1 鞍点概念

例 1 设有矩阵对策 $\boldsymbol{G}=\{S_\alpha,S_\beta,\boldsymbol{A}\}$，其中局中人 α 的支付表如表 10.3 所示。

表 10.3

S_α	S_β			
	β_1	β_2	β_3	β_4
α_1	0	2	1	0
α_2	−5	8	−3	−2
α_3	3	5	4	1

从表 10.3 上可以看出 α 最大收入是 8，于是 α 想出策略 α_2，但 β 分析到 α 的心理就会出策略 β_1，结果 α 非但得不到 8 反而会付出 5；同理，β 最大收入是 5，如果出 β_1，则 α 会出 α_3，结果 β 反而支出了 3，所以局中人如果不想冒险，必须考虑对方会出策略使他得到最坏的收入。为了得到最好结局，双方都会从最坏可能出发去争取最好的结果。对局中人 α 来讲，各个策略 $\begin{pmatrix}\alpha_1\\ \alpha_2\\ \alpha_3\end{pmatrix}$ 对应的最坏收入分别是 $\begin{pmatrix}0\\ -5\\ 1\end{pmatrix}$，这些最坏收入中最好收入是 1，即如果 α 出策略 α_3，不论 β 出什么策略，局中人 α 所得收入都不会少于 1。

同理，对于局中人 β 最坏的结果就是每列中最大元素（3,8,4,1），其中最小元素是 1，即

β 如果采取策略 β_4，就能保证自己的支出不会超过 1。

对于这局对策，在两个局中人最坏的情况下，最好的结果是绝对值相等，α_3、β_4 分别为 α、β 的最优纯策略，局势 (α_3,β_4) 为矩阵对策 $\boldsymbol{G}=\{S_\alpha,S_\beta,\boldsymbol{A}\}$ 的鞍点或最优局势。

定义 10.1　设有矩阵对策 $\boldsymbol{G}=\{S_\alpha,S_\beta,\boldsymbol{A}\}$，其中

$$S_\alpha=\{\alpha_1,\alpha_2,\cdots,\alpha_m\}，\ S_\beta=\{\beta_1,\beta_2,\cdots,\beta_n\} \tag{10.2}$$

如果

$$\max_i\min_j\{a_{ij}\}=\min_j\max_i\{a_{ij}\}=a_{i^*j^*}=v \tag{10.3}$$

则称 α_{i^*}、β_{j^*} 分别为局中人 α 和 β 的最优纯策略，局势 $(\alpha_{i^*},\beta_{i^*})$ 为矩阵对策 $\boldsymbol{G}$ 的鞍点，v 为矩阵对策 $\boldsymbol{G}$ 的对策值。

当 $v>0$ 时，局中人 α 有立于不败之地的策略，所以他一定不愿冒险而选取他的最优策略 α_i^*，这时另一局中人 β 即使知道 α 的最优策略也无法使 α 收入小于 v。

例 2　某单位采购员在秋天要决定冬季取暖用煤的储量问题。已知在正常的冬季气温条件下要消耗 15 吨煤，在较暖与较冷的气温条件下要消耗 10 吨和 20 吨煤。假定冬季时的煤价随天气寒冷程度变化，在较暖、正常、较冷的气候条件下每吨煤价分别为 10 元、15 元和 20 元，又设秋季时煤价为每吨 10 元，在没有关于当年冬季准确的气象预报的条件下，秋季储煤多少吨能使单位的支出最少？

解：这一储量问题可以看成是一个对策问题，把采购员当成局中人Ⅰ，他有三个策略：在秋天时买 10 吨、15 吨或 20 吨煤，分别记为 $\alpha_1,\alpha_2,\alpha_3$。

把大自然看成局中人Ⅱ（可以当成理智的局中人来处理），大自然（冬季气温）有三种策略：出现较暖的、正常的与较冷的冬季，分别记为 β_1,β_2,β_3。

现在把该单位冬季取暖用煤实际费用（秋季购煤时的费用与冬季不够时再补购的费用总和）作为局中人Ⅰ的赢得，得到矩阵如下：

$$\begin{matrix}\alpha_1(10\text{吨})\\ \alpha_2(15\text{吨})\\ \alpha_3(20\text{吨})\end{matrix}\qquad\begin{pmatrix}-100 & -175 & -300\\ -150 & -150 & -250\\ -200 & -200 & -200\end{pmatrix} \tag{10.4}$$

$$\max_i\min_j a_{ij}=\min_j\max_i a_{ij}=a_{33}=-200 \tag{10.5}$$

故对策的解为 (α_3,β_3)，即秋季储煤 20 吨合理。

10.3.2　鞍点存在准则

是否所有矩阵对策都有鞍点呢？当然不是，如齐王赛马问题就没有鞍点。下面给出判断鞍点的存在准则。

定理 10.1　矩阵对策 $\boldsymbol{G}=\{S_\alpha,S_\beta,\boldsymbol{A}\}$ 存在鞍点 $\rightleftharpoons$ 存在某纯局势（α_{i^*}，β_{j^*}）使对一切 $i=1,2,\cdots,m$ 及 $j=1,2,\cdots,n$，总有 $a_{ij^*}\leqslant a_{i^*j^*}\leqslant a_{i^*j}$。

这个定理说明：对于矩阵对策 $\boldsymbol{G}$，若能在支付矩阵 $\boldsymbol{A}$ 中找到一元素 $a_{i^*j^*}$，它既是所在行

最小元素又是所在列最大元素，则$(\alpha_{i^*},\beta_{j^*})$就是矩阵对策 $\boldsymbol{G}$ 的鞍点。

例 3 矩阵对策$\boldsymbol{G}=\{S_\alpha,S_\beta,\boldsymbol{A}\}$中$\boldsymbol{A}=\begin{pmatrix}5 & 2 & -3\\ 6 & 5 & 7\\ -7 & 4 & 0\end{pmatrix}$，由于$a_{22}=5$既是行最小元素又是所在列最大元素，因此对策鞍点为$(\alpha_2,\beta_2)$，对策值为 5。

10.4 最优混合策略

10.4.1 引例

例 4 矩阵对策$\boldsymbol{G}=\{S_\alpha,S_\beta,\boldsymbol{A}\}$中，$\boldsymbol{A}=\begin{pmatrix}13 & -4\\ -3 & 1\end{pmatrix}$。

显然该对策没有鞍点，因此双方没有最优纯策略。事实上，若α为获最大利益而出α_1时，β可能会出β_2对应，若α出α_2时则β也会出β_1……。双方都没有稳定的纯策略可选取。值得注意的是，如果一方出某种策略被对方所知，则对方就会选取适当策略而稳操胜算，因此，双方都必须严格保密。

在这种对策中，各局中人策略必须不被对方猜出，最好是随机选取纯策略。于是引进了“混合策略”的概念，即每个局中人决策时，不是决定用纯策略，而是决定用多大概率选取每个纯策略。

假设上例中α以概率x选纯策略α_1，以$1-x$选α_2；β以概率y和$1-y$分别选取策略β_1和β_2，则局中人α的期望收入为

$$\begin{aligned}E(x,y)&=13xy-4x(1-y)-3(1-x)y+(1-x)(1-y)\\&=21xy-5x-4y+1\\&=21[(\frac{4}{21}-x)(\frac{5}{21}-y)]+\frac{1}{21}\end{aligned}\tag{10.6}$$

由式（10.6）可知，当$x=\dfrac{4}{21}$时，$E=(x,y)=\dfrac{1}{21}$，即α取混合策略$\left[\dfrac{4}{21},\dfrac{17}{21}\right]$时，$\alpha$期望收入为$\dfrac{1}{21}$。只要$\alpha$取这个混合策略，$\beta$则无法改变这个期望值；并且只要$\beta$取$\left[\dfrac{5}{21},\dfrac{16}{21}\right]$策略，$\alpha$也无法使自己的期望收入大于$\dfrac{1}{21}$，所以双方都有一个稳定的混合策略，我们将这种策略称为最优混合策略。

10.4.2 最优混合策略

设矩阵对策$\boldsymbol{G}=\{S_\alpha,S_\beta,\boldsymbol{A}\}$，$S_\alpha=\{\alpha_1,\cdots,\alpha_m\}$，$S_\beta=\{\beta_1,\cdots,\beta_n\}$。

称

$$x=(x_1,\cdots,x_m) \quad \sum_{i=1}^{m} x_i = 1 \text{且} x_i \geqslant 0$$
$$y=(y_1,\cdots,y_n) \quad \sum_{i=1}^{n} y_i = 1 \text{且} y_i \geqslant 0 \tag{10.7}$$

分别为局中人 α 、β 的一个混合策略，$E(xy)=\sum_{i=1}^{m}\sum_{j=1}^{n} a_{ij}x_i y_j = x\boldsymbol{A}\boldsymbol{y}^{\mathrm{T}}$ 为局中人 α 期望获得，$-E(x,y)$ 为 β 的期望获得，而 (x,y) 为 $\boldsymbol{G}$ 的混合局势。

又记

$$S_m=\left\{x \mid x_i \geqslant 0, i=1,2,\cdots,m, \sum_{i=1}^{m} x_i = 1\right\} \tag{10.8}$$

$$S_n=\left\{y \mid y_j \geqslant 0, j-1,2,\cdots,n, \sum_{j=1}^{n} y_j = 1\right\} \tag{10.9}$$

分别为局中人 α 、β 的混合策略集合。

事实上，每个纯策略都可看成一个特殊混合策略，混合策略是纯策略的推广。

定义 10.2 如果 $\max\limits_{x\in S_m}\min\limits_{y\in S_n} E(xy)=\min\limits_{y\in S_n}\max\limits_{x\in S_m} E(xy)=E(x^*,y^*)=v$，则称 x^* 、y^* 分别为局中人 α 及 β 的最优混合策略，(x^*,y^*) 为 $\boldsymbol{G}$ 的最优混合局势，v 为对策期望值。

10.4.3 矩阵对策基本原理

定理 10.2（最小最大定理） 对任意矩阵对策 $\boldsymbol{G}$，其中 $\boldsymbol{A}=\left\{a_{ij}\right\}_{m\times n}$，总有 $\max\limits_{x\in S_m}\min\limits_{y\in S_n} E(xy)=\min\limits_{y\in S_n}\max\limits_{x\in S_m} E(xy)$（证明略）。

定理 10.3 矩阵对策 $\boldsymbol{G}=\left\{S_\alpha,S_\beta,\boldsymbol{A}\right\}$ 有混合意义下的解的充要条件是，存在 $x^*\in S_m$，$y^*\in S_n$ 及数 v 满足下列两个不等式组：

$$\boldsymbol{xA}_{\cdot j}=\sum_{i=1}^{m} a_{ij}x_i \geqslant v \quad x\in S_m \quad j=1,2,\cdots,n \tag{10.10}$$

$$\boldsymbol{A}_{\cdot i}\boldsymbol{y}^{\mathrm{T}}=\sum_{j=1}^{n} a_{ij}y_j \leqslant v \quad y\in S_n \quad i=1,2,\cdots,m \tag{10.11}$$

这里，$\boldsymbol{A}_{\cdot j}=\left(a_{1j},\cdots,a_{mj}\right)^{\mathrm{T}}$，$\boldsymbol{A}_{i}\cdot=(a_{i1},\cdots,a_{in})$。

证明：记 $\varphi_i=\boldsymbol{A}_i\cdot\boldsymbol{y}^{\mathrm{T}}$，则

$$\max_x E(x,y)=\max_x \boldsymbol{A}\boldsymbol{y}^{\mathrm{T}}=\max_x \sum_{i=1}^{m}\varphi_i x_i \tag{10.12}$$

于是，对任意 $x\in S_m$ 有

$$\sum_{i=1}^{m}\varphi_i x_i \leqslant \max \varphi_i=\varphi_k=\sum_{i=1}^{m}\varphi_i x_i^{(0)} \tag{10.13}$$

其中
$$x_i^{(0)}=\begin{cases}1 & i=k\\ 0 & i\neq k\end{cases} \quad x^{(0)}=(x_1^{(0)}\cdots x_m^{(0)})\in S_m$$

即 $$\max_x \sum_{i=1}^{m} \varphi_i x_i = \sum_{i=1}^{m} \varphi_i x_i^{(0)} = \max_i \varphi_i$$

$$\max_x E(x,y) = \max_i \boldsymbol{A}_i.\boldsymbol{y}^{\mathrm{T}}$$

同理 $$\min_y E(xy) = \min_j x\boldsymbol{A}_{.j}$$

必要性 记 $\boldsymbol{G}$ 最优值为 v，则必有 $x^* \in S_m$， $y^* \in S_n$ 使

$$\max_x E(x,y^*) = v = \min_y E(x^*,y) \tag{10.14}$$

即 $\max_i \boldsymbol{A}_i.y^* = \max_x E(x,y^*) = \min_y E(x^*,y) = \min_j x^*\boldsymbol{A}._j = v$

所以 $x^*\boldsymbol{A}._j = \sum_i a_{ij}x_i^* \geqslant v$， $\boldsymbol{A}_i.y^* = \sum_j a_{ij}y_j. \leqslant v$

故必要性成立。

充分性 对任意 $x \in S_m$，总有 $\max_x E(x,y) \geqslant E(x,y)$。

所以 $\min_y \max_x E(x,y) \geqslant \min_y E(x,y)$， $\min_y \max_x E(x,y) \geqslant \max_x \min_y E(x,y)$

又 $\max_x E(x,y^*) = \max_i \boldsymbol{A}_i.\boldsymbol{y}^{*\mathrm{T}} \leqslant v$， $\min_y E(x^*,y) = \min_j x^*\boldsymbol{A}._j \geqslant v$

所以 $\min_y \max_x E(x,y) \leqslant \max_x E(x,y^*) \leqslant v$， $\max_x \min_y E(x,y) \geqslant \min_y E(x^*,y) \geqslant v$

即 $\min_y \max_x E(x,y) \leqslant \max_x \min E(x,y)$

故充分性成立。

定理 10.4 如果 (x^*,y^*) 是矩阵对策 $\boldsymbol{G}$ 的最优混合局势，则对某一个 i 或 j 来说：

（1）若 $x_i^* \neq 0$，则 $\sum_{j=1}^{n} a_{ij}{}^* y_j = v$；

（2）若 $y_j^* \neq 0$，则 $\sum_{i=1}^{m} a_{ij}{}^* x_i > v$；

（3）若 $\sum_{j=1}^{n} a_{ij}{}^* y_j < v$，则 $x_i^* = 0$；

（4）若 $\sum_{i=1}^{m} a_{ij}{}^* x_i > v$，则 $y_j^* = 0$（反之不一定）。

证明： $\max_x E(x,y^*) = \min_y E(x^*,y) = v$

令 $I_i = (0\cdots1,0\cdots0)$，则 $I_i \in S_m$。

于是 $$\begin{cases} v - \sum_{j=1}^{n} a_{ij}y_j{}^* = \max_x E(x,y^*) - E(I_i,y^*) \geqslant 0 \\ x_i^* \geqslant 0 \qquad i = 1,2,\cdots,m \end{cases}$$

所以 $$\sum_{i=1}^{m} x_i^*(v - \sum_{j=1}^{n} a_{ij}y_j{}^*) = v\sum_{i=1}^{m} x_i^* - \sum a_{ij}x_i^* y_j{}^* = 0$$

因此，若 $x_i^* \neq 0$，则必有 $\sum_{j=1}^{n} a_{ij}y_j = v$。

若 $\sum a_{ij}y_j < v$，则必有 $x_i^* = 0$。类似可证（2）（3）。

根据这个定理若已知对策的最优混合局势(x^*, y^*)，则可把支付矩阵 $\boldsymbol{A}$ 的行和列分成三类：

第一类行　$x_i^* \neq 0$　$\sum_{j=1}^{n} a_{ij} y_j^* = v$　　第一类列　$y_j^* \neq 0$　$\sum_{i=1}^{m} a_{ij} x_i^* = v$

第二类行　$x_i^* = 0$　$\sum_{j=1}^{n} a_{ij} y_j^* = v$　　第二类列　$y_j^* = 0$　$\sum_{i=1}^{m} a_{ij} x_i^* = v$

第三类行　$x_i^* = 0$　$\sum_{j=1}^{n} a_{ij} y_j^* < v$　　第三类列　$y_j^* = 0$　$\sum_{i=1}^{m} a_{ij} x_i^* > v$

定理 10.5　设有两个矩阵对策 $\boldsymbol{G}_1 = \{S_\alpha, S_\beta, \boldsymbol{A}_1\}$，$\boldsymbol{G}_2 = \{S_\alpha, S_\beta, \boldsymbol{A}_2\}$。

若 $\boldsymbol{A}_1 = \{a_{ij}\}_{m \times n}$，$\boldsymbol{A}_2 = \{a_{ij} + d\}_{m \times n}$，$d$ 为常数，则 $\boldsymbol{G}_1$ 与 $\boldsymbol{G}_2$ 最优解集相同且 $\boldsymbol{G}_1$ 的 v 值与 $\boldsymbol{G}_2$ 的 v 值相差一个常数 d。

10.5　矩阵对策的解法

对给定的矩阵对策，首先检查是否有鞍点，如果不存在鞍点，则应求混合策略解。下面介绍几种解法。

1．2×2 矩阵对策解法

如果 $S_\alpha = \{\alpha_1, \alpha_2\}$，$S_\beta = \{\beta_1, \beta_2\}$，$\boldsymbol{A} = \begin{pmatrix} a_{11} & a_{12} \\ a_{21} & a_{22} \end{pmatrix}$，则称 $\boldsymbol{G} = \{S_\alpha, S_\beta, \boldsymbol{A}\}$ 为 2×2 矩阵对策。对 2×2 矩阵对策，当它没有鞍点时显然 x_1, x_2, y_1, y_2 均不为零。

于是

$$\begin{cases} a_{11}x_1 + a_{21}x_2 = v \\ a_{12}x_1 + a_{22}x_2 = v \\ x_1 + x_2 = 1 \end{cases}, \quad \begin{cases} a_{11}y_1 + a_{12}y_2 = v \\ a_{21}y_1 + a_{22}y_2 = v \\ y_1 + y_2 = 1 \end{cases}$$

解得

$$\begin{cases} x_1 = \dfrac{a_{22} - a_{21}}{(a_{11} + a_{22}) - (a_{12} + a_{21})} & x_2 = 1 - x_1 \\ y_1 = \dfrac{a_{22} - a_{12}}{(a_{11} + a_{22}) - (a_{12} + a_{21})} & y_2 = 1 - y_1 \end{cases}$$

例 5　求解矩阵对策 $\boldsymbol{G} = \{S_\alpha, S_\beta, \boldsymbol{A}\}$，其中 $\boldsymbol{A} = \begin{pmatrix} 1 & 0 \\ -1 & 2 \end{pmatrix}$。

解： $\boldsymbol{A} = \begin{pmatrix} 1 & 0 \\ -1 & 2 \end{pmatrix}$ 的矩阵对策无鞍点。

解方程组

$$\begin{cases} x_1 - x_2 = v \\ 2x_2 = v \\ x_1 + x_2 = 1 \end{cases}, \quad \begin{cases} y_1 = v \\ -y_1 + 2y_2 = v \\ y_1 + y_2 = 1 \end{cases} \tag{10.15}$$

得

$$x_1 = \frac{3}{3+1} = \frac{3}{4}, \quad x_2 = \frac{1}{4}, \quad y_1 = \frac{1}{2}, \quad y_2 = \frac{1}{2}, \quad v = \frac{1}{2}$$

故 $$x^* = (\frac{3}{4}, \frac{1}{4}),\quad y^* = (\frac{1}{2}, \frac{1}{2})$$

2．等式试算法

将定理 10.3 中不等式改为等式并与 $\sum x_i = 1$，$\sum y_j = 1$ 联立，得

$$\begin{cases} \sum_{i=1}^{m} a_{ij} x_i = v \quad j = 1,2,\cdots,n \\ x_1 + \cdots + x_m = 1 \end{cases}, \quad \begin{cases} \sum_{j=1}^{n} a_{ij} y_j = v \quad i = 1,2,\cdots,m \\ y_1 + y_2 + \cdots + y_n = 1 \end{cases} \tag{10.16}$$

对于 $m \times m$ 矩阵对策，上述方程组有唯一解（系数行列式不等于零）。当方程组的解满足 $x_i \geqslant 0\left(i = 1,2,\cdots,m\right)$，$y_j \geqslant 0\left(j = 1,2,\cdots,n\right)$ 时试算成功，反之试算失败，另选其他方法进行计算。

例 6 用试算法求解 $\boldsymbol{G} = \left\{S_\alpha, S_\beta, \boldsymbol{A}\right\}$，其中 $\boldsymbol{A} = \begin{pmatrix} 1 & 0 & -1 \\ 0 & -4 & 3 \\ 0 & 2 & 0 \end{pmatrix}$。

解：支付矩阵 $\boldsymbol{A} = \begin{pmatrix} 1 & 0 & -1 \\ 0 & -4 & 3 \\ 0 & 2 & 0 \end{pmatrix}$ 无鞍点。

解方程组

$$\begin{cases} x_1 = v \\ -4x_2 + 2x_3 = v \\ -x_1 + 3x_2 = v \\ x_1 + x_2 + x_3 = 1 \end{cases}, \quad \begin{cases} y_1 - y_3 = v \\ -4y_2 + 3y_3 = v \\ 2y_2 = v \\ y_1 + y_2 + y_3 = 1 \end{cases} \tag{10.17}$$

得

$$\begin{cases} x_1 = \dfrac{6}{21} \\ x_2 = \dfrac{4}{21} \\ x_3 = \dfrac{11}{21} \end{cases}, \quad \begin{cases} y_1 = \dfrac{12}{21} \\ y_2 = \dfrac{3}{21} \\ y_3 = \dfrac{6}{21} \end{cases}, \quad v = \frac{6}{21} \tag{10.18}$$

最优策略为 $x^* = (\frac{6}{21}, \frac{4}{21}, \frac{11}{21})$，$y^* = (\frac{12}{21}, \frac{3}{21}, \frac{6}{21})$；对策值为 $v = \frac{6}{21}$。运用试算法时，如果 $\boldsymbol{A}$ 中零越多，则计算越方便，为此可利用定理 10.5 将 $\boldsymbol{A}$ 中元素尽量变换出更多的零。

例 7 求解 $\boldsymbol{G} = \left\{S_\alpha, S_\beta, \boldsymbol{A}\right\}$ 其中的支付矩阵

$$\boldsymbol{A} = \begin{pmatrix} 1 & -1 & -1 & -1 \\ -1 & -1 & -1 & 2 \\ -1 & -1 & 3 & -1 \\ -1 & 4 & -1 & -1 \end{pmatrix} \Rightarrow \begin{pmatrix} 2 & 0 & 0 & 0 \\ 0 & 0 & 0 & 3 \\ 0 & 0 & 4 & 0 \\ 0 & 5 & 0 & 0 \end{pmatrix} \tag{10.19}$$

试算得 $x^* = (\frac{30}{77}, \frac{20}{77}, \frac{15}{77}, \frac{12}{77})$，$y^* = (\frac{30}{77}, \frac{12}{77}, \frac{15}{77}, \frac{20}{77})$，$v_1 = v - 1 = -\frac{17}{77}$。

3．优超降价法

对于矩阵对策 $G=\{S_\alpha,S_\beta,A\}$，如果 α 的支付矩阵 A 存在某两行 k 和 i 使 k 行元素都不超过 i 行元素，即 $a_{kj}\leqslant a_{ij}$，$j=1,2,\cdots,n$。可以说策略 α_i 优超于 α_k。

类似地，若 $a_{ij}\leqslant a_{iL}$，$i=1,2,\cdots,m$，则称 β_j 优超于 β_L。

如果 A 中出现优超的行或列时，可删去差行或差列，而简化 A。

例 8　求解 $G=\{S_\alpha,S_\beta,A\}$，其中 $A=\begin{pmatrix}3&4&0&3&0\\5&0&2&5&9\\7&3&9&5&9\\4&6&8&7&4\\6&0&8&8&3\end{pmatrix}$。

解：

$$A=\begin{pmatrix}3&4&0&3&0\\5&0&2&5&9\\7&3&9&5&9\\4&6&8&7&4\\6&0&8&8&3\end{pmatrix}\Rightarrow\begin{pmatrix}7&3\\4&6\end{pmatrix}\tag{10.20}$$

α_4 优于 α_1，α_3 优于 α_2，β_1 优于 β_3，β_2 优于 β_4。

$$\begin{cases}7y_1+3y_2=v\\4y_1+6y_2=v\\y_1+y_2=1\end{cases},\quad\begin{cases}7x_3+4x_4=v\\3x_3+6x_4=v\\x_3+x_4=1\end{cases}\tag{10.21}$$

得

$$\begin{aligned}&x^*=(0,0,\frac{1}{3},\frac{2}{3},0)\\&y^*=(\frac{1}{2},\frac{1}{2},0,0,0)\\&v=5\end{aligned}\tag{10.22}$$

4．线性规划解法

前述方法只能求解特殊的对策问题，现介绍一般解法——线性规划解法。

根据定理 10.3，为求解 $G=\{S_\alpha,S_\beta,A\}$ 只需要求解：

$$\begin{cases}\sum\limits_{i=1}^{m}a_{ij}x_i\geqslant v & j=1,2,\cdots,n\\\sum x_i=1\\x_i\geqslant 0 & i=1,2,\cdots,m\end{cases},\quad\begin{cases}\sum\limits_{j=1}^{n}a_{ij}y_j\leqslant v & i=1,2,\cdots,m\\\sum y_j=1\\y_j\geqslant 0 & j=1,2,\cdots,n\end{cases}\tag{10.23}$$

不妨设 $v>0$（否则令 $A'=\{a_{ij}+d\}$，则 v 一定可大于零）。

令 $x_i^*=\dfrac{x_i}{v}$，则

$$\begin{cases} \sum_{i=1}^{m} a_{ij} x_i' \geqslant 1 & j=1,2,\cdots,n \\ \sum x_i' = \dfrac{1}{v} & \\ x_i' \geqslant 0 & i=1,2,\cdots,m \end{cases} \tag{10.24}$$

于是问题变为

$$\min S = \sum_{i=1}^{m} x_i' \tag{10.25}$$

$$\begin{cases} \sum_{i=1}^{m} a_{ij} x_i' \geqslant 1 & j=1,2,\cdots,n \\ x_i' \geqslant 0 & i=1,2,\cdots,m \end{cases} \tag{10.26}$$

同样，对局中人β，令$y_j' = \dfrac{y_j}{v}$，$j=1,2,\cdots,m$。

则有

$$\max S' = \sum_{j=1}^{n} y_j' \tag{10.27}$$

$$\begin{cases} \sum_{j=1}^{n} a_{ij} y_i' \leqslant 1 & i=1,2,\cdots,m \\ y_j' \geqslant 0 & j=1,2,\cdots,n \end{cases} \tag{10.28}$$

例 9 试用线性规划方法求解$\boldsymbol{G}=\left\{S_\alpha, S_\beta, \boldsymbol{A}\right\}$，其中

$$\boldsymbol{A}=\begin{pmatrix} 6 & -4 & -14 \\ -9 & 6 & -4 \\ 1 & -9 & 1 \end{pmatrix} \tag{10.29}$$

解： 将$\boldsymbol{A}$的所有元素都加 14，则得

$$\boldsymbol{B}=\begin{pmatrix} 20 & 10 & 0 \\ 5 & 20 & 10 \\ 15 & 5 & 15 \end{pmatrix} \tag{10.30}$$

对局中人α来说，我们有

$$\begin{gathered} \min S(x') = x_1' + x_2' + x_3' \\ \begin{cases} 20x_1' + 5x_2' + 15x_3' \geqslant 1 \\ 10x_1' + 20x_2' + 5x_3' \geqslant 1 \\ 10x_2' + 15x_3' \geqslant 1 \\ x_1', x_2', x_3' \geqslant 0 \end{cases} \end{gathered} \tag{10.31}$$

解此线性规划，得

$$x_1' = \frac{1}{115},\quad x_2' = \frac{4}{115},\quad x_3' = \frac{5}{115}$$

因为 $\frac{1}{v'}=x_1'+x_2'+x_3'=\frac{10}{115}$，故 $v'=\frac{115}{10}$，从而

$$x_1=v'x_1'=\frac{1}{10},\quad x_2=v'x_2'=\frac{4}{10},\quad x_3=v'x_3'=\frac{5}{10}$$

对局中人 β 来说，我们有

$$\max S'(y')=y_1'+y_2'+y_3'$$

$$\begin{cases}20y_1'+10y_2'\leqslant 1\\5y_1'+20y_2'+10y_3'\leqslant 1\\15y_1'+5y_2'+15y_3'\leqslant 1\\y_1',y_2',y_3'\geqslant 0\end{cases}\tag{10.32}$$

解此线性规划得

$$y_1'=\frac{8}{230},\quad y_2'=\frac{7}{230},\quad y_3'=\frac{5}{230}$$

再由 $\frac{1}{v'}=y_1'+y_2'+y_3'=\frac{20}{230}$，同样得 $v'=11.5$，从而有

$$y_1=\frac{8}{20},\quad y_2=\frac{7}{20},\quad y_3=\frac{5}{20}$$

最后得

$$x^*=(\frac{1}{10},\frac{4}{10},\frac{5}{10}),\quad y^*=(\frac{8}{20},\frac{7}{20},\frac{5}{20}),\quad v=v'-14=-2.5$$

10.6 建立对策模型举例

用矩阵对策来解决实际决策问题时，遇到的问题是如何建立对策模型。为此，首先要弄清谁是局中人，然后要找出各局中人的策略集，最后确定支付矩阵。

例 10　假设甲乙双方交战。甲方派两架轰炸机 H_1 和 H_2 去轰炸乙方阵地，H_1 飞在前面，H_2 飞在后面，其中一架带炸弹，另一架保护；乙方派一架歼击机 q 进行阻截。如果 q 攻击 H_1，则将遇到 H_1 和 H_2 还击；如果 q 攻击 H_2，则只遭到 H_2 的还击，H_1 无能为力。H_1 和 H_2 的炮火装置一样，它们击毁 q 的概率都是 $p_1=0.4$；而 q 在未被击中的条件下，击毁 H_1 和 H_2 的概率均为 $p_2=0.9$。试求双方的最优策略。

解：我们先建立对策模型，显然局中人为交战双方。双方的策略集分别为

$$\begin{aligned}S_甲&=\{\alpha_1(H_1带炸弹),\ \alpha_2(H_2带炸弹)\}\\S_乙&=\{\beta_1(q攻击H_1),\ \beta_2(q攻击H_2)\}\end{aligned}\tag{10.33}$$

下面求甲方的支付矩阵。根据题意，只要甲方的带弹机不被乙方击中就可实现甲方的目的。所以，我们以甲方的带弹机不被击中的概率为甲方的赢得矩阵 $\boldsymbol{A}=(a_{ij})_{2\times2}$。

下面分别进行计算。

（1）a_{11} 表示这时甲方 H_1 带弹，乙方攻击 H_1。由于 H_1 未被击中的概率等于 q 被击毁的概

率与 q 虽未被击毁但也未击中 H_1 的概率之和，而$1-p_1$表示一架轰炸机未击中 q 的概率，$(1-p_1)^2$ 表示两架轰炸机均未击中 q 的概率，所以

$$\begin{aligned} a_{11} &= \left[1-(1-p_1)^2\right]+(1-p_1)^2(1-p_2) \\ &= \left[1-(1-0.4)^2\right]+(1-0.4)^2(1-0.9) \\ &= 0.676 \end{aligned} \tag{10.34}$$

（2）a_{12} 表示这时甲方 H_1 带弹，乙方攻击 H_2，所以 H_1 肯定不会被击中，从而 $a_{12}=1$。

（3）a_{21} 表示这时甲方 H_2 带弹，乙方攻击 H_1，所以 H_2 肯定不会被击中，从而 $a_{21}=1$。

（4）a_{22} 表示这时甲方 H_2 带弹，乙方攻击 H_2，H_2 未被击中的概率等于 q 被击毁的概率与 q 虽未被击毁但也未击中 H_2 的概率之和，所以

$$\begin{aligned} a_{22} &= p_1+(1-p_1)(1-p_2) \\ &= 0.4+(1-0.4)(1-0.9) \\ &= 0.46 \end{aligned} \tag{10.35}$$

于是此问题的对策模型为

$$\boldsymbol{G}=\left\{S_{甲}, S_{乙}, \boldsymbol{A}\right\} \tag{10.36}$$

$$\boldsymbol{A}=\begin{bmatrix} 0.676 & 1 \\ 1 & 0.46 \end{bmatrix} \tag{10.37}$$

这是 2×2 矩阵对策。解之，得

$$\begin{aligned} x^* &= (0.625, 0.375) \\ y^* &= (0.625, 0.375) \\ v &= 0.798 \end{aligned} \tag{10.38}$$

结果表明，当这一对策多次重复进行时，甲方应以 62.5%的次数让 H_1 带弹，37.5%的次数让 H_2 带弹，这时甲方将有 79.8%的次数能击毁乙方的阵地。而乙方为了不受到更大损失，应分别以 62.5%和 37.5%的次数攻击 H_1 和 H_2。

课后习题

（1）三河城由汇合的三条河分割为三个区，如图 10.1 所示。城市居民 40%住在 A 区，30%住在 B 区，30%住在 C 区。目前，三河城内的交通设施资源相对短缺，两个公司甲和乙都计划要在城中修建交通设施加工厂，公司甲打算修建两个，公司乙只打算修建一个。每个公司都知道，如果在城市的某一个区内设有两个交通设施加工厂，那么这两个交通设施加工厂将把该区的业务平分；如果某区只有一个交通设施加工厂，则该场将独揽该区的全部业务；如果在一个区内没有修建交通设施加工厂，则该区的业务将平均分散在城市的三个交通设施加工厂中。每个公司都想把交通设施加工厂设在营业额最多的地方。

① 把这个问题表达成一个两人零和对策，写出公司甲的损益矩阵。

② 这个对策有鞍点吗？如果有，则有几个鞍点？甲、乙两公司的最优策略各是什么？在双方都取最优策略时两家公司各占有多大的市场份额？

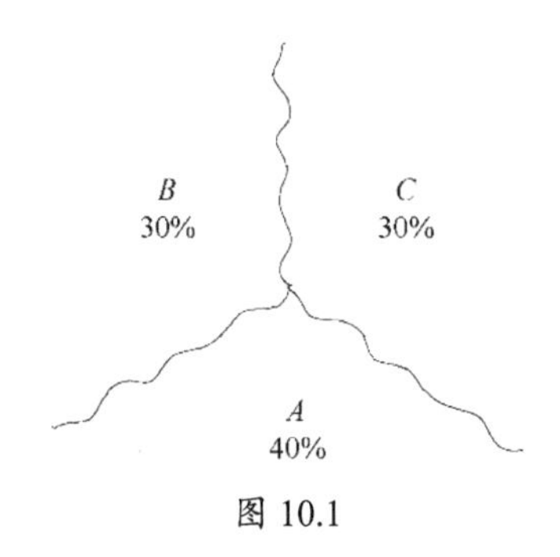

图 10.1

（2）某城市有两家交通公司相互竞争，公司 A 有三个广告策略，公司 B 也有三个广告策略。已经算出当双方采取不同的广告策略时，公司 A 所占市场份额增加的百分数如表 10.4 所示。

表 10.4

策略		B		
		1	2	3
A	1	3	0	2
	2	0	2	0
	3	2	−1	4

把此问题表示成一个线性规划模型，并用单纯形法求解。

（3）设有红、黄两支游泳队，拟举行包括蝶泳、仰泳和蛙泳三个项目的对抗赛。每队出三个运动员，其中各队有一名健将（红队为李，黄队为王），规定健将只能参加两项比赛，其他运动员三项都参加。各运动员的平时成绩如表 10.5 所示。

表 10.5　　单位：秒

	红队			黄队		
	$A1$	$A2$	李	王	$B1$	$B2$
100 米蝶泳	59.7	63.2	57.1	58.6	61.4	64.8
100 米仰泳	67.2	68.4	63.4	61.5	64.7	66.5
100 米蛙泳	74.1	75.5	70.3	72.6	73.4	76.9

比赛时取前三名，分别得 5 分、3 分和 1 分。教练员应派自己队的健将参加哪两项比赛，才能使本队得分最多？（这里我们假设运动员在比赛中水平发挥正常，各队参加比赛的名单互相保密，并且确定后不准再变动。）

第三篇

运筹学随机模型

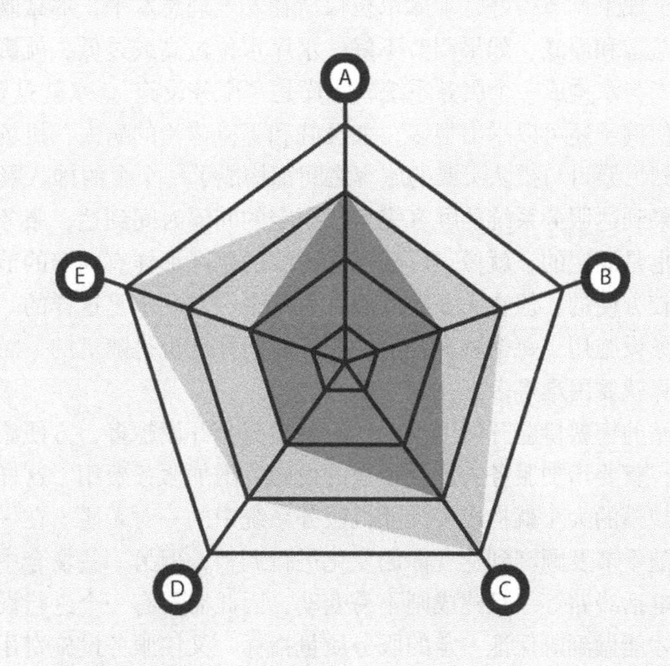

第 11 章　排队论

11.1　排队服务系统的基本概念

在生产和日常生活中，经常可以碰到各种各样的服务系统。例如，上下班乘公共汽车，公共汽车与乘客构成一个服务系统；到商店买东西，售货员与顾客也构成一个服务系统，都有等候服务的问题。

在有些场合下，服务系统的构成没有那么明显。例如，大学图书馆电子文献系统中，当同一篇论文被多人同时要求下载时，就要排队等候。虽然下载论文的人互相不见面，但他们与图书馆系统一起构成一个服务系统。他们在系统中排成一个无形的队伍，就如同排队等候公共汽车的乘客队伍一样。

一般地，在一个排队服务系统中总是包含一个或若干个"服务设施"，有许多"顾客"进入该系统要求得到服务，服务完毕后即自行离去。顾客到达时，如果服务系统空闲着，则到达的顾客立即得到服务，否则顾客将排队等待服务或离去。上面说的"顾客"是对要求得到服务对象的代称，可以是人，也可以是物产服务设施等。例如，在自动机床生产的车间中，一个工人往往要看管若干台机床，当机床发生故障或要求加料、更换刀具时，要求工人进行人工干预。在同一时间内，一个工人只能在一台机床上照管或修理，如这时又有别的机床需要该工人照管，就必须等待。这样，工人与需要照管或修理的机床之间就构成了一个服务系统，这里工人是"服务设施"，"顾客"是要求照管或维修的机床。又例如，一个水库，上游的水滚滚而来，如果调节得好，水库水位保持在安全理想水平，那么既起到防洪作用，又保证正常发电、航运和灌溉；如果调节不好，水库水位过高或过低，就影响水库综合效能的发挥。这里，水库与水构成一个服务系统，水库是"服务设施"，水就是要求得到服务的"顾客"。

类似例子还可以举出很多，如医院和等待诊治的病人，机场跑道同要求起飞或降落的飞机，车站售票口与排队买票的旅客之间都构成了一个个的排队服务系统。

如果到达服务系统的顾客完全按固定的间隔时间到达，服务设施用在每个顾客身上的服务时间也是固定的，就像工厂流水生产线的生产那样有固定的节拍，那么这类服务系统的统计是比较方便的。但在大多数的服务系统中，情况不是这样的。顾客的到达经常是随机的，并且服务设施用于每个顾客身上的服务时间往往也是随机的，对于这样一类随机服务系统的设计计算就要困难得多。

车站的售票口应开设多少个比较合适呢？开设越多，方便旅客减少排队时间，但售票口增多了，就要增加服务人员及相应的设施，增加服务费用。这样，顾客排队时间的长短与服务设施规模的大小就构成设计随机服务系统中的一对矛盾。在一些场合下，如公共汽车的班次可以随季节及顾客到达规律的变化进行调整，但另一些场合中，服务设施的规模，如机场跑道、电话线路等一旦建成则不易变动，因此需要有一个进行设计计算遵循的理论依据。到底怎样才能做到既保证一定的服务质量指标，又使服务设施费用经济合理，恰当地解决顾客排队时间与服务设施费用大小这对矛盾呢？这就是研究随机服务系统的理论——排队论所要研究解决的问题。

排队论的理论起源于对电话服务系统的研究。从 1909 年开始，丹麦的电话工程师爱尔朗（A. K. Erlang）等人在这方面进行了长期的工作，取得了最早的成果。以后排队论陆续应用于陆空交通、机器管理、水库设计和可靠性理论等方面。21 世纪 60 年代随着电子计算机蓬勃发展，又应用于计算机网络的最优设计。在近百年的历史中，排队论无论在理论或应用上都有了飞速进展。由于在电子计算机上进行数字模拟的技术发展，排队论已成为解决工程设计和管理问题的有力工具。

11.1.1　排队系统

现实中的排队现象是多种多样的，一般排队系统都有下述三个基本组成部分（见图 11.1）。

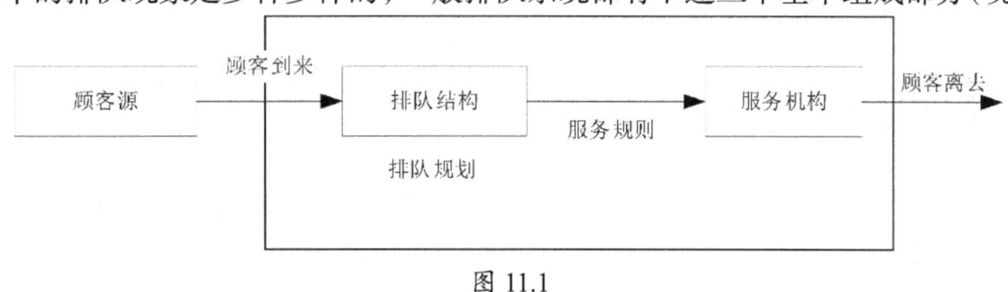

图 11.1

1．输入过程——指顾客到达服务系统情况

（1）顾客的总体（顾客源）的组成可能是有限的，也可能是无限的；上游河水流入水库可以认为是总体无限的；工厂内停机待修的机器，显然是总体有限的。

（2）相继到达的顾客时间间隔可以是确定的，也可能是随机的。例如，自动装配线上装配的各部件一般按确定的时间间隔到达装配点；但到医院就诊的病人，到餐厅就餐的顾客等，他们的到达时间都是随机的。

（3）顾客的到达方式可能是一个一个的，也可能是成批的。我们只研究单个到达的情形。

2．排队规则

（1）顾客到达时，如果所有服务台都被占用，则顾客离开服务系统，这种方式称为即时制或损失制，如旅客到旅店住宿就属于这种方式。另外，当服务台被占用时，后来的顾客需要排队等待服务，称为等待制。

（2）有的服务系统对进入排队系统的顾客数有一定限制，像理发店供等待服务的顾客坐的椅子的座位数是有限的，有些服务系统可以认为系统对顾客是没有限制的。

（3）在多服务台情况下，队列的数目可以是单列的，也可以是多列的。

（4）等待服务的次序，最常见的是先到先服务；还有带优先权的服务，如加急电报，医院的急诊等；随机服务指服务台随机对等待的顾客进行服务；后到先服务，如乘坐电梯的顾客先入后出。

3．服务机构

（1）从服务设施的数量上可分为单服务台与多服务台。

（2）在多服务台情况下，服务台可能是并列的，也可能是串列的。并列服务系统可以同时对多个顾客进行服务，而在串列情况下，每个顾客要依次经过各个服务台的服务才能离开系统。图 11.2 中（a）是多队多台并列情形；（b）是单队多台并列情形；（c）是单队多台串列情形。

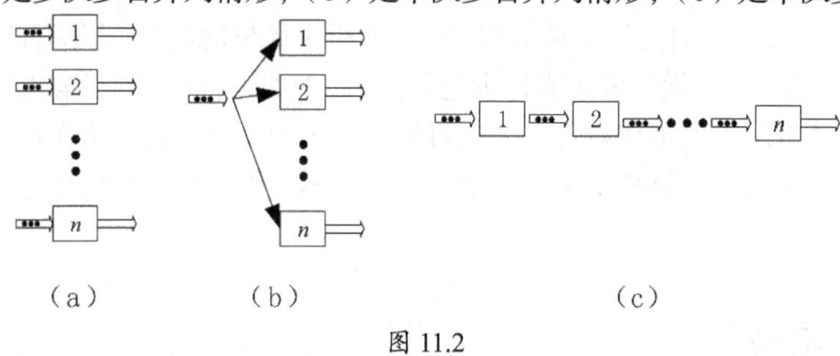

图 11.2

（3）服务时间可以分成确定型和随机型两种情形。自动加工的机器对零件的加工时间是确定型的，大多数情况服务时间是随机型的。

11.1.2 排队模型的分类

按照排队系统组成部分的主要特征可以对排队模型进行分类。1971 年由排队论符号标准化会议决定，排队模型分类符号如下：

$$X/Y/Z/A/B/C$$

其中，X 处填写相继到达的顾客间隔时间分布；Y 处填写服务时间的分布；Z 处填写并列的服务台数量；A 处填写系统容量限制；B 处填写顾客源数量；C 处填写服务次序，如先到先服务 FCFS，后到先服务 LCFS 等，如果略去该项则表示先到先服务。

表示相继到达间隔时间和服务时间的各种分布的符号如下：

M——负指数分布（Markov）；

D——确定型（Deterministic）；

E_k——k 阶爱尔朗分布（Erlang）；

GI——一般独立分布的时间间隔（General Indendent）；

G——一般服务时间的分布（General）。

例如，$\mathrm{M}/\mathrm{M}/1/\infty/\infty$ 表示相继到达的顾客间隔时间为负指数分布，服务时间为负指数分布，单服务台，系统对顾客无限制，顾客源也无限制，先到先服务的服务模型。

11.1.3 排队模型的参数

在排队系统的分析计算中，要用到下面一些概念和符号。

（1）$P_n(t)$——在时刻 t 服务系统中恰好有 n 个顾客的概率。

（2）$N(t)$——在时刻 t 服务系统中的顾客数。

（3）稳定状态——当一个排队服务系统开始运转时，系统状态在很大程度上取决于系统的初始状态和运转经历的时间，但经过一段时间后，系统的状态将独立于初始状态及经历的时间，这时称系统处于稳定状态。在稳定状态下，系统处于某一状态的概率是一个常数，所

以 $P_n(t)$ 可写为 P_n。由于对系统的瞬时状态研究分析比较困难，所以排队论中主要研究系统处于稳定状态的工作情况。

（4）λ_n——当系统有 n 个顾客时，新来顾客的平均到达率（单位时间到达顾客数）。$\frac{1}{\lambda}$ 表示相邻两个顾客到达的平均间隔时间。

（5）μ_n——当系统有 n 个顾客时，整个系统的服务率（单位时间完成服务的顾客数）。$\frac{1}{\mu}$ 表示对每个顾客的平均服务时间。

（6）L_s——稳态下，系统中顾客的平均值，一般为

$$L_s = \sum_{n=0}^{\infty} nP_n \tag{11.1}$$

（7）L_q——稳态下，队列中顾客的平均值，一般为

$$L_q = \sum_{n=c}^{\infty} (n-c)P_n \tag{11.2}$$

这里 c 为服务设施的数量。

（8）W_s——稳态下，每个顾客在系统中平均逗留时间，一般情况下为

$$W_s = \frac{L_s}{\lambda} \tag{11.3}$$

（9）W_q——稳态下，每个顾客在队列中平均逗留时间。一般情况下为

$$W_q = \frac{L_q}{\lambda} \text{ 或 } W_q = W_s - \frac{1}{\mu} \tag{11.4}$$

11.2　到达间隔与服务时间的分布

解决排队问题首先要判断顾客到达间隔与服务时间的分布，本节介绍排队模型中常见的几种理论分布。

11.2.1　普阿松流

令 $P_n(t_1,t_2)$ 表示在时间区间 (t_1,t_2) $(t_2>t_1)$ 内有 n 个顾客到达的概率，当 $P_n(t_1,t_2)$ 符合下列三个条件时，我们说顾客的到达形成普阿松流。

（1）无后效性。在不相重叠的时间区间内顾客到达数是相互独立的。

（2）平稳性。对充分小的 Δt，在时间区间 $(t,t+\Delta t)$ 内有 1 个顾客到达的概率与 t 无关，而与 Δt 成正比，即

$$P_1(t,t+\Delta t) = \lambda\Delta t + o(\Delta t) \tag{11.5}$$

其中，$\lambda>0$ 是常数，它表示单位时间有一个顾客到达的概率；$o(\Delta t)$ 表示当 $\Delta t \to 0$ 时，关于 Δt 的高阶无穷小量。

（3）普通性。对于充分小的Δt，在时间区间$(t,t+\Delta t)$内有 2 个或 2 个以上顾客到达的概率极小，即

$$\sum_{n=2}^{\infty} P_n(t,t+\Delta t)=o(\Delta t) \tag{11.6}$$

根据普阿松流的三个条件，我们来讨论在$(0,t)$内顾客到达数$N(t)$的概率分布。

将长度为t的时间区段分成n等份，$\Delta t=\dfrac{t}{n}$，当$n\to\infty$时，Δt为充分小。在Δt内可能会有一个顾客到达，其概率为$\lambda\Delta t=\dfrac{\lambda t}{n}$，在$\Delta t$内也可能没有顾客到达，其概率为$1-\lambda\Delta t=1-\dfrac{\lambda t}{n}$。记$(0,t)$内有$k$个顾客到达的概率为$P_k(t)$，则

$$\begin{aligned}
P_k(t)&=\lim_{n\to\infty}C_n^k\left(\frac{\lambda t}{n}\right)^k\left(1-\frac{\lambda t}{n}\right)^{n-k}\\
&=\lim_{n\to\infty}\frac{n(n-1)\cdots(n-k+1)}{k!}\left(\frac{\lambda t}{n}\right)^k\left(1-\frac{\lambda t}{n}\right)^{n-k}\\
&=\frac{(\lambda t)^k}{k!}\lim_{n\to\infty}\left(1-\frac{\lambda t}{n}\right)^n\\
&=\frac{(\lambda t)^k}{k!}\mathrm{e}^{-u} \qquad\qquad k=0,1,\cdots
\end{aligned} \tag{11.7}$$

由于普阿松流与实际流的近似性，而且普阿松流容易处理，因此排队论中大量研究的是普阿松流情况。事实上，应用排队论来研究实际问题到目前为止也主要限于普阿松流，对非普阿松流的情况，大多还没有得到满意的分析解。

11.2.2 负指数分布

在实际的排队系统中服务时间的概率分布可以是各种形式的，但在排队论中，数学最容易处理和最常用的一种重要分布是负指数分布。

设T是一个以μ为参数的负指数分布，它的概率密度函数为

$$f_T(t)=\begin{cases}\mu\mathrm{e}^{-\mu t} & t\geqslant 0\\ 0 & t<0\end{cases} \tag{11.8}$$

它的分布函数是

$$P\{T\leqslant t\}=1-\mathrm{e}^{-\mu t} \qquad (t>0) \tag{11.9}$$

数学期望$E(T)=\dfrac{1}{\mu}$，方差$D(T)=\dfrac{1}{\mu^2}$。

负指数分布具有下列性质。

（1）由条件概率公式容易证明

$$P\{T>t+s|T>s\}=P\{T>t\} \tag{11.10}$$

这个性质称为无记忆性或马尔可夫性。若T表示排队系统中顾客到达的时间间隔，那么这个性质说明一个顾客到达所需的时间与过去一个顾客到达所需的时间s无关，所以这种情

况下的顾客到达是纯随机的。

（2）当输入过程是普阿松流时，相继到达的顾客的时间间隔 T 服从负指数分布。

事实上，对于普阿松流，若顾客到达的时间间隔 $T \leqslant t$，则[0，t）内至少有 1 个顾客到达，即

$$P\{T \leqslant t\} = 1 - P_0(t) = 1 - \mathrm{e}^{-\lambda t} \qquad t > 0 \tag{11.11}$$

所以 T 服从参数为 λ 的负指数分布。

因此，相继到达的时间间隔是独立且为相同参数的负指数分布，与输入过程为普阿松流（参数为 λ）是等价的。

根据负指数分布与普阿松流的上述关系可以推出，当服务机构对顾客的服务时间服从参数为 μ 的概率分布时，如服务机构处于忙期，则该服务机构的输出，即服务完毕离开服务机构的顾客数将是服从普阿松分布的普阿松流。

11.2.3　爱尔朗（Erlang）分布

当服务工作由若干项串联组成，对每位顾客服务的总时间 T 是随机变量，关于 T 的概率分布，可以证明如下结论。

（1）服务工作由 k 个服务项目串联而成。

（2）第 i 个项目的服务时间 υ_i 是随机变量，服从参数 $k\mu$ 的负指数分布，$i = 1, 2, \cdots, k$。

（3）$\upsilon_1, \upsilon_2, \cdots, \upsilon_k$ 是独立的随机变量。

总服务时间为

$$T = \upsilon_1 + \upsilon_2 + \cdots + \upsilon_k \tag{11.12}$$

服从密度函数为

$$b_k(t) = \frac{k\upsilon(k\upsilon t)^{k-1}}{(k-1)!}\mathrm{e}^{-k\mu t} \qquad t \geqslant 0 \tag{11.13}$$

的概率分布，称 T 服从 k 阶爱尔朗分布。

$$E(T) = \frac{1}{\mu}；\ D(T) = \frac{1}{k\mu^2} \tag{11.14}$$

11.3　生灭过程

生灭过程是用来处理输入为普阿松流，服务时间为负指数分布这样一类最简单排队模型方法的。例如，假如有一堆细菌，每个细菌在时间 Δt 内分裂成两个的概率为 $\lambda\Delta t + o(\Delta t)$，在 Δt 时间内死亡的概率为 $\mu(\Delta t) + o(\Delta t)$，各个细菌在任何时段内分裂和死亡都是独立的，并且把细菌的分裂和死亡都看成一个事件的话，则在 Δt 内发生两个或两个以上事件的概率为 $o(\Delta t)$。假如已知初始时刻细菌的个数，那么经过时间 t 后细菌将变成多少个？如果把细菌的分裂看成一个新顾客的到达，细菌的死亡看成一个服务完毕的顾客的离去，则生灭过程恰好反映了一个排队服务系统的瞬时状态 $N(t)$ 将怎样随时间 t 变化。

在生灭过程中，生与死的发生都是随机的，它们的平均发生率依赖于现有的细菌数，即系统现处的状态。假定：

（a）给定 $N(t)=n$，到下一个生（顾客到达）的时间间隔是具有参数 $\lambda_n(n=0,1,2,\cdots)$ 的负指数分布；

（b）给定 $N(t)=n$，到下一个死（顾客离去）的时间间隔是具有参数 $\mu_n(n=0,1,2,\cdots)$ 的负指数分布；

（c）系统状态在时间区间 Δt 内只能转移到相邻的状态，即只能发生一个生或一个死。

根据上述负指数分布的性质，λ_n 就是系统处于 $N(t)$ 时单位时间内顾客的平均到达率，μ_n 则是单位时间内顾客的平均离去率。

将上面几个假定结合在一起，则可以用生灭过程的状态转移图来表示（见图 11.3）。

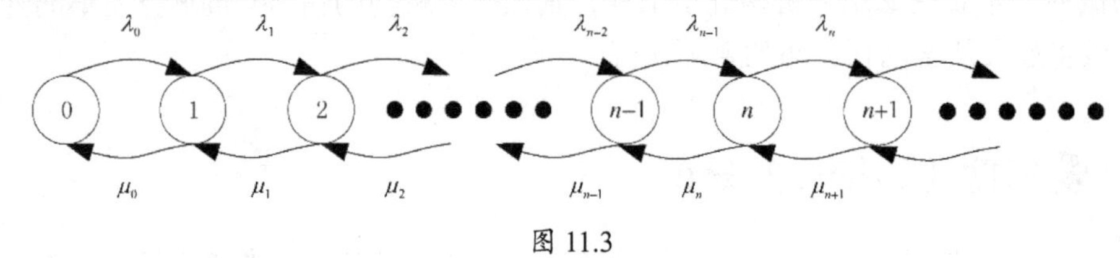

图 11.3

图 11.3 中箭头指明了各种系统状态发生转移的可能性，在每个箭头上标注了当系统处于箭头起点状态时转换的平均速率。

要求系统的瞬时状态 $N(t)$ 的概率分布是很困难的，所以下面只考虑系统处于稳定状态时的情形。先考虑系统处于某一特定状态 $N(t)=n(n=0,1,2,\cdots)$ 时我们计算过程进入这个状态和离开这个状态的次数，因为在同一时刻这两个事件都只能发生一次，因此进入和离开这个状态的次数相等或者刚好差一次。对稳定状态来说，在很长一段时间内，进出系统的顾客数保持平衡，即对系统的任何状态 $N(t)=n(n=0,1,2,\cdots)$，进入事件率（单位时间平均到达的顾客数）等于离去事件率（单位时间平均离开的顾客数），这就是输入率等于输出率的原则。用来表示这个原则的方程称为系统的状态平衡方程。下面通过建立系统的平衡方程来处理一些比较简单的排队模型。

先考虑 $n=0$ 的状态。状态 0 的输入仅仅来自状态 1，处于状态 1 时系统的稳定状态概率为 P_1，而从状态 1 进入状态 0 的平均转换率为 μ_1，因此从状态 1 进入状态 0 的输入率为 μ_1P_1，又从其他状态直接进入状态 0 的概率为 0，所以状态 0 的总输入率为 μ_1P_1。根据输入率等于输出率的原理，$\mu_1P_1=\lambda_0P_0$。

同理，根据输入率等于输出率的原理，对系统的各个状态，可以建立下述状态平衡方程组。

$$
\begin{gathered}
\mu_1P_1=\lambda_0P_0\\
\lambda_0P_0+\mu_2P_2=(\lambda_1+\mu_1)P_1\\
\lambda_1P_1+\mu_3P_3=(\lambda_2+\mu_2)P_2\\
\cdots\\
\lambda_{n-2}P_{n-2}+\mu_nP_n=(\lambda_{n-1}+\mu_{n-1})P_{n-1}\\
\lambda_{n-1}P_{n-1}+\mu_{n+1}P_{n+1}=(\lambda_n+\mu_n)P_n\\
\cdots
\end{gathered}
\tag{11.15}
$$

从方程组可得：

$$
\begin{aligned}
P_1 &= \frac{\lambda_0}{\mu_1} P_0 \\
P_2 &= \frac{\lambda_1}{\mu_2} P_1 + \frac{1}{\mu_2}(\mu_1 \mathrm{P}_1 - \lambda_0 P_0) = \frac{\lambda_1}{\mu_2} P_1 = \frac{\lambda_1 \lambda_0}{\mu_2 \mu_1} P_1 \\
P_3 &= \frac{\lambda_2}{\mu_3} P_2 + \frac{1}{\mu_3}(\mu_2 \mathrm{P}_2 - \lambda_1 P_1) = \frac{\lambda_2}{\mu_3} P_2 = \frac{\lambda_2 \lambda_1 \lambda_0}{\mu_3 \mu_2 \mu_1} P_0 \\
&\vdots \\
P_n &= \frac{\lambda_{n-1}}{\mu_n} P_{n-1} + \frac{1}{\mu_n}(\mu_{n-1} \mathrm{P}_{n-1} - \lambda_{n-2} P_{n-2}) = \frac{\lambda_{n-1}}{\mu_n} P_{n-1} = \frac{\lambda_{n-1}\lambda_{n-2}\cdots\lambda_0}{\mu_n \mu_{n-1}\cdots\mu_1} P_0
\end{aligned}
\tag{11.16}
$$

如果令

$$C_n = \frac{\lambda_{n-1}\lambda_{n-2}\cdots\lambda_0}{\mu_n \mu_{n-1}\cdots\mu_1} \qquad (n = 1,2,\cdots)$$

则以上各式可以通写为

$$P_n = C_n P_0 \qquad (n = 1,2,\cdots) \tag{11.17}$$

因为

$$\sum_{n=0}^{\infty} P_n = \sum_{n=0}^{\infty} C_n P_0 = 1 \qquad (C_0 = 1)$$

所以有

$$P_0 = \frac{1}{\sum_{n=0}^{\infty} C_n}$$

求得 P_0 后可以推出 $P_n, n = 1,2,\cdots$。

在输入为普阿松流，服务时间为负指数分布的服务系统中，顾客的到达和离去的规律符合生灭过程的条件，因此 M/M 类型的服务系统可以用生灭过程方法求得稳态概率，进而求出排队系统的各项指标 L_s, L_q, W_s, W_q。

11.4 单服务台排队系统模型（M/M/1）

本节将讨论输入为普阿松流，服务时间为负指数分布的单服务台模型，下面分几种类型讨论。因为这类模型都符合生灭过程，所以可以应用生灭过程的结论。

11.4.1 M/M/1/∞/∞模型

M/M/1/∞/∞模型是指顾客按普阿松流到达，到达速率为 λ，服务时间服从负指数分布，服务速率为 μ，单个服务台，系统对顾客无限制，顾客源也无限制，先到先服务的服务系统。其系统的状态是无限的，即 $n = 0,1,2,\cdots$。图 11.4 所示为系统的状态转移图。

对于所有的状态 n，$\lambda_n = \lambda, \mu_n = \mu$。因此

$$C_n = \left(\frac{\lambda}{\mu}\right)^n = \rho^n \qquad n = 1,2,\cdots \tag{11.18}$$

$$P_n = \rho^n P_n \tag{11.19}$$

$$P_0=\frac{1}{\sum_{n=0}^{\infty}\rho^n}=\frac{1}{\frac{1}{1-\rho}}=1-\rho \tag{11.20}$$

$$P_n=(1-\rho)\rho^n \tag{11.21}$$

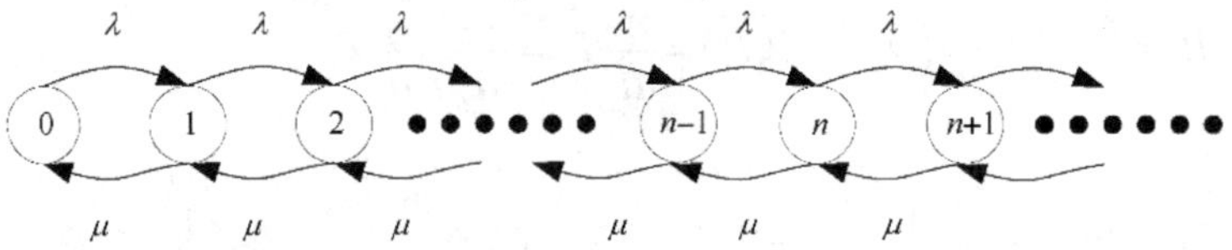

图 11.4

这里 $p=\frac{\lambda}{\mu}<1$ 是单位时间顾客平均到达率与服务率的比值，反映了服务机构的忙碌或利用程度，ρ 为服务强度或服务的忙期。因为 $p\geqslant 1$ 时，系统内顾客数会越来越多，系统无法进入稳定状态，所以设 $\rho<1$。

下面推导服务系统其他指标：

$$\begin{aligned}L_s&=\sum_{n=0}^{\infty}nP_n=(1-\rho)\sum_{n=0}^{\infty}n\rho^n=(1-\rho)\rho\sum_{n=0}^{\infty}\frac{d}{d\rho}(\rho^n)\\&=(1-\rho)\rho\frac{d}{d\rho}(\sum_{n=0}^{\infty}\rho^n)=(1-\rho)\rho\frac{d}{d\rho}(\frac{1}{1-\rho})\\&=(1-\rho)\rho\frac{1}{(1-\rho)^2}=\frac{\rho}{1-\rho}=\frac{\lambda}{\mu-\lambda}\end{aligned} \tag{11.22}$$

$$\begin{aligned}L_q&=L_s-\frac{\lambda}{\mu}=\frac{\lambda}{\mu-\lambda}-\frac{\lambda}{\mu}=\frac{\lambda^2}{\mu(\mu-\lambda)}\\W_s&=\frac{L_s}{\lambda}=\frac{1}{\mu-\lambda}\\W_q&=\frac{L_q}{\lambda}=\frac{\lambda}{\mu(\mu-\lambda)}\end{aligned} \tag{11.23}$$

顾客在系统中停留时间超过 t 的概率是多少？假定一个顾客来到系统时，系统中已有 n 个人，则该顾客在系统中的停留时间应该是系统对前 n 个顾客的服务时间加上对他的服务时间。若分别用 $T_1,T_2,\cdots,T_n$ 表示前 n 个顾客的服务时间，T_{n+1} 表示对该顾客的服务时间，令 $S_{n+1}=T_1+T_2+\cdots+T_n+T_{n+1}$，则 S_{n+1} 满足爱尔朗分布，参数为 μ。

$$f(S_{n+1})=\frac{\mu}{n!}(\mu t)^n e^{-\mu t} \tag{11.24}$$

$$P\{S_{n+1}\leqslant t\}=\int_0^t\frac{\mu}{n!}(\mu t)^n e^{-\mu t}dt \tag{11.25}$$

顾客在系统中停留时间小于 t 的概率：

$$\begin{aligned}P\{W\leqslant t\}&=\sum_{n=0}^{\infty}P_nP\{S_{n+1}\leqslant t\}\\&=\sum_{n=0}^{\infty}(1-\rho)\rho^n\cdot\int_0^t\frac{\mu}{n!}(\mu t)^n e^{-\mu t}dt=1-e^{-(\mu-\lambda)t}\end{aligned} \tag{11.26}$$

即 W 服从参数为 $\mu-\lambda$ 的负指数分布，所以等待时间大于 t 的概率：

$$P\{W > t\} = 1 - P\{W \leqslant t\} = \mathrm{e}^{-(\mu-\lambda)t} \tag{11.27}$$

例 1　某超级市场，顾客按普阿松流来到唯一的收款台。已知平均每小时来 20 人，计价收款时间服从负指数分布，平均每个顾客需要 2.5 分钟，试求该超级市场收款台的有关运行指标。

解：根据题意，这是 M / M / 1 / ∞ / ∞ 模型，$\lambda = \frac{20}{60} = \frac{1}{3}$，$\mu = \frac{1}{2.5}$，$\rho = \frac{\lambda}{\mu} = \frac{5}{6}$。

系统有关运行指标计算如下。

（1）$P_0 = 1 - \rho = 1 - \frac{5}{6} = \frac{1}{6}$

忙期概率为

$$1 - P_0 = \rho = \frac{5}{6}$$

（2）系统内顾客平均值为

$$L_s = \frac{\lambda}{\mu - \lambda} = \frac{\frac{1}{3}}{\frac{1}{2.5} - \frac{1}{3}} = 5 \text{（人）}$$

（3）队列中等待顾客平均值为

$$L_q = L_s - \frac{\lambda}{\mu} = 5 - \frac{5}{6} = 4.167 \text{（人）}$$

（4）每个顾客在系统内平均逗留时间为

$$W_s = \frac{L_s}{\lambda} = \frac{1}{\mu - \lambda} = \frac{1}{\frac{1}{2.5} - \frac{1}{3}} = 15 \text{（分钟）}$$

（5）每个顾客在队列中平均逗留时间为

$$W_q = W_s - \frac{1}{\mu} = 12.5 \text{（分钟）}$$

11.4.2　M/M/1/N/∞模型（队长受限制）

在实际生活中经常会碰到队长受限制的服务系统，如果医院规定每天挂 100 个号，那么第 100 个以后到达者会自动离开服务系统；理发店内等待的座位都满员时，后来的顾客就会离开，等等。因为队长受限制，所以系统的状态只能取 $0,1,2,\cdots,N$ 这些值。系统状态转移图如图 11.5 所示。

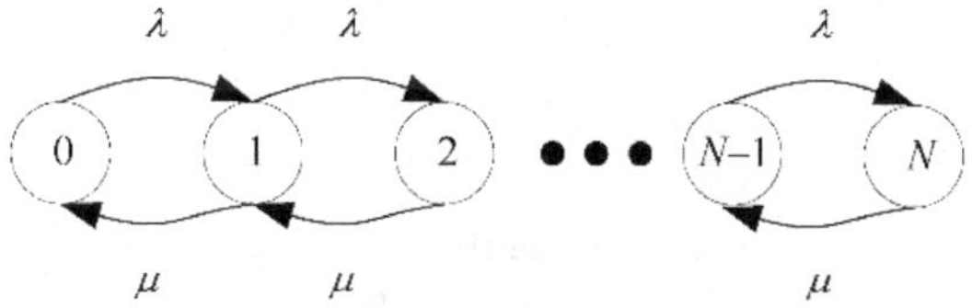

图 11.5

$$\lambda_n = \begin{cases} \lambda & \text{当} n = 0,1,\cdots,N-1 \\ 0 & \text{当} n \geqslant N \end{cases} \tag{11.28}$$

$$\mu_n = \mu \qquad n = 1,2,\cdots,N \tag{11.29}$$

因为
$$C_n = \begin{cases} (\lambda/\mu)^n = \rho^n, & 对 n = 1,2,\cdots,N \\ 0 & ,对 n \geqslant N \end{cases} \tag{11.30}$$

所以
$$P_0 = 1\Big/\left[\sum_{n=0}^{N}(\lambda/\mu)^n\right] = 1\Big/\left[\frac{1-(\lambda/\mu)^{N+1}}{1-\lambda/\mu}\right] = \frac{1-\lambda/\mu}{1-(\lambda/\mu)^{N+1}} \tag{11.31}$$

$$P_n = \left[\frac{1-\lambda/\mu}{1-(\lambda/\mu)^{N+1}}\right](\lambda/\mu)^n \tag{11.32}$$

$(n = 0,1,2,\cdots,N)$

由此

$$\begin{aligned} L_s &= \sum_{n=0}^{N} nP_n = \frac{1-\rho}{1-\rho^{N+1}} \times \rho \sum_{n=0}^{N} \frac{\mathrm{d}}{\mathrm{d}\rho}(\rho^n) \\ &= \frac{1-\rho}{1-\rho^{N+1}} \times \rho \frac{\mathrm{d}}{\mathrm{d}\rho}\left(\sum_{n=0}^{N}\rho^n\right) = \frac{1-\rho}{1-\rho^{N+1}} \times \rho \frac{\mathrm{d}}{\mathrm{d}\rho} \times \frac{1-\rho^{N+1}}{1-\rho} \\ &= \frac{\rho}{1-\rho} - \frac{(N+1)\rho^{N+1}}{1-\rho^{N+1}} \end{aligned} \tag{11.33}$$

与 M/M/1/∞/∞ 模型中的 L_s 相比，两个表达式第一项相同，差别是多了一项 $\frac{(N+1)\rho^{N+1}}{1-\rho^{N+1}}$。由于 $\rho < 1$ 容易看出：在队长受限制情况下，系统中顾客数一定小于队长不受限制时系统中的顾客数；另外，当 $N \to \infty$ 时，$L_s \to \frac{\rho}{1-\rho}$，与队长不受限制时系统内顾客平均数完全一致。因此，队长不受限制系统可看成队长有限制服务系统的一种特例。

为了计算系统其他各项指标，先要引进关于有效输入率 λ_{eff} 的概念。因为在队长受限制的情形下，当到达顾客数 $n \geqslant N$ 时，新来顾客会自动离去。因此，虽然以平均为 λ 的速率来到服务系统，但由于 $\lambda_N = 0$，真正进入服务系统的顾客输入率却是小于 λ 的 λ_{eff}。

$$\lambda_{\mathrm{eff}} = \sum_{i=0}^{N} \lambda_i P_i = \lambda \sum_{i=0}^{N-1} P_i = \lambda(1-P_N) \tag{11.34}$$

可以验证：

$$\lambda_{\mathrm{eff}} = \mu(1-P_0) \tag{11.35}$$

由此可以算得：

$$L_q = L_s - \frac{\lambda_{\mathrm{eff}}}{\mu} \tag{11.36}$$

$$W_s = \frac{L_s}{\lambda_{\mathrm{eff}}} \tag{11.37}$$

$$W_q = W_s - \frac{1}{\mu} \tag{11.38}$$

例 2 某个单人理发店，备有六张椅子供顾客等待理发。当椅子坐满时，后来的顾客不再进入而自动离去。已知平均每小时到达 3 名顾客，每名顾客理发时间平均是 15 分钟。试求：

（1）顾客不需要等待就可以理发的概率；

（2）店内顾客平均数；

（3）有效到达率；

（4）需要等待的顾客平均数；

（5）顾客在店内平均逗留时间；

（6）顾客等待理发的平均时间；

（7）有百分之几的顾客因客满而自动离去。

解：这个问题可以归结为 M / M / 1 / 7 / ∞ 的模型，$\lambda=3$（人/小时），$\mu=4$（人/小时），据此可以求出：

（1）$P_0=\dfrac{1-\rho}{1-\rho^8}=\dfrac{1-\dfrac{3}{4}}{1-(\dfrac{3}{4})^8}=0.2778$

（2）$L_s=\dfrac{\rho}{1-\rho}-\dfrac{(N+1)\rho^{N+1}}{1-\rho^{N+1}}=\dfrac{\dfrac{3}{4}}{1-\dfrac{3}{4}}-\dfrac{8\times(\dfrac{3}{4})^8}{1-(\dfrac{3}{4})^8}=2.11$（人）

（3）$\lambda_{\text{eff}}=\lambda(1-P_7)=3\times\left[1-\dfrac{1-\dfrac{3}{4}}{1-(\dfrac{3}{4})^8}\times(\dfrac{3}{4})^7\right]=2.89$（人/小时）

（4）$L_q=L_s-\dfrac{\lambda_{\text{eff}}}{\mu}=2.11-\dfrac{2.89}{3}=1.15$（人）

（5）$W_s=\dfrac{L_s}{\lambda_{\text{eff}}}=\dfrac{2.11}{2.89}=0.73$（小时）=43.8（分钟）

（6）$W_q=W_s-\dfrac{1}{\mu}=43.8-15=28.8$（分钟）

（7）$P_7=\dfrac{1-\rho}{1-\rho^8}\rho^7=0.037=3.7\%$

11.4.3　M/M/1/∞/*m* 模型（顾客源有限）

M/M/1/∞/*m* 模型在工业生产中应用较多。例如，一个车间有几十台机器，当个别损坏时，再发生机器损坏的概率就会有明显改变。这类模型中，设顾客总数为 m，当有 n 个顾客在服务系统内时，在服务系统外的潜在顾客数就减少为（$m-n$）个。假定每个顾客来到服务系统的时间间隔为参数 λ 的负指数分布，则根据负指数分布的性质有 $\lambda_n=(m-n)\lambda$，因此顾客来源有限的排队模型也可以用生灭过程的状态转移图来表示（见图 11.6）。

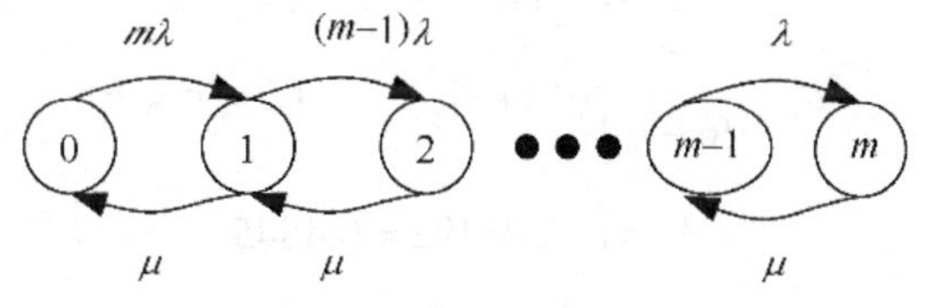

图 11.6

$$\lambda_n=\begin{cases}(m-n)\lambda & n=0,1,\cdots,m\\ 0 & n>m\end{cases} \tag{11.39}$$

$$\mu_n=\mu \qquad n=1,2,\cdots,m \tag{11.40}$$

$$\begin{aligned}C_n&=\frac{\lambda_{n-1}\lambda_{n-2}\cdots\lambda_0}{\mu_n\mu_{n-1}\cdots\mu_1}=\frac{(m-n+1)\lambda(m-n+2)\lambda\cdots(m-1)\lambda\cdot m\lambda}{\mu^n}\\&=m(m-1)\cdots(m-n+1)(\frac{\lambda}{\mu})^n\\&=\frac{m!}{(m-n)!}(\frac{\lambda}{\mu})^n, \qquad n=1,\cdots,m\\C_n&=0, \qquad n>m\end{aligned} \tag{11.41}$$

所以

$$P_0=1/\sum_{n=0}^{m}\left[\frac{m!}{(m-n)!}(\frac{\lambda}{\mu})^n\right] \tag{11.42}$$

$$P_n=\frac{m!}{(m-n)!}(\frac{\lambda}{\mu})^n P_0 \qquad n=1,2,\cdots,m \tag{11.43}$$

由于顾客输入率λ_n随系统状态变化，因此有效输入率λ_{eff}可按下式计算：

$$\lambda_{\text{eff}}=\sum_{n=0}^{\infty}\lambda_n P_n=\sum_{n=0}^{n}(m-n)\lambda P_n=\lambda(m-L_s) \tag{11.44}$$

由

$$\mu(1-P_0)=\lambda_{\text{eff}}=\lambda(m-L_s)$$

$$L_s=m-\frac{1}{\rho}(1-P_0) \tag{11.45}$$

得

$$L_q=L_s-\frac{\lambda_{\text{eff}}}{\mu}=L_s-(1-P_0)$$

$$W_s=\frac{L_s}{\lambda_{\text{eff}}} \tag{11.46}$$

$$W_q=\frac{L_q}{\lambda_{\text{eff}}}=W_s-\frac{1}{\mu} \tag{11.47}$$

例 3 设有一名工人负责照管 6 台自动机床。当机床需要加料，发生故障或刀具磨损时就自动停车，等待工人照管。设平均每台机床每小时停车一次，又设每台机床停车时，需要工人平均照管的时间为 0.1 小时。以上两项时间均服从负指数分布，试计算该系统的各项指标。

解：在这个例子中

$$\frac{\lambda}{\mu}=0.1,\ m=6$$

$$P_1=\frac{6!}{(6-1)!}(0.1)^1P_0=0.6P_0 \tag{11.48}$$

$$P_n=\frac{6!}{(6-n)!}(0.1)^nP_0 \qquad (2\leqslant n\leqslant 6) \tag{11.49}$$

$$P_0=1/2.06392=0.4845$$

停车的机床总数：

$$L_s = m - \frac{\mu}{\lambda}(1-P_0) = 6 - 10\times(1-0.4845) = 0.845 \text{（台）}$$

系统中平均等待照管机床数：

$$L_q = L_s - (1-P_0) = 0.845 - (1-0.4845) = 0.3295 \text{（台）}$$

$$\lambda_{eff} = \mu(1-P_0) = 10\times(1-0.4845) = 5.155$$

$$W_s = \frac{L_s}{\lambda_{eff}} = \frac{0.845}{5.155} = 0.16 \text{（小时）}$$

$$W_q = W_s - \frac{1}{\mu} = 0.16 - 0.1 = 0.06 \text{（小时）}$$

工人的忙期：

$$1-P_0 = 1-0.4845 = 0.5155$$

11.5　多服务台模型（M/M/C）

M/M/C 系统是指顾客按普阿松流输入，服务时间服从负指数分布，有 C 个服务台的单队多台并列服务系统。它的结构如图 11.7 所示。在这种系统中，顾客到达系统后排成一个队列，然后到能给予服务的服务台接受服务，而每个服务台的服务时间都服从相同参数严格的负指数分布，服务完毕后顾客自动离去。

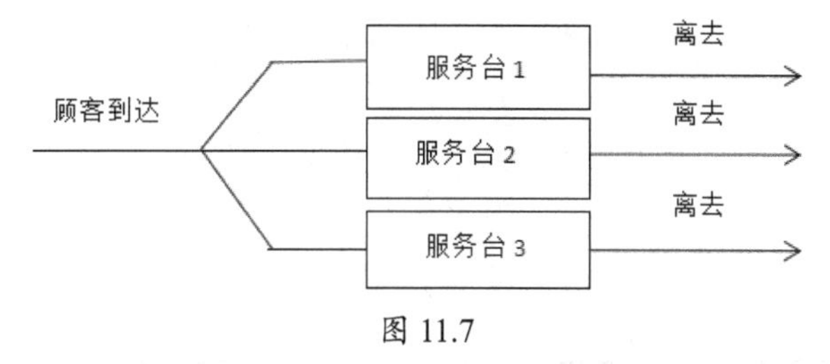

图 11.7

由于顾客的到达时间间隔和服务时间的概率分布都属于负指数分布，所以这种系统与 M/M/1 系统一样，能直接利用生灭过程的计算方法计算稳态概率。下面分别讨论 M/M/C 模型的几种类型。

11.5.1　M/M/C/∞/∞模型

M/M/C/∞/∞模型是对顾客无限制，顾客源也无限制的多服务台模型，其状态转移图如图 11.8 所示。

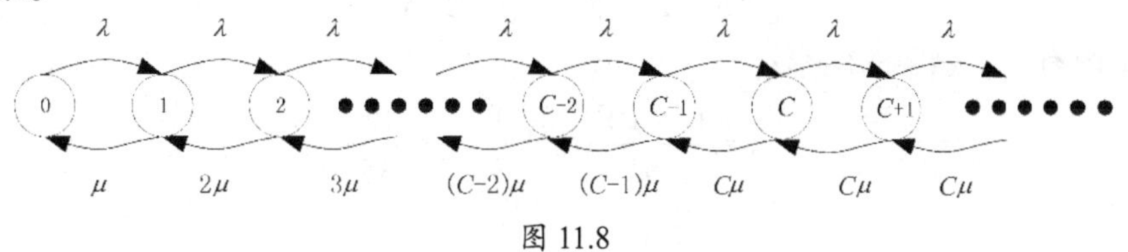

图 11.8

$$\lambda_n = \lambda \quad n = 0,1\cdots$$

$$\mu_n = \begin{cases} n\mu & n = 1,2,\cdots,C-1 \\ C\mu & n \geqslant C \end{cases} \tag{11.50}$$

$$C_n = \frac{\lambda_0\lambda_1\cdots\lambda_{n-1}}{\mu_0\mu_1\cdots\mu_n} = \begin{cases} \dfrac{(\lambda/\mu)^n}{n!} & n = 1,2,\cdots,C-1 \\ \dfrac{(\lambda/\mu)^n}{C!C^{n-C}} & n \geqslant C \end{cases} \tag{11.51}$$

设 $p = \dfrac{\lambda}{C\mu} < 1$（当 $\dfrac{\lambda}{C\mu} \geqslant 1$ 时，系统无稳定状态），

则
$$P_0 = \frac{1}{\sum\limits_{n=0}^{C-1}\dfrac{(\lambda/\mu)^n}{n!} + \dfrac{(\lambda/\mu)^e}{C!}\cdot\dfrac{1}{1-\rho}}$$

$$P_n = \begin{cases} \dfrac{(\lambda/\mu)^n}{n!}P_0 & n = 1,2,\cdots,C-1 \\ \dfrac{(\lambda/\mu)^n}{C!C^{n-C}}P_0 & n \geqslant C \end{cases} \tag{11.52}$$

$$\begin{aligned} L_q &= \sum_{j=0}^{\infty} j\cdot P_{e+j} = \sum_{j=0}^{\infty} j\cdot\frac{(\lambda/C\mu)^{e+j}}{C!C^{-e}}P_0 \\ &= \frac{C^C}{C!}\rho^e P_0\sum_{j=0}^{\infty} j\cdot\rho^j \\ &= \frac{(\lambda/\mu)^C}{C!}P_0\frac{\rho}{(1-\rho)^2} \end{aligned} \tag{11.53}$$

$$\begin{aligned} L_s &= L_q + \frac{\lambda}{\mu} \\ W_s &= L_s/\lambda \\ W_q &= W_s - \frac{1}{\mu} \end{aligned} \tag{11.54}$$

例 4 某公用电话亭有两台电话机，来打电话的人按普阿松流到达，平均每小时 24 人，假定每次电话通话时间服从负指数分布，平均为 2 分钟，求该系统各项指标。

解： $\rho = \dfrac{\lambda}{C\mu} = \dfrac{24}{2\times 30} = \dfrac{2}{5}$

电话空闲的概率为

$$\begin{aligned} P_0 &= 1\Big/\left[\sum_{m=0}^{e-1}\frac{(\lambda/\mu)^n}{n!} + \frac{(\lambda/\mu)^e}{C!}\times\frac{1}{(1-\lambda/C\mu)}\right] \\ &= 1\Big/\left[1 + \frac{4}{5} + \frac{1}{2}\times\left(\frac{4}{5}\right)^2\times\frac{1}{(1-2/5)}\right] = \frac{3}{7} \end{aligned}$$

电话站内有一个顾客的概率：

$$P_1 = \frac{(\lambda/\mu)^n}{n!}P_0 = \frac{4}{5}\times\frac{3}{7} = \frac{12}{35}$$

排队打电话的平均人数：

$$L_q = \frac{P_0(\lambda/\mu)^c \rho}{C!(1-\rho)^2} = \frac{(\frac{3}{7})\times(\frac{4}{5})^2\times(\frac{2}{5})}{2\times(1-\frac{2}{5})^2} = \frac{16}{105}\text{（人）}$$

电话站内打电话及等待的总平均人数：

$$L_s = L_q + \frac{\lambda}{\mu} = \frac{16}{105} + \frac{4}{5} = \frac{20}{21}\text{（人）}$$

每个顾客在电话站平均停留时间：

$$W_s = \frac{L_s}{\lambda} = \frac{20}{21}\times\frac{1}{24} = \frac{5}{126}\text{（小时）} = 2\frac{8}{21}\text{（分钟）}$$

每个顾客排队等候打电话的平均时间：

$$W_q = \frac{L_q}{\lambda} = \frac{16}{105\times 24} = \frac{2}{315}\text{（小时）} = \frac{8}{21}\text{（分钟）}$$

来打电话的人需要等待的概率：

$$P(W_q > 0) = 1 - P_0 - P_1 = \frac{8}{35}$$

M/M/*C* 型系统与 *C* 个 M/M/1 型系统的比较。

现就上面的例子说明，如果原问题中其他条件不变，但顾客到达后在每台电话前各排一队，且进入队列后坚持不变，这就形成了 2 个 M/M/1 型系统，而每个队列的平均到达率为 $\lambda_1 = \lambda_2 = 12$（人/小时）。计算这个 M/M/1 模型，并与上面的 M/M/*C* 模型比较，结果如表 11.1 所示。

表 11.1

模型	指标	
	M / M / 1	M / M / 2
服务台空闲概率 P_0	3/5	3/7
顾客必须等待概率	2/5	8/35
平均队长　L_q	4/15	16/105
平均顾客数　L_s	2/3 人	20/12 人
平均逗留时间　W_s	10/3 分钟	50/21 分钟
平均等待时间　W_q	4/3 分钟	8/21 分钟

从表 11.1 上各指标对比可以看出，M/M/*C* 模型比 *C* 个 M/M/1 模型有显著优越性。

11.5.2　M/M/*C*/*N*/∞模型（系统容量有限制情形）

M/M/*C*/*N*/∞模型的容量限制为 *N*（$N \geqslant C$），当系统中顾客数已达到 *N* 时，再来的顾客即被拒绝，其他条件与 M/M/*C*/*N*/∞/∞模型相同。系统的状态转移图如图 11.9 所示。

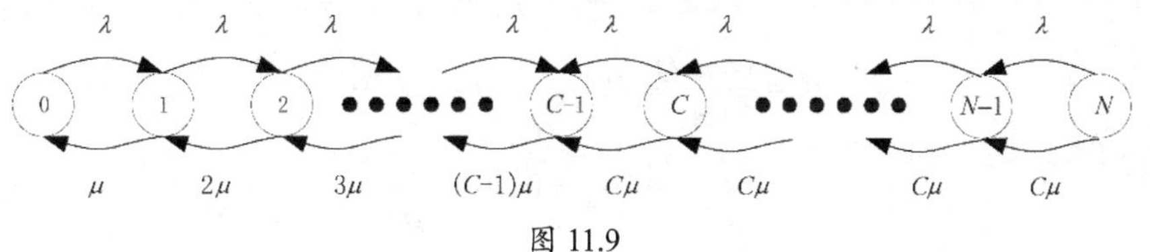

图 11.9

这里

$$\lambda_n=\begin{cases}\lambda & n=0,1,\cdots,N-1\\ 0 & n\geqslant N\end{cases} \tag{11.55}$$

$$\mu_n=\begin{cases}n\mu & n=1,2,\cdots,C\\ C\mu & n=C+1,C+2,\cdots,N\end{cases} \tag{11.56}$$

$$C_n=\begin{cases}\dfrac{(\lambda/\mu)^n}{n!} & n=1,2,\cdots,C\\ \dfrac{(\lambda/\mu)^n}{C!C^{n-C}} & n=C+1,C+2,\cdots,N\end{cases} \tag{11.57}$$

$$P_0=1/[\sum_{n=0}^{C}\frac{(\lambda/\mu)^n}{n!}+\frac{C^c}{C!}\times\frac{\rho(\rho^C-\rho^N)}{1-\rho}] \quad \rho\neq 1 \tag{11.58}$$

因此

$$P_n=\begin{cases}\dfrac{(C\rho)^n}{n!}P_0 & 0\leqslant n\leqslant C\\ \dfrac{C^c}{C!}\rho^n P_0 & C\leqslant n\leqslant N\end{cases} \tag{11.59}$$

其中

$$\rho=\frac{\lambda}{C\mu}$$

$$L_{\mathrm{q}}=\sum_{n=0}^{N}nP_{n+C}=\frac{P_0\rho(C\rho)^C}{C!(1-\rho)^2}[1-\rho^{N-C}-(N-C)\rho^{N-C}(1-\rho)] \tag{11.60}$$

因为队长有限制，所以顾客平均到达率并不等于λ，记λ_{eff}为有效到达率，则

$$\lambda_{\mathrm{eff}}=\sum_{n=0}^{N}\lambda_n P_n=\lambda(1-P_N) \tag{11.61}$$

由此可以算得

$$L_{\mathrm{s}}=L_{\mathrm{q}}+\frac{\lambda_{\mathrm{eff}}}{\mu}=L_{\mathrm{q}}+\frac{\lambda}{\mu}(1-P_N) \tag{11.62}$$

$$W_{\mathrm{q}}=\frac{L_{\mathrm{q}}}{\lambda(1-P_N)} \tag{11.63}$$

$$W_{\mathrm{s}}=W_{\mathrm{q}}+\frac{1}{\mu} \tag{11.64}$$

特别地，当N=C时，该系统成为损失制服务模型，如街头的停车场就不允许排队等待空位，这时

$$P_0=\frac{1}{\sum_{n=0}^{e}\dfrac{(\lambda/\mu)^n}{n!}} \tag{11.65}$$

$$P_n=\frac{(\lambda/\mu)^n}{n!}P_0 \qquad n=1,2,\cdots,C \tag{11.66}$$

$$L_{\mathrm{q}}=0,W_{\mathrm{q}}=0,W_{\mathrm{s}}=\frac{1}{\mu} \tag{11.67}$$

$$L_s=\sum_{n=1}^{C} nP_n = L_q+\frac{\lambda}{\mu}(1-P_N)=\frac{\lambda}{\mu}(1-P_C) \tag{11.68}$$

例 5　某单位电话交换台有一台 200 门内线的总机，已知在上班的人中，有 20%的分机平均每四十分钟打一次外线电话，80%的分机平均隔两小时打一次外线电话，又知从外单位打来的电话呼唤平均每分钟一次，设外线通话时间平均三分钟，以上两个时间均属负指数分布。如果要求电话接通率为 95%，那么该交换台应设置多少外线？

解：（1）来到电话交换台的呼唤有两类：一是各分机往外打的电话，二是从外单位打进来的电话。前一类 $\lambda_1=(\frac{60}{40}\times 0.2+\frac{1}{2}\times 0.8)\times 200=140$，后一类 $\lambda_2=60$，根据普阿松分布性质，来到交换台的总呼唤流仍为普阿松流，其参数 $\lambda=\lambda_1+\lambda_2=200$。

（2）这是一个具有多个服务站带损失制的服务系统，要使电话接通率为 95%，就是要使损失率低于 5%，也即

$$P_C=\frac{(\frac{\lambda}{\mu})^C/C!}{[\sum_{n=0}^{C}(\frac{\lambda}{\mu})^n/n!]}\leqslant 0.05$$

其中，$\mu=20$，$(\frac{\lambda}{\mu})=10$，可以用表 11.2 进行计算，求 C。

表 11.2

C	$(\frac{\lambda}{\mu})^C/C!$	$\sum_{n=0}^{C}(\frac{\lambda}{\mu})^n/n!$	P_C
0	1.0	1.0	1.0
1	10.0	11.0	0.909
2	50.0	61.0	0.820
3	166.7	227.7	0.732
4	416.7	644.4	0.647
5	833.3	1477.7	0.564
6	1388.9	2866.6	0.485
7	1984.1	4850.7	0.409
8	2480.2	7330.9	0.388
9	2755.7	10086.6	0.273
10	2755.7	12842.3	0.215
11	2505.2	15347.2	0.120
12	2087.7	17435.2	0.120
13	1605.9	19041.1	0.084
14	1147.1	20188.2	0.056
15	764.7	20952.9	0.036

根据计算可以看出，为了外线接通率达到 95%，应不少于 15 条外线。

说明：①计算中没有考虑外单位打来电话时，内线是否被占用，也没有考虑分机打外线时对方是否占用；

②当电话一次打不通时，就要打两次，三次，……，因此实际上呼唤次数要远远高于计算

次数，因此实际接通率也要比 95%低得多。

11.5.3 M/M/C/∞/m 模型（顾客源有限情形）

M/M/C/∞/m 模型中顾客总体（顾客源）为有限数 m，且 $m>C$，与单服务台情形一样，设每个顾客的到达率为 λ，即每个顾客在单位时间来到服务系统的平均次数为 λ。该模型的状态转移图如图 11.10 所示。

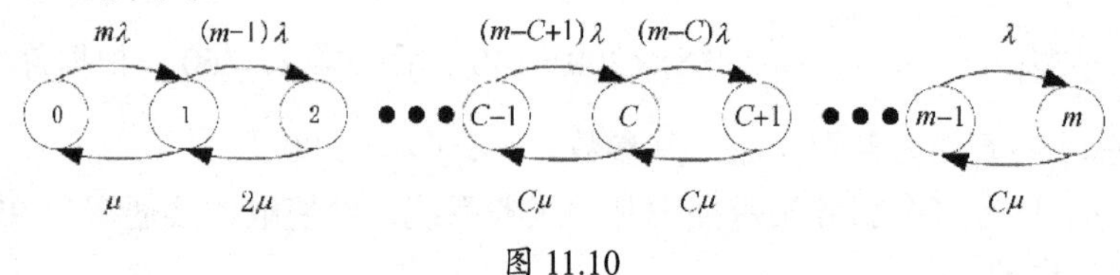

图 11.10

在图 11.10 中

$$\lambda_n=\begin{cases}(m-n)\lambda & n=0,1,\cdots,m-1\\ 0 & n\geqslant m\end{cases} \tag{11.69}$$

$$\mu_n=\begin{cases}n\mu & n=0,1,\cdots,C\\ C\mu & n=C+1,C+2,\cdots,N\end{cases} \tag{11.70}$$

$$C_n=\begin{cases}\dfrac{m!}{(m-n)!n!}(\dfrac{\lambda}{\mu})^n & n=1,2,\cdots,C\\ \dfrac{m!}{(m-n)!C!C^{n-e}}(\dfrac{\lambda}{\mu})^n & n=C+1,C+2,\cdots,m\end{cases} \tag{11.71}$$

$$P_n=C_nP_0 \qquad n=1,2,\cdots,m \tag{11.72}$$

$$P_0=1/[\sum_{n=0}^{e-1}\frac{m!}{(m-n)!n!}(\frac{\lambda}{\mu})^n+\sum_{m=c}^{m}\frac{m!}{(m-n)!C!C^{n-C}}(\frac{\lambda}{\mu})^n] \tag{11.73}$$

因此

$$L_q=\sum_{n=C+1}^{m}(n-C)P_n \tag{11.74}$$

有效到达率为

$$\lambda_{\text{eff}}=\sum_{n=0}^{m}\lambda_nP_n=\sum_{n=0}^{m}(m-n)\lambda P_n=m\lambda-\lambda L_s \tag{11.75}$$

$$L_s=L_q+\frac{\lambda_{\text{eff}}}{\mu}=L_q+\frac{\lambda}{\mu}(m-L_s) \tag{11.76}$$

即

$$L_s=(L_q+\frac{\lambda_m}{\mu})/(1+\frac{\lambda}{\mu})=\frac{\mu L_q+\lambda m}{\mu+\lambda} \tag{11.77}$$

$$W_s=\frac{L_s}{\lambda_{\text{eff}}} \tag{11.78}$$

$$W_q=\frac{L_q}{\lambda_{\text{eff}}} \tag{11.79}$$

例 6　设有三名工人负责照管 20 台自动机床。当机床需要加料，发生故障或刀具磨损时，就自动停车，等待工人照管。设平均每台机床每小时停车一次，又设每台机床停车时，需要工人平均照管的时间为 0.1 小时。以上两项时间均服从负指数分布，试计算该系统的各项指标。

解： $C=3$，$m=20$，$\dfrac{\lambda}{\mu}=0.1$，用表 11.3 进行计算。

表 11.3

n	正在照管机床数/台	等待照管机床数/台	空闲的工人数/台	P_n	$(n-C)P_n$	nP_n
0	0	0	3	—	—	—
1	1	0	2	0.27250	—	0.27250
2	2	0	1	0.25888	—	0.51776
3	3	0	0	0.15533	—	0.46599
4	3	1	0	0.08802	0.08802	0.35208
5	3	2	0	0.04694	0.09388	0.23470
6	3	3	0	0.02347	0.07041	0.14082
7	3	4	0	0.01095	0.04380	0.07665
8	3	5	0	0.00475	0.02375	0.03880
9	3	6	0	0.00190	0.01140	0.01710
10	3	7	0	0.00070	0.00490	0.00700
11	3	8	0	0.00023	0.00184	0.00253
12	3	9	0	0.00007	0.00063	0.00084

因为 $n>12$ 时，$P_n<0.5\times10^{-5}$，故忽略不计。由表 11.3 计算可知：

系统中平均等待工人照管的机床数为

$$L_{\mathrm{q}}=\sum_{n=4}^{20}(n-3)P_n=0.33863\ （台）$$

停车的机床总数（包括正在照管与等待照管机床数）：

$$L_{\mathrm{s}}=\sum_{n=0}^{20}nP_n=2.12677\ （台）$$

有效到达率为

$$\lambda_{\mathrm{eff}}=\lambda(m-L_{\mathrm{s}})=20-2.12677=17.87323$$

逗留时间为

$$W_{\mathrm{s}}=\frac{L_{\mathrm{s}}}{\lambda_{\mathrm{eff}}}=\frac{2.12677}{17.87323}=0.12\ （小时）$$

$$W_{\mathrm{q}}=W_{\mathrm{s}}-\frac{\lambda}{\mu}=0.02\ （小时）$$

11.6　M/G/1 排队系统

前两节讨论的模型是建立在生灭过程的基础上的，即假定到达和服务时间均为负指数分布的情况。但这样的假定往往与实际情况有较大出入，特别是服务时间服从负指数分布的假定往往出入更大。本节研究 M/G/1 的排队系统，即输入为普阿松分布，服务时间为任意分布，具有单个服务台的排队系统。

对于 M/G/1 模型，可以在服务完成的时刻上嵌入一个马尔可夫链，在这些时间点上，只要知道此时在系统中的顾客数，就下一时刻上的状态，嵌入马尔可夫链用于 M/G/l 排队模型，可以得到一个很有用的结果，即模型的主要参数 L_s, L_q, W_s, W_q 仅仅与服务时间分布的期望值 $\frac{1}{\mu}$ 和方差 σ^2 有关，即

$$L_s = \frac{2\rho - \rho^2 + \lambda^2 D(T)}{2(1-\rho)} \tag{11.80}$$

其中，$\rho = \lambda \cdot \frac{1}{\mu} < 1$，相应地

$$L_q = L_s - \rho \tag{11.81}$$

$$W_q = \frac{L_q}{\lambda} \tag{11.82}$$

$$W_s = W_q + \frac{1}{\mu} \tag{11.83}$$

11.6.1 普阿松输入和定长服务时间的排队系统

当一个服务机构提供固定服务项目，服务时间偏差很小时，可以近似看成服务时间是定长分布的。定长分布时 $\sigma^2 = 0$，代入式（11.80）得到以下结果：

$$L_s = \frac{2\rho - \rho^2}{2(1-\rho)} \tag{11.84}$$

$$L_q = \frac{\rho^2}{2(1-\rho)} = \frac{\lambda^2}{2\mu(\mu-\lambda)} \tag{11.85}$$

$$W_q = \frac{\rho^2}{2\lambda(1-\rho)} = \frac{\lambda}{2\mu(\mu-\lambda)} \tag{11.86}$$

$$W_s = \frac{\rho^2}{2\lambda(1-\rho)} + \frac{1}{\mu} \tag{11.87}$$

在服务时间为负指数分布的情况下：

$$\sigma^2 = 1/\mu^2,$$

$$W_q = \frac{\rho^2}{\lambda(1-\rho)} = \frac{\lambda}{\mu(\mu-\lambda)} \tag{11.88}$$

可以看出，顾客排队等待的平均时间要比定长分布的时间大一倍，服务机构效率差不多降低一半。从式（11.88）可以看出，在平均服务时间 $1/\mu$ 的情况下，L_s, L_q, W_s, W_q 均随 σ^2 的增加而增加，即在每个顾客服务时间大体上比较接近的情况下，排队系统的工作指标较好。在服务时间分布的偏差很大的情况下，工作指标就差。

11.6.2 输入为普阿松流，服务时间为爱尔朗分布的排队系统

当服务时间为定长时，$\sigma=0$，服务时间为负指数分布时，$\sigma=1/\mu$。均方差值介于这两者之间（$0<\sigma<1/\mu$）的一种理论分布称为爱尔朗（Erlang）分布。假定 $T_1,T_2,\cdots,T_k$ 是 k 个相互独立、具有相同分布的负指数分布，其概率密度分别为

$$f(t_i)=k\mu e^{-k\mu t_i} \qquad (t \geqslant 0 \quad i=1,2,\cdots,k) \tag{11.89}$$

则 $T=T_1+T_2+\cdots+T_k$ 就是一个具有参数 $k\mu$ 的爱尔朗分布：

$$f(t)=\frac{(\mu k)^k}{(k-1)!}t^{k-1}e^{-k\mu t} \qquad (t \geqslant 0) \tag{11.90}$$

其中，μ、k 是取正值的参数，k 是正整数。

由此，如果服务机构对顾客进行的服务不是一项，而是按序进行的 k 项工作，又假定其中每一项服务的持续时间都是具有相同分布的负指数分布，则总的服务时间服从爱尔朗分布。

爱尔朗分布的期望值和偏差为

$$E[T]=1/\mu \tag{11.91}$$

$$D[T]=1/k\mu^2 \tag{11.92}$$

偏差具有两个参数 k 与 μ，由于 k 值的不同，可以得到不同的爱尔朗分布（见图 11.11）。当 k=1 时是负指数分布，当 $k=\infty$ 时是定长分布。

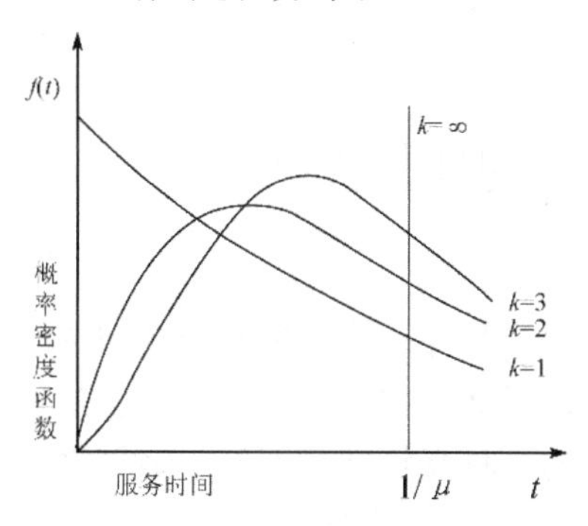

图 11.11

在单个服务台的情况下，将 $\sigma^2=1/k\mu^2$ 代入式（11.93）～式（11.96）：

$$\begin{aligned} L_q &= \frac{\lambda^2/k\mu^2+\rho^2}{2(1-\rho)} \\ &= \frac{1+k}{2k}\cdot\frac{\lambda^2}{\mu(\mu-\lambda)} \end{aligned} \tag{11.93}$$

$$W_q=\frac{1+k}{2k}\cdot\frac{\lambda}{\mu(\mu-\lambda)} \tag{11.94}$$

$$W_s=W_q+\frac{1}{\mu} \tag{11.95}$$

$$L_s=\lambda W_s \tag{11.96}$$

例 7 某单人裁缝店做西装，每套需要经 4 个不同的工序，4 个工序完成后才开始做另一套，每一工序的时间服从负指数分布，期望值为 2 小时，顾客的到来服从普阿松分布，平均订货率为 5.5 套/周（设一周 6 天，每天 8 小时）。顾客为等到做好一套西装的期望时间有多长？

解：顾客到达率：

$$\lambda = 5.5 \text{（套/周）}$$

设 μ 为平均服务率（单位时间做完的套数）；

$1/\mu$ 为平均每套所需的时间；

$1/4\mu$ 为平均每工序所需的时间。

由题设 $1/4\mu=2$（小时），$\mu=1/8$（套/小时）$=6$（套/周），$\rho = 5.5/6$。

设 T_i 为做完第 i 个工序所需时间，T 为做完一套西装所需时间，则

$$E[T_i] = 2，D[T_i] = (\frac{1}{4\times 6})^2$$

$$E[T] = 8 \text{（小时）}，D[T] = \frac{1}{4\times 6^2}，\rho = \frac{5.5}{6}$$

$$L_s = \frac{5.5}{6} + \frac{(\frac{5.5}{6})^2 + (5.5)^2 \times \frac{1}{4\times 6^2}}{2\times(1-\frac{5.5}{6})} = 7.2188$$

顾客为等到做好一套西装的期望时间为

$$W_s = \frac{L_s}{\lambda} = \frac{7.2188}{5.5} = 1.3 \text{（周）}$$

11.7 具有优先权的排队模型

具有优先权的排队模型中服务规则并不严格按照顾客到达的先后顺序，如打电报分加急和一般，到医院治病有急诊与普通门诊，在铁路运输中一般是货车让客车，慢车让快车。可见在这类模型中，顾客是有等级的，具有较高级别的顾客较之具有较低级别的顾客具有优先的服务权。

假定在一个排队系统中，顾客可以划分为 N 个等级，第一级享有最高的优先权，第 N 级享有最低级别的优先权，对属于同一级别优先权的顾客，仍按先到先服务的原则。又假定这个系统中每一级别顾客的输入都服从普阿松分布，用 λ_i（$i=1,2,\cdots,N$）表示具有第 i 级优先权顾客的平均到达率，对任何级别顾客的服务时间均服从负指数分布，且不管哪一级别顾客，都具有相同的服务率，用 $1/\mu$ 表示每个服务台对任何级别顾客的平均服务时间。假定当一个具有较高级别优先权的顾客到来时，正在被服务的顾客是一个具有较低级别优先权的顾客，则该顾客将被中断服务，回到排队系统中等待重新得到服务。

根据以上假定，对具有最高级别优先权的顾客来到排队系统时，当只有具有同样最高级别的顾客正得到服务时，需要等待之外，其余情况下均可以立即得到服务。因此，对具有第一级优先服务权的顾客在排队系统中得到服务的情况就如同没有其他级别的顾客时一样。因此，只要将输入率 λ 换以第一级优先权顾客的输入率 λ_1，对最高级优先权的顾客就完全适用。

再一并考虑享有一、二两级优先服务权的顾客。由于他们的服务不受其他级别顾客的影响，设以 $\overline{W}_{1\text{-}2}$ 表示一、二两级综合在一起的每个顾客在系统中的平均停留时间，则有

$$(\lambda_1+\lambda_2)\overline{W}_{1\text{-}2}=\lambda_1 W_1+\lambda_2 W_2 \tag{11.97}$$

其中，W_1、W_2 分别表示第一级和第二级优先服务权的各自的每个顾客在系统中的平均停留时间。根据负指数分布的性质，对由于高一级顾客到达而中断服务，重新回到队伍中的较低级别顾客的服务时间的概率分布，不因前一段已得到服务及服务了多长时间而有所改变，因此，对 $\overline{W}_{1\text{-}2}$ 只要将一、二两级顾客的输入率加在一起，则

$$W_2=\frac{\lambda_1+\lambda_2}{\lambda_2}\overline{W}_{1\text{-}2}-\frac{\lambda_1}{\lambda_2}W_1 \tag{11.98}$$

同理，有

$$(\lambda_1+\lambda_2+\lambda_3)\overline{W}_{1\text{-}2\text{-}3}=\lambda_1 W_1+\lambda_2 W_2+\lambda_3 W_3 \tag{11.99}$$

所以

$$W_3=\frac{\lambda_1+\lambda_2+\lambda_3}{\lambda_3}\overline{W}_{1\text{-}2\text{-}3}-\frac{\lambda_1}{\lambda_3}W_1-\frac{\lambda_2}{\lambda_3}W_2 \tag{11.100}$$

以此类推，可以求得

$$W_N=\frac{\sum_{i=1}^{N}\lambda_i}{\lambda_N}\overline{W}_{1\text{-}N}-\frac{\sum_{i=1}^{N-1}\lambda_i W_i}{\lambda_N}，这里\sum_{i=1}^{N}\lambda_i(S\mu) \tag{11.101}$$

例 8　来到某医院门诊部就诊的病人按照 $\lambda=2$（人/小时）的普阿松分布到达，医生对每个病人的服务时间服从负指数分布，$1/\mu=20$（分钟）。假如病人中 60%属于一般病人，30%属于重病急病，10%属于需要抢救的病人。该门诊部的服务规则是先治疗需要抢救的病人，然后重病或急病人，最后治疗一般病人。属于同一级别的病人，按到达先后次序进行治疗。当该门诊部有一名医生就诊时，试计算各类病人等待治病的平均等候时间。

解：假设要抢救的病人为第一类，重病或急病人为第二类，一般病人为第三类，则

$$\lambda_1=0.2,\lambda_2=0.6,\lambda_3=1.2$$

$$W_1=\frac{1}{\mu-\lambda_1}=\frac{1}{3-0.2}=0.357$$

$$\overline{W}_{1\text{-}2}=\frac{1}{\mu-(\lambda_1+\lambda_2)}=\frac{1}{3-0.8}=0.454$$

$$\overline{W}_{1\text{-}2\text{-}3}=\frac{1}{\mu-(\lambda_1+\lambda_2+\lambda_3)}=\frac{1}{3-2}=1$$

由此

$$W_2=\frac{0.6+0.2}{0.6}\times 0.454-\frac{0.2}{0.6}\times 0.357=0.486$$

所以

$$W_{qi}=W_i-\frac{1}{\mu}$$

$$W_{q1}=0.357-0.333=0.024$$

$$W_{q2}=0.486-0.333=0.153$$

$$W_{q3}=1.365-0.333=1.032$$

11.8 排队系统的最优化

11.8.1 排队系统的最优化问题

排队系统的最优化问题分为两类：系统设计的最优化和系统控制最优化。系统设计的最优化称为静态问题，从排队论诞生起就成为人们研究的内容，目的在于使设备达到最大效益，或者说，在一定的质量指标下要求机构最为经济；系统控制最优化称为动态问题，是指一个给定的系统，如何运营可使某个目标函数得到最优，这是近 10 年来排队论的研究重点之一。由于学习还需要更多的数学知识，所以本节只讨论系统设计的最优化问题。

在一般情形下，提高服务水平（数量，质量）自然会降低顾客的等待费用（损失），但却常常增加了服务机构的成本，我们最优化的目标函数：一个是使二者费用之和为最小，决定达到这个目标的最优的服务水平；另一个是使纯收入或使利润（服务水平与服务费用之差）为最大（见图 11.12）。

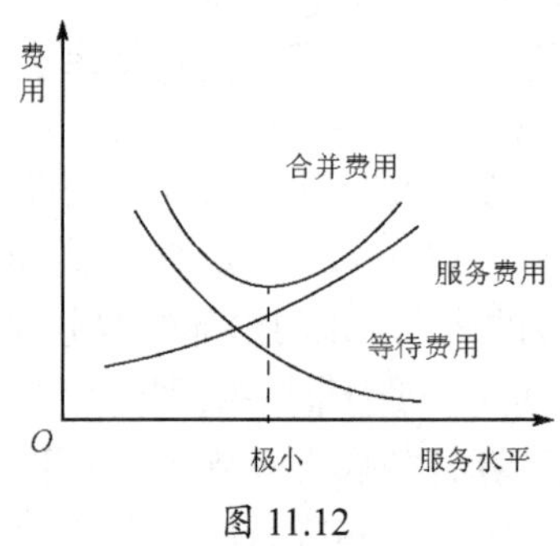

图 11.12

各种费用在稳态情形下，都是按单位时间来考虑的。一般情形下，服务费用（成本）是可以确切计算或估计的。至于顾客的等待费用就有许多不同情况，像机械故障问题中等待费用（由于机器待修而使生产遭受的损失）是可以确切估计的，但像病人就诊的等待费用（由于拖延治疗使病情恶化所遭受的损失）或由于队列过长而失掉潜在顾客所造成的营业损失，就只能根据统计的经验资料来估计。

服务水平也可以由不同形式来表示，主要是平均服务率 μ（代表服务机构的服务能力和经验等），其次是服务设备，如服务台的个数 c，以及由队列所占空间大小决定的队列最大限制数 N 等，服务水平也可以通过服务强度 ρ 来表示。

我们常用的求解方法，对于离散变量常用边际分析法求解，对于连续变量常用经典的微分法求解，对于复杂问题读者也可以用非线性规划或动态规划的方法求解。

11.8.2 M/M/1 模型中最优服务率 μ

1）标准的 M/M/1 模型

取目标函数 Z 为单位时间服务成本与顾客在系统逗留费用之和的期望值：

$$Z = c_1\mu + c_w L_s \tag{11.102}$$

其中，c_1 为当 $\mu = 1$ 时服务机构单位时间的费用，c_w 为每个顾客在系统停留单位时间的费用。

将 L_s 的值代入式（11.102），得

$$Z = c_1\mu + c_w \cdot \frac{\lambda}{\mu - \lambda} \tag{11.103}$$

为了求极小值，先求 $\frac{dZ}{d\mu}$，然后令它为 0，得

$$\frac{dZ}{d\mu} = c_s - c_w\lambda \cdot \frac{1}{(\mu - \lambda)^2} \tag{11.104}$$

令
$$c_s - c_w\lambda \cdot \frac{1}{(\mu - \lambda)^2} = 0$$

解得
$$\mu^n = \lambda + \sqrt{\frac{c_w}{c_1}\lambda}$$

根号前取“+”号，是因为保证 $\rho < 1$，$\mu > \lambda$。

2）系统中顾客最大限制数为 N 的情形

在这种情形下，系统中如已有 N 个顾客，则后来的顾客即被拒绝，于是 P_N 为被拒绝的概率（借用电话系统的术语，称为呼损率）；$1 - P_N$ 为能接受服务的概率；$\lambda(1 - P_N)$ 为单位时间实际进入服务机构顾客的平均数。在稳定状态下，它也等于单位时间内实际服务完成的平均顾客数。

设每服务 1 人能收入 G 元，于是单位时间收入的期望值是 $\lambda(1 - P_N)G$ 元。

纯利润:

$$\begin{aligned} Z &= \lambda(1 - P_N)G - c_s\mu \\ &= \lambda G \cdot \frac{1 - \rho^N}{1 - \rho^{N+1}} - c_s\mu \\ &= \lambda\mu G \cdot \frac{\mu N - \lambda^N}{\mu^{N+1} - \lambda^{N+1}} - c_s\mu \end{aligned} \tag{11.105}$$

求 $\frac{dZ}{d\mu}$，并令 $\frac{dZ}{d\mu} = 0$ 得

$$\rho^{N+1} \cdot \frac{N - (N+1)\rho + \rho^{N+1}}{(1 + \rho^{N+1})^2} = \frac{c_s}{G} \tag{11.106}$$

式（11.106）中 c_s、G、N 都是给定的，但要由式（11.106）中解出 μ^* 是很困难的。通常通过数值计算来求 μ^*，或将式（11.106）左方（对一定的 N）作为 ρ 的函数画出图形（见图 11.13），对于给定的 G/c_s，根据图形可求出 μ^* / λ。

3）顾客源为有限的情形

仍按机械故障问题来考虑。设共有机器 m 台，各台连续运转时间服从负指数分布。有 1 个修理工人，修理时间服从负指数分布。当服务率 $\mu = 1$ 时，修理费用为 c_s，单位时间每台机器运转可收入 G 元。平均运转台数为 $m - L_s$，所以单位时间纯利润为

$$Z=(m-L_{\mathrm{s}})G-c_{\mathrm{s}}\mu$$
$$=\frac{mG}{\rho}\cdot\frac{E_{m-1}(\frac{m}{\rho})}{E_m(\frac{m}{\rho})}-c_{\mathrm{s}}\mu \tag{11.107}$$

式中，$E_m(x)=\sum_{k=0}^{m}\frac{x^k}{k!}\mathrm{e}^{-x}$ 称为普阿松部分和，$\rho=\frac{m\lambda}{\mu}$，而

$$\frac{\mathrm{d}}{\mathrm{d}x}E_m(x)=E_{m-1}(x)-E_m(x) \tag{11.108}$$

为了求最优服务率 μ^*，求 $\frac{\mathrm{d}Z}{\mathrm{d}\mu}$，并令 $\frac{\mathrm{d}Z}{\mathrm{d}\mu}=0$ 得

$$\frac{E_{m-1}(\frac{m}{\rho})E_m(\frac{m}{\rho})+\frac{m}{\rho}[E_m(\frac{m}{\rho})E_{m-2}(\frac{m}{\rho})-E_{m-1}^2(\frac{m}{\rho})]}{E_m^2(\frac{m}{\rho})}=\frac{c_{\mathrm{s}}\lambda}{G} \tag{11.109}$$

当给定 m、G、c_{s}、λ 时，要由式（11.107）解出 μ^* 是很困难的，通常利用普阿松分布表通过数值计算来求得，或将式（11.107）左方（对一定的 m）作为 ρ 的函数画出图形（见图 11.14），对于给定的 $\frac{c_{\mathrm{s}}\lambda}{G}$，根据图形可求出 μ^*/λ。

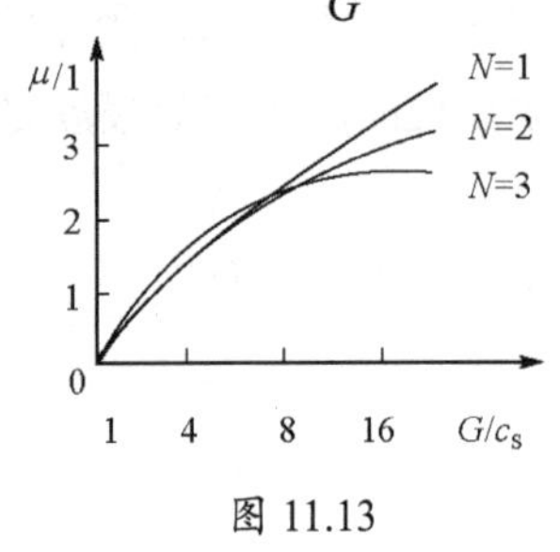

图 11.13

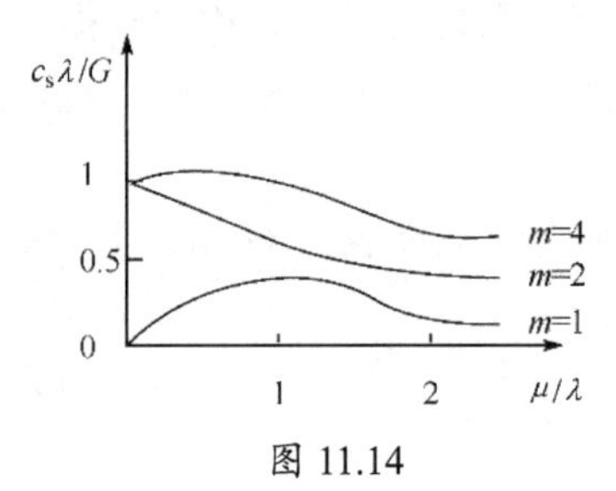

图 11.14

11.8.3 M/M/c 模型中最优的服务台数 c

仅讨论标准的 M/M/c 模型，且在稳态情形下，这时单位时间全部费用（服务成本与等待费用之和）的期望值为

$$Z=c'_{\mathrm{s}}\cdot c+c_{\mathrm{w}}\cdot L \tag{11.110}$$

其中，c 是服务台数，c'_{s} 是每服务台单位时间的成本，c_{w} 是每个顾客在系统停留单位时间的费用，L 是系统中顾客平均数 L_{s} 或队列中等待的顾客平均数 L_{q}（它们都随 c 值的不同而不同）。因为 c'_{s} 和 c_{w} 都是给定的，唯一可能变动的是服务台数 c，所以 Z 是 c 的函数 $Z(c)$，现在求最优解 c^* 使 $Z(c^*)$ 为最小值。

因为 c 只取整数值，$Z(c)$ 不是连续变量的函数，所以不能用经典的微分法求解。我们采用边际分析法（Marginal Analysis），根据 $Z(c^*)$ 是最小值的特点，有

$$\begin{cases}Z(c^*)\leqslant(c^*-1)\\Z(c^*)\leqslant(c^*+1)\end{cases} \tag{11.111}$$

将 Z 代入式（11.111），得

$$\begin{cases} c'_s c^* + c_w L(c^*) \leqslant c'_s(c^*-1) + c_w L(c^*-1) \\ c'_s c^* + c_w L(c^*) \leqslant c'_s(c^*+1) + c_w L(c^*+1) \end{cases} \tag{11.112}$$

式（11.112）化简后，得

$$L(c^*) - L(c^*+1) \leqslant c'_s / c_w \leqslant L(c^*-1) - L(c^*) \tag{11.113}$$

依次求 $c = 1,2,3,\cdots$ 时 L 的值，并计算两相邻的 L 值之差，因 c'_s / c_w 是已知数，根据这数落在不等式的区间中就可定出 c^*。

例 9　某检验中心为各工厂服务，要求做检验的工厂（顾客）的到来服从普阿松流，平均到达率 λ 为每天 48 次，每次来检验由于停工等损失为 6 元，服务（进行检验）时间服从负指数分布，平均服务率 μ 为每天 25 次，每设置 1 个检验员服务成本（工资及设备损耗）为每天 4 元。其他条件适合标准的 M/M/c 模型，应设几个检验员（及设备）才能使总费用的期望值为最小？

解： $c'_s = 4$ 元/每检验员　　　$c_w = 6$ 元/次

$$\lambda = 48, \mu = 25$$

$$\frac{\lambda}{\mu} = 1.92 \tag{11.114}$$

设检验员数为 c，令 c 依次为 1、2、3、4、5，计算结果如表 11.4 所示。

表 11.4

检验员数 c	来检验的工厂数 $L_s(c)$	$L(c)-L(c+1)$ ～ $L(c-1)-L(c)$	总费用（每天） $Z(c)$
1	∞		∞
2	21.610	18.930～∞	154.94
3	2.680	0.612～18.930	27.87（*）
4	2.068	0.116～0.612	28.38
5	1.952		31.71

$$\frac{c_s'}{c_w} = 0.667$$　　落在 0.612～18.930 内

所以

$$c^* = 3$$

即设 3 个检验员使总费用为最小，最小总费用为

$$Z(c^*) = Z(3) = 27.87 \text{（元）}$$

课后习题

（1）设有一个医院门诊，只有一名值班医生。病人的到达过程为普阿松流，平均到达时间间隔为 20 分钟，诊断时间服从指数分布，平均需要 12 分钟，求：

① 病人到来不用等待的概率；

② 门诊部内顾客的平均数；

③ 病人在门诊部的平均逗留时间；

④ 若病人在门诊部内的平均逗留时间超过 1 小时，则医院方将考虑增加值班医生。病人平均到达率为多少时，医院才会增加医生？

（2）某排队系统只有 1 名服务员，平均每小时有 4 名顾客到达，到达过程为普阿松流，服务时间服从负指数分布，平均需要 6 分钟，由于场地受限制，系统内最多不超过 3 名顾客，求：

① 系统内没有顾客的概率；

② 系统内顾客的平均数；

③ 排队等待服务的顾客数；

④ 顾客在系统中的平均花费时间；

⑤ 顾客平均排队时间。

（3）某街区医院门诊部只有一名医生值班，此门诊部备有 6 张椅子供患者等候应诊。当椅子坐满时，后来的患者就自动离去，不再进来。已知每小时有 4 名患者按普阿松分布到达，每名患者的诊断时间服从负指数分布，平均需要 12 分钟，求：

① 患者不需要等待的概率；

② 门诊部内患者平均数；

③ 需要等待的患者平均数；

④ 有效到达率；

⑤ 患者在门诊部逗留时间的平均值；

⑥ 患者等待就诊的平均时间；

⑦ 有多少患者因坐满而自动离去呢？

（4）某加油站有四台加油机，来加油的汽车按普阿松分布到达，平均每小时到达 20 辆。四台加油机的加油时间服从负指数分布，每台加油机平均每小时可给 10 辆汽车加油。求：

① 前来加油的汽车平均等待的时间；

② 汽车来加油时 4 台油泵都在工作，这时汽车平均等待的时间。

（5）某售票处有 3 个售票口，顾客的到达服从普阿松分布，平均每分钟到达 $\lambda = 0.9$（人），3 个窗口售票的时间都服从负指数分布，平均每分钟卖给 $\mu = 0.4$（人），设可以归纳为 M/M/3 模型，求：

① 整个售票处空闲的概率；

② 平均队长；

③ 平均逗留时间；

④ 平均等待时间；

⑤ 顾客到达后的等待概率。

（6）一个美容院有 3 个服务台，顾客平均到达率为每小时 5 人，美容时间平均 30 分钟，求：

① 美容院中没有顾客的概率；

② 只有一个服务台被占用的概率。

（7）某系统有 3 名服务员，每小时平均到达 240 名顾客，且到达服从普阿松分布，服务时间服从负指数分布，平均需要 0.5 分钟，求:

① 整个系统内空闲的概率；

② 顾客等待服务的概率；

③ 系统内等待服务的平均顾客数；

④ 平均等待服务时间；

⑤ 系统平均利用率；

⑥ 若每小时顾客到达的数目增至 480 名，服务员增至 6 名，则分别计算上面的①～⑤的值。

（8）某服务系统有两名服务员，顾客到达服从普阿松分布，平均每小时到达两名。服务时间服从负指数分布，平均服务时间为 30 分钟，又知系统内最多只能有 3 名顾客等待服务，当顾客到达时，若系统已满，则自动离开，不再进入系统。求：

① 系统空闲时间；

② 顾客损失率；

③ 服务系统内等待服务的平均顾客数；

④ 在服务系统内的平均顾客数；

⑤ 顾客在系统内的平均逗留时间；

⑥ 顾客在系统内的平均等待时间；

⑦ 被占用的服务员的平均数。

（9）某车站售票口，已知顾客到达率为每小时 200 人，售票员的服务率为每小时 40 人，求：

① 工时利用率平均不能低于 60%；

② 若要顾客等待平均时间不超过 2 分钟，则设几个窗口合适?

（10）某律师事务所咨询中心，前来咨询的顾客服从普阿松分布，平均每天到达 50 人。各位被咨询律师回答顾客问题的时间是随机变量，服从负指数分布，每天平均接待 10 人。每位律师工作 1 天顾客需要支付 100 元，而每回答一名顾客的问题的咨询费为 20 元，该咨询中心确定每天工作的律师人数为多少时，以保证纯收入最多?

（11）某厂的原料仓库，平均每天有 20 车原料入库，原料车到达服从普阿松分布，卸货率服从负指数分布，平均每人每天卸货 5 车，每个装卸工每天总费用 50 元，由于人手不够而影响当天装卸货物，所以每车的平均损失为每天 200 元。工厂应安排几名装卸工，最节省开支?

第 12 章　马尔可夫过程与应用

12.1　马尔可夫过程

随机过程$\{X(t), t\in T\}$，如果对任意$t_1<t_2<\cdots<t_n, t_i\in T$，有$P\{X(t_n)<y|X(t_{n-1})=x_{n-1}\cdots X(t_1)=x_1\}=P\{X(t_n)<y|X(t_{n-1})=x_{n-1}\}$，则称$\{X(t), t\in T\}$具有马尔可夫性。

马尔可夫性也称为无后效性，它表述为$\{X(t_n)\}$的将来只通过现在与过去发生联系，一旦现在已知则将来与过去无关。

条件概率$\boldsymbol{P}\{x_n=j|x_{n-1}=i\}$称为转移概率，它表示已知系统在$n-1$步状态为$i$时系统在第$n$步状态为$j$的条件概率。由于它是由系统的第$n-1$步转移到第$n$步的转移概率，故称为一步转移概率。

如果系统第 0 步取状态i而在第 1 步取状态j，记系统的一步转移概率为$P_{ij}=\boldsymbol{P}\{x_1=j|x_0=i\}$，设这种一步转移概率不随时间的进程而变化（稳定性假设），即$\boldsymbol{P}\{x_n=j|x_{n-1}=i\}=\boldsymbol{P}\{x_1=j|x_0=i\}=P_{ij}$，则各状态之间的转移概率可记为

$$\boldsymbol{P}=\begin{bmatrix} P_{11} & \cdots & P_{1k} \\ \vdots & & \vdots \\ P_{k1} & \cdots & P_{kk} \end{bmatrix} \tag{12.1}$$

对所有i，满足$\sum_j P_{ij}=1$；且对所有i、j、$P_{ij}\geqslant 0$；$\boldsymbol{P}$为一步转移概率矩阵。

定义：如果随机过程$\{X_t\}t=0,1,\cdots$，满足下述性质，则称$\{X_t\}$是一个有限状态的马尔可夫链（Markov）。

（1）具有有限种状态；

（2）具有马尔可夫性；

（3）转移概率具有平稳性。

对于离散时间，离散状态的马尔可夫过程必须符合上述两个假设，即马尔可夫假设和稳定性假设，它是一般随机过程的简化形式。在这种随机过程中只有在顺序两相邻随机变量之间具有相关性质，从而避免了对过程中所有随机变量的相关性分析。

例 1　某企业为使技术人员具有多方面经验，实行技术人员在技术部门、生产部门和销售部门轮换工作制度。轮换办法采取随机形式，每半年轮换一次。初始状态，即技术人员开始时在某部门工作的概率，用$P_j^{(0)}$ $j=1,2,3$表示；P_{ij}表示处于第i个部门的技术人员在半年后（一步）转移到第j个部门的概率。

解：

已知 $\boldsymbol{P}=\begin{bmatrix}P_{11} & P_{12} & P_{13}\\ P_{21} & P_{22} & P_{23}\\ P_{31} & P_{32} & P_{33}\end{bmatrix}=\begin{bmatrix}0.5 & 0.5 & 0\\ 0 & 0.5 & 0.5\\ 0.75 & 0.25 & 0\end{bmatrix}$

$$\boldsymbol{P}^{(0)}=(P_1^{(0)},P_2^{(0)},P_3^{(0)})=(\frac{1}{3},\frac{1}{3},\frac{1}{3}) \tag{12.2}$$

如果某人开始在工程技术部门工作（部门 1），则经过 2 次转移后他在生产部门工作（部门 2）的概率是多少呢？

从状态转移图（见图 12.1）上可以看出，由状态 1 经两次转移到状态 2 的所有途径：

1→1→2　　1→2→2　　1→3→2

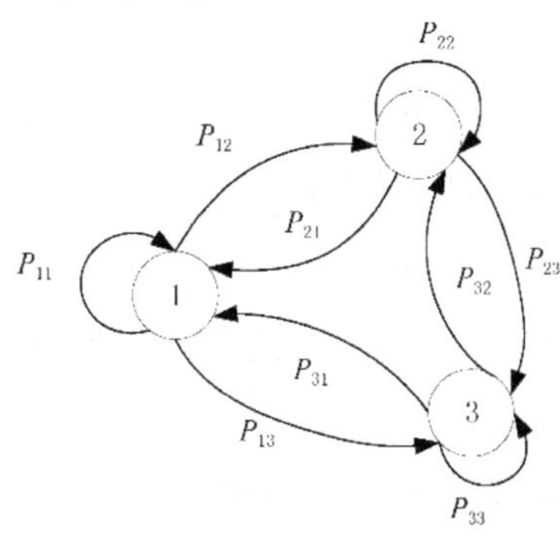

图 12.1

记由状态 i 经两步转移到状态 j 的概率为 $P_{ij}^{(2)}$：

则　$P_{12}^{(2)}=P_{11}P_{12}+P_{12}P_{22}+P_{13}P_{32}=0.5$

同理

$$\begin{aligned}P_{13}^{(2)}&=P_{11}P_{13}+P_{12}P_{23}+P_{13}P_{33}=0.25\\ P_{11}^{(2)}&=P_{11}P_{11}+P_{12}P_{21}+P_{13}P_{31}=0.25\\ &\cdots\end{aligned} \tag{12.3}$$

记　$\boldsymbol{P}^{(2)}=\begin{bmatrix}P_{11}^{(2)} & P_{12}^{(2)} & P_{13}^{(2)}\\ P_{21}^{(2)} & P_{22}^{(2)} & P_{23}^{(2)}\\ P_{31}^{(2)} & P_{32}^{(2)} & P_{33}^{(2)}\end{bmatrix}$，称 $\boldsymbol{P}^{(2)}$ 为二步转移矩阵，则 $\boldsymbol{P}^{(2)}=\boldsymbol{P}\cdot\boldsymbol{P}=\boldsymbol{P}^2$。

即二步转移矩阵就是一步矩阵的平方，以此类推：

$$\boldsymbol{P}^{(3)}=\boldsymbol{P}^3 \tag{12.4}$$

$$\boldsymbol{P}^{(n)}=\boldsymbol{P}^n \tag{12.5}$$

$$\boldsymbol{P}^{(n)}=\boldsymbol{P}^{(n-m)}\boldsymbol{P}^{(m)}\ \text{（Chapman—Kolmogorou 方程）} \tag{12.6}$$

据此，如果已知系统在初始阶段处于某状态的概率 $P_i^{(0)}$ 及转移矩阵 $\boldsymbol{P}$，则 n 步后系统处于状态 j 的概率 $P_j^{(n)}$ 可以由下式计算：

$$P_j^{(n)}=\boldsymbol{P}\{x_n=j\}=\sum_i\boldsymbol{P}\{x_n=j|x_0=i\}\boldsymbol{P}\{x_0=i\}=\sum_i P_{ij}^{(n)}P_i^{(0)} \tag{12.7}$$

即　$(P_1^{(n)}P_2^{(n)}\cdots P_k^{(n)})=\boldsymbol{P}^{(0)}\boldsymbol{P}^n$

这里 $(P_1^{(n)}P_2^{(n)}\cdots P_k^{(n)})$ 是系统第 n 步的绝对概率。

在上述问题中

$$\left(P_1^{(0)},P_2^{(0)},P_3^{(0)}\right)=\left(\frac{1}{3},\frac{1}{3},\frac{1}{3}\right)$$

$$\left(P_1^{(2)},P_2^{(2)},P_3^{(2)}\right)=\boldsymbol{P}^{(0)}\boldsymbol{P}^2=\left(0.333,0.458,0.208\right)$$

$$\left(P_1^{(3)},P_2^{(3)},P_3^{(3)}\right)=\boldsymbol{P}^{(0)}\boldsymbol{P}^3=\left(0.333,0.448,0.229\right)$$

以此类推，可以得到多次转移后的概率分布。

12.2 稳态概率

按 12.1 节所述，由转移概率和初始状态的概率分布可以确定任意步上的转移概率和绝对概率分布，本节讨论当 n 逐步增大时 $P_{ij}^{(n)}$ 的变化趋势。

$\pi_j=\lim\limits_{n\to\infty}P_j^n=\lim\limits_{n\to\infty}\boldsymbol{P}\{x_n=j\}$ 为稳态概率。

由于初始状态对 n 步转移后所处状态的影响随 n 增大而减小，所以 $\lim\limits_{n\to\infty}\boldsymbol{P}\{x_n=j|x_0=i\}=\lim\limits_{n\to\infty}\boldsymbol{P}\{x_n=j\}=\pi_j$。

因此，我们可以从 n 步转移矩阵的 $n\to\infty$ 极限取得稳态概率分布：

$$\boldsymbol{P}^n=\boldsymbol{P}^{n-1}\boldsymbol{P} \tag{12.8}$$

由 $\lim\limits_{n\to\infty}\boldsymbol{P}^n=\lim\limits_{n\to\infty}\boldsymbol{P}^{n-1}\boldsymbol{P}$，得

$$\begin{bmatrix}\pi_1 & \pi_2 & \cdots & \pi_k\\ \pi_1 & \pi_2 & \cdots & \pi_k\\ \pi_1 & \pi_2 & \cdots & \pi_k\end{bmatrix}=\begin{bmatrix}\pi_1 & \pi_2 & \cdots & \pi_k\\ \pi_1 & \pi_2 & \cdots & \pi_k\\ \pi_1 & \pi_2 & \cdots & \pi_k\end{bmatrix}\boldsymbol{P} \tag{12.9}$$

记 $\boldsymbol{\pi}=(\pi_1\pi_2\cdots\pi_k)$，则 $\boldsymbol{\pi}=\boldsymbol{\pi P}$，且 $\sum\limits_{i=1}^{k}\pi_1=1$。此方程组为稳态方程。

仍引用以上例子，由

$$\begin{cases}(\pi_1\pi_2\pi_3)=(\pi_1\pi_2\pi_3)\begin{bmatrix}0.5 & 0.5 & 0\\ 0 & 0.5 & 0.5\\ 0.75 & 0.25 & 0\end{bmatrix}\\ \pi_1+\pi_2+\pi_3=1\end{cases} \tag{12.10}$$

解之得

$$\pi_1=\frac{1}{3},\pi_2=\frac{4}{9},\pi_3=\frac{2}{9}$$

稳态概率有以下几种意义：

（1）稳态概率 π_j 是在遥远的未来时间点上过程处于 j 状态的概率。

（2）如果过程经很长时间运行以后，π_j 则表示过程处于状态 j 的时间比例。

（3）稳态概率也可以解释为过程从某一状态出发又回到此状态所经过转移步数的倒数，如 $\pi_1=\dfrac{1}{3}$ 表示某人在技术部门工作平均经过三次转移之后又回到技术部门。

12.3　首次到达概率和首次回归概率

前面讨论的问题是关于在一定时间点上过程处于某一状态的概率，但实际中人们往往还需要知道经过多少时间（或步数）过程能首次到达某一状态。

P_{ij}^{n} 仅表示在 n 步时过程由状态 i 变为状态 j 的概率，π_j 表明在稳态下处于状态 j 的概率。

记 $f_{ij}^{(n)}$ 为从状态 i 经 n 步首次到达状态 j 的概率，即 $f_{ij}^{(n)} = \boldsymbol{P}\{x_n = j, x_{n-1} \neq j, x_{n-2} \neq j, \cdots, x_1 \neq j \mid x_0 = i\}$。

显然，$f_{ij}^{(0)} = 0$ 且 $f_{ij}^{(1)} = P_{ij}$。

由于 $P_{ij}^{(n)}$ 中包含了在 n 步以前所有到达状态 j 的可能性，而 $f_{ij}^{(n)}$ 则不包含 n 步以前到达状态 j 的可能性，因此只要从 $P_{ij}^{(n)}$ 中扣除这一部分可能性之后，就可以得到 $f_{ij}^{(n)}$。

以状态空间为 3 的过程为例。经过两次转移由状态 1 到达状态 3 的路径有三条，而由状态 1 首次到达状态 3 的路径只有两条：1—1—3，1—2—3。

因此　$f_{13}^{(2)} = P_{13}^{(3)} - (f_{13}^{(2)} P_{33} + f_{13}^{(1)} P_{33}^{(2)}) = P_{13}^{(3)} - \sum_{k=1}^{2} f_{33}^{(k)} P_{33}^{(3-k)}$

一般地　$$f_{ij}^{(n)} = P_{ij}^{(n)} - \sum_{k=1}^{n-1} f_{jj}^{(k)} P_{jj}^{(n-k)} \qquad n = 2,3\cdots$$

让 N_{ij} 表示从状态 i 首次到达状态 j 所需步数（时间），则 N_{ij} 是随机变量。

$$\boldsymbol{P}\left\{N_{ij} = n\right\} = f_{ij}^{(n)} \tag{12.11}$$

当 $i = j$ 时，$\boldsymbol{P}\left\{N_{ii} = n\right\} = f_{ii}^{(n)}$，称 $f_{ii}^{(n)}$ 为首次回归概率，即

$$f_{ii}^{(n)} = \{x_n = i \left| x_{n-1} \neq i, x_{n-2} \neq i, \cdots, x_1 \neq i, x_0 = i\right.\}$$

记 m_{ij} 为从 i 到 j 首次到达的平均转移步数（时间）：

$$m_{ij} = E(N_{ij}) = \sum_{n=1}^{\infty} n f_{ij}^{(n)} \tag{12.12}$$

若 $i = j$，则称 m_{ij} 为平均首次回归步数（时间）。

回顾 12.2 节所提到的稳态概率 π_j，则 $m_{jj} = \dfrac{1}{\pi_j}$。

进一步推导 m_{ij}：

$$\begin{aligned} m_{ij} &= f_{ij}^{(1)} + \sum_{k^1 j} (1 + m_{kj}) P_{ik} \\ &= P_{ij} + \sum_{k^1 j} P_{ik} + \sum_{j^1 k} m_{kj} P_{ik} \\ &= 1 + \sum_{k^1 j} P_{ik} m_{kj} \end{aligned} \tag{12.13}$$

即

$$m_{ij} = 1 + \sum_{k \neq j} P_{ik} m_{kj}$$

以技术人员转移问题为例，某人开始在技术部门，求平均经几次转移，首次分到销售部门，即求 m_{13}。

$$\begin{cases} m_{13} = 1 + p_{11}m_{13} + p_{12}m_{23} \\ m_{23} = 1 + p_{21}m_{13} + p_{22}m_{23} \end{cases} \tag{12.14}$$

解之得 $m_{23} = 2$， $m_{13} = 4$，即平均经四次转移后，该人首次分到销售部门。

12.4 预测模型举例

当一个系统由状态 i 变为状态 j 的概率只与状态 i 有关，而与时间无关时，应用马尔可夫链分析这个系统的变化是一个有力的手段。

例 2 某地区有甲、乙、丙三家公司，历史上三家产品分别拥有该地区 50%、30%、20% 的市场。不久前丙公司制定了一项将甲、乙公司顾客吸引到本公司销售与服务的方针。市场调查表明，在丙公司新方针影响下，甲公司顾客只有 70%仍购买甲产品，而 10%、20%将转向乙、丙；乙公司将有 80%老顾客，余下各一半转向甲、丙；丙公司保持 90%老顾客，余下各一半转向甲、乙。设销售趋势一直不变。

（1）求一步转移概率；

（2）求三个公司在第一季度、第二季度拥有的销售份额；

（3）求三个公司最终拥有的销售份额。

解： 记状态 0、1、2 分别为购买甲，乙，丙公司产品。

（1）

状态	0	1	2
0	0.7	0.1	0.2
1	0.1	0.8	0.1
2	0.05	0.05	0.9

（2）$(0.5 \quad 0.3 \quad 0.2)\begin{bmatrix} 0.7 & 0.1 & 0.2 \\ 0.1 & 0.8 & 0.1 \\ 0.05 & 0.05 & 0.9 \end{bmatrix} = (0.39 \quad 0.30 \quad 0.31)$

$$(0.39 \quad 0.30 \quad 0.31)\begin{bmatrix} 0.7 & 0.1 & 0.2 \\ 0.1 & 0.8 & 0.1 \\ 0.05 & 0.05 & 0.9 \end{bmatrix} = (0.319 \quad 0.294 \quad 0.387)$$

（3）$\boldsymbol{\pi} = \boldsymbol{\pi p}$， $\sum_{j=0}^{2} \pi_j = 1$，即

$$\begin{cases} \pi_0 = 0.7\pi_0 + 0.1\pi_1 + 0.05\pi_2 \\ \pi_1 = 0.1\pi_0 + 0.8\pi_1 + 0.05\pi_2 \\ \pi_0 + \pi_1 + \pi_2 = 1 \end{cases}$$

解得
$$(\pi_0 \quad \pi_1 \quad \pi_2) = (\frac{3}{17} \quad \frac{4}{17} \quad \frac{10}{17})$$

12.5　决策模型举例

例 3　某生产过程包含使用一台繁重、使产量与质量都迅速恶化的机器，因而需要在每天下班时加以检查。机器可能有下述状态 x_i。

状态

0：完好

1：可运转　　小恶化

2：可运转　　大恶化

3：不运转　　质量不合格

且状态转移矩阵如下：

状态	0	1	2	3
0	0	7/8	1/16	1/16
1	0	3/4	1/8	1/8
2	0	0	1/2	1/2
3	0	0	0	1

当系统处于状态 0、1 或 2 时，第二天可能产生次品，期望费用如下：

状态	次品期望费用/元
0	0
1	1000
2	3000

每天下班时记下机器状态，并做出决策。所有可能决策有以下 3 种：

决策	措施
k=1	不做什么
k=2	大修（使系统回到状态 1）
k=3	更换（使系统回到状态 0）

一台机器不论大修还是更换，都需要经过一天时间，因停产会损失 2000 元。此外，一台机器大修费用 2000 元，更换费用 4000 元。

（1）试计算下述策略所对应的期望费用（每天）：

状态 0、1 时不做什么；状态 2 时大修；状态 3 时更换。

（2）确定使总费用最小的策略。

解：（1）当采取上述策略时，状态转移矩阵发生变化，现在的状态转移矩阵如下：

状态	0	1	2	3
0	0	7/8	1/16	1/16
1	0	3/4	1/8	1/8
2	0	1	0	0
3	1	0	0	0

$(\pi_0\ \ \pi_1\ \ \pi_2\ \ \pi_3)$为稳态概率，由

$$\begin{cases}(\pi_0\quad \pi_1\quad \pi_2\quad \pi_3)=(\pi_0\quad \pi_1\quad \pi_2\quad \pi_3)\ \boldsymbol{P}=(\pi_0\quad \pi_1\quad \pi_2\quad \pi_3)\begin{bmatrix}0 & 7/8 & 1/16 & 1/16\\ 0 & 3/4 & 1/8 & 1/8\\ 0 & 1 & 0 & 0\\ 1 & 0 & 0 & 0\end{bmatrix}\\ \pi_0+\pi_1+\pi_2+\pi_3=1\end{cases}$$

解得 $$(\pi_0\quad \pi_1\quad \pi_2\quad \pi_3)=(\frac{2}{21}\quad \frac{15}{21}\quad \frac{2}{21}\quad \frac{2}{21})$$

所以期望费用为 $0\times\frac{2}{21}+1\times\frac{15}{21}+4\times\frac{2}{21}+6\times\frac{2}{21}=\frac{35}{21}$（千元）

（2）记 C_{ik} 为当系统处于状态 i 而采决策 k 时的招致费用，则

状态	决策		
	C_{ik}		
	1	2	3
0	0	4	6
1	1	4	6
2	3	4	6
3	∞	∞	6

令 $D_{ik}=\begin{cases}0 & 状态为i而不采用k决策\\ 1 & 状态为i采取k决策\end{cases}$ $i=0,1,2,3$，$k=1,2,3$。

则 $$\sum_{k=1}^{3}D_{ik}=1\qquad i=0,1,2,3$$

于是采用策略 $\{D_{ik}\}$ 所对应的期望费用为

$$\sum_{i=0}^{3}\sum_{k=1}^{3}\pi_i D_{ik}C_{ik}\tag{12.15}$$

令 $y_{ik}=\pi_i D_{ik}\qquad i=0,1,2,3\qquad k=1,2,3$

则 $\pi_i=\sum_{k=1}^{3}y_{ik}\qquad i=0,1,2,3$

因而 $D_{ik}=\frac{y_{ik}}{\pi_i}=\frac{y_{ik}}{\sum_{k=1}^{3}y_{ik}}\qquad i=0,1,2,3,\ k=1,2,3$

对 y_{ik} 存在若干约束：

（1）$\sum_{i=0}^{3}\sum_{k=1}^{3}y_{ik}=\sum_{i=0}^{3}\pi_i=1$；

（2）因为 $\pi_j=\sum_{i=0}^{3}\pi_i p_{ij}$，所以 $\sum_{k=1}^{3}y_{jk}=\sum_{i=0}^{3}\sum_{k=1}^{3}y_{ik}p_{ij}(k)\qquad j=0,1,\cdots,3$；

（3）$y_{ik}\geqslant 0\qquad i=0,1,2,3\qquad k=1,2,3$

单位时间期望费用由下式给出：

$$E(C)=\sum_{i=0}^{3}\sum_{k=1}^{3}C_{ik}\pi_i D_{ik}=\sum_{i=0}^{3}\sum_{k=1}^{3}C_{ik}y_{ik}\tag{12.16}$$

因此，问题变为选取 y_{ik} 使

$$\min\sum_{i=0}^{3}\sum_{k=1}^{3}C_{ik}y_{ik} \tag{12.17}$$

$$\text{满足}\begin{cases}\sum_{i=0}^{3}\sum_{k=1}^{3}y_{ik}=1\\ \sum_{k=1}^{3}y_{ik}-\sum_{i=0}^{3}\sum_{k=1}^{3}y_{ik}p_{ij}(k)=0 \quad j=0,1,2,3\\ y_{ij}\geqslant 0 \quad i=0,1,2,3 \quad k=1,2,3\end{cases}$$

显然，这是一个线性规划模型。一旦得到 y_{ik} 后，就容易从

$$D_{ik}=\frac{y_{ik}}{\sum_{k=1}^{3}y_{ik}} \tag{12.18}$$

求得 $\{D_{ik}\}$。

该例中状态转移矩阵如下：

状态	k=1　P（1）				k=2　P（2）				k=3　P（3）				C_{ik}		
	0	1	2	3	0	1	2	3	0	1	2	3	1	2	3
0	0	7/8	1/16	1/16	0	1	0	0	1	0	0	0	0	4	6
1	0	3/4	1/8	1/8	0	1	0	0	1	0	0	0	1	4	6
2	0	0	1/2	1/2	0	1	0	0	1	0	0	0	3	4	6
3	0	0	0	1	0	1	0	0	1	0	0	0	∞	∞	6

模型如下：

$$\min(4y_{02}+6y_{03}+y_{11}+4y_{12}+6y_{13}+3y_{21}+4y_{22}+6y_{23}+My_{31}+My_{32}+6y_{33})$$

$$\begin{cases}y_{01}+y_{02}+y_{03}+y_{11}+y_{12}+y_{13}+y_{21}+y_{23}+y_{31}+y_{32}+y_{33}=1\\ (y_{01}+y_{02}+y_{03})-(y_{03}+y_{13}+y_{23}+y_{33})=0\\ (y_{11}+y_{12}+y_{13})-(7/8y_{01}+y_{02}+3/4y_{11}+y_{12}+y_{22}+y_{32})=0\\ (y_{21}+y_{22}+y_{23})-(1/16y_{01}+1/8y_{11}+1/2y_{21})=0\\ (y_{31}+y_{32}+y_{33})-(1/16y_{01}+1/8y_{11}+1/2y_{21}+y_{31})=0\\ y_{ik}\geqslant 0 \quad i=0,1,2,3 \quad k=1,2,3\end{cases} \tag{12.19}$$

计算结果：$y_{01}=\frac{2}{21}$，$y_{11}=\frac{5}{7}$，$y_{22}=\frac{2}{21}$，$y_{33}=\frac{2}{21}$，其余 $y_{ij}=0$。

由 $D_{ik}=\frac{y_{ik}}{\sum_{k=0}^{3}y_{ik}}$ 得：最优策略 $D_{01}=D_{11}=D_{22}=D_{33}=1$，其余 $D_{ik}=0$。

即状态 0、1 时不动，处于状态 2 时大修，处于状态 3 时更换。最小总费用为 $0\times\frac{2}{21}+1\times\frac{15}{21}+4\times\frac{2}{21}+6\times\frac{2}{21}=\frac{35}{21}$（千元）。

例 4　一个多用途的水坝不仅用于防洪而且用来发电。水库的容量为 3 个单位，在一个月内流入水库的水量 w 的概率分布如下：

w	0	1	2	3
$P(w)$	1/6	1/3	1/3	1/6

每月发电需要一个单位的水。水坝在每月初泄水，第一个单位先用来发电，然后供灌溉使用，需要 10 万元。如果泄出更多单位的水，也可供灌溉使用，每单位也需要 10 万元。如果在月初水库所蓄的水不到 1 个单位，就必须以 30 万元费用另行购买电力。在任何时候，如果水库中的水超过 3 个单位，过多的水就由溢洪道泄出去，这不需要费用也没有收益。设各月初水库的水量为 0,1,2,3 这几种状态之一。试求期望收入最大的泄水方案。

解：可能的决策有 4 种：

状态	措施
k=1	不泄水
k=2	泄 1 个单位水
k=3	泄 2 个单位水
k=4	泄 3 个单位水

记 C_{ik} 为系统处于状态 i 而采取 k 决策时带来的收入，则

状态	决策			
	1	2	3	4
0	−30	$-M$	$-M$	$-M$
1	−30	10	$-M$	$-M$
2	−30	10	20	$-M$
3	−30	10	20	30

该水库在无水泄出的自然情况下的状态转移矩阵如下:

状态	0	1	2	3
0	1/6	1/3	1/3	1/6
1	0	1/6	1/3	1/2
2	0	0	1/6	5/6
3	0	0	0	1

令 $D_{ik}=\begin{cases}0 & \text{状态为}i\text{而不采取}k\text{决策}\\1 & \text{状态为}i\text{采取}k\text{决策}\end{cases}\quad i=0,1,2,3\quad k=1,2,3,4$

于是，采用策略 $\{D_{ik}\}$ 所对应的期望收入为

$$\sum_{i=0}^{3}\sum_{k=1}^{4}\pi_i D_{ik} C_{ik} \tag{12.20}$$

令　$y_{ik}=\pi_i D_{ik}$，则该问题的数学模型为

$$\max\sum_{i=0}^{3}\sum_{k=1}^{4}C_{ik}y_{ik} \tag{12.21}$$

$$\begin{cases}\sum_{i=0}^{3}\sum_{k=1}^{4}y_{ik}=1\\ \sum_{k=1}^{4}y_{ik}=\sum_{i=0}^{3}\sum_{k=1}^{4}y_{ik}P_{ij}(k)=0 \qquad j=0,1,2,3\\ y_{ik}\geqslant 0 \quad i=0,1,2,3 \quad k=1,2,3,4\end{cases} \tag{12.22}$$

该例中状态转移矩阵如下：

状态	k=1　P（1）				k=2　P（2）				k=3　P（3）				k=4　P（4）			
	0	1	2	3	0	1	2	3	0	1	2	3	0	1	2	3
0	1/6	1/3	1/3	1/6	—	—	—	—	—	—	—	—	—	—	—	—
1	0	1/6	1/3	1/2	1/6	1/3	1/3	1/6	—	—	—	—	—	—	—	—
2	0	0	1/6	5/6	0	1/6	1/3	1/2	1/6	1/3	1/3	1/6	—	—	—	—
3	0	0	0	1	0	0	1/6	5/6	0	1/6	1/3	1/2	1/6	1/3	1/3	1/6

所以模型为

$$\max(-30y_{01}-My_{02}-My_{03}-My_{04}-30y_{11}+10y_{12}-My_{13}-My_{14}-$$
$$30y_{21}+10y_{22}+20y_{23}-My_{24}-30y_{31}+10y_{32}+20y_{33}+30y_{34})$$

$$\begin{cases}
y_{01}+y_{02}+y_{03}+y_{11}+y_{12}+y_{13}+y_{14}+y_{21}+y_{22}+y_{23}+y_{24}+ \\
y_{31}+y_{32}+y_{33}+y_{34}=1 \\
(y_{01}+y_{02}+y_{03}+y_{04})-(\frac{1}{6}y_{01}+\frac{1}{6}y_{12}+\frac{1}{6}y_{23}+\frac{1}{6}y_{34})=0 \\
(y_{11}+y_{12}+y_{13}+y_{14})-(\frac{1}{3}y_{01}+\frac{1}{6}y_{11}+\frac{1}{3}y_{12}+\frac{1}{6}y_{22}+\frac{1}{3}y_{23}+ \\
\frac{1}{6}y_{33}+\frac{1}{3}y_{34})=0 \\
(y_{21}+y_{22}+y_{23}+y_{24})-(\frac{1}{3}y_{01}+\frac{1}{3}y_{11}+\frac{1}{6}y_{21}+\frac{1}{3}y_{12}+\frac{1}{3}y_{22}+ \\
\frac{1}{6}y_{32}+\frac{1}{3}y_{23}+\frac{1}{3}y_{33}+\frac{1}{3}y_{34})=0 \\
(y_{31}+y_{32}+y_{33}+y_{34})-(\frac{1}{6}y_{01}+\frac{1}{2}y_{11}+\frac{5}{6}y_{21}+y_{31}+\frac{1}{6}y_{12}+ \\
\frac{1}{2}y_{22}+\frac{5}{6}y_{32}+\frac{1}{6}y_{23}+\frac{1}{2}y_{33}+\frac{1}{6}y_{34})=0 \\
y_{ik}\geqslant 0 \quad i=0,1,2,3 \quad k=1,2,3,4
\end{cases} \tag{12.23}$$

求解上述线性规划，再由 $D_{ik}=\dfrac{y_{ik}}{\sum_{k=1}^{3}y_{ik}}$，可算得最优泄水方案。坝中有 1 个单位水时泄出所存水；有 2 个单位水时泄出 1 个单位水，有 3 个单位水时泄出 2 个单位水。

以上通过两个实例介绍了求解马尔可夫决策的线性规划法，此外，还有求解马尔可夫过程的方针改进法，本章限于篇幅，就不再进行介绍了。

课后习题

（1）设马尔可夫链的状态 $I=\{1,2,3\}$，转移概率矩阵为

$$\boldsymbol{P}=\begin{pmatrix} 0 & p_1 & q_1 \\ q_2 & 0 & p_2 \\ p_3 & q_3 & 0 \end{pmatrix}$$

求从状态 1 出发经 n 步转移首次到达各状态的概率。

（2）设马尔可夫链的转移概率矩阵为

$$\boldsymbol{P}=\begin{pmatrix} 0.7 & 0.1 & 0.2 \\ 0.1 & 0.8 & 0.1 \\ 0.05 & 0.05 & 0.9 \end{pmatrix}$$

求马尔可夫链的平稳分布及各状态的平均返回时间。

（3）甲、乙两人进行比赛，设每局比赛中甲胜的概率是 p，乙胜的概率是 q，和局的概率是 r（$p+q+r=1$）。设每局比赛后，胜者记“+1”分，负者记“-1”分，和局不记分。当两人中有一人获得 2 分结束比赛时，以 X_n 表示比赛至第 n 局时甲获得的分数。

① 写出状态空间；

② 求 $p^{(2)}$；

③ 问在甲获得 1 分的情况下，再比赛两局可以结束比赛的概率是多少？

（4）赌徒甲有资本 a 元，赌徒乙有资本 b 元，两人进行赌博，每赌一局输者给赢者 1 元，没有和局，直到两人中有一人输光为止。设在每一局中，甲获胜的概率为 p，乙获胜的概率为 $q=1-p$，求甲输光的概率。

（5）设 $\{X_n,n\geqslant 0\}$ 是具有三个状态的齐次马氏链，一步转移概率矩阵为

$$\boldsymbol{p}=\begin{bmatrix} \frac{3}{4} & \frac{1}{4} & 0 \\ \frac{1}{4} & \frac{1}{2} & \frac{1}{4} \\ 0 & \frac{3}{4} & \frac{1}{4} \end{bmatrix}$$

初始分布 $P_i(0)=\boldsymbol{P}\{X_0=i\}=\frac{1}{3},i=0,1,2$，求：

① $\boldsymbol{P}\{X_0=0,X_2=1\}$；

② $\boldsymbol{P}\{X_2=1\}$。

（6）扔一颗色子，若前 n 次扔出的点数的最大值为 j，则 $X_n=j$，试问 $X_n=j$ 是否为马尔可夫链？求一步转移概率矩阵。

（7）假设目前饮料市场上只有两种饮料。假定顾客上一次购买时选择饮料 1，则下次选购饮料 1 的概率为 90%；顾客上一次购买时选择饮料 2，则下次选择饮料 2 的概率为 80%。试问：

如果顾客当前选择的是饮料 2，则第二次购买时选择饮料 1 的概率是多少？

如果顾客当前选择的是饮料 1，则第三次购买时选择饮料 1 的概率是多少？

（8）在第（7）题中，假设有 10000 位顾客，每位顾客每周购买一次饮料（52 周=1 年）；一单位饮料的成本价是 1 元，销售价是 2 元。一家广告公司保证可以为饮料 1 的生产公司做广告，将由购买饮料 1 转为购买饮料 2 的顾客比例从 10%降低至 5%，广告费每年 50000 元，请问饮料 1 的生产公司是否该做此广告？

（9）设任意相继的两天中，雨天转晴天的概率为 $\frac{1}{3}$，晴天转雨天的概率为 $\frac{1}{2}$，任一天是晴天或雨天是互为事件。以 0 表示晴天状态，以 1 表示雨天状态，以 x_n 表示第 n 天状态（0 或 1）。试写出马尔可夫链 $\{x_n,\ n\geqslant 1\}$ 的一步转移概率矩阵。又已知 5 月 1 日为晴天，问 5 月 3 日为晴天，5 月 5 日为雨天的概率各等于多少？

第四篇

数值方法

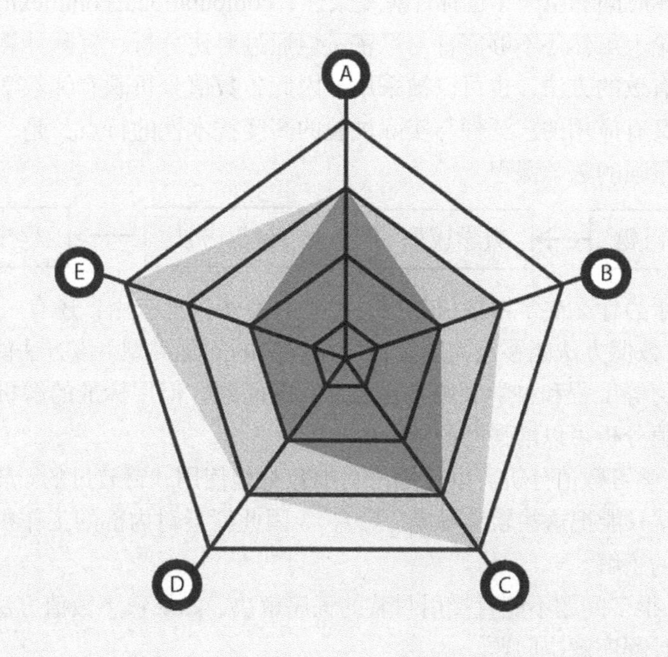

第 13 章　科学计算简介

13.1　数值分析简介

现代科学研究有三大支柱：理论研究、科学实验和科学计算。科学计算的基础就是数值分析，或者说科学计算就是数值分析。

数值分析（numerical analysis）也称数值方法、计算方法或计算机数学，是计算数学的一个主要部分，计算数学是数学科学的一个分支，它研究用计算机求解各种数学问题的数值计算方法及其理论与软件实现，它用公式表示数学问题以便可以利用算术和逻辑运算解决这些问题的技术。

在计算机出现以前，实现这类计算的时间和代价严重限制了它们的实际运用。然而，随着计算机的出现，数值分析在工程和科学问题求解中的应用正进行爆炸式发展，使之成为每个工程师和科学家基础教育的一部分。

一般地，用计算机解决科学计算问题，首先需要针对实际问题提炼出相应的数学模型，然后为解决数学模型设计出数值计算方法，经过程序设计之后上机计算，求出数值结果，最后由实验来检验。概括为如下过程。

数值分析是寻求数学问题近似解的方法、过程及其理论的一个数学分支，它以纯数学作为基础，但却不完全像纯数学那样只研究数学本身的理论，而是着重研究数学问题求解的数值方法及与此有关的理论，包括方法的收敛性、稳定性及误差分析；还要根据计算机的特点研究计算时间和空间（也称计算复杂性，computational complexity）最省的计算方法。有的方法在理论上虽然还不够完善与严密，但通过对比分析、实际计算和实践检验等手段，被证明是行之有效的方法，也可以被采用。因此，数值分析既有纯数学高度抽象性与严密科学性的特点，又有应用的广泛性与实际试验的高度技术性的特点，是一门与使用计算机密切结合的实用性很强的数学课程。

至于为什么要学习数值分析，除了对整体教育有用，还有一些其他的理由。

① 数值方法能够极大地涵盖所能解决的问题类型。该方法能处理大型方程组、非线性和复杂几何等工程和科学领域中普遍存在的问题，但用标准的解析方法求解是不可能的。因此学习数值分析可以增强问题求解的技能。

② 学习数值分析可以让用户更加智慧地使用“封装过的”软件。如果缺少对基本理论的理解，就只能把这些软件看成“黑盒”，因此就会对内部的工作机制和它们产生结果的优劣缺少必要的了解。

③ 很多问题不能直接用封装的程序解决，如果熟悉数值方法并擅长计算机编程，就可以自己设计程序解决问题。

④ 数值分析是学习使用计算机的有效载体，对于展示计算机的强大和不足是非常理想的。当成功地在计算机上实现了数值方法，然后将它们应用于求解其他难题时，就可以极大地展示计算机如何为个人的发展服务。同时，学习如何认识和控制误差，这是大规模数值计算的组成部分，也是大规模数值计算面临的最大问题。

⑤ 数值分析提供了一个增强对数学理解的平台，因为数值方法的一个功能是将数学从高级的表示化为基本的算术操作，从这个独特的角度可以提高对数学问题的理解和认知。

13.2 误差

13.2.1 误差的来源与分类

工程师和科学家总是发现自己必须基于不确定的信息完成特定的目标。尽管完美是值得赞美的目标，但是极少能够达到，因为误差几乎处处存在。

模型误差（model error）：用数学方法解决实际问题，必须把实际问题经过抽象，忽略一些次要的因素，简化成一个确定的数学问题。它与实际问题或客观现象之间必然存在误差，这种误差称为“模型误差”。

观测误差（observation error）：数学问题中总包含一些参量或物理量（如电压、电流、温度、长度等），它们的值（输入数据）往往是由观测得到的。而观测的误差是难以避免的，由此产生的误差称为“观测误差”。

截断误差（truncation error）：用近似数学过程代替准确数学过程而导致的误差，也称为方法误差，这是计算方法本身所出现的误差，如

$$\cos x=1-\frac{x^2}{2}+\frac{x^4}{4!}-\frac{x^6}{6!}+\cdots+\frac{(-1)^n x^{2^n}}{(2n)!}$$

当$|x|$很小时，可以用$1-\frac{x^2}{2}$作为$\cos x$二近似位，后面省略掉的部分就是该方法的截断误差。

舍入误差（round-off error）：由于计算机不能准确表示某些量而引起误差。少量的舍入误差是微不足道的，但在计算机做成千上万次运算后，舍入误差的累积有时可能是十分惊人的。

研究计算结果的误差是否满足精度要求就是误差估计问题。本书主要讨论算法的截断误差与舍入误差，而截断误差将结合具体算法讨论。

例 1 计算$\int_0^1 \mathrm{e}^{-x^2}\mathrm{d}x$。

解：将e^{-x^2}进行 Taylor 展开后再积分得

$$\int_0^1 -\mathrm{e}^{-x^2}\mathrm{d}x=1-\frac{1}{3}+\frac{1}{2!}\times\frac{1}{5}-\frac{1}{3!}\times\frac{1}{7}+\frac{1}{4!}\times\frac{1}{9}-\cdots$$

令
$$S_4=1-\frac{1}{3}+\frac{1}{2!}\times\frac{1}{5}-\frac{1}{3!}\times\frac{1}{7},\ R_4=\frac{1}{4!}\times\frac{1}{9}-\cdots$$

取得$\int_0^1 \mathrm{e}^{-x^2}\mathrm{d}x\approx S_4$，则$R_4$就是截断误差，且$|R_4|<\frac{1}{4!}\times\frac{1}{9}<0.005$，是由截取部分引起的。

下面由计算机计算 S_4，假设保留小数点后三位，则

$$S_4 = 1 - \frac{1}{3} + \frac{1}{2!} \times \frac{1}{5} - \frac{1}{3!} \times \frac{1}{7} \approx 1 - 0.333 + 0.100 - 0.024 = 0.743$$

其中，舍入误差 $< 0.005 \times 2 = 0.01$，是由留下部分上机计算时引起的。

从而，计算 $\int_0^1 \mathrm{e}^{-x^2} \mathrm{d}x$ 的总误差为截断误差和舍入误差的和为 0.015。

$\int_0^1 \mathrm{e}^{-x^2} \mathrm{d}x$ 的真实值为 0.747…。

13.2.2 误差的定义

定义 13.1 设 x 为准确值，x^* 为 x 的一个近似值，$e(x^*) = x^* - x$ 被称为近似值的绝对误差（absolute error），简称为误差。

注意：这样定义的误差 $e(x^*)$ 可正可负。

通常，我们不能算出准确值 x，当然也不能算出误差 $e(x^*)$ 的准确值，只能根据测量工具或计算情况估计出误差的绝对值不超过某正数 $\varepsilon(x^*)$，也就是误差绝对值的一个上界。$\varepsilon(x^*)$ 为近似值的误差限，并且总是正数。

一般地，$|x^* - x| \leqslant \varepsilon(x^*)$，工程中常记作 $x = x^* \pm \varepsilon(x^*)$。

我们把近似值的误差 $e(x^*)$ 与准确值 x 的比值：

$$\frac{e(x^*)}{x} = \frac{x^* - x}{x}$$

称为近似值 x^* 的相对误差（relative error），记作 $e_r(x^*)$。

在实际计算中，由于真值 x 总是不知道的，通常取 $e_r(x^*) = \frac{e(x^*)}{x} = \frac{x^* - x}{x^*}$ 作为 x^* 的相对误差，条件 $e_r(x^*) = \frac{e(x^*)}{x^*}$ 较小，此时

$$\frac{e(x^*)}{x} - \frac{e(x^*)}{x^*} = \frac{e(x^*)(x^* - x)}{x^* x} = \frac{\left[e(x^*)\right]^2}{x^*\left[x^* - e(x^*)\right]} = \frac{\left[e(x^*)/x^*\right]^2}{1 - \left[e(x^*)/x^*\right]}$$

是 $e_r(x^*)$ 的平方项级，故可忽略不计。相对误差也可正可负，它的绝对值上界称为相对误差限，记作 $\varepsilon_r(x^*)$，即 $\varepsilon_r(x^*) = \frac{\varepsilon(x^*)}{|x^*|}$。

13.2.3 有效数字

当 x 有很多位数字时，为规定其近似数的表示方法，使得用它表示的近似数自身就指明相对误差的大小，因此引入有效数字的概念。

定义 13.2 若近似值 x^* 的误差限是某一位的半个单位，该位到 x^* 的第一位非零数字共有

n 位，则称近似值有 n 位有效数字（significant figure）。

在科学记数法中，将近似值 x^* 写成规格化形式为

$$x = \pm 0.a_1 a_2 \cdots a_i \cdots a_n \cdots \times 10^m \tag{13.1}$$

其中，m 为整数；$a_1 \neq 0, a_i \left(i = 1,2,\cdots,n,\cdots\right)$ 为 0～9 的整数。

按照定义 13.2，近似值 x^* 有 n 位有效数字，当且仅当

$$\left|x^* - x\right| \leqslant \frac{1}{2} \times 10^{m-n} \tag{13.2}$$

因此，在 m 相同的情况下，n 越大则误差越小，即一个近似值的有效数字越多，其误差限越小。

例 2　按四舍五入原则写出下列各数具有 5 位有效数字的近似数。

187.9325，0.03785551，8.000033，2.7182818。

按定义，上述各数具有 5 位有效数字的近似数分别为 187.93，0.037856，8.0000，2.7183。

注意： $x = 8.000033$ 的 5 位有效数字的近似数是 8.0000 而不是 8，因为 8 只有 1 位有效数字。

例 3　重力常数 g，如果以 $\mathrm{m/s^2}$ 为单位，则 $g \approx 0.980 \times 10^1 \mathrm{m/s^2}$；若以 $\mathrm{km/s^2}$ 为单位，则 $g \approx 0.980 \times 10^{-2} \mathrm{km/s^2}$，它们都具有 3 位有效数字，因此按第一种写法为

$$\left|g - 9.80\right| \leqslant \frac{1}{2} \times 10^{-2} = \frac{1}{2} \times 10^{1-3}$$

按第二种写法为

$$\left|g - 0.00980\right| \leqslant \frac{1}{2} \times 10^{-5} = \frac{1}{2} \times 10^{-2-3}$$

它们虽然写法不同，但都具有 3 位有效数字。至于绝对误差限由于单位不同结果也不同，$\varepsilon_1^* = \frac{1}{2} \times 10^{-2} \mathrm{m/s^2}$，$\varepsilon_2^* = \frac{1}{2} \times 10^{-5} \mathrm{km/s^2}$ 的相对误差都是 $\varepsilon_r^* = 0.005/9.80 = 0.000005/0.00980$。

例 3　说明有效位数与小数点后有多少位数有关。然而从式（13.2）可以得到具有 n 位有效数字的近似数 x^*，其绝对误差限为 $\varepsilon^* = \frac{1}{2} \times 10^{m-n}$，在 m 相同的情况下，n 越大则 10^{m-n} 越小，故有效位数越多，绝对误差限越小。

关于一个近似数的有效位数与其相对误差的关系，列出下面的定理。

定理 13.1　近似数 x^* 具有规格化形式（13.1），若 x^* 具有 n 位有效数字，则其相对误差限为

$$\varepsilon_r^* \leqslant \frac{1}{2a_1} \times 10^{-n+1} \tag{13.3}$$

如果

$$\varepsilon_r^* \leqslant \frac{1}{2\left(a_1 + 1\right)} \times 10^{-n+1} \tag{13.4}$$

则 x^* 至少具有 n 位有效数字。

定理说明，有效位数越多，相对误差限越少。

13.3 误差的传播

13.3.1 误差估计

数值运算中误差传播情况比较复杂，估计起来比较困难。本节所讨论的运算是四则运算与一些常用函数的计算。

由微分学可知，当自变量改变（误差）很小时，函数的微分作为函数的自变量的主要线性部分可以近似函数的改变量，故可以利用微分运算公式导出误差运算公式。

设数值计算中求得的解与参量（原始数据）$x_1,x_2,\cdots,x_n$ 有关，记为

$$y=f\left(x_1,x_2,\cdots,x_n\right)$$

参量的误差必然引起解的误差。设 $x_1,x_2,\cdots,x_n$ 的近似值分别为 $x_1^*,x_2^*,\cdots,x_n^*$，相应的解为

$$y^*=f\left(x_1^*,x_2^*,\cdots,x_n^*\right)$$

假设 f 在点（$x_1^*,x_2^*,\cdots,x_n^*$）处可微，则当数据误差较小时，解的绝对误差为

$$\begin{aligned}e\left(y^*\right)&=y^*-y=f\left(x_1^*,x_2^*,\cdots,x_n^*\right)-f\left(x_1,x_2,\cdots,x_n\right)\\&\approx \mathrm{d}f\left(x_1^*,x_2^*,\cdots,x_n^*\right)\\&=\sum_{i=1}^{n}\frac{\partial f\left(x_1^*,x_2^*,\cdots,x_n^*\right)}{\partial x_i}\left(x_i^*-x_i\right)\\&=\sum_{i=1}^{n}\frac{\partial f\left(x_1^*,x_2^*,\cdots,x_n^*\right)}{\partial x_i}e\left(x_i^*\right)\end{aligned}\tag{13.5}$$

其相对误差为

$$\begin{aligned}e_r\left(y^*\right)&=\frac{e\left(y^*\right)}{y^*}\approx \mathrm{d}\left(\ln f\right)\\&=\sum_{i=1}^{n}\frac{\partial f\left(x_1^*,x_2^*,\cdots,x_n^*\right)}{\partial x_i}\times\frac{e\left(x_i^*\right)}{f\left(x_1^*,x_2^*,\cdots,x_n^*\right)}\\&=\sum_{i=1}^{n}\frac{\partial f\left(x_1^*,x_2^*,\cdots,x_n^*\right)}{\partial x_i}\times\frac{x_i^*}{f\left(x_1^*,x_2^*,\cdots,x_n^*\right)}e_i\left(x_i^*\right)\end{aligned}\tag{13.6}$$

将式（13.5）及式（13.6）中的$e(\bullet)$和$e_r(\bullet)$分别换成误差限ε和ε_r，求和的各项变成绝对值。

特别地，由式（13.5）及式（13.6）可得和、差、积、商的误差及相对误差公式：

$$\begin{cases}e\left(x_1^*\pm x_2^*\right)=e\left(x_1^*\right)\pm e\left(x_2^*\right)\\e\left(x_1^*x_2^*\right)=x_2^*e\left(x_1^*\right)+x_1^*e\left(x_2^*\right)\\e\left(x_1^*/x_2^*\right)=\dfrac{x_2^*e\left(x_1^*\right)+x_1^*e\left(x_2^*\right)}{\left(x_2^*\right)^2}\end{cases}\tag{13.7}$$

$$\begin{cases} e_r\left(x_1^* \pm x_2^*\right) = \dfrac{x_1^*}{x_1^* \pm x_2^*} e_r\left(x_1^*\right) \pm \dfrac{x_2^*}{x_1^* \pm x_2^*} e_r\left(x_2^*\right) \\ e_r\left(x_1^* x_2^*\right) = e_r\left(x_1^*\right) + e_r\left(x_2^*\right) \\ e_r\left(x_1^* / x_2^*\right) = e_r\left(x_1^*\right) - e_r\left(x_2^*\right) \end{cases} \tag{13.8}$$

例 4　设 $y = x^n$，求 y 的相对误差与 x 的相对误差之间的关系。

解：由式（13.6）得

$$e_r(y) \approx \mathrm{d}\left(\ln x^n\right) = n\mathrm{d}(\ln x) \approx n e_r(x)$$

所以，x^n 的相对误差是 x 的相对误差的 n 倍，特别地，$\sqrt{x}$ 的相对误差是 x 的相对误差的一半。

例 5　设 $x > 0$，x 的相对误差为 δ，求 $\ln x$ 的绝对误差。

解：由于 $\delta = e_r(x) = \dfrac{e(x)}{x}$，即 $e(x) = x\delta$，

所以 $e(\ln x) \approx \mathrm{d}(\ln x) = \dfrac{e(x)}{x} = e_r(x) = \delta$。

13.3.2　病态问题与条件数

对一个数值问题本身，如果输入的数据有微小扰动（误差），则导致输出数据（问题解）相对误差较大，这就是病态问题（ill-conditioned problem）。例如，计算函数值 $f(x)$ 时，若 x 有扰动 $\Delta x = x - x^*$，则其相对误差为 $\dfrac{\Delta x}{x}$，函数值 $f\left(x^*\right)$ 的相对误差为 $\dfrac{f(x) - f\left(x^*\right)}{f(x)}$。相对误差比值为

$$\left|\frac{f(x) - f(x^*)}{f(x)}\right| \Big/ \left|\frac{\Delta x}{x}\right| \approx \left|\frac{x f'(x)}{f(x)}\right| = C_p \tag{13.9}$$

C_p 称为计算函数值问题的条件数（condition number）。自变量相对误差一般不会太大，如果条件数 C_p 很大，则将引起函数值相对误差很大，出现这种情况的问题就是病态问题。

例如，$f(x) = x^n$ 则有 $C_p = n$，表示相对误差可能放大 n 倍。例如，$n = 10$，有 $f(1) = 1, f(1.02) \approx 1.24$。若取 $x = 1, x^* = 1.02$，则自变量相对误差为 2%，函数值相对误差为 24%，这时问题可以认为是病态的。一般情况下，条件数 $C_p \geqslant 10$ 就认为是病态的，C_p 越大病态越严重。

其他计算问题也要分析是否为病态的。例如，线性方程组，如果输入数据有微小误差引起解的巨大误差，就认为是病态方程组。

13.3.3　算法的数值稳定行（numerical stability）

定义 13.3　一个算法如果输入数据有误差，而在计算过程中得到控制，则称算法是数值稳定的，否则称此算法是不稳定的。

在一种算法中，如果某一步有了绝对值为δ的误差，则以后各步计算都准确进行。仅由δ引起的误差的绝对值，始终不超过δ，就说算法是稳定的。对于数值稳定性的算法，不用进行具体的误差估计，就认为其结果是可靠的，而数值不稳定的算法尽量不要使用。

例 6 计算$I_n = \mathrm{e}^{-1}\int_0^1 x^n \mathrm{e}^x \mathrm{d}x \quad (n=0,1,\cdots)$，并估计误差。

首先容易得到$\mathrm{e}^{-1}(n+1)^{-1} < I_n < (n+1)^{-1}$，注意与运算结果比较。

由分部积分可得计算I_n的递推公式为

$$\begin{cases} I_n = 1 - nI_{n-1}, n=1,2,\cdots \\ I_0 = \mathrm{e}^{-1}\int_0^1 \mathrm{e}^x \mathrm{d}x = 1-\mathrm{e}^{-1} \approx 0.63212056 = I_0^* \end{cases} \tag{13.10}$$

这里初始误差$|E_0| = |I_0 - I_0^*| < 0.5\times 10^{-8}$。上机运算结果如下：

$I_1^* = 1 - I_1^* = 0.36787944$　　$I_{10}^* = 1-10\cdot I_9^* = 0.08812800$

$I_{13}^* = 1-13\cdot I_{12}^* = -7.2276480$　　$I_8^* = 1-8\cdot I_7^* = 0.10097920$

$I_{11}^* = 1-11\cdot I_{10}^* = 0.03059200$　　$I_{14}^* = 1-14\cdot I_{13}^* = 102.18707$

$I_9^* = 1-9\cdot I_8^* = 0.0911872$　　$I_{12}^* = 1-12\cdot I_{11}^* = 0.63289600$

$I_{15}^* = 1-15\cdot I_{14}^* = -1531.806$

考虑第n步的误差$|E_n|$为

$$\begin{aligned} |E_n| &= |I_n - I_n^*| = |(1-nI_{n-1}) - (1-nI_{n-1}^*)| \\ &= n|E_{n-1}| = \cdots = n!|E_0| \end{aligned} \tag{13.11}$$

可见，很小的初始误差$|E_n| < 0.5\times 10^{-8}$迅速积累，误差呈递增走势，造成这种情况的算法是不稳定的。

13.4 数值误差控制

对于实际应用来说，我们并不知道真实值的计算值的准确误差，所以，对大多数工程和科学应用，必须对计算中产生的误差进行估计；但是，并不存在对所有问题都通用的数值误差估计方法。在大多数情况下，误差估计是建立在工程师和科学家的经验和判断基础上的。在某种意义上，误差分析是一门艺术，但是我们可以给出如下的若干原则。

1．要避免除数绝对值远远小于被除数绝对值的除法

因为
$$e\left(\frac{x}{y}\right) = \frac{ye(x) - xe(y)}{y^2}$$

故当$|y| << |x|$时，舍入误差可能增大很多。

例 7 线性方程组

$$\begin{cases} 0.00001x_1 + x_2 = 1 \\ 2x_1 + x_2 = 2 \end{cases} \tag{13.12}$$

的准确解为

$$x_1 = \frac{200000}{399999} = 0.50000125, \quad x_2 = \frac{199998}{199999} = 0.999995$$

在四位浮点十进制数（仿机器实际计算，先对阶，低阶向高阶看齐，再运算）下用消去法求解，上述方程写成

$$\begin{cases} 10^{-4} \times 0.1000x_1 + 10^1 \times 0.1000x_1 = 10^1 \times 0.1000 \\ 10^1 \times 0.2000x_1 + 10^1 \times 0.1000x_2 = 10^1 \times 0.2000 \end{cases}$$

若用$\frac{1}{2}\times\left(10^{-4}\times 0.1000\right)$除第一方程，再减去第二方程，则出现用小的数除大的数，得到

$$\begin{cases} 10^{-4} \times 0.1000x_1 + 10^1 \times 0.1000x_1 = 10^1 \times 0.1000 \\ 10^6 \times 0.2000x_2 = 10^6 \times 0.2000 \end{cases}$$

由此解出

$$x_1 = 0, \quad x_2 = 10^1 \times 0.1000 = 1$$

显然严重失真。

若反过来用第二个方程消去第一个方程中含 x_1 的项，则避免了大数被小数除，得到

$$\begin{cases} 10^6 \times 0.1000x_2 = 10^6 \times 0.1000 \\ 10^1 \times 0.2000x_1 + 10^1 \times 0.1000x_2 = 10^1 \times 0.2000 \end{cases}$$

由此求得相当好的近似解 $x_1 = 0.5000$，$x_2 = 10^1 \times 0.1000$。

2．要避免两近似数相减

两数之差 $u = x - y$ 的相对误差为

$$e_r(u) = e_r(x - y) = \frac{e(x) - e(y)}{x - y} \tag{13.13}$$

当 x 与 y 很接近时，u 的相对误差会很大。有效数字位数将严重丢失。例如，$x = 532.65$，$y = 532.52$ 都具有五位有效数字，但 $x - y = 0.13$ 只有两位有效数字。这说明必须尽量避免出现这类运算，最好是改变计算方法，防止这种现象产生。

可通过改变计算公式避免或减少有效数字的损失。如果无法通过整理或变形消除减性抵消，那么就可能要增加有效位数进行运算，但这样会增加计算时间和多占内存单位。

3．要防止大数“吃掉”小数

在运算中参加运算的数有时数量级相差很大，而计算机位数有限，如不注意运算次序就可能出现大数“吃掉”小数的现象，影响计算结果的可靠性。

例 8 在五位十进制计算机上，计算 $11111 + 0.2$。

因为计算机在做加法时，先对阶（低阶向高阶看齐），再把尾数相加，所以

$$\begin{aligned} 11111 + 0.2 &= 0.11111 \times 10^5 + 0.000002 \times 10^5 \\ &\underline{\underline{\Delta}} 0.11111 \times 10^5 + 0.00000 \times 10^5 = 11111 \end{aligned}$$

其中，符号 $\underline{\underline{\Delta}}$ 表示机器中相等。同理，因为计算机是按从左到右的方式进行运算的，所以 11111 后面依次加上 100 万个 0.2 的结果也仍然是 11111，结果显然是不可靠的。这是在运算中大数“吃掉”小数而造成的。

请读者思考，我们用计算机做连加运算时该怎么办呢？

4．要用简化计算，减少运算次数，提高效率

求一个问题的数值解法有多种算法，不同的算法需要不同的计算量，如果能减少计算次数，不但可节省计算机的计算时间，还能减少舍入误差累积，则这是数值计算必须遵从的原则，也是数值分析要研究的重要内容。例如，计算 x^{255} 需要 254 次乘法，如果通过

$$x^{255} = x \cdot x^2 \cdot x^4 \cdot x^8 \cdot x^{16} \cdot x^{32} \cdot x^{64} \cdot x^{128} \tag{13.14}$$

计算，则仅需要 14 次乘法。

又例如，计算多项式

$$P_n(x) = a_n x^n + a_{n-1}x^{n-1} + \cdots + a_1 x + a_0 \tag{13.15}$$

的值。若直接按式（13.14）计算，则共需要进行 $\dfrac{n(n+1)}{2}$ 次乘法与 n 次加法。若按秦九韶算法（也叫 Horner 算法）

$$\begin{cases} u_n = a_n \\ u_k = xu_{k+1} + a_k \quad (k = n-1, n-2, \cdots, 1, 0) \\ P_n(x) = u_0 \end{cases} \tag{13.16}$$

计算，即将式（13.15）改写成如下形式：

$$P_n(x) = a_0 + x\{a_1 + x[\cdots x(a_{n-1} + a_n x)\cdots]\} \tag{13.17}$$

则只需要进行 n 次乘法和 n 次加法。

除了以上技巧，还可以用理论公式预测数值误差，对规模非常大的问题，预测的结果是非常复杂的，通常比较悲观。所以通常只对小规模任务才试图通过理论分析数值误差。

一般地，倾向是先完成数值计算，然后尽可能地估计计算结果的精度，有时可以通过查看所得结果是否满足某些条件作为验证，或者可以将结果代入原问题来检验是否满足实际应用。

最后，应该积极并大量地进行数值试验，以便增强对计算误差和可能的病态问题的认知度。要通过不同的步长或方法，改变输入参数进行反复计算，并将结果进行比较。

当研究的问题非常重要时，如可能导致生命危险等，要特别谨慎，可以通过若干独立小组同时解决该问题，这样可将得到的结果进行比较。

课后习题

（1）下列各数都是经过四舍五入得到的近似数，即误差限不超过最后一位的半个单位，试指出它们是几位有效数字:

$$x_1^* = 1.1021,\ x_2^* = 0.031,\ x_3^* = 385.6,\ x_4^* = 56.430,\ x_5^* = 7 \times 1.0$$

（2）求 $\sqrt{3}$ 的近似值，使其绝对误差限精确到 $\frac{1}{2}\times 10^{-1}, \frac{1}{2}\times 10 \times 10^{-2}, \frac{1}{2}\times 10^{-3}$ 。

（3）求 $x^2-16x+1=0$ 的小正根。

（4）请给出一种算法计算 x^{256}，要求乘法次数尽可能少。

（5）取 $\sqrt{99}$ 的 6 位有效数字 9.94987，则以下两种算法各有几位有效数字？

$$10-\sqrt{99}\approx 10-9.94987=0.05013 \quad ①$$

$$\frac{1}{10+\sqrt{99}}\approx\frac{1}{10+9.94987}=\frac{1}{19.94987}=0.0501256399\cdots \quad ②$$

（6）计算球体积要使相对误差限为 1%，度量半径为 R 时允许的相对误差限是多少？

（7）求方程 $x^2-56x+1=0$ 的两个根，使它至少具有 4 位有效数字（$\sqrt{783}\approx 27.982$）。

（8）设 $Y_0=28$，按递推公式：

$$Y_n=Y_{n-1}-\frac{1}{100}\sqrt{783}\quad (n=1,2,3,\cdots)$$

计算到 Y_{100}。取 $\sqrt{783}\approx 27.982$（5 位有效数字），试问计算 Y_{100} 将有多大误差？

（9）设 $S=\frac{1}{2}gt^2$，假定 g 是准确的，而对 t 的测量有 ±0.1 秒的误差，证明当 t 增大时 S 的绝对误差增大，而相对误差却减小。

（10）序列 $\{y_n\}$ 满足递推关系：

$$y_n=10y_{n-1}-1\quad (n=1,2,3,\cdots)$$

若 $y_0=\sqrt{2}\approx 1.41$（3 位有效数字），计算到 y_{10} 时误差有多大?这个计算过程稳定吗?

（11）试用消元法解方程组：

$$\begin{cases} x_1+10^{10}x_2=10^{10} \\ x_1+x_2=2 \end{cases}$$

假设只用三位数计算，结果是否可靠?

（12）当 N 充分大时，怎样求 $\int_N^{N+1}\frac{1}{1+x^2}\mathrm{d}x$？

（13）正方形的边长大约为 100cm，应怎样测量才能使其面积误差不超过 $1\mathrm{cm}^2$？

（14）$f(x)=\ln\left(x-\sqrt{x^2-1}\right)$，求 $f(30)$ 的值。若开平方用 6 位函数表，则求对数时误差有多大？若改用另一等价公式 $\ln\left(x-\sqrt{x^2-1}\right)=-\ln\left(x+\sqrt{x^2-1}\right)$ 计算，则求对数时误差有多大?

第 14 章　插值法

插值法是数值分析中很古老的分支，有着悠久的历史。等距节点内插公式是我国隋朝数学家刘焯（544—610 年）首先提出来的，不等距节点内插公式是由唐朝数学家张遂（683—727 年）提出来的，比西欧学者的相应结果早一千多年。

解决这种问题的方法之一就是给出函数 $f(x)$ 的一些样点，选定一个便于计算的函数 $\varphi(x)$ 形式，如多项式、分式线性函数及三角多项式等，要求它通过已知样点，由此确定函数 $\varphi(x)$ 作为 $f(x)$ 的近似，这就是插值法（interpolation）。

设已知函数 f 在区间 $[a,b]$ 上的 $n+1$ 个相异点 x_i 处的函数值 $f_i = f(x_i), i = 0,\cdots,n$ ，要求构造一个简单函数 $\varphi(x)$ 作为函数 $f(x)$ 的近似表达式 $f(x) \approx \varphi(x)$ ，使得

$$\varphi(x_i) = f(x_i) = f_i, i = 0,1,\cdots,n \tag{14.1}$$

这类问题称为插值问题。f 为被插值函数；$\varphi(x)$ 为插值函数；$x_0,\cdots,x_n$ 为插值节点；式（14.1）为插值条件。几何意义如图 14.1 所示，若插值函数类 $\{\varphi(x)\}$ 为代数多项式，则相应的插值问题为代数多项式插值。若 $\{\varphi(x)\}$ 是三角多项式，则相应的插值问题称为三角插值。若 $\{\varphi(x)\}$ 是有理分式，则相应的插值问题称为有理插值。

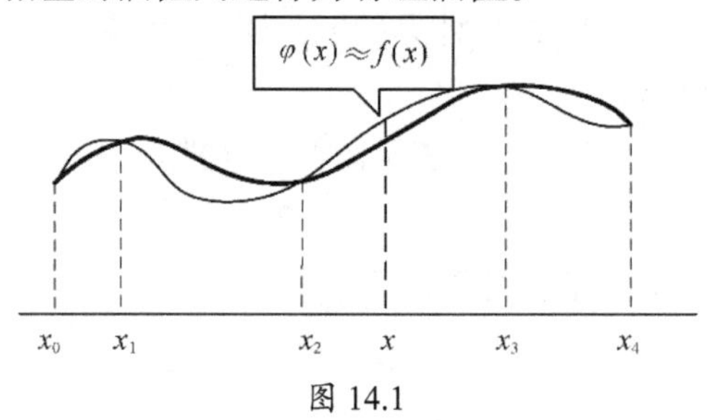

图 14.1

早在 6 世纪，中国的刘焯已将等距二次插值用于天文计算。17 世纪之后，牛顿和拉格朗日分别讨论了等距和非等距的一般插值公式。在近代，插值法仍然是数据处理和编制函数表的常用工具，又是数值积分、数值微分、非线性方程求根和微分方程数值求解的重要基础，许多求解计算公式都是以插值为基础导出的。

14.1 代数多项式插值

14.1.1 待定系数法

代数多项式插值问题的具体提法：给出函数 $y = f(x)$ 在区间 $[a,b]$ 上 $n+1$ 个互异点 $x_0, x_1, \cdots, x_n$ 处的函数值 $y_0, y_1, \cdots, y_n$ ，要构造一个次数不超过 n 的多项式：

$$P_n(x) = a_0 + a_1 x + a_2 x^2 + \cdots + a_n x^n, i = 0,1,\cdots,n \tag{14.2}$$

使其满足插值条件：

$$P_n(x_i)=y_i, i=0,1,\cdots,n \tag{14.3}$$

$P_n(x)$ 为 $f(x)$ 的 n 次插值多项式。

这样的插值多项式是否存在、唯一呢？我们有下面的定理可进行说明。

定理 14.1　在 $n+1$ 个互异节点处满足插值原则且次数不超过 n 的多项式 $P_n(x)$ 是存在并唯一的。

证明　设 $P_n(x)$ 如式（14.2）所示，由式（14.3）得

$$\begin{cases} a_0+a_1x_0+a_2x_0^2+\cdots+a_nx_0^n=y_0 \\ a_0+a_1x_1+a_2x_1^2+\cdots+a_nx_1^n=y_1 \\ \quad\cdots \\ a_0+a_1x_n+a_2x_n^2+\cdots+a_nx_n^n=y_n \end{cases} \tag{14.4}$$

这是未知量 $a_0,a_1,\cdots,a_n$ 的线性方程组，其系数行列式是范德蒙（Vandermonde）行列式：

$$\boldsymbol{V}(x_0,x_1,\cdots,x_n)=\begin{bmatrix} 1 & x_0 & x_0^2 & \cdots & x_0^n \\ 1 & x_1 & x_1^2 & \cdots & x_1^n \\ \vdots & \vdots & \vdots & & \vdots \\ 1 & x_n & x_n^2 & \cdots & x_n^n \end{bmatrix}=\prod_{0\leqslant j<i\leqslant n}(x_i-x_j) \tag{14.5}$$

因为 $x_0,x_1,\cdots,x_n$ 互不相同，故 $\boldsymbol{V}(x_0,x_1,\cdots,x_n)\neq 0$，因此方程组存在唯一的解 $a_0,a_1,\cdots,a_n$，这说明 $P_n(x)$ 存在并唯一。

从定理证明很自然地会想到，只要通过求解方程组式（14.4）得出各 $a_0,a_1,\cdots,a_n$ 的值，便可以确定 $P_n(x)$ 了。然而，这样构造插值多项式不但计算量大，而且难以得到 $P_n(x)$ 的简单公式，因此待定系数法在实际应用中行不通。本节下面几部分内容将介绍直接构造 $P_n(x)$ 的两种方法，即拉格朗日插值法和牛顿插值法。

函数 $f(x)$ 用 n 次插值多项式 $P_n(x)$ 近似代替时，截断误差记为

$$R_n(x)=f(x)-P_n(x) \tag{14.6}$$

其中，$R_n(x)$ 为 n 次插值多项式 $P_n(x)$ 的余项。当 $f(x)$ 足够光滑时，余项的估计有如下定理。

定理 14.2　设 $f\in C^n[a,b]$，且 $f^{(n+1)}$ 在 $[a,b]$ 内存在，$P_n(x)$ 是以 $x_0,x_1,\cdots,x_n$ 为插值节点函数 f 的 n 次插值多项式，则对 $[a,b]$ 内的任意点 x，插值余项为

$$R(x)=f(x)-P_n(x)=\frac{f^{(n+1)}(\xi)}{(n+1)!}\omega_{n+1}(x), \xi\in(a,b) \tag{14.7}$$

其中，$\omega_{n+1}(x)\equiv\prod_{j=0}^{n}(x-x_j)$。

证明　对 $[a,b]$ 上任意的点 x，且 $x\neq x_i(i=0,\cdots,n)$，构造辅助函数为

$$G(t)=f(t)-P_n(t)-\frac{\omega_{n+1}(t)}{\omega_{n+1}(x)}R(x) \tag{14.8}$$

显然，$G(x)=f(x)-P_n(x)-\dfrac{\omega_{n+1}(x)}{\omega_{n+1}(x)}R(x)=0$，又有插值条件 $R(x_i)=0(i=0,\cdots,n)$，可知 $G(x_i)=0(i=0,\cdots,n)$，故函数 $G(t)$ 在 (a,b) 内至少有 n+2 个零点 $x_0,x_1,x_2,\cdots,x_n$。根据罗尔（Rolle）定理，函数 $G'(t)$ 在 $[a,b]$ 内至少存在 $n+1$ 个零点，反复应用罗尔（Rolle）定理，可以得出 $G^{(n+1)}(t)$ 在 $[a,b]$ 内至少存在一个零点，设为 ξ，即

$$G^{(n+1)}(\xi)=0 \tag{14.9}$$

由于

$$G^{(n+1)}(t)=f^{(n+1)}(t)-\frac{(n+1)!}{\omega_{n+1}(x)}R(x) \tag{14.10}$$

所以

$$R_n(x)=\frac{\omega_{n+1}(x)}{(n+1)!}f^{(n+1)}(\xi) \tag{14.11}$$

14.1.2　拉格朗日（Lagrange）插值多项式

假如我们能够构造出n次多项式$l_i(x)$，使得

$$l_i(x_j)=\delta_{ij}=\begin{cases}1,i=j\\0,i\neq j\end{cases},\quad i,j=0,1,\cdots,n \tag{14.12}$$

那么容易验证

$$L_n(x)=\sum_{i=0}^{n}f_i l_i(x) \tag{14.13}$$

是满足插值条件式（14.1）的插值多项式。

余下的问题就是如何构造出满足式（14.12）的n次多项式$l_i(x),i=0,1,\cdots,n$，由于当$i\neq j$时，$l_i(x),i=0,1,\cdots,n$，即$x_0,x_1,\cdots,x_{i-1},x_{i+1},\cdots,x_n$是$l_i(x)$的零点，因此$l_i(x)$必然具有形式

$$\begin{aligned}l_i(x)&=c_i(x-x_0)\cdots(x-x_{i-1})(x-x_{i+1})\cdots(x-x_n)\\&=c_i\prod_{\substack{j=0\\j\neq i}}^{n}(x-x_j)\end{aligned}$$

又因为$l_i(x_i)=1$，所以$c_i=\dfrac{1}{\prod\limits_{\substack{j=0\\j\neq i}}^{n}(x-x_j)}$，因此

$$l_i(x)=\frac{\prod\limits_{\substack{j=0\\j\neq i}}^{n}\left(x-x_j\right)}{\prod\limits_{\substack{j=0\\j\neq i}}^{n}\left(x_i-x_j\right)}=\prod_{\substack{j=0\\j\neq i}}^{n}\frac{\left(x-x_j\right)}{\left(x_i-x_j\right)} \tag{14.14}$$

相应的$l_n(x)$称为拉格朗日插值多项式，$l_i(x),i=0,1,\cdots,n$称为节点$x_0,x_1,\cdots,x_n$上的n次拉格朗日插值基函数。

令$f(x)=x^k,k=0,1,\cdots,n$，由插值多项式的存在唯一性可得

$$\sum_{i=0}^{n}x_i^k l_i(x)=x^k,k=0,1,\cdots,n \tag{14.15}$$

取$k=0$，则$\sum\limits_{i=0}^{n}l_i(x)=1$。

容易求得

$$\omega'_{n+1}(x)=\sum_{m=0}^{n}\prod_{\substack{j=0\\j\neq m}}^{n}(x-x_j) \text{ 及 } \omega'_{n+1}(x_k)=\prod_{\substack{j=0\\j\neq i}}^{n}(x_k-x_j) \tag{14.16}$$

将其代入插值基函数的表达式为

$$L_i(x)=\prod_{\substack{j=0\\j\neq m}}^{n}\frac{(x-x_j)}{x_i-x_j}=\frac{\omega_{n+1}(x)}{(x-x_i)\omega'_{n+1}(x_i)} \tag{14.17}$$

于是，插值公式也可写为

$$L_n(x)=\sum_{i=0}^{n}f_i\frac{\omega_{n+1}(x)}{(x-x_i)\omega'_{n+1}(x_i)} \tag{14.18}$$

特别地，$n=1$时，$L_1(x)$称为线性插值，几何意义为过两个点的直线；$n=2$时，$L_1(x)$称为抛物线插值，几何意义为过三个点的抛物线。

例 1 已给$\sin 0.32=0.314567$，$\sin 0.34=0.333487$，$\sin 0.36=0.352274$，用线性插值及抛物线插值计算$\sin 0.3367$的值，并估计截断误差。

解： 令$x_0=0.32$，$y_0=0.314567$，$x_1=0.34$，$y_1=0.333487$，$x_2=0.36$，$y_2=0.352274$。

用线性插值计算，如果取$x_0=0.32$及$x_1=0.34$，由式（14.13）得

$$\begin{aligned}\sin 0.3367&\approx L_1(0.336)\\&=y_0\frac{0.3367-x_1}{x_0-x_1}+y_1\frac{0.3367-x_0}{x_1-x_0}\\&=0.330365\end{aligned}$$

其截断误差由式（14.7）得

$$|R_1(x)|\leqslant\frac{M_2}{2}|(x-x_0)(x-x_1)| \tag{14.19}$$

其中，$M_2=\max\limits_{x_0\leqslant x\leqslant x_1}|f''(x)|$，因$|f''(x)|=-\sin x$可取

$$M_2=\max_{x_0\leqslant x\leqslant x_1}|\sin x|=\sin x_1\leqslant 0.3335$$

有

$$\begin{aligned}|R_1(0.3367)|&=|\sin 0.3367-L_1(0.3367)|\\&\leqslant\frac{1}{2}\times 0.3335\times 0.0167\times 0.0033\leqslant 0.92\times 10^{-5}\end{aligned}$$

用抛物线插值计算$\sin 0.3367$时，由式（14.13）得

$$L_2(x)=y_0\frac{(x-x_1)}{(x_0-x_1)}\times\frac{(x-x_2)}{(x_0-x_2)}+y_1\frac{(x-x_0)}{(x_1-x_0)}\times\frac{(x-x_2)}{(x_1-x_2)}+y_2\frac{(x-x_0)}{(x_2-x_0)}\times\frac{(x-x_1)}{(x_2-x_1)} \tag{14.20}$$

有

$$\sin 0.3367\approx L_2(0.3367)=0.330374$$

这个结果与 6 位有效数字的正弦函数表完全一样，这说明查表时用二次插值精度已相当高了。其截断误差限由式（14.7）得

$$|R_2(x)|\leqslant\frac{M_3}{6}|(x-x_0)(x-x_1)(x-x_2)| \tag{14.21}$$

其中，$M_3=\max\limits_{x_0\leqslant x\leqslant x_1}|f'''(x)|=\cos x_0<0.828$，于是

$$|R_2(0.3367)| = |\sin 0.3367 - L_2(0.3367)| \leqslant 0.178 \times 10^{-6}$$

真实值 $\sin 0.3367 = 0.33037419155628$。

14.1.3 牛顿插值多项式

拉格朗日插值公式结构紧凑和形式简单，在理论分析中非常方便，但拉格朗日插值公式也有缺点，当插值节点增加、减少或其位置变化时，全部插值基函数均要随之变化，从而整个插值公式的结构将发生变化，这在实际计算中是非常不利的。下面我们要考虑具有如下形式的插值多项式：

$$P_n(x) = a_0 + a_1(x - x_0) + a_2(x - x_0)(x - x_1) + \cdots + a_n(x - x_0)(x - x_1)\cdots(x - x_{n-1})$$

它满足

$$P_n(x) = P_{n-1}(x) + a_n(x - x_0)(x - x_1)\cdots(x - x_{n-1}) \tag{14.22}$$

这种形式的优点是便于改变基点数，每增加一个基点时只需要增加相应的一项即可。为了得到确定式（14.22）中系数 $a_0, a_1, \cdots, a_n$ 的计算公式，下面首先介绍均差的概念。

定义 14.1 设有函数 $f(x)$，$f[x_0, x_k] = \dfrac{f(x_k) - f(x_k)}{x_k - x_0}$ $(k \neq 0)$ 为关于点 $x_0, x_1, \cdots, x_n$ 的一阶均差。

$$f[x_0, x_1, x_k] = \frac{f[x_0, x_k] - f[x_0, x_1]}{x_k - x_1} \tag{14.23}$$

为 $f(x)$ 关于点 $x_0, x_1, \cdots, x_n$ 的二阶均差。一般地，有了 $k-1$ 阶均差之后，称

$$f[x_0, x_1, \cdots, x_k] = \frac{f[x_0, x_1, \cdots, x_{k-2}, x_k] - f[x_0, x_1, \cdots, x_{k-1}]}{x_k - x_{k-1}} \tag{14.24}$$

为 $f(x)$ 关于点 $x_0, x_1, \cdots, x_n$ 的 k 阶均差（差商）。

均差有如下的基本性质。

性质 1 各阶差具有线性性质，即若 $f(x) = a\phi(x) + b\varphi(x)$，则对任意正整数 k，都有

$$f[x_0, x_1, \cdots, x_k] = a\phi[x_0, x_1, \cdots, x_k] + b\varphi[x_0, x_1, \cdots, x_k] \tag{14.25}$$

性质 2 K 阶均差可表示成 $f[x_0, x_1, \cdots, x_k]$ 的线性组合，即

$$f[x_0, x_1, \cdots, x_k] = \sum_{j=0}^{k} \frac{f(x_j)}{\omega'(x_j)} \tag{14.26}$$

这个性质可用归纳法证明，请读者自证。它表明均差与节点的排列次序无关，称为均差的对等性。

性质 3

$$f[x_0, x_1, \cdots, x_n] = \frac{f[x_0, x_1, \cdots, x_n] - f[x_0, x_1, \cdots, x_{n-1}]}{x_n - x_0} \tag{14.27}$$

利用均差的定义和性质，依次可得

$$
\begin{aligned}
&f(x)=f(x_0)+(x-x_0)f[x,x_0]\\
&f[x,x_0]=f[x_0,x_1]+(x-x_1)f[x,x_0,x_1]\\
&f[x,x_0,x_1]=f[x_0,x_1,x_2]+(x-x_2)f[x,x_0,x_1,x_2]\\
&\qquad\cdots\\
&f[x_0,x_1,\cdots,x_{n-1}]=f[x_0,x_1,\cdots,x_n]+(x-x_n)f[x_0,x_1,\cdots,x_n]
\end{aligned}
\tag{14.28}
$$

将以上各式分别乘以 1，得

$$(x-x_0),(x-x_0)(x-x_1),\cdots,(x-x_0)(x-x_1)\cdots(x-x_{n-1})$$

然后相加并消去两边相等的部分，即

$$
\begin{aligned}
f(x)&=f(x_0)+f[x,x_1]+f[x_0,x_1,x_2](x-x_0)(x-x_1)+\cdots+\\
&\quad f[x_0,x_1,\cdots,x_n](x-x_0)\cdots(x-x_{n-1})+\cdots+\\
&\quad f[x,x_0,x_1,\cdots,x_n](x-x_0)\cdots(x-x_n)\\
&=N_n(x)+R_n(x)
\end{aligned}
\tag{14.29}
$$

其中

$$
\begin{aligned}
N_n(x)=&f(x_0)+f[x_0,x_1](x-x_0)+f[x_0,x_1,x_2](x-x_0)(x-x_1)+\cdots+\\
&f[x_0,x_1,,x_n](x-x_0)\cdots(x-x_{n-1})
\end{aligned}
\tag{14.30}
$$

$$R_n(x)=f[x,x_0,x_1,\cdots,x_n]\omega_{n+1}(x) \tag{14.31}$$

显然，$N_n(x)$ 是至多 n 次的多项式。而由

$$R_n(x_i)=f[x_i,x_0,x_1,\cdots,x_n]\omega_{n+1}(x_i)=0\qquad(i=0,1,\cdots,n) \tag{14.32}$$

得 $R_n(x_i)=N_n(x_i)=0(i=0,1,\cdots,n)$，这表明 $N_n(x)$ 满足插值条件式（14.1），因而它是 $f(x)$ 的 n 次的插值多项式。这种形式的插值多项式称为牛顿（Newton）插值多项式。

由插值多项式的唯一性可知，n 次牛顿插值多项式与拉格朗日插值多项式是相等的，即 $N_n(x)=L_n(x)$，它们只是形式不同。因此牛顿与拉格朗日余项也是相等的，即

$$
\begin{aligned}
R_n(x)&=f[x,x_0,x_1,\cdots,x_n]\omega_{n+1}(x)\\
&=\frac{f^{(n+1)}(\xi)}{(n+1)!}\omega_{n+1}(x),\xi\in(a,b)
\end{aligned}
\tag{14.33}
$$

由此可得均差与导数的关系为

$$f[x_0,x_1,\cdots,x_n]=\frac{1}{n!}f^{(n)}(\xi) \tag{14.34}$$

其中，$\xi\in(a,b),a=\min\limits_{0\leqslant i\leqslant n}\{x_i\}$，$b=\max\limits_{0\leqslant i\leqslant n}\{x_i\}$。

由式（14.7）表示的余项称为微分型余项，式（14.31）表示的余项称为均差型余项。对列表函数或高阶导数不存在的函数，其余项可由均差型余项给出。

牛顿插值的优点：每增加一个节点，插值多项式只增加一项，即

$$N_{n+1}(x)=N_n(x)+f[x_0,x_1,\cdots,x_{n+1}](x-x_0)(x-x_1)\cdots(x-x_n) \tag{14.35}$$

因此，便于递推运算，而且牛顿插值的计算量小于拉格朗日插值。

牛顿插值多项式的步骤如下：

列表计算各阶均差，如表 14.1 所示。

表 14.1

x_i	y_i	一阶均差	二阶均差	…	n 阶均差	
x_0	$\underline{y_0}$					$\omega_0(x)$
x_1	y_1	$\underline{f[x_0,x_1]}$				$\omega_1(x)$
x_2	y_2	$f[x_1,x_2]$	$\underline{f[x_0,x_1,x_2]}$			$\omega_2(x)$
x_3	y_3	$f[x_2,x_3]$	$f[x_1,x_2,x_3]$			$\omega_3(x)$
⋮	⋮	⋮	⋮			
x_n	y_n	$f[x_{n-1},x_n]$	$f[x_{n-2},x_{n-1},x_n]$		$f[x_0,\cdots,x_n]$	$\omega_n(x)$

将表 14.1 中下划线对角线项与最后一列的同行对应项相乘后相加，即得牛顿插值多项式。

例 2 设 $f(x)=\ln x$，并已知：

x	1	4	6	5
$f(x)$	0	1.386294	1.791759	1.609438

试用二次牛顿插值多项式 $N_2(x)$ 计算 $f(2)$ 的近似值，并讨论其误差。

解：先按均差表 14.1 构造均差表：

x_k	$f(x_k)$	一阶均差	二阶均差	三阶均差
1	0			
4	1.386294	0.4620981		
6	1.791759	0.2027326	−0.05187311	
5	1.609438	0.1823216	−0.02041100	0.007865529

利用牛顿插值公式有

$$\begin{aligned}N_3(x)=0+0.4620981(x-1)-0.05187311(x-1)(x-4)+\\0.007865529(x-1)(x-4)(x-6)\end{aligned}$$

取 $x=2$，得 $N_3(2)=0.6287686$，这个值的相对误差是 0.093。

例 3 给出 $f(x)$ 的函数表 14.2，求 4 次牛顿插值多项式，并由此计算 $f(0.596)$ 的近似值。

首先根据给定函数表构造出均差表（见表 14.2）。

表 14.2

x_k	$f(x_k)$	一阶均差	二阶均差	三阶均差	四阶均差	五阶均差
0.40	0.41075					
0.55	0.57815	1.11600				
0.65	0.69675	1.18600	0.28000			
0.80	0.88811	1.27573	0.35893	0.19733		
0.90	1.02652	1.38410	0.43348	0.21300	0.03134	
1.05	1.25382	1.51533	0.52483	0.22863	0.03126	−0.00012

从均差表看到 4 阶均差近似常数，故取 4 次插值多项式 $N_4(x)$ 作近似即可。

$$\begin{aligned}N_4(x)=0.41075+1.116(x-0.4)+0.28(x-0.4)(x-0.55)+\\0.19733(x-0.4)(x-0.55)(x-0.65)+\\0.03134(x-0.4)(x-0.55)(x-0.65)(x-0.8)\end{aligned}\tag{14.36}$$

于是

$$f(0.596) \approx N_4(0.596) = 0.63192 \tag{14.37}$$

截断误差为

$$\left|R_4(x)\right| \approx \left|f\left[x_0,\cdots,x_5\right]\omega_5(0.596)\right| \leqslant 3.63\times10^{-9} \tag{14.38}$$

这说明截断误差很小，可忽略不计。

此例的截断误差在估计中，5 阶均差 $f[x,x_0,\cdots,x_4]$ 用 $f\left[x_0,\cdots,x_5\right]=-0.00012$ 近似。取 $x=0.596$，由 $f(0.596)\approx0.63192$ 可求得 $f[x,x_0,\cdots,x_4]$ 的近似值，从而可得 $\left|R_4(x)\right|$ 的近似值。我们举此例的目的就是想说明牛顿插值余项的应用，在多数情况下，这两种方法都是可行的，请读者自己计算这两种方法所得误差。

目前为止，我们讨论的插值节点都是任意分布的情况，实际应用中经常遇到等距节点，此时牛顿插值多项式会有其他的表达式——差分形式的牛顿插值公式，我们不再展开讨论。

14.2 分段低次插值

14.2.1 龙格现象及高次插值的病态性质

用多项式插值近似函数的效果有时很差，因为范德蒙行列式一般是病态的，即使求解过程是精确的，多项式求值的误差也是可观的。如果 n 和 x 都很大，则 x 的 n 次幂就会将 x 中的误差放大很多，同时存在抵消问题，特别是当系数符号不同时。虽然关于这些问题有很多处理技巧，但一个复杂的问题是高阶多项式的振荡问题。

在 20 世纪初由龙格（Runge）给出了等距节点的插值多项式 $L_n(x)$ 不收敛于 $f(x)$ 的例子。例如，对于函数 $f(x)=\dfrac{1}{1+x^2}(-5\leqslant x\leqslant5)$，在区间 $[-5,5]$ 上取节点 $x_k=-5+10\dfrac{k}{n}(k=0,1,\cdots,10)$，所得拉格朗日插值多项式为 $L_n(x)=\sum\limits_{j=0}^{n}\dfrac{1}{1+x_j^2}l_j(x)$，其中 $l_j(x)$ 是拉格朗日插值基函数。龙格证明了，当 $n\to\infty$ 时，$|x|\leqslant3.36$ 内 $L_n(x)$ 收敛到 $f(x)$，在这区间之外发散，这一现象称为龙格现象。当 $n=10$ 时，图 14.2 给出了 $y=L_{10}(x)$ 和 $y=\dfrac{1}{1+x^2}$ 的图形。从图 14.2 上可以看到，$L_{10}(x)$ 仅在区间中部能较好地逼近函数 $f(x)$，在其他部位差异较大，而且越接近端点，逼近程度越差。它表明通过增加节点来提高逼近程度是不合适的，一般插值多项式的次数在 $n\leqslant7$ 范围内。

直观上，如果不用多项式曲线，而是将曲线 $y=f(x)$ 的两个相邻的点用线段连接，这样得到的折线必定能较好地近似曲线。而且只要 $f(x)$ 连续，节点越密，近似程度越好。由此得到启发，为提高精度，在加密节点时，可以把节点间分成若干段，分段用低次多项式近似函数，这就是分段插值的思想。用折线近似曲线，相当于分段用线性插值，称为分段线性插值。这其实就是化整为零的策略，在定积分的定义引入中我们已经用过。这种策略在科学发展史上的作用无与伦比，请读者想一想或查一查，科学史上的哪些成果和它有关?

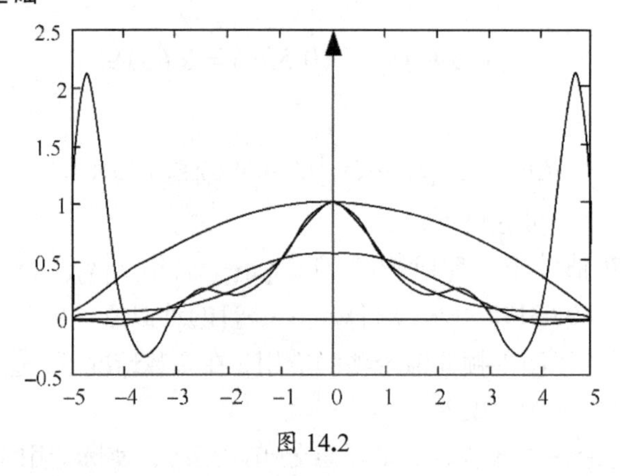

图 14.2

14.2.2 分段线性插值

设已知函数 f 在 $[a,b]$ 上的 $n+1$ 个节点 $a=x_0<x_1<\cdots<x_{n-1}<x_n=b$ 上的函数值 $y_i=f(x_i)(i=0,1,\cdots,n)$，作一个插值函数 $\varphi(x)$，使其满足：

① $\varphi(x_i)=y_i(i=0,1,\cdots,n)$；

② 在每个小区间 $[x_i,x_{i+1}](i=0,1,\cdots,n-1)$ 上，$\varphi(x)$ 是线性函数，则称函数 $\varphi(x)$ 为 $[a,b]$ 上关于数据 $(x_i,y_i)(i=0,1,\cdots,n)$ 的分段线性插值函数。

由拉格朗日线性插值公式容易写出 $\varphi(x)$ 的分段表达式：

$$\varphi(x)=\frac{x-x_{i+1}}{x_i-x_{i+1}}y_i+\frac{x-x_i}{x_{i+1}-x_i}y_{i+1},x\in[x_i,x_{i+1}],i=0,1,\cdots,n \tag{14.39}$$

为了建立 $\varphi(x)$ 的统一表达式，我们需要构造一组基函数 $l_j(x_i)=\delta_{ij},i,j=0,1,\cdots,n$，且在每个小区间 $[x_i,x_{i+1}](i=0,1,\cdots,n-1)$ 上是线性函数。

下面定理表明式（14.21）的分段线性插值函数 $\varphi(x)$ 一致收敛于被插值函数。

定理 14.3 如果 $f(x)$ 在 $[a,b]$ 上二阶连续可微，则分段线性插值函数 $\varphi(x)$ 的余项有以下估计：

$$|R(x)|=|f(x)-\varphi(x)|\leqslant\frac{h^2}{8}M \tag{14.40}$$

其中，$h=\max\limits_{0\leqslant i\leqslant n-1}(x_{i+1}-x_i)$，$M=\max\limits_{x\in[a,b]}|f''(x)|$。

请读者自证。该定理表明，当节点加密时，分段线性插值的误差变小，收敛性有保证。在分段线性插值中，每个小区间上的插值函数只依赖于本段的节点值，因而每个节点只影响到节点邻近的一二个区间，计算过程中数据误差基本上不扩大，从而保证了节点数增加时插值过程的稳定性。但分段线性插值函数仅在 $[a,b]$ 上连续，一般地，在节点处插值函数不可微，这就不能满足有些工程技术问题的光滑要求。

14.3 三次样条插值

在实际工程技术中，许多问题不允许在插值节点处一阶和二阶的导数间断，如高速飞机的机翼外形、内燃机进排气门的凸轮曲线、高速公路及船体放样等。以高速飞机的机翼外形来说，飞机的机翼一般尽可能采用流线型，使空气气流沿机翼表面形成平滑的流线，以减少空气阻力。若曲线不充分光滑，如机翼前部，曲线有一个微小的凸凹，就会破坏机翼的流线型，使气流不能沿机翼表面平滑流动，流线在曲线的不光滑处与机翼过早分离，产生大量的旋涡，以致飞机产生震荡，阻力大大增加，飞行速度越快问题就越严重。因此，随着飞机向高速度发展的趋势，配置机翼外形曲线的要求也就越高。解决这类问题用前面讨论的插值方法显然是无法做到的。前面讨论的高次拉格朗日（牛顿）多项式插值虽然光滑，但不具有收敛性，会产生龙格现象。分段线性插值具有一致收敛性，但光滑性较差。这就要求寻找新的方法。

早期工程上，绘图员为了将一些指定点（称为样点）连接成一条光滑曲线，往往用细长的易弯曲的弹性材料，如易弯曲的木条、柳条及细金属条（绘图员称之为样条，英文为 Spline），在样点用压铁固定，样条在自然弹性弯曲下形成的光滑曲线称为样条曲线，此曲线不仅具有连续一阶导数，而且具有连续的曲率（具有二阶连续导数）。从材料力学角度来说，样条曲线相当于集中载荷的挠度曲线，可以证明此曲线是分段的三次曲线，而且它的一阶、二阶导数都是连续的。在计算机科学的计算机辅助设计和计算机图形学中，样条通常是指分段定义的多项式参数曲线。由于样条构造简单、使用方便、拟合准确，并能近似曲线拟合和交互式曲线设计中复杂的形状，样条是这些领域中曲线的常用表示方法。

样条函数的研究始于 20 世纪中叶，到了 20 世纪 60 年代它与计算机辅助设计相结合。在外形设计方面得到成功应用。样条理论已成为函数逼近的有力工具，它的应用范围也在不断扩大，不仅在数据处理、数值微分、数值积分、微分方程和积分方程数值解等数学领域有广泛的应用，而且与最优控制、变分问题、统计学、计算几何与泛函分析等学科均有密切的联系。

14.3.1　三次样条插值函数的概念

定义 14.2　已知函数 $f(x)$ 在区间 $[a,b]$ 上的 $n+1$ 个节点 $a=x_0<x_1<\cdots x_n=b$ 上的值 $y_j=f(x_j)\quad(j=0,1,\cdots,n)$，求插值函数 $S(x)$，使得：

（1）$S(x_j)=y_j\qquad(j=0,1,\cdots,n)$；

（2）在每个小区间 $[x_j,x_{j+1}]\quad(j=0,1,\cdots,n)$ 上 $S(x)$ 是三次多项式 $S_j(x)$；

（3）$S(x)$ 在 $[a,b]$ 上二阶连续可微，函数 $S(x)$ 称为 $f(x)$ 的三次样条插值函数。

从定义可知，要求出 $S(x)$，在每个区间 $[x_j,x_{j+1}]$ 上要确定 4 个待定系数，共有 n 个小区间，故应确定 $4n$ 个参数。根据函数一阶及二阶导数在插值节点连续，应满足条件：

$$\begin{cases}S\left(x_j-0\right)=S\left(x_j+0\right)\\S'\left(x_j-0\right)=S'\left(x_j+0\right)\\S''\left(x_j-0\right)=S''\left(x_j+0\right)\end{cases}\quad j=1,\cdots,n-1\tag{14.41}$$

及插值条件 $S(x_j)=y_j\quad(j=0,1,\cdots,n)$，共有 $4n-2$ 个条件，因此还需要 2 个边界条件作为补充才能确定 $S(x)$。常见的边界条件如下。

① 已知两端的一阶导数值，即

$$S'(x_0) = y'_0, S'(x_n) = y'_n \tag{14.42}$$

称为固定边界条件（clamped end condition），当我们需要夹住样条，使其在边界处的斜率等于给定值时，就会导出这类边界条件，所以有时也称为“固定”样条。例如，若要求一阶导数为0，则样条会变平，且在端点处呈现水平状。

② 两端的二阶导数已知，即

$$S''(x_0) = y''_0, S''(x_n) = y''_n \tag{14.43}$$

特别地，当两个二阶导数值都为0时，从图形上看，函数在端点处变为直线，这种条件称为自然边界条件，此时的样条称为自然样条，因为在这种条件下能描绘出样条最自然的形态。

③ 当 $f(x)$ 是以 $x-x_0$ 为周期的周期函数时，则要求 $S(x)$ 也是周期函数，这时边界条件应满足：

$$\begin{aligned} S(x_0+0) &= S(x_n-0) \\ S'(x_0+0) &= S'(x_n-0) \\ S''(x_0+0) &= S''(x_n-0) \end{aligned} \tag{14.44}$$

这样确定的样条函数 $S(x)$ 称为周期样条函数。

④ 要求第二个和倒数第二个节点处的三阶导数连续。由于三次样条已经假设这些节点处的函数一阶导数值和二阶导数值相等，所以要求三阶导数值也相等，就意味着前两个和最后两个相邻区域中使用相同的三次函数。既然第一个和最后一个内部节点已经不是两个不同的三次函数的连接点，那么它们也不再是真正意义上的节点了，因此这个条件被称为“非节点”条件（not-a-knot condition）。

14.3.2 样条插值函数的建立

设第 i 个区间 $[x_i, x_{i+1}]$ 上 $S(x)$ 的表达式为

$$S_i(x) = a_i + b_i(x-x_i) + c_i(x-x_i)^2 + d_i(x-x_i)^3 \tag{14.45}$$

由 $S_i(x_i) = y_i$ 可得

$$a_i = y_i \tag{14.46}$$

因此，每个三次多项式的常数项等于区间左端点处的函数值，将结果代入式（14.45）得

$$S_i(x) = y_i + b_i(x-x_i) + c_i(x-x_i)^2 + d_i(x-x_i)^3 \tag{14.47}$$

下面应用节点处连续的条件，对于节点 x_{i+1}，这个条件可表示为

$$y_{i+1} = y_i + b_i h_i + c_i h_i^2 + d_i h_i^3 \tag{14.48}$$

其中，$h_i = x_{i+1} - x_i$。

对式（14.47）求导得到

$$S'_i(x) = b_i + 2c_i(x-x_i) + 3d_i(x-x_i)^2 \tag{14.49}$$

根据节点 x_{i+1} 处导数相等可得

$$b_{i+1}+2c_i(x_{i+1}-x_{i+1})+3d_i(x_{i+1}+x_{i+1})^2=S'_{i+1}(x_{i+1})=S'_i(x_{i+1})=b_i+2c_i(x_{i+1}-x_i)+3d_i(x_{i+1}+x_i)^2$$

即

$$b_{i+1}=b_i+2c_ih_i+3d_ih_i^2 \tag{14.50}$$

对式（14.49）再求导得

$$S'_i(x)=2c_i+6d_i(x-x_i) \tag{14.51}$$

根据节点 x_{i+1} 处二阶导数相等可得

$$c_{i+1}=c_i+3d_ih_i \tag{14.52}$$

从而有

$$d_i=\frac{c_{i+1}-c_i}{3h_i} \tag{14.53}$$

将式（14.53）代入式（14.48）得到

$$y_{i+1}=y_i+b_ih_i+\frac{h_i^2}{3}(2c_i+c_{i+1}) \tag{14.54}$$

将式（14.53）代入式（14.50）得到

$$b_{i+1}=b_i+h_i(c_i+c_{i+1}) \tag{14.55}$$

由式（14.54）得

$$b_i=\frac{y_{i+1}-y_i}{h_i}-\frac{h_i}{3}(2c_i+c_{i+1}) \tag{14.56}$$

式（14.56）下标减 1 得

$$b_{i-1}=\frac{y_i-y_{i-1}}{h_{i-1}}-\frac{h_{i-1}}{3}(2c_{i-1}+c_i) \tag{14.57}$$

式（14.55）下标减 1 得

$$b_i=b_{i-1}+h_{i-1}(c_{i-1}+c_i) \tag{14.58}$$

式（14.56）和式（14.57）代入式（14.58），并化简得

$$h_{i-1}c_{i-1}+2(h_{i-1}+h_i)c_i+h_ic_{i+1}=3\times\frac{y_{i+1}-y_i}{h_i}-3\times\frac{y_i-y_{i-1}}{h_{i-1}} \tag{14.59}$$

即

$$h_{i-1}c_{i-1}+2(h_{i-1}+h_i)c_i+h_ic_{i+1}=3(f[x_i,x_{i+1}]-f[x_{i-1},x_i]) \tag{14.60}$$

式（14.60）对内部节点 $x_1,\cdots,x_{n-2}$ 处均成立，联立可得关于 n 个未知系数 $c_0,\cdots,c_{n-1}$ 的 $n-2$ 阶三对角方程组。因此只需要再添加两个边界条件，就可以解出 $c_0,\cdots,c_{n-1}$ 了，然后可以利用式（14.53）和式（14.56）求出 d_i 和 b_i，$i=0,\cdots,n-1$。

我们以自然边界为例说明，其他情况请读者自行推导。令第一个节点的二阶导数值为 0，得到

$$0=S''_0(x_0)=2c_0+6d_0(x_0-x_0)$$

即 $c_0=0$。

在最后一个节点处有

$$0 = S''_{n-1}(x_n) = 2c_{n-1} + 6d_{n-1}h_{n-1} \tag{14.61}$$

回顾式（14.50），我们可以定义另一个参数 c_n ，从而将式（14.61）写成

$$0 = c_n = 2c_{n-1} + 6d_{n-1}h_{n-1}$$

于是，为了保证最后一个节点处的二阶导数为 0，则令 $c_n = 0$。现在我们将最终的方程写成

$$\begin{bmatrix} 1 & & & & \\ h_0 & 2(h_0+h_1) & h_1 & & \\ & \ddots & \ddots & \ddots & \\ & & h_{n-2} & 2(h_{n-2}+h_{n-1}) & h_{n-1} \\ & & & & 1 \end{bmatrix} \begin{bmatrix} c_0 \\ c_1 \\ \vdots \\ c_{n-1} \\ c_n \end{bmatrix} = \begin{bmatrix} 0 \\ 3(f[x_1,x_2]-f[x_0,x_1]) \\ \vdots \\ 3(f[x_{n-1},x_n]-f[x_{n-2},x_{n-1}]) \\ 0 \end{bmatrix} \tag{14.62}$$

这是一个三对方程组，第 5 章我们将讨论它的解法。

例 4　求满足下面函数表所给出的插值条件的自然样条函数，并算出 $f(5)$ 的近似值。

j	1	2	3
x_j	4.5	7	9
y_j	1	2.5	0.5

解：　此时式（14.62）为

$$\begin{bmatrix} 1 & 0 & & \\ h_0 & 2(h_0+h_1) & h_1 & \\ & h_1 & 2(h_1+h_2) & \lambda_2 \\ & & 0 & 1 \end{bmatrix} \begin{bmatrix} c_0 \\ c_1 \\ c_2 \\ c_3 \end{bmatrix} = \begin{bmatrix} 0 \\ 3(f[x_1,x_2]-f[x_0,x_1]) \\ 3(f[x_2,x_3]-f[x_1,x_2]) \\ 0 \end{bmatrix}$$

代入相关数据后得到

$$\begin{bmatrix} 1 & 0 & & \\ 1.5 & 8 & 2.5 & \\ & 2.5 & 9 & 2 \\ & & 0 & 1 \end{bmatrix} \begin{bmatrix} c_0 \\ c_1 \\ c_2 \\ c_3 \end{bmatrix} = \begin{bmatrix} 0 \\ 4.8 \\ -4.8 \\ 0 \end{bmatrix}$$

解得

$$c_0 = 0, c_1 = 0.839543726, c_2 = -0.766539924, c_3 = 0$$

进一步得到

$$b_0 = -1.419771863, b_1 = -0.160456274, b_2 = 0.022053232$$

$$d_0 = 0.186565272, d_1 = -0.214144487, d_2 = 0.127756654$$

又

$$a_0 = y_0 = 2.5, a_1 = y_1 = 1, a_2 = y_2 = 2.5$$

从而，得到三次样条为

$$S(x)=\begin{cases}2.5-1.419971863(x-3)+0.186565272(x-3)^2 & x\in[3,4,5]\\ 1-0.160456274(x-4.5)+0.839543726(x-4.5)^2- & \\ 0.214144487(x-4.5)^3 & x\in[4,5,7]\\ 2.5+0.022053232(x-7)-0.766539924(x-7)^2+ & \\ 0.127756654(x-7)^3 & x\in[7,9]\end{cases}$$

5 位于第二个区间，所以 $f(5)$ 的近似值为 $S(5)=1.102889734$ 。

14.3.3　误差界与收敛性

三次样条函数的收敛性与误差估计比较复杂，这里不加以证明，给出一个主要结果。

定理 14.4　设 $f(x)\in C^{(4)}[a,b]$ ， $S(x)$ 为满足第一种或第二种边界条件式（14.42）或式（14.43）的三次样条函数，令 $h=\max\limits_{0\leqslant i\leqslant n-1} h_i$ ， $h=x_{i+1}-x_i(i=0,1,\cdots,n-1)$ ，则有估计式

$$\max_{a\leqslant x\leqslant b}\left|f^{(k)}(x)-S^{(k)}(x)\right|\leqslant C_k\max_{a\leqslant x\leqslant b}\left|f^{(4)}(x)\right|h^{(4-k)},\ k=0,1,2 \tag{14.63}$$

其中， $C_0=\dfrac{5}{384}$ ， $C_1=\dfrac{1}{24}$ ， $C_2=\dfrac{3}{8}$ 。

这个定理不但给出三次样条插值函数 $S(x)$ 的误差估计，且当 $h\to 0$ 时， $S(x)$ 及其一阶导数 $S'(x)$ 和二阶导数 $S''(x)$ 均分别一致收敛于 $f(x)$ 、 $f'(x)$ 及 $f''(x)$ 。

课后习题

（1）一阶均差 $f[x_3,x_4]$ ＝ ____________________。

（2）求经过 $A(0,1), B(1,2), C(2,3)$ 三个样点的插值多项式。

（3）设 $f\in C^{(2)}[a,b]$ ，试证：

$$\max_{a\leqslant x\leqslant b}\left|f(x)-\left[f(a)+\frac{f(b)-f(a)}{b-a}(x-a)\right]\right|\leqslant\frac{1}{8}(b-a)^2M_2$$

其中， $M_2=\max\limits_{a\leqslant x\leqslant b}\left|f''(x)\right|$ ，记号 $C^{(2)}[a,b]$ 表示在区间 $[a,b]$ 上二阶导数连续的函数空间。

（4）已知由数据 $(0,\ 0),(0.5,\ y),(1,\ 3)$ 和 $(2,\ 2)$ 构造出的三次插值多项式 $P_3(x)$ 的 x^3 的系数是 6，试确定数据 y 。

（5）设 $f(x)=x^3+x-1$ ，求 $f[0,\ 1,\ 2,\ 3,\ 4]$ 的差商。

（6）设 $f(x)\in C^{(2)}[a,b]$ 且 $f(a)=f(b)=0$ ，求证：

$$\max_{a\leqslant x\leqslant b}\left|f(x)\right|\leqslant\frac{1}{8}(b-a)^2\max_{a\leqslant x\leqslant b}\left|f''(x)\right|$$

（7）当$x=1,-1,2$时，$f(x)=0,-3,4$，求$f(x)$的二次插值多项式。

（8）设$f(x)=\ln(1+x),x\in[0,1]$, $p_n(x)$为$f(x)$以$(n+1)$个等距节点$x_i=\frac{i}{n}$（$i=0,1,2,\cdots,n$）为插值节点的n次插值多项式，证明:

$$\lim_{n\to\infty}\max_{0\leqslant x\leqslant 1}\left|f(x)-p_n(x)\right|=0$$

（9）给出函数$y=f(x)$的函数表，写出函数$y=f(x)$的差商表。

x_i	−2	−1	1	2
$f(x_i)$	5	3	17	21

（10）已知函数$y=f(x)$的数据如下：

x	0	2	4
$y=f(x)$	8	4	8

试求$f(x)$的二次拉格朗日多项式$P_2(x)$，并计算$f(3)$的近似值。

（11）已知函数表：

x	0	2	3	5
$f(x)$	1	−3	−4	2

求解$f(x)$的3次拉格朗日插值多项式$L_3(x)$;

求解$f(x)$的3次牛顿插值多项式$N_3(x)$。

（12）设$f(0)=0,f(1)=1,f(2)=0,f(3)=1,f''(0)=1,f''(3)=0$，试求$f(x)$在区间$[0,3]$的三次样条插值函数$S(x)$。

（13）$f(x)=x^7+x^4+3x+1$，求$f\left[2^0,2^1,\cdots,2^7\right]$及$f\left[2^0,2^1,\cdots,2^8\right]$。

（14）在$-4\leqslant x\leqslant 4$上给出$f(x)=e^x$的等距节点函数表，若用分段二次插值求e^x的近似值，要使截断误差不超过10^{-6}，问使函数表的步长h应取多少。

（15）设$f(x)=x^5+4x^3+1$, 试求均差$f[0,1,2]$、$f[0,1,2,3,4,5]$和$f[0,1,2,3,4,5,6]$。

（16）已知函数$S(x)$的表达式为

$$S(x)=\begin{cases}ax^3+bx^2+cx+d, & x\in[-1,0]\\ ex^3+fx^2+gx+h, & x\in[0,1]\end{cases}$$

试确定参数a,b,c,d,e,f,g,h，使$S(x)$满足插值条件$S(-1)=0$，$S(0)=2$，$S(1)=-1$的三次自然样条插值函数。

第 15 章　逼近方法

数据通常是以表格的形式给出的，我们可能需要计算两个离散值之间某点的估计值。本书的第 14 章和第 15 章的重点内容就是对这样的数据进行曲线拟合，来获得中间点的估计值的。另外，我们也可能需要一个复杂函数的简化近似版本，一种实现方法就是在感兴趣的区间中取一些离散点来计算函数的值，然后根据它们推出一个较简单的近似函数，并对这些离散值进行拟合。这两种应用都称为曲线拟合（curve fitting），或者称为函数逼近，处理的方法通常有两种。

第一种方法，已知数据非常精确时，采用的基本方法就是拟合一条或一系列经过每个数据点的曲线，这种方法就是第 14 章所讲的插值法。

第二种方法，被拟合的数据带有比较大的误差或者“噪声”，采用的方法就是推导出代表整个数据趋势的一条曲线。因为每个数据点都可能是不正确的，所以没有必要使拟合曲线经过每个已知的数据点，而只需要设计一条符合这些数据点的整体趋势的曲线即可，这种方法称为最小二乘曲线拟合或者最小二乘回归（least-squares regression）。

如图 15.1 所示，给出五个点上的实验测量数据，理论上的结果应该满足线性关系，即图 15.1 中的实线由于实验数据的误差太大，不能用过任意两点的直线逼近函数。插值法就是用过 5 个点的 4 次多项式逼近线性函数，不仅误差太大，而且它们的导数值误差更大。

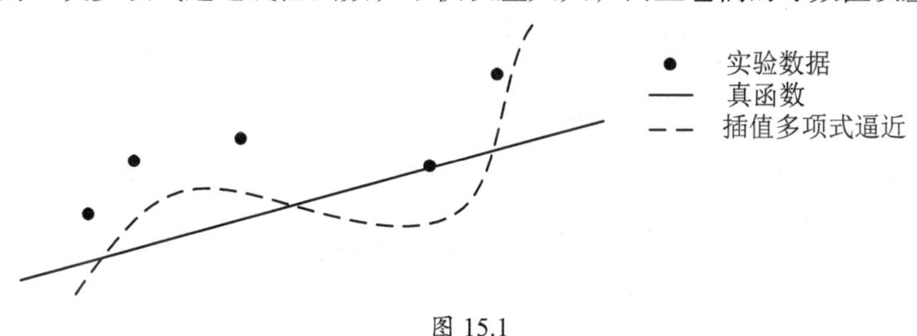

图 15.1

下面我们先从函数逼近的基本概念说起。

用简单函数组成的函数类 M 中“接近”于 $f(x)$ 的函数 $p(x)$ 近似地代替 $f(x)$，称 $p(x)$ 是 $f(x)$ 的一个逼近，$f(x)$ 称为被逼近函数。

这里必须表明两点：一是函数类 M 的选取。何为简单函数？在数值分析中简单函数主要是指可以用四则运算进行计算的函数，最常用的有多项式及有理分式函数；二是如何确定 p 与 f 之间的度量。

定义 15.1　设 X 和 M 都是函数集合，如果对于 X 中给定的 f，在 M 中存在元素 φ^*，使得

$$\left\|f-\varphi^*\right\|=\inf_{\varphi\in M}\|f-\varphi\| \tag{15.1}$$

则称 φ^* 是 M 中对 f 的最佳逼近。

若 $\|f\|=\|f\|_\infty \triangleq \max\limits_{a\leqslant x\leqslant b}|f(x)|$，则称为最佳一致逼近；

若$\|f\|=\|f\|_2 \triangleq (\int_a^b |f(x)|^2 \mathrm{d}x)^{\frac{1}{2}}$，则称为最佳平方逼近。

由于最佳一致逼近难度较大且实际应用较少，本章主要讨论最佳平方逼近。

15.1 正交多项式

正交多项式是函数逼近的重要工具，在数值积分中也有重要的应用，本节我们简要介绍其概念、基本性质和几种常用的正交多项式。

为了定义更一般意义的正交多项式，我们先给出权函数的概念。

定义 15.2 （权函数）设$[a,b]$是有限或无限区间，在$[a,b]$上的非负函数$\rho(x)$满足条件：

① $\int_a^b x^k \rho(x)\mathrm{d}x < \infty$存在且为有限值$(k=0,1,\cdots)$；

② 对$[a,b]$上的非负连续函数$g(x)$，如果$\int_a^b \rho(x)g(x)\mathrm{d}x = 0$，则$g(x)\equiv 0$。

$\rho(x)$为区间$[a,b]$上的一个权函数。

从定义可以看出：a. $\rho(x)$为$[a,b]$上的非负可积函数，且当$[a,b]$为无限区间时，要求$\rho(x)$具有任意的衰减性；b.在$[a,b]$的任一子区间上$\rho(x)$不恒等于零。

定义 15.3 若$f,g\in C[a,b]$，ρ为$[a,b]$上的权函数且满足：

$$(f,g)\triangleq\int_a^b \rho(x)f(x)g(x)\mathrm{d}x = 0 \tag{15.2}$$

则称f与g在$[a,b]$上带权$\rho(x)$正交。若函数族$\varphi_0(x)$，$\varphi_1(x)$，…，$\varphi_k(x)$满足关系：

$$(\varphi_j,\varphi_k)=\int_a^b \rho(x)\varphi_j(x)\varphi_k(x)\mathrm{d}x=\begin{cases}0, & j\neq k\\ A_k>0, & j=k\end{cases} \tag{15.3}$$

则称$\{\varphi_k(x)\}$是$[a,b]$上带权$\rho(x)$的正交函数族；若$A_k\equiv 1$，则称之为标准正交函数族。

利用如下的 Gram-Schmidt 方法可将线性无关向量族正交化。设$\varphi_j(x)=x^j, j=0,1,\cdots$，令

$$\begin{cases}\varphi_0(x)=1\\ \varphi_k(x)=x^k-\sum\limits_{j=0}^{k-1}\dfrac{(x^k,\varphi_j)}{(\varphi_j,\varphi_j)}\varphi_j(x) \qquad (k=1,2,\cdots)\end{cases} \tag{15.4}$$

这样构造的$\{\varphi_k : k\geqslant 0\}$具有如下基本性质。

① φ_n是最高次项的系数为 1 的n次多项式。

② 任何n次多项式可表示成前$n+1$个$\varphi_0,\varphi_1,\cdots,\varphi_n$的线性组合。

③ 对于$k\neq j$，有$(\varphi_j,\varphi_k)=0$，并且φ_k与任一次小于k的多项式正交。

④ 成立递推关系为

$$\varphi_{n+1}(x)=(x-a_n)\varphi_n(x)-\beta_n\varphi_{n-1}(x) \qquad (n=0,1,\cdots) \tag{15.5}$$

其中，$\varphi_0(x)=1$，$\varphi_{-1}(x)=0$。

$$a_n=\frac{(x\varphi_n(x),\varphi_n(x))}{(\varphi_n(x),\varphi_n(x))},\beta_n\frac{(\varphi_n(x),\varphi_n(x))}{(\varphi_{n-1}(x),\varphi_{n-1}(x))} \qquad (n=1,2,\cdots) \tag{15.6}$$

⑤ 设$\{\varphi_n(x)\}_0^\infty$是在$[a,b]$上带权$\rho(x)$的正交多项式序列，则$\varphi_n(x)$ $(n\geqslant 1)$的n个根都是在区间(a,b)内的单重实根。

15.2　函数最佳平方逼近

15.2.1　一般概念及方法

定义 15.4　设 $f(x)\in C[a,b]$ 及 $C[a,b]$ 中的子集 $\Phi=\mathrm{span}\{\varphi_1,\varphi_2,\cdots,\varphi_n\}$，若存在 $S_n^*(x)\in\Phi$ 使

$$\begin{aligned}\left\|f(x)-S_n^*(x)\right\|_2^2&=\min_{S(x)\in\Phi}\left\|f(x)-S(x)\right\|_2^2\\&=\min_{S(x)\in\Phi}\int_a^b\rho(x)[f(x)-S(x)]^2\,\mathrm{d}x\end{aligned}\tag{15.7}$$

其中，$\rho(x)$ 为权函数，则称 S_n^* 为函数 $f(x)$ 在 Φ 中关于权函数 $\rho(x)$ 的最佳平方逼近函数。

在具体问题中，权函数 $\rho(x)$ 是给定的，如果没有特别指明，就表示 $\rho(x)\equiv1$。

如果 $\varphi_k(x)=x^k\ (k=0,1,\cdots,n)$，则称 S_n^* 为 $f(x)$ 在 $[a,b]$ 上关于权函数 $\rho(x)$ 的 n 次最佳平方逼近多项式。

式（15.7）等价于求多元函数

$$\begin{aligned}I(a_1,a_2,\cdots,a_n)&=\int_a^b\rho(x)[\sum_{j=0}^{n}a_j\varphi_j(x)-f(x)]^2\,\mathrm{d}x\\&=\int_a^b\rho(x)[S(x)-f(x)]^2\,\mathrm{d}x\end{aligned}\tag{15.8}$$

的极小值。由多元函数极值的必要条件为

$$\frac{\partial I}{\partial a_k}=2\int_a^b\rho(x)\left[\sum_{j=0}^{n}a_j\varphi_j(x)-f(x)\right]\varphi_k(x)\mathrm{d}x=0\qquad(k=0,1,\cdots,n)\tag{15.9}$$

即

$$\sum_{j=0}^{n}(\varphi_j(x)-\varphi_k(x))a_j=(f(x),\varphi_k(x))\qquad(k=0,1,\cdots,n)\tag{15.10}$$

也可写成

$$(f-S,\varphi_k)=0\qquad(k=0,1,\cdots,n)\tag{15.11}$$

式（15.10）的矩阵形式为

$$\boldsymbol{Ha}=\boldsymbol{d}\tag{15.12}$$

其中，$\boldsymbol{a}=[a_0,\cdots,a_n]^{\mathrm{T}}$，$\boldsymbol{d}=[d_0,\cdots,d_n]^{\mathrm{T}}=[(f,\varphi_0),\cdots,(f,\varphi_n)]^{\mathrm{T}}$

$$\boldsymbol{H}=(h_{ij})=\begin{bmatrix}(\varphi_0,\varphi_0)&(\varphi_0,\varphi_1)&\cdots&(\varphi_0,\varphi_n)\\(\varphi_1,\varphi_0)&(\varphi_1,\varphi_1)&\cdots&(\varphi_1,\varphi_n)\\\vdots&\vdots&&\vdots\\(\varphi_n,\varphi_0)&(\varphi_n,\varphi_1)&\cdots&(\varphi_n,\varphi_n)\end{bmatrix}\tag{15.13}$$

式（15.12）称为法方程。如果 $\varphi_1,\varphi_2,\cdots,\varphi_n$ 线性无关，则系数矩阵 $\boldsymbol{H}$ 非奇异，从而式（15.12）存在唯一的解 $a_k=a_k^*\ (k=0,1,\cdots,n)$。可得最佳平方逼近函数为

$$S^*(x)=\sum_{j=0}^{n}a_j^*\varphi_j(x) \tag{15.14}$$

不难证得式（15.14）的确是最佳平方逼近函数，且有如下定理。

定理 15.1 设$\varphi_i\in C[a,b]$, $i=0,\cdots,n$是线性无关的，并记$\Phi=\text{span}\{\varphi_1,\varphi_2,\cdots,\varphi_n\}$。$f\in C[a,b]$，$\overline{f}\in\Phi, S^*(x)=\sum_{j=0}^{n}a_j^*\varphi_j(x)$是$f(x)$在$\Phi$中关于权函数$\rho(x)$最佳平方逼近函数的充分必要条件为

$$(f-S^*,\varphi_i)=0 \quad i=0,1,\cdots,n \tag{15.15}$$

证明 必要性。事实上我们已经证明，这里我们给出另一种证明方法（反证法）。设$S(x)$是$f(x)$在Φ中关于权函数$\rho(x)$最佳平方逼近函数，且存在k，$0\leqslant k\leqslant n$使得

$$(f-S^*,\varphi_k)=r\neq 0 \tag{15.16}$$

令

$$S(x)=S^*(x)+\frac{r}{(\varphi_k,\varphi_k)}\varphi_k(x) \tag{15.17}$$

显然，$S(x)\in\Phi$，且

$$\begin{aligned}\int_a^b\rho(x)[S(x)-f(x)]^2\,\mathrm{d}x&=(f-S,f-S)\\&=(f-S^*-\frac{r}{(\varphi_k,\varphi_k)}\varphi_x,f-S^*-\frac{r}{(\varphi_k,\varphi_k)}\varphi_x)\\&=(f-S^*,f-S^*)-2(f-S^*,\frac{r}{(\varphi_k,\varphi_k)}\varphi_k)+\frac{r^2}{(\varphi_k,\varphi_k)^2}(\varphi_k,\varphi_k)\\&=(f-S^*,f-S^*)-2\frac{r}{(\varphi_k,\varphi_k)}(f-S^*,\varphi_k)+\frac{r^2}{(\varphi_k,\varphi_k)^2}(\varphi_k,\varphi_k)\\&=(f-S^*,f-S^*)-\frac{r}{(\varphi_k,\varphi_k)}<(f-S^*,f-S^*)\end{aligned}$$

这与$S^*(x)$是最佳平方逼近函数矛盾，故必要性成立。

充分性。因为$(f-S^*,\varphi_k)=0(k=0,1,\cdots,n)$，所以$\forall S\in\Phi$，有$(f-S^*,S)=0$，从而有

$$(f-S^*,S^*-S)=0 \tag{15.18}$$

因此，对$\forall S\in\Phi$有

$$\begin{aligned}\|f-S^*\|^2&=(f-S^*+S^*-S,f-S^*+S^*-S)\\&=\|f-S^*\|_2^2+2(f-S^*,S^*-S)+\|S^*-S\|_2^2\\&=\|f-S^*\|_2^2+\|S^*-S\|_2^2\\&\geqslant\|f-S^*\|_2^2\end{aligned}$$

故$S^*(x)$是$f(x)$在Φ中关于权函数$\rho(x)$的最佳平方逼近函数。

定理 15.1 中的最佳平方逼近函数是唯一的。事实上，设S_1^*、S_2^*均为最佳平方逼近函数，有

$$\begin{aligned}(S_1^*-S_2^*,S_1^*-S_2^*)&=(S_1^*-f+f-S_2^*,S_1^*-S_2^*)\\&=-(f-S_1^*,S_1^*-S_2^*)+(f-S_2^*,S_1^*-S_2^*)\\&=0\end{aligned}$$

所以 $S_1^* = S_2^*$。

令 $\delta = f(x) - S^*(x)$，则平方误差为

$$\begin{aligned}
\|\delta\|_2^2 &= (f(x) - S^*(x), f(x) - S^*(x)) \\
&= \|f\|_2^2 - (f(x) - S^*(x)) - (S^*(x), f(x) - S^*(x)) \\
&= \|f\|_2^2 - (f(x) - S^*(x)) \\
&= \|f\|_2^2 - \sum_{j=0}^{n} a_j^*(\varphi_j, f)
\end{aligned} \tag{15.19}$$

特别地，如果取 $\varphi_k(x) = x^k, \rho(x) \equiv 1$。对于法方程式（15.12）有

$$h_{jk} = (\varphi_j(x), \varphi_{jk}(x)) = \int_0^1 x^{k+j} \mathrm{d}x = \frac{1}{i+j+1} \tag{15.20}$$

$$d_k = (f(x), \varphi_k(x)) = \int_0^1 x^k \mathrm{d}x \equiv d_k \tag{15.21}$$

于是，法方程式（15.12）中的系数矩阵

$$\boldsymbol{H} = \begin{bmatrix} 1 & 1/2 & \cdots & 1/n & 1/(n+1) \\ 1/2 & 1/3 & & 1/(n+1) & 1/(n+2) \\ \vdots & \vdots & & \vdots & \vdots \\ 1/n & 1/(n+1) & \cdots & 1/(2n-1) & 1/(2n) \\ 1/(n+1) & 1/(n+2) & \cdots & 1/(2n) & 1/(2n+1) \end{bmatrix} \tag{15.22}$$

称为希尔伯特（Hibert）矩阵。

例 1 设 $f(x) = \sqrt{1+x^2}$，求[1，0]上的一次最佳平方逼近多项式。

解：这是 $\rho(x) \equiv 1$ 的情形。取 $\varphi_0(x) = 1$，$\varphi_0(x) = x$，$\boldsymbol{\Phi} = \mathrm{span}\{1, x\}$。于是

$$(\varphi_0, \varphi_0) = \int_0^1 1\mathrm{d}x = 1, (\varphi_0, \varphi_1) = \int_0^1 x\mathrm{d}x = \frac{1}{2}, (\varphi_1, \varphi_1) = \int_0^1 x^2 \mathrm{d}x = \frac{1}{3}$$

$$d_0 = (f, \varphi_0) = \int_0^1 \sqrt{1+x^2}\mathrm{d}x = \frac{1}{2}\ln(1+\sqrt{2}) + \frac{\sqrt{2}}{2} \approx 1.147$$

$$d_1 = (f, \varphi_1) = \int_0^1 x\sqrt{1+x^2}\mathrm{d}x = \frac{1}{3}(1+x^2)^{3/2}\Big|_0^1 = \frac{2\sqrt{2}-1}{3} \approx 0.609$$

得方程组：

$$\begin{bmatrix} 1 & \frac{1}{2} \\ \frac{1}{2} & \frac{1}{3} \end{bmatrix} \begin{bmatrix} a_0 \\ a_1 \end{bmatrix} = \begin{bmatrix} 1.147 \\ 0.609 \end{bmatrix}$$

解出 $a_0 = 0.934, a_1 = 0.426$。故

$$S_1^*(x) = 0.934 + 0.426x \tag{15.23}$$

平方误差为

$$\begin{aligned}
\|\delta\|_2^2 &= (f(x), f(x)) - (S_1^*(x), f(x)) \\
&= \int_0^1 (1+x^2)\mathrm{d}x - 0.426d_1 - 0.934d_0 = 0.0026
\end{aligned}$$

最大误差为

$$\begin{aligned}\|\delta\|_\infty &= \max_{0\leqslant x\leqslant 1}\left|f(x)-S^*(x)\right| \\ &= \max_{0\leqslant x\leqslant 1}\left|\sqrt{1+x^2}-0.934-0.426x\right| = 0.066\end{aligned}$$

令 $h(x)=\sqrt{1+x^2}-0.934-0.426x$ ，则

$$h'(x)=\frac{x}{\sqrt{1+x^2}}-0.426 \tag{15.24}$$

由 $h'(x)$ 的特性及 $h(0)=0.066$ ， $h(1)\approx 0.054$ ，可得

$$\|\delta\|_\infty = 0.066$$

用 $\{1,x,\cdots,x^n\}$ 作为基，求最佳平方逼近多项式，当 n 较大时，由于向量 $(\frac{1}{n},\frac{1}{n+1},\cdots,\frac{1}{2n})$ 与 $(\frac{1}{n+1},\frac{1}{n+2},\cdots,\frac{1}{2n+1})$ 近似成比例，所以 Hilbert 系数矩阵式（15.22）是高度病态的，因此直接求解法方程是相当困难的，通常采用正交多项式作为基。

15.2.2 用正交函数族作最佳平方逼近

若 $\varphi_1(x)$, $\varphi_2(x),\cdots,\varphi_n(x)$ 为 $[a,b]$ 上关于权函数 $\rho(x)$ 的正交函数族，则法方程式（15.12）为

$$\begin{bmatrix}(\varphi_0,\varphi_0) & & & 0 \\ & (\varphi_1,\varphi_1) & & \\ & & \ddots & \\ & & & \ddots & \\ 0 & & & (\varphi_n,\varphi_n)\end{bmatrix}\begin{bmatrix}a_0\\ a_1\\ \vdots\\ \vdots\\ a_n\end{bmatrix}=\begin{bmatrix}(f,\varphi_0)\\ (f,\varphi_1)\\ \vdots\\ \vdots\\ (f,\varphi_n)\end{bmatrix} \tag{15.25}$$

得

$$a_k^* = a_k \frac{(f(x),\varphi_k(x))}{(\varphi_k(x),\varphi_k(x))} \tag{15.26}$$

因此，最佳平方逼近函数为

$$S^*(x)=\sum_{k=0}^{n}\frac{(f(x),\varphi_k(x))^2}{(\varphi_k(x),\varphi_k(x))}\varphi_k(x) \tag{15.27}$$

均方差为

$$\|\delta\|_2^2=\|f\|_2^2-\sum_{k=0}^{n}\left[\frac{(f(x),\varphi_k(x))}{\|\varphi_k(x)\|_2}\right]^2 \tag{15.28}$$

贝塞尔（Bessel）不等式为

$$\sum_{k=0}^{n}\left[\frac{(f(x),\varphi_k(x))}{\|\varphi_k(x)\|_2}\right]^2 \leqslant \|f\|_2^2 \tag{15.29}$$

即 $\sum_{k=0}^{n}(a_k^*)^2\leqslant\|f\|^2$ ，它是广义的勾股定理。

若 $f(x)\in C[a,b]$ ，则按正交函数族 $\{\varphi_k(x)\}$ 展开，得级数：

$$S^*(x)=\sum_{k=0}^{\infty}a_k^*\varphi_k(x) \tag{15.30}$$

称为 $f(x)$ 的广义傅里叶（Fourier）级数，系数 a_k^* 称为广义傅里叶系数。它是傅里叶级数的直接推广。

下面讨论特性情况，设 $\varphi_1(x),\varphi_2(x),\cdots,\varphi_n(x)$ 为正交多项式族，有下面的收敛定理。

定理 15.2　设 $f(x)\in C[a,b]$，$S^*(x)$ 是由式（15.30）给出的 $f(x)$ 的最佳平方逼近多项式，其中 $\{\varphi_k(x),k=0,1,\cdots,n\}$ 为正交多项式族，则

$$\lim_{k\to\infty}\left\|f(x)-S^*(x)\right\|_2=0 \tag{15.31}$$

证明略。

15.3　曲线拟合的最小二乘法

在生产实际和科学实验中有很多函数，它们的解析表达式是不知道的，仅能通过实验观察的方法测得一系列节点上的值 y_i，即得到一组数据或者说得到平面上一组点 (x_i,y_i) $(i=0,1,\cdots,m)$。现在的问题是寻求 $f(x)$ 的近似表达式 $y=\varphi(x)$，用几何语言来说就是寻求一条曲线 $y=\varphi(x)$ 来拟合（平滑）这 m 个点，即求曲线拟合。

一般地，给定数据点 (x_i,y_i) 的数量较大，且准确程度不一定高，甚至个别点有很大的误差，形象地称之为“噪声”。若用插值法求之，则欲使 $y=\varphi(x)$ 满足插值条件，势必将“噪声”带进近似函数 $y=\varphi(x)$，因而不能较好地描绘 $y=f(x)$。曲线拟合是求近似函数的又一类数值方法。它不要求函数在节点处与函数同值，即不要求近似曲线过已知点，只要求它尽可能反映给定数据点的基本趋势，在某种意义下“逼近”函数。下面我们先举例说明。

例 3　给定一组数据如下。

x_i	2	4	6	8
y_i	1.1	2.8	4.9	7.2

求 x，y 的函数关系。

解： 先画草图，如图 15.2 所示，这些点的分布接近一条直线，因此可设想 y 为 x 的一次函数。设

$$y=a_1x+a_0 \tag{15.32}$$

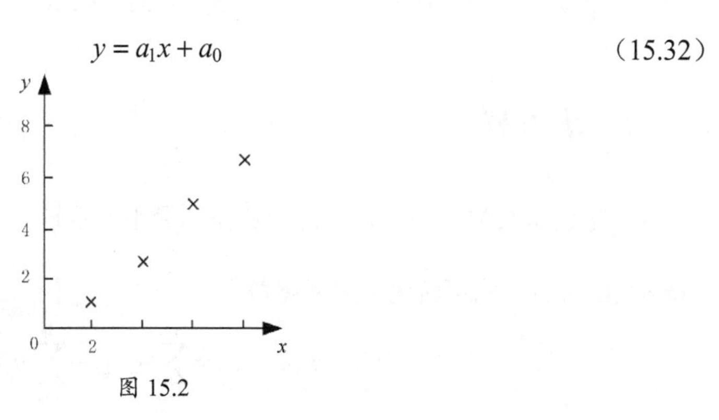

图 15.2

从图 15.2 不难看出，无论 a_0 、a_1 取何值，直线都不可能同时过全部数据点。怎样选取 a_0 、a_1 ，才能使直线式（15.32）最好地反映数据点的基本趋势呢？

假设 a_0 、a_1 已确定， $y_i^* = a_1x_i + a_0(i = 1,\cdots,4)$ 为由近似函数求得的近似值，它与观测值 y_i 之差为

$$\delta_i = y_i - y_i^* = y_i - a_1x_i - a_0(i = 1,2,3,4) \tag{15.33}$$

称为残差。显然，残差的大小可作为衡量近似函数好坏的标准。常用的准则有以下三种：

① 使残差的绝对值之和最小，即 $\min\sum_i|\delta_i|$ ；

② 使残差的最大绝对值最小，即 $\min\max_i|\delta_i|$ ；

③ 使残差的平方和最小，即 $\min\sum_i\delta_i^2$ 。

准则①的提出很自然也合理，但实际使用不方便；按准则②来求近似函数的方法称为函数的最佳一致逼近；按准则③确定参数，求得近似函数的方法称为最佳平方逼近，也称为曲线拟合（或数据拟合）的最小二乘法。它的计算比较简便，是实践中常用的一种函数比较方法。

15.3.1 最小二乘法原理

根据给定的实验数据组 $(x_i, y_i)(i = 0,1,\cdots,m)$ ，选取近似函数形式，设 $\varphi_0,\varphi_1,\cdots,\varphi_n$ 为 $C[a,b]$ 上的线性无关族，令 $\varPhi = \text{span}\{\varphi_0,\varphi_1,\cdots,\varphi_n\}$ 。求函数 $S^*(x) = \sum_{i=0}^{n} a_i^*\varphi_i(x) \in \varPhi$ ，使得

$$\sum_{i=0}^{m}\delta_i^2 = \sum_{i=0}^{m}\left[y_i - S^*(x_i)\right]^2 = \min_{\varphi\in\varPhi}\sum_{i=0}^{m}\left[y_i - S^*(x_i)\right]^2 \tag{15.34}$$

为最小。这种求近似函数的方法称为数据拟合的最小二乘法， $S^*(x)$ 称为这组数据的最小二乘解。

用最小二乘法求拟合曲线时，最困难和关键的问题是确定 $S^*(x)$ 的形式，这不单纯是数学问题，还与所研究问题的运动规律及所得观察数据 (x_i, y_i) 有关。通常是通过观察数据画出草图，并结合实际问题的运动规律，确定 $S^*(x)$ 的形式。

此外，在实际问题中，由于各点的观测数据精度不同，常常引入加权方差，即确定参数的准则为使 $\sum_{i=1}^{n}\omega_i\delta_i^2$ 最小，其中 $\omega_i(i = 1,2,\cdots,n)$ 为加权系数（可以是实验次数或 y_i 的可信程度等）。

15.3.2 法方程

在指定的函数类 $\varPhi$ 中求拟合已知数据的最小二乘解， $S^*(x) = \sum_{j=0}^{n} a_i\varphi_i \in \varPhi$ 的关键在于系数 $a_k^*(k = 0,1,\cdots,n)$ 。它可转化为多元函数

$$I(a_0,a_1,\cdots,a_n) = \sum_{i=0}^{m}\omega_i[y_i - \sum_{j=0}^{n}a_j\varphi_j(x_i)]^2 \tag{15.35}$$

的极小值问题。由极值的必要条件 $\frac{\partial I}{\partial a_k}=0\ (k=0,1,\cdots,n)$，得方程组

$$\sum_{i=0}^{m}\omega_i\left[\sum_{j=0}^{n}a_j\varphi_j(x_i)-y_i\right]\varphi_k(x_i)=0(k=0,1,\cdots,n) \tag{15.36}$$

即

$$\sum_{j=0}^{n}a_j\sum_{i=0}^{m}\omega_i\varphi_j(x_i)\varphi_k(x_i)=\sum_{i=0}^{m}\omega_i y_i\varphi_k(x_i) \tag{15.37}$$

若记 $(\varphi_j,\varphi_k)=\sum_{i=0}^{m}\omega_i\varphi_j(x_i)\varphi_k(x_i)$，$(y,\varphi_k)=\sum_{i=0}^{m}\omega_i y_i\ \varphi_k(x_i)\equiv d_k, k=0,1,\cdots,n$，则法方程组为

$$\boldsymbol{Ga}=\boldsymbol{d} \tag{15.38}$$

其中

$$\boldsymbol{a}=\begin{bmatrix}a_0\\a_1\\\vdots\\a_n\end{bmatrix},\quad \boldsymbol{d}=\begin{bmatrix}(f,\varphi_0)\\(f,\varphi_1)\\\vdots\\(f,\varphi_n)\end{bmatrix} \tag{15.39}$$

$$\boldsymbol{G}=\begin{bmatrix}(\varphi_0,\varphi_0) & (\varphi_0,\varphi_1) & \cdots & (\varphi_0,\varphi_n)\\(\varphi_1,\varphi_0) & (\varphi_1,\varphi_1) & \cdots & (\varphi_1,\varphi_n)\\\vdots & \vdots & & \vdots\\(\varphi_n,\varphi_0) & (\varphi_n,\varphi_1) & \cdots & (\varphi_n,\varphi_n)\end{bmatrix} \tag{15.40}$$

必须指出的是，由于函数族的线性无关性，不能保证以上矩阵非奇异，请读者举例说明。为保证 $\boldsymbol{G}$ 非奇异，必须附加另外的条件。

定义 15.5 设 $\varphi_0,\varphi_1,\cdots,\varphi_n\in C[a,b]$ 的任意线性组合在点集 $X=\{x_i,i=0,1,\cdots,m\}$ 上至多有 n 个不同的零点，则称 $\varphi_0,\varphi_1,\cdots,\varphi_n$ 在点集 $X=\{x_i,i=0,1,\cdots,m\}$ 上满足哈尔（Haar）条件。

显然，$1,x,\cdots,x^n$ 在任意 $m(m\geqslant n)$ 个点上满足哈尔条件。

可以证明，$\varphi_0,\varphi_1,\cdots,\varphi_n$ 在点集 $X=\{x_i,i=0,1,\cdots,m\}$ 上满足哈尔条件，则法方程式（15.38）的系数矩阵 $\boldsymbol{G}$ 非奇异，于是法方程式（15.38）存在唯一的解 $\{a_k^*\}_{k=0}^n$，从而可获得最小二乘拟合函数 $S^*(x)=\sum_{j=0}^{n}a_j^*\varphi_j(x)$。可以证明，这样得到的 $S^*(x)$ 的确是最小二乘解。

15.3.3 常用的拟合方法

1．多项式拟合

数据是 $(x_i,y_i)\ (i=0,1,\cdots,m)$，$\omega_i=1$，$\varphi_i=(x)=x^i\ (i=0,1,\cdots,n)$ 法方程为

$$\sum_{i=1}^{n}a_k(\sum_{k=0}^{m}x_i^{k+j})=\sum_{i=1}^{n}y_i x_i^j \qquad (j=0,1,\cdots,n) \tag{15.41}$$

即

$$\begin{cases}(m+1)a_0+a_1\sum_{i=0}^{m}x_i+a_2\sum_{i=0}^{m}x_i^2+\cdots+a_n\sum_{i=0}^{m}x_i^n=\sum_{i=0}^{m}y_i\\ a_0\sum_{i=0}^{m}x_i+a_1\sum_{i=0}^{m}x_i^2+a_2\sum_{i=0}^{m}x_i^3+\cdots+a_n\sum_{i=0}^{m}x_i^{n+1}=\sum_{i=0}^{m}y_ix_i\\ \vdots\\ a_0\sum_{i=0}^{m}x_i^n+a_1\sum_{i=0}^{m}x_i^{n+1}+a_2\sum_{i=0}^{n}x_i^{n+2}+\cdots+a_n\sum_{i=0}^{m}x_i^{2n}=\sum_{i=0}^{n}y_ix_i^n\end{cases} \tag{15.42}$$

例 4 求数据表的最小二乘二次拟合多项式。

i	1	2	3	4	5	6	7	8	9
x_i	−1	−0.75	−0.5	−0.25	0	0.25	0.5	0.75	1
y_i	−0.2209	0.3292	0.8826	1.4329	2.0003	2.5645	3.1334	3.7601	4.2836

解：设二次拟合多项式为 $P_2(x)=a_0+a_1x+a_2x^2$，将数据代入正则方程组，可得

$$\begin{cases}9a_0+0+3.75a_2=18.1660\\ 0+3.75a_1+0=8.4858\\ 3.75a_0+0+2.7656a_2=7.6169\end{cases} \tag{15.43}$$

其解为

$$a_0=2.0019\,,a_1=2.2629\,,a_2=0.0397$$

所以，此数据组的最小二乘二次拟合多项式为

$$P_2(x)=2.0019+2.2629x+0.0397x^2 \tag{15.44}$$

2．通过变换将非线性拟合转化为线性拟合问题

我们的基本思路：通过进行变换，将非线性拟合问题转化为线性拟合问题求解，然后经反变换求出非线性拟合函数。仅以指数函数为例说明，如果数据组 $(x_i,y_i)(i=0,2,\cdots,m)$ 的分布近似指数曲线，则考虑用指数函数 $y=b\mathrm{e}^{ax}$ 去拟合数据，按最小二乘法原理，a、b 的选取使得 $F(a,b)=\sum_{i=0}^{m}\left(y_i-b\mathrm{e}^{ax_i}\right)^2$ 为最小。由此导出的正则方程组是关于参数 a、b 的非线性方程组，称其为非线性最小二乘问题。

进行变换：$z=\ln y$，则有

$$z=a_0+a_1x \tag{15.45}$$

其中，$a_0=\ln b$，$a_1=a$。式（15.45）右端是线性函数。当函数 z 求出后，则 $y=\mathrm{e}^z=\mathrm{e}^{a_0}\mathrm{e}^{a_1x}$。函数 y 的数据组 (x_i,y_i) $(i=0,1,\cdots,m)$ 经变换后，对应函数 z 的数据组为

$$(x_i,z_i)=(x_i,\ln y_i)\qquad(i=0,1,\cdots,m) \tag{15.46}$$

例 5 设一发射源的发射强度公式形如 $I=I_0\mathrm{e}^{-at}$，现测得 I 与 t 的数据列于下表。

t_i	0.2	0.3	0.4	0.5	0.6	0.7	0.8
I_i	3.16	2.38	1.75	1.34	1.00	0.74	0.56

解：先求如下数据表的最小拟合直线。

t_i	0.2	0.3	0.4	0.5	0.6	0.7	0.8
$\ln I_i$	1.1506	0.8671	0.5598	0.2927	0.0000	−0.3011	−0.5798

将此表数据代入正则方程组，可得

$$\begin{cases}7a_0+3.5a_1=1.9891\\3.5a_0+2.03a_1=0.1858\end{cases} \tag{15.47}$$

其解为 $a_0=1.73$， $a_1=-2.89$。所以

$$I_0=\mathrm{e}^{a_0}=5.64, a=-a_1=2.89 \tag{15.48}$$

发射强度公式近似为 $I=5.64\mathrm{e}^{-2.89t}$。

3．用正交多项式作最小二乘拟合

当 $n\geqslant 3$ 时，最小二乘法的正则方程组一般是病态的，n 越大病态情形越严重。为了避免求解病态方程组，我们引入点集上的正交函数族。

在离散情形中，定义函数 $f(x)$ 与 $g(x)$ 的内积为

$$(\varphi_j,\varphi_k)=\sum_{i=0}^{m}\omega_i\varphi_j(x_i)\varphi_k(x_i) \tag{15.49}$$

在连续情形中，定义函数 $f(x)$ 与 $g(x)$ 的内积为

$$(f,g)=\int_a^b\omega(x)f(x)g(x)\mathrm{d}x \tag{15.50}$$

容易验证以上两种均定义了内积空间。

定义 15.6 （点集上的正交函数族）若函数族 $\varphi_0,\varphi_1,\cdots,\varphi_n$ 在点集 $X=\{x_i,i=0,1,\cdots,m\}$ 上满足

$$(\varphi_j,\varphi_k)=\sum_{i=0}^{m}\omega(x_i)\varphi_j(x_i)\varphi_k(x_i)=\begin{cases}0, & j\neq k\\Ak>0, & j=k\end{cases} \tag{15.51}$$

则称 $\varphi_0,\varphi_1,\cdots,\varphi_n$ 为带权 $\omega(x)$ 关于点集 X 的正交函数族。

如果 $\varphi_0,\varphi_1,\cdots,\varphi_n$ 为点集 X 上的正交函数族，则法方程为

$$\boldsymbol{Ga}=\boldsymbol{d}$$

其中

$$\boldsymbol{a}=\begin{bmatrix}a_0\\\vdots\\a_n\end{bmatrix},\quad \boldsymbol{d}=\begin{bmatrix}(f,\varphi_0)\\\vdots\\(f,\varphi_n)\end{bmatrix},\quad \boldsymbol{G}=\begin{bmatrix}(\varphi_0,\varphi_0) & & 0\\ & \ddots & \\ 0 & & (\varphi_n,\varphi_n)\end{bmatrix}$$

因此拟合函数为

$$S^*(x)=\sum_{k=0}^{n}a_k^*\varphi_k(x) \tag{15.52}$$

其中

$$a_k^*=\frac{(f,\varphi_k)}{(\phi_k,\varphi_k)}=\frac{\sum_{i=0}^{m}\omega(x_i)f(x_i)\varphi_k(x_i)}{\sum_{i=0}^{m}\omega(x_i)\varphi_k^2(x_i)} \tag{15.53}$$

平方误差为

$$\begin{aligned}\|\delta\|_2^2 &= (f-\sum_{k=0}^{n}a_k^*\varphi_k, f-\sum_{k=0}^{n}a_k^*\varphi_k)\\ &= \|f\|_2^2 - 2\sum_{k=0}^{n}a_k^*(f,\varphi_k)+\sum_{k=0}^{n}A_k(a_k^*)^2 \\ &= \|f\|_2^2 - \sum_{k=0}^{n}A_k(a_k^*)^2\end{aligned} \tag{15.54}$$

通过 Schmidt 方法，可构造下列多项式系 ($n \leqslant m$)：

$$\begin{cases}P_0(x)=1\\ P_1(x)=x-a_1\\ P_{k+1}(x)=(x-a_{k+1})P_k(x)-\beta_k P_{k-1}(x) \quad (k=1,\cdots,n-1)\end{cases} \tag{15.55}$$

以 $\omega_i(i=0,1,\cdots,m)$ 为权关于点集 $\{x_0,x_1,\cdots,x_m\}$ 的正交函数族，其中

$$\begin{cases}a_{k+1}=\dfrac{(xP_k,P_k)}{(P_k,P_k)}=\dfrac{\sum\limits_{i=0}^{m}\omega(x_i)x_iP_k^2(x_i)}{\sum\limits_{i=0}^{m}\omega(x_i)P_k^2(x_i)} \quad (k=0,1,\cdots,n-1)\\ \beta_k=\dfrac{(P_k,P_k)}{(P_{k-1},P_{k-1})}=\dfrac{\sum\limits_{i=0}^{m}\omega(x_i)P_k^2(x_i)}{\sum\limits_{i=0}^{m}\omega(x_i)P_{k-1}^2(x_i)} \quad (k=0,1,\cdots,n-1)\end{cases} \tag{15.56}$$

利用关于点集的正交函数族求数据组的最小二乘拟合多项式的过程如下：

① 利用式（15.55）和式（15.56）构造正交函数族 $\{\varphi_0(x),\varphi_1(x),\cdots,\varphi_n(x)\}$；

② 按式（15.53）计算出正则方程式（15.38）的解；

③ 按式（15.52）写出最小二乘 n 次拟合多项式。

例 6 利用正交函数族求例 4 所给数据表的最小二乘二次拟合多项式。

解：按式（15.55）和式（15.56）计算，得

$$\varphi_0(x)=1, a_1=\frac{(x\varphi_0,\varphi_0)}{(\varphi_0,\varphi_0)}=\frac{\sum\limits_{i=0}^{8}x_i}{\sum\limits_{i=0}^{8}1}=\frac{0}{9}=0$$

$$\varphi_1(x)=x, a_2=\frac{(x\varphi_1,\varphi_1)}{(\varphi_1,\varphi_1)}=\frac{\sum\limits_{i=0}^{8}x_i^3}{\sum\limits_{i=0}^{8}x_i^2}=0$$

$$\beta_1=\frac{(\varphi_1,\varphi_1)}{(\varphi_0,\varphi_0)}=\frac{\sum\limits_{i=0}^{8}x_i^2}{\sum\limits_{i=0}^{8}1}=\frac{3.75}{9}=0.41667, \varphi_2(x)=x^2-0.41667$$

由式（15.52），得

$$a_0^*=\frac{(y,\varphi_0)}{(\varphi_0,\varphi_0)}=\frac{\sum\limits_{i=0}^{8}y_i}{\sum\limits_{i=0}^{8}1}=2.0184444$$

$$a_1^* = \frac{(y,\varphi_1)}{(\varphi_1,\varphi_1)} = \frac{\sum_{i=0}^{8} y_i x_i}{\sum_{i=0}^{8} x_i^2} = 2.2628666$$

$$a_2^* = \frac{(y,\varphi_2)}{(\varphi_2,\varphi_2)} = \frac{\sum_{i=0}^{8} y_i (x_i^2 - 0.41667)}{\sum_{i=0}^{8} (x_i^2 - 0.41667)^2} = 0.0396553$$

将其代入式（15.52），得最小二乘二次拟合多项式为

$$\begin{aligned}\varphi(x) &= a_0^*\varphi_0(x) + a_1^*\varphi_1(x) + a_2^*\varphi_2(x) \\ &= 2.0184444 + 2.2628666x + 0.0396553(x^2 - 0.41667) \\ &= 2.00192 + 2.2628666x + 0.0396553x^2\end{aligned}$$

课后习题

（1）求函数 $f(x)=x^2-2x+3$ 在 $[-1,1]$ 上权函数 $\rho(x)=1$ 的最佳平方逼近多项式。

（2）求函数 $f(x)=x^{\frac{1}{2}}$ 在 $[0,1]$ 上的一次最佳平方逼近多项式。

（3）确定多项式 $y=a_0+a_1x$ 中的参数 a_0 和 a_1，使多项式曲线按最小二乘原理拟合于下列数据。

x_i	−2	−1	0	1	2
y_i	0	0.2	0.5	0.8	1

（4）设函数系 $\Phi_0(x)=1$，$\Phi_1(x)=x$，$\Phi_2(x)=x^2$。求在内积空间 $C[0,1]$ 中的正交函数系数。

（5）已知离散数据如下。

x_i	0.00	0.25	0.50	0.75	1.00
$f(x_i)$	0.10	0.35	0.81	1.09	1.96

用二次多项式拟合此函数。

（6）求 $f(x)=\ln x$，$x\in[1,2]$ 上的二次最佳平方逼近多项式及平方误差。

（7）设 $M_2=\text{span}\{1,x^2\}$，试在 M_2 中求 $f(x)=|x|$ 在 $[-1,1]$ 上的最佳平方逼近元。

（8）利用正交化方法求 $[0,1]$ 上带权 $\rho(x)=\ln\frac{1}{x}$ 的前三个正交多项式 $P_0(x)$，$P_1(x)$，$P_2(x)$。

（9）求在 $[0,1]$ 上以 $\sqrt{x}$ 为权函数的 0、1、2 次正交多项式 $\varphi_0(x)$、$\varphi_1(x)$ 和 $\varphi_2(x)$。

（10）$f(x)=|x|$，在 $[-1,1]$ 上求关于 $\Phi=\text{span}\{1,\ x^2,\ x^4\}$ 的最佳平方逼近多项式。

（11）已知实验数据如下。

x_i	19	25	31	38	44
y_i	19.0	32.3	49.0	73.3	97.8

用最小二乘法求形如 $y=a+bx^2$ 的经验公式，并计算均方误差。

第 16 章　数值微积分

微积分是一门描述变化的数学学科，包括微分（differentiate）和积分（integrate）。因为工程中经常会出现变化的系统和过程，所以微积分是从事工程研究必不可少的工具。大学一年级的微积分中就要求学会计算微积分，并指出了它在很多领域的应用。

求微分和积分的函数，一般具有以下三种形式：

① 简单的连续函数，如多项式、三角函数和指数函数等；

② 很难或者完全无法直接微分或积分的复杂连续函数；

③ 列表型函数，即仅给出一系列离散点及其上的函数值，如实验数据等。

第一类函数的微分或积分完全可以通过解析方法求得。对第二类函数，解析的方法通常是行不通的，有时根本无法得到结果，这种情况下，与第三类函数一样，必须使用近似的数值计算方法。

16.1　数值求积分的基本概念

16.1.1　数值求积分的基本思想

根据以上所述，数值求积分公式应该避免用原函数表示，而由被积函数的值决定。由积分中值定理：存在$\xi\in[a,b]$，有

$$\int_a^b f(x)\mathrm{d}x=(b-a)f(\xi)$$

表明定积分所表示的曲边梯形的面积等于底为 $b-a$，而高为ξ的矩形面积（见图 16.1）。问题在于点ξ的具体位置一般是不知道的，因而难以准确算出$f(\xi)$。我们将$f(\xi)$称为区间$[a, b]$上的平均高度。这样，只要对平均高度$f(\xi)$提供一种算法，相应地便获得一种数值求积分方法。

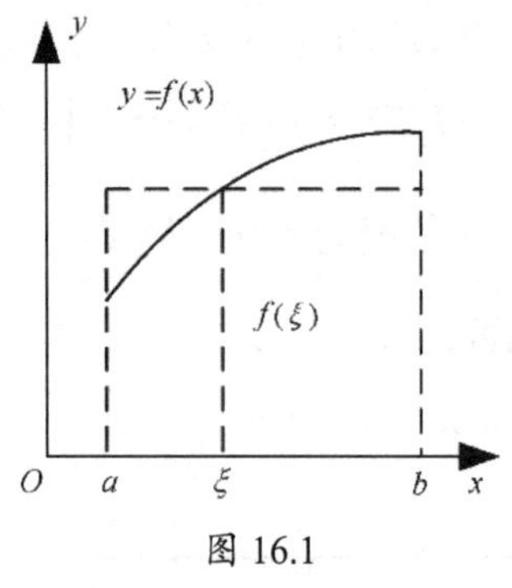

图 16.1

如果用两端的算术平均作为平均高度$f(\xi)$的近似值，这样导出的求积公式为

$$T=\frac{b-a}{2}[f(a)+f(b)] \tag{16.1}$$

式（16.1）即梯形公式（见图 16.2）。而如果改用区间中点 $c=\frac{a+b}{2}$ 的“高度” $f(c)$ 近似地取代平均高度 $f(\xi)$，则可导出中矩形公式（简称矩形公式）。

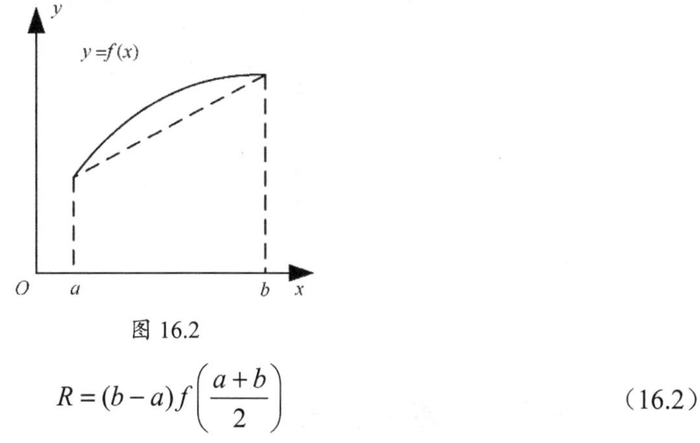

图 16.2

$$R=(b-a)f\left(\frac{a+b}{2}\right) \tag{16.2}$$

如果我们取左端点和右端点的函数值作为平均高度，则得到的公式分别称为左矩形公式和右矩形公式。

一般地，我们可以在 $[a,b]$ 上适当选取某些节点 x_k，然后用 $f(x_k)$ 加权平均得到平均高度 $f(\xi)$ 的近似值，这样构造出的求积公式具有下列形式：

$$\int_a^b f(x)\mathrm{d}x \approx \sum_{k=0}^{n} A_k f(x_k) \tag{16.3}$$

其中，x_k 称为求积节点；A_k 称为求积系数，也称伴随节点 x_k 的权。权 A_k 仅仅与节点 x_k 的选取有关，而不依赖被积函数 $f(x)$ 的具体形式。

这类由积分区间上的某些点处的函数值的线性组合作为定积分的近似值的求积公式通常称为机械求积公式，它避免了牛顿—莱布尼茨（Newton-Leibnitz）公式寻求原函数的困难。对于求积公式（16.3），关键在于确定节点 $\{x_k\}$ 和相应的系数 $\{A_k\}$。

16.1.2　代数精度的概念

截断误差是一个与被积函数密切相关的标量函数，因此无法直接用来描述求积公式本身的好坏。通常我们还需要引进代数精度的概念。由 Weierstrass 定理可知，对闭区间上任意的连续函数，都可用多项式一致逼近。一般说来，多项式的次数越高，逼近程度越好。这样，如果求积公式对 m 阶多项式精确成立，那么求积公式的误差仅来源于 m 阶多项式对连续函数的逼近误差。因此自然有如下的定义。

定义 16.1　如果某个求积公式对于次数不超过 m 的多项式均准确地成立，但对于 m+1 次多项式就不准确成立，则称该求积公式具有 m 次代数精度。

例 1　确定求积公式

$$\int_0^1 f(x)\mathrm{d}x \approx f(0)+Bf(x_1)+Cf(1) \tag{16.4}$$

中的待定参数 A,B,C,x_1，使其代数精度尽可能高，并指出其代数精度。

解： 设 $f(x)=1$ 时，左 $=\int_0^1 f(x)\mathrm{d}x=1$，右 $=A+B+C$，左=右，得 $A+B+C=1$；

$f(x)=x$ 时，左 $=\int_0^1 f(x)\mathrm{d}x=\frac{1}{2}$，右 $=Bx_1+C$，左=右，得 $Bx_1+C=\frac{1}{2}$。

$f(x)=x^2$ 时，左 $=\int_0^1 f(x)\mathrm{d}x=\frac{1}{3}$，右 $=Bx_1^2+C$，左=右，得 $Bx_1^2+C=\frac{1}{3}$。

$f(x)=x^3$ 时，左 $=\int_0^1 f(x)\mathrm{d}x=\frac{1}{4}$，右 $=Bx_1^3+C$，左=右，得 $Bx_1^3+C=\frac{1}{4}$。

联立上述四个方程，解得

$$A=\frac{1}{6},\quad B=\frac{2}{3},\quad C=\frac{1}{6},\quad x_1=\frac{1}{2}$$

$f(x)=x^4$ 时，左 $=\int_0^1 f(x)\mathrm{d}x=\frac{1}{5}$，右 $=Bx_1^4+C=\frac{4}{25}$，左 $\neq$ 右，所以，该求积公式的代数精度是 3。

16.1.3 插值型的求积公式

最直接自然的一种想法是用 $f(x)$ 在 $[a,b]$ 上的插值多项式 $\varphi_n(x)$ 代替 $f(x)$，由于代数多项式的原函数是容易求出的，所以以 $\varphi_n(x)$ 在 $[a,b]$ 上的积分值作为所求积分 $I(f)$ 的近似值，即

$$I(f)\approx\int_a^b \varphi_n(x)\mathrm{d}x \tag{16.5}$$

这样得到的求积分公式称为插值型求积公式。通常采用拉格朗日（Lagrange）插值。

设 $[a,b]$ 上有 $n+1$ 个互异节点 $x_0,x_1,\cdots,x_n$，$f(x)$ 的 n 次拉格朗日插值多项式为

$$L_n(x)=\sum_{k=0}^{n} l_k(x)f(x_k) \tag{16.6}$$

其中，$l_k(x)=\prod_{\substack{j=0\\j\neq k}}^{n}\frac{x-x_j}{x_k-x_j}$，插值型求积公式为

$$I(f)\approx\int_a^b L_n(x)\mathrm{d}x=\sum_{k=0}^{n}A_k f(x_k) \tag{16.7}$$

其中，$A_k=\int_a^b l_k(x)\mathrm{d}x$，$k=0,1,\cdots,n$。可以看出，$\{A_k\}$ 仅由积分区间 $[a,b]$ 与插值节点 $\{x_k\}$ 确定，与被积函数 $f(x)$ 的形式无关。求积公式（16.7）的截断误差为

$$R_n(f)=\int_a^b f(x)\mathrm{d}x-\int_a^b L_n(x)\mathrm{d}x=\int_a^b \frac{f^{(n+1)}(\xi)}{(n+1)!}\omega_{n+1}(x)\mathrm{d}x \tag{16.8}$$

定义 16.2 求积公式

$$\int_a^b f(x)\mathrm{d}x\approx\sum_{k=0}^{n}A_k f(x_k)$$

如果其系数 $A_k=\int_a^b l_k(x)\mathrm{d}x$，则称此求积公式为插值型求积公式。

定理 16.1 形如式（16.3）的求积公式至少有 n 次代数精度的充分必要条件为它是插值型的。

证明 如果求积公式（16.3）是插值型的，由式（16.8）可知，对于次数不超过 n 的多项式 $f(x)$，其余项 $R(f)$ 等于零，因而这时求积公式至少具有 n 次代数精度。

反之，如果求积公式（16.3）至少具有 n 次代数精度，那么对于插值基函数 $l_k(x)$ 应准确成立，并注意到 $l_k(x_j)=\delta_{jk}$ ，即

$$\int_a^b l_k(x)\mathrm{d}x=\sum_{j=0}^{n}A_j l_k(x_j)=A_k \tag{16.9}$$

所以求积公式（16.3）是插值型的。

16.1.4　求积公式的收敛性与稳定性

关于求积公式的收敛性我们给出如下定义。

定义 16.3　在求积公式（16.3）中，若

$$\lim_{\substack{n\to\infty\\h\to 0}}\sum_{k=0}^{n}A_k f(x_k)=\int_a^b f(x)\mathrm{d}x \tag{16.10}$$

其中，$h=\max\limits_{1\leqslant i\leqslant n}(x_i-x_{i-1})$，则称求积公式（16.3）是收敛的。

后面我们会通过截断误差分析具体的求积公式的收敛性。这里先讨论求积公式的数值稳定性问题。通常函数 $f(x)$ 在节点 x_k 处的准确值是很难求出的，假设计算 $f(x_k)$ 可能产生误差 δ_k ，实际得到 $\tilde{f}_k$ ，即 $f(x_k)=\tilde{f}_k+\delta_k$ ，记

$$I_n(f)=\sum_{k=0}^{n}A_k f(x_k),\quad I_n(\tilde{f})=\sum_{k=0}^{n}A_k\tilde{f}_k \tag{16.11}$$

如果对任给正数 $\varepsilon>0$ ，则只要误差 $|\delta_k|$ 充分小就有

$$|I_n(f)-I_n(\tilde{f})|=\left|\sum_{k=0}^{n}A_k[f(x_k)-\tilde{f}_k]\right|\leqslant\varepsilon \tag{16.12}$$

它表明求积公式（16.3）计算是稳定的，由此给出如下结论。

定义 16.4　对任给 $\varepsilon>0$ ，若存在 $\delta>0$ ，则只要 $|f(x_k)-\tilde{f}_k|\leqslant\delta(k=0,1,\cdots,n)$ 就有式（16.12）成立，则称求积公式（16.3）是稳定的。

定理 16.2　若求积公式（16.3）中系数 $A_k>0(k=0,1,\cdots,n)$ ，则此求积公式是稳定的；若 A_k 有正有负，则计算可能不稳定。

16.2　Newton-Cotes 公式

牛顿—柯特斯（Newton-Cotes）公式是一种常用的数值积分公式，它的基本策略就是用另一个易于积分的近似函数替换被积函数或表格型数据，是一种插值型公式。Newton-Cotes 公式分为闭型（c1osed forms）和开型（open forms）两类。在积分过程中，如果积分区间两端的数据点是已知的，则称为闭型积分。反之，如果积分区间超出了数据范围，则称为开型积分。开型公式一般不用于定积分，但可用于计算广义积分和常微分方程的求解。

16.2.1 Cotes 系数

将积分区间$[a,b]$划分为n等份，步长$h=\frac{b-a}{n}$，等距节点$x_k=a+kh$，$k=0,1,\cdots,n$。此时求积公式（16.7）中的积分系数可得到简化：

$$A_k=\int_a^b l_k(x)\,\mathrm{d}x=\int_a^b\prod_{\substack{j=0\\j\neq k}}^{n}\frac{x-x_j}{x_k-x_j}\mathrm{d}x=\int_a^b\prod_{\substack{j=0\\j\neq k}}^{n}\frac{x-a-jh}{(k-j)h}\mathrm{d}x \tag{16.13}$$

进行变换$x=a+th$，则有

$$\begin{aligned}A_k&=\int_0^n\prod_{\substack{j=0\\j\neq k}}^{n}\frac{(t-j)h}{(k-j)h}h\mathrm{d}x=\frac{(-1)^{n-k}h}{k!(n-k)!}\int_0^n\prod_{\substack{j=0\\j\neq k}}^{n}(t-j)\mathrm{d}t\\&=\frac{(-1)^{n-k}(b-a)}{k!(n-k)!n}\int_0^n\prod_{\substack{j=0\\j\neq k}}^{n}(t-j)\mathrm{d}t\end{aligned} \tag{16.14}$$

令

$$C_k^{(n)}\frac{(-1)^{n-k}}{k!(n-k)!n}\int_0^n\prod_{\substack{j=0\\j\neq k}}^{n}(t-j)\mathrm{d}t \tag{16.15}$$

则$A_k=(b-a)C_k^{(n)}$，求积公式（16.7）可简化为

$$I(f)\approx(b-a)\sum_{k=0}^{n}C_k^{(n)}f(x_k) \tag{16.16}$$

称为n阶牛顿—柯特斯（Newton-Cotes）公式，$\{C_k^{(n)}\}$称为 Cotes 系数。

由$C_k^{(n)}$的表达式可以看出，它不但与被积函数无关，而且与积分区间也无关。因此可将 Cotes 系数事先列成表格供查用（见表 16.1）。

表 16.1

n	$C_k^{(n)}$								
1	$\frac{1}{2}$	$\frac{1}{2}$							
2	$\frac{1}{6}$	$\frac{4}{6}$	$\frac{1}{6}$						
3	$\frac{1}{8}$	$\frac{3}{8}$	$\frac{3}{8}$	$\frac{1}{8}$					
4	$\frac{7}{90}$	$\frac{16}{45}$	$\frac{2}{15}$	$\frac{16}{45}$	$\frac{7}{90}$				
5	$\frac{19}{288}$	$\frac{25}{96}$	$\frac{25}{144}$	$\frac{25}{144}$	$\frac{25}{96}$	$\frac{19}{288}$			
6	$\frac{41}{840}$	$\frac{9}{35}$	$\frac{9}{280}$	$\frac{34}{105}$	$\frac{9}{280}$	$\frac{9}{35}$	$\frac{41}{840}$		
7	$\frac{751}{17280}$	$\frac{3577}{17280}$	$\frac{1323}{17280}$	$\frac{2989}{17280}$	$\frac{2989}{17280}$	$\frac{1323}{17280}$	$\frac{3577}{17280}$	$\frac{751}{17280}$	
8	$\frac{989}{28350}$	$\frac{5888}{28350}$	$\frac{-928}{28350}$	$\frac{10496}{28350}$	$\frac{-4540}{28350}$	$\frac{10496}{28350}$	$\frac{-928}{28350}$	$\frac{5888}{28350}$	$\frac{989}{28350}$

Newton-Cotes 公式的截断误差为

$$R_n(f)=\int_a^b \frac{f^{(n+1)}(\xi)}{(n+1)!}\prod_{j=0}^{n}(x-x_j)\mathrm{d}x \\ =\frac{h^{n+2}}{(n+1)!}\int_0^n f^{(n+1)}(\xi)\prod_{j=0}^{n}(t-j)\mathrm{d}t \tag{16.17}$$

当 n=1 时

$$I(f)=(b-a)\left[\frac{1}{2}f(a)+\frac{1}{2}f(b)\right]=\frac{b-a}{2}[f(a)+f(b)] \tag{16.18}$$

式（16.18）为梯形公式（trapezoidal rule）。

当 $n=2$ 时

$$I(f)=(b-a)\left[\frac{1}{6}f(a)+\frac{4}{6}f(\frac{a+b}{2})+\frac{1}{6}f(b)\right] \\ =\frac{b-a}{90}\times\left[7f(a)+32f\left(a+\frac{b-a}{4}\right)+12f\left(\frac{b+a}{2}\right)+32f\left(a+\frac{3(b-a)}{4}\right)+7f(b)\right] \tag{16.19}$$

式（16.19）为辛普森 1/3 公式（Simpson's 1/3 rule），或简称辛普森公式。

当 $n=3$ 时，得到的公式称为辛普森 3/8 公式（Simpson's 3/8 rule），需要四个节点，适应于子区间数目为奇数的情形。

当 $n=4$ 时

$$I(f)=\frac{b-a}{90}\times[7f(a)+32f(a+\frac{b-a}{4})+12f(\frac{b+a}{2})+ \\ 32f(a+\frac{3(b+a)}{4})+7f(b)] \tag{16.20}$$

式（16.20）为 Cotes 公式。

从表 16.1 可以看出，当 n=8 时出现了负系数，由定理 16.2 可知，实际计算中将使舍入误差增大，并且往往难以估计。从而 Newton-Cotes 公式的收敛性和稳定性得不到保证，因此实际计算中不用高阶 Newton-Cotes 公式。

16.2.2　偶阶求积公式的代数精度

作为插值型的求积公式，n 阶的 Newton-Cotes 公式至少具有 n 次的代数精度。求积公式的代数精度能否进一步提高呢？我们不加证明地给出如下结论。

定理 16.3　当阶为偶数时，Newton-Cotes 公式至少具有 n+1 次代数精度。

请有兴趣的读者自己证明。

16.2.3　几种低阶求积公式的余项

梯形求积公式的余项为

$$R_T=I-T=\int_a^b \frac{f''(\xi)}{2!}(x-a)(x-b)\mathrm{d}x \tag{16.21}$$

由于 $(x-a)(x-b)$ 在 $[a,b]$ 上不变号，利用积分中值定理有

$$R_T=\frac{f''(\eta)}{2!}\int_a^b(x-a)(x-b)\mathrm{d}x=-\frac{f''(\eta)}{12}(b-a)^3，\quad \eta\in(a,b) \tag{16.22}$$

类似地，辛普森公式的余项为

$$R_s = -\frac{b-a}{180}\left(\frac{b-a}{2}\right)^4 f^{(4)}(\eta),\ \eta\in(a,b) \tag{16.23}$$

16.3 复化求积公式

前面导出的误差估计式表明，用 Newton-Cotes 公式计算积分近似值时，步长越小，截断误差越小。但缩小步长等于增加节点数，即提高插值多项式的次数，龙格现象表明，这样并不一定能提高精度。理论上已经证明，当 $n\to\infty$ 时，Newton-Cotes 公式所求得的近似值不一定收敛于积分的准确值，而且随着 n 的增大，Newton-Cotes 公式是不稳定的。因此，实际中不采用高阶 Newton-Cotes 公式，为提高计算精度，可采用化整为零的策略，将积分区间分成若干小区间，在每个小区间上用低阶的求积公式，由此导出复化求积公式。

16.3.1 复化梯形公式

将区间 $[a,b]$ 划分为 n 等份，节点 $x_k = a+kh$，$h=\dfrac{b-a}{n}$，$k=0,1,\cdots n$，在每个区间 $[x_k,x_{k+1}]$ $(k=0,1,\cdots,n-1)$ 上采用梯形公式，则得

$$\begin{aligned} I &= \int_a^b f(x)\mathrm{d}x = \sum_{k=0}^{n-1}\int_{x_k}^{x_{k+1}} f(x)\mathrm{d}x \\ &= \frac{h}{2}\sum_{k=0}^{n-1}[f(x_k)+f(x_{k+1})] + R_n(f) \end{aligned} \tag{16.24}$$

记

$$T_n = \frac{h}{2}\sum_{k=0}^{n-1}[f(x_k)+f(x_{k+1})] = \frac{h}{2}[f(a)+2\sum_{k=1}^{n-1}f(x_k)+f(b)] \tag{16.25}$$

称为复化（composite）梯形公式或多应用型（mulltiple-application）梯形公式，其余项为

$$\begin{aligned} R_n(f) &= I - T_n = -\frac{h^3}{12}\sum_{k=0}^{n-1} f''(\eta_k) \\ &= -\frac{(b-a)h^2}{12}\times\frac{1}{n}\sum_{k=0}^{n-1} f''(\eta_k),\ \eta_k\in(x_k,x_{k+1}) \end{aligned} \tag{16.26}$$

由于 $f(x)\in C^{(2)}[a,b]$，且

$$\min_{0\leqslant k\leqslant n-1} f''(\eta_k) \leqslant \frac{1}{n}\sum_{k=0}^{n-1} f''(\eta_k) \leqslant \max_{0\leqslant k\leqslant n-1} f''(\eta_k) \tag{16.27}$$

所以存在 $\eta\in(a,b)$ 使

$$f''(\eta) = \frac{1}{n}\sum_{k=0}^{n-1} f''(\eta_k) \tag{16.28}$$

于是复化梯形公式余项为

$$R_n(f) = -\frac{(b-a)}{12}h^2 f''(\eta_k) \tag{16.29}$$

从式（16.29）可以看出，余项误差是 h^2 阶，所以当 $f(x)\in C^{(2)}[a,b]$，有

$$\lim_{n\to\infty} T_n = \int_a^b f(x)\mathrm{d}x \tag{16.30}$$

即复化梯形公式是收敛的。事实上，只要 $f(x)\in C[a,b]$，则可得收敛性，因为由式（16.25）得

$$T_n = \frac{1}{2}\left[\frac{b-a}{n}\sum_{k=0}^{n-1} f(x_k) + \frac{b-a}{n}\sum_{k=1}^{n} f(x_k)\right] \to \int_a^b f(x)\mathrm{d}x (n\to\infty) \tag{16.31}$$

所以复化梯形公式（16.15）收敛。此外，$[x_k, x_{k+1}]$ 的求积系数为正，由定理 16.2 可知复化梯形公式是稳定的。

16.3.2 复化辛普森公式

将区间 $[a,b]$ 划分为 n 等份，在每个区间 $[x_k, x_{k+1}]$ 上采用辛普森公式，记 $x_{k+1/2} = x_k + \frac{1}{2}h$，则

$$\begin{aligned} I &= \int_a^b f(x)\mathrm{d}x = \sum_{k=0}^{n-1}\int_{x_k}^{x_{k+1}} f(x)\mathrm{d}x \\ &= \frac{h}{6}\sum_{k=0}^{n-1}[f(x_k) + 4f(x_{k+1/2}) + f(x_{k+1})] + R_n(f) \end{aligned} \tag{16.32}$$

记

$$S_n = \frac{h}{6}\left[f(a) + 4\sum_{k=0}^{n-1} f(x_{k+1/2}) + 2\sum_{k=1}^{n-1} f(x_k) + f(b)\right] \tag{16.33}$$

称为复化辛普森 1/3 公式，其余项由式（16.23）得

$$R_n(f) = I - S_n = -\frac{1}{180}\left(\frac{h}{2}\right)^4 h\sum_{k=0}^{n-1} f^{(4)}(\eta_k)，\quad \eta_k \in (x_k, x_{k+1}) \tag{16.34}$$

于是，当 $f(x)\in C^{(4)}[a,b]$ 时，与复化梯形公式相似，有

$$R_n(f) = I - S_n = -\frac{b-a}{180}\left(\frac{h}{2}\right)^4 f^{(4)}(\eta)，\quad \eta\in(a,b) \tag{16.35}$$

可以看出，误差阶是 h^4，收敛性是显然的。事实上，只要 $f(x)\in C[a,b]$，则

$$S_n = \frac{1}{6}\left[4\frac{b-a}{n}\sum_{k=0}^{n-1} f(x_{k+1/2}) + \frac{b-a}{n}\sum_{k=1}^{n-1} f(x_k) + \frac{b-a}{n}\sum_{k=1}^{n} f(x_k)\right]$$

$$\to \int_a^b f(x)\mathrm{d}x (n\to\infty)$$

此外，由于 S_n 中求积系数均为正数，故知复化辛普森求积公式计算稳定。

例 2 根据函数表 16.2，用复化梯形公式和复化辛普森 1/3 公式计算 $I = \int_0^1 \frac{\sin x}{x}\mathrm{d}x$ 的近似值，并估计误差。

表 16.2

k	x_k	$f(x_k)=\frac{\sin x_k}{x_k}$		k	x_k	$f(x_k)=\frac{\sin x_k}{x_k}$
0	0	1		5	5/8	0.9361556
1	1/8	0.9973978		6	3/4	0.9088516
2	1/4	0.9896158		7	7/8	0.8771925
3	3/8	0.9767267		8	1	0.8414709
4	1/2	0.9588510				

解：由复化梯形公式得

$$I \approx \frac{1}{16}\left[f(0)+f(1)+2\sum_{k=1}^{7} f\left(\frac{k}{8}\right)\right]=0.945691 \tag{16.36}$$

由复化辛普森 1/3 公式得

$$I=\frac{1}{16}\left[f(0)+f(1)+2\sum_{k=1}^{3} f\left(\frac{k}{4}\right)+4\sum_{k=1}^{4} f\left(\frac{2k-1}{8}\right)\right]=0.946084 \tag{16.37}$$

与准确值 I=0.9460831…比较，显然用复化辛普森 1/3 公式计算精度较高。

为了利用余项公式估计误差，要求 $f(x)=\frac{\sin x}{x}$ 的高阶导数，由于

$$f(x)=\frac{\sin x}{x}=\int_0^1 \cos(xt)\mathrm{d}t \tag{16.38}$$

所以有

$$f^{(k)}(x)=\int_0^1 \frac{\mathrm{d}^k}{\mathrm{d}x^k}\cos(xt)\mathrm{d}t=\int_0^1 t^k \cos(xt+\frac{k\pi}{2})\mathrm{d}t \tag{16.39}$$

于是

$$\max_{0\leqslant x\leqslant 1}|f^{(k)}(x)|=\int_0^1\left|t^k \cos(xt+\frac{k\pi}{2})\right|\mathrm{d}t \leqslant \int_0^1 t^k \mathrm{d}t=\frac{1}{k+1} \tag{16.40}$$

由复化梯形误差公式（16.29）得

$$|R_8(f)|=|I-T_8|\leqslant \frac{h^2}{12}\max_{0\leqslant x\leqslant 1}|f''(x)|\leqslant \frac{1}{12}\times\left(\frac{1}{8}\right)^2\times\frac{1}{3}=0.000434 \tag{16.41}$$

由复化辛普森 1/3 误差公式（16.35）得

$$|R_4(f)|=|I-S_4|\leqslant \frac{1}{180}\times\left(\frac{1}{8}\right)^4\times\frac{1}{5}=0.271\times 10^{-6} \tag{16.42}$$

例 3 若用复化求积分公式计算积分

$$I=\int_0^1 \mathrm{e}^{-x}\mathrm{d}x \tag{16.43}$$

的近似值，要求计算结果有四位有效数字，n 应取多大?

解：因为当 $0\leqslant x\leqslant 1$ 时，有

$$0.3\leqslant \mathrm{e}^{-1}\leqslant \mathrm{e}^{x}\leqslant 1 \tag{16.44}$$

于是

$$0.3<\int_0^1 \mathrm{e}^{-x}\mathrm{d}x<1 \tag{16.45}$$

要求计算结果有四位有效数字，即要求误差不超过$\frac{1}{2}\times10^{-4}$。又因为

$$|f^{(k)}(x)|=\mathrm{e}^{-x}\leqslant1 \quad x\in[0,1] \tag{16.46}$$

由式（16.33）得

$$|R_T|=\frac{1}{12}h^2|f''(\xi)|\leqslant\frac{h^2}{12}=\frac{1}{2}\times10^{-4} \tag{16.47}$$

即$n\geqslant\frac{1}{6}\times10^4$，开方得$n$>40.8。因此若用复化梯形公式求积分，$n$应等于 41 才能达到精度。

若用复化辛普森 1/3 公式，由式（16.35）

$$|R_s|=\frac{1}{180}\left(\frac{h}{2}\right)^4|f^{(4)}(\xi)|\leqslant\frac{h^4}{180\times16}=\frac{1}{180\times16}\left(\frac{1}{n}\right)^4\leqslant\frac{1}{2}\times10^{-4} \tag{16.48}$$

得$n\geqslant1.62$，故应取n=2。

复化辛普森 1/3 公式可以得到非常精确的结果，在很多应用中都优于梯形公式。然而，该公式也存在一定的局限性：它要求区间等分，并且只适用于偶数个子区间—奇数个求积节点的情形。对于奇数个子区间—偶数个求积节点的情形，可以使用复化辛普森 3/8 公式，请读者自行推导。

前面给出的数值积分公式都是针对等距节点的，在很多实际情况中，节点不一定等距。此时，一种处理方法是在每个子区间上应用梯形公式，然后求和。注意，当相邻的子区间宽度相等时，使用辛普森法则通常会提高精度。

到此为止，对于大部分工程问题，这些方法的精度已经足够。如果要求更高的精度而且被积函数已知，下面的龙贝格求积公式提供了更吸引人的可行选择。

16.4　龙贝格求积公式

龙贝格求积公式是一种计算函数积分的高效数值方法。该方法基于逐次梯形法则，从这个意义上来说，它类似于上面讲的方法，但是，经过数学上的处理，龙贝格求积公式只需要花费更少的计算就可以得到更精确的结果。

16.4.1　梯形公式的逐次分半算法

如前所述，复化求积公式的截断误差随着步长的缩小而减少，而且如果被积函数的高阶导数容易计算和估计时，由给定的精度可以预先确定步长，不过这样做常常是很困难的，一般不值得推崇。实际计算时，我们总是从某个步长出发计算近似值，若精度不够可将步长逐次分半以提高近似值，直到求得满足精度要求的近似值。

设将区间$[a,b]$分为n等份，共有$n+1$个节点，如果将求积区间再二分一次，则节点增至$2n+1$个，我们将二分前后两个积分值联系起来加以考虑。注意到每个子区间$[x_k,x_{k+1}]$，经过二分只增加了一个节点$x_{k+\frac{1}{2}}=\frac{1}{2}(x_k+x_{k+1})$，用复化梯形公式求得该子区间上的积分值为

$$\frac{h}{4}[f(x_k)+2f(x_{k+1/2})+f(x_{k+1})] \tag{16.49}$$

注意，这里$h=\frac{b-a}{n}$代表二分前的步长，将每个子区间的积分值相加得

$$T_{2n}=\frac{h}{4}\sum_{k=0}^{n-1}[f(x_k)+f(x_{k+1})]+\frac{h}{2}\sum_{k=0}^{n-1}f(x_{k+1/2}) \tag{16.50}$$

即

$$T_{2n}=\frac{1}{2}T_n+\frac{h}{2}\sum_{k=0}^{n-1}f(x_{k+1/2}) \tag{16.51}$$

这表明，将步长由h缩小为$\frac{h}{2}$时，T_{2n}等于T_n的一半再加新增加节点处的函数值乘以当前步长。

由复化梯形公式的误差公式（16.29）可知

$$I-T_n=-\frac{1}{12}(b-a)h^2f''(\eta_1),\eta_1\in(a,b) \tag{16.52}$$

所以

$$I-T_{2n}=-\frac{1}{12}(b-a)(\frac{h}{2})^2f''(\eta_2),\eta_2\in(a,b) \tag{16.53}$$

若$f''(\eta_1)\approx f''(\eta_2)$，则有

$$I-T_{2n}\approx\frac{1}{4}(I-T_n)\text{和}I-T_{2n}\approx\frac{1}{3}(T_{2n}-T_n) \tag{16.54}$$

由式（16.54）可知，只要以步长h和$\frac{h}{2}$的积分计算值T_n和T_{2n}充分接近，就能保证最后一次计算值T_{2n}与积分精确值的误差很小，且误差约为$\frac{1}{3}(T_{2n}-T_n)$，所以可以以$|T_{2n}-T_n|<\varepsilon$作为梯形公式逐步分半算法的停止准则。

16.4.2 李查逊（Richardson）外推法

假设用某种数值方法求I的近似值，一般地，近似值是步长h的函数，记为$I_1(h)$，相应的误差为

$$I-I_1(h)=a_1h^{p1}+a_2h^{p2}+\cdots+a_kh^{pk}+\cdots \tag{16.55}$$

其中，$a_i(i=1,2\cdots)$，$0<p_1<p_2<\cdots<p_k<\cdots$是与$h$无关的常数，若用$ah$代替式（16.55）中的$h$，则

$$\begin{aligned}I-I_1(h)&=a_1(ah)^{p1}+a_2(ah)^{p2}+\cdots+a_k(ah)^{pk}+\cdots\\&=a_1a^{p1}+a_2a^{p2}h^{p2}+\cdots+a_ka^{pk}h^{pk}+\cdots\end{aligned} \tag{16.56}$$

式（16.56）减去式（16.55）乘以a^{p1}，得

$$\begin{aligned}&I-I_1(ah)-a^{p1}[I-I_1(h)]\\&=a_2(a^{p2}-a^{p1})h^{p2}+a_3(a^{p3}-a^{p1})h^{p3}+\cdots+a_k(a^{pk}-a^{p1})h^{pk}+\cdots\end{aligned}$$

取a满足$|a|\neq1$，以$1-a^{p1}$除式（16.56）两端，得

$$I-\frac{I_1(ah)-a^{p1}I_1(h)}{1-a^{p1}}=b_2h^{p2}+b_3h^{p3}+\cdots+b_kh^{pk}+\cdots \tag{16.57}$$

其中，$b_i=a_2(a^{p1}-a^{p1})/(1-a^{p1})(i=2,3,\cdots)$ 仍与 h 无关，令

$$I_2(h)=\frac{I_1(ah)-a^{p1}I_1(h)}{1-a^{p1}} \tag{16.58}$$

由式（16.57）可得，以 $I_2(h)$ 作为 I 的近似值，其误差至少为 $O(h^{p2})$，因此 $I_2(h)$ 收敛于 I 的速度比 $I_1(h)$ 快，不断重复以上做法，可以得到一个函数序列：

$$I_m(h)=\frac{I_{m-1}(ah)-a^{p_{m-1}}I_{m-1}(h)}{1-a^{p_{m-1}}},m=2,3,\cdots \tag{16.59}$$

以 $I_m(h)$ 近似 I，误差为 $I-I_m(h)=O(h^{pm})$。随着 m 的增大，收敛速度越来越快，这就是李查逊外推法。

16.4.3　龙贝格求积公式

由前面可知，复化梯形公式的截断误差为 $O(h^2)$，进一步分析，我们有如下欧拉—麦克劳林（Euler-Maclaurin）公式。

定理 16.4　设 $f(x)\in C^{\infty}[a,b]$，则

$$I-T(h)=a_1h^2+a_2h^4+\cdots+a_kh^{2k}+\cdots \tag{16.60}$$

其中，系数 $a_k(k=1,2,\cdots)$ 与 h 无关。

把李查逊外推法与欧拉—麦克劳林公式相结合，可以得到求积公式的外推算法。特别地，在外推算法式（16.59）中，取 $a=\frac{1}{2}$，$p_k=2k$，并记 $T_0(h)=T(h)$，则

$$T_m(h)=\frac{4^m T_{m-1}\quad -1(\frac{h}{2})-T_{m-1}(h)}{4^m-1},m=1,2,\cdots \tag{16.61}$$

经过 $m(m=1,2,\cdots)$ 次加速后，余项便取下列形式：

$$T_m(h)=I+\delta_1h^{2(m+1)}+\delta_2h^{2(m+2)}+\cdots \tag{16.62}$$

上述处理方法通常称为李查逊（Richardson）外推加速法。

为研究龙贝格（Romberg）求积方法的机器实现，引入记号以 $T_0^{(k)}$ 表示二分 k 次后求得的梯形值，且以 $T_m^{(k)}$ 表示序列 $\{T_0^{(k)}\}$ 的 m 次加速值，则依以上递推公式得到

$$T_m^{(k)}=\frac{4^m}{4^m-1}T_{m-1}^{(k+1)}-\frac{4^m}{4^m-1}T_{m-1}^{(k)},k=1,2,\cdots \tag{16.63}$$

称为龙贝格（Romberg）求积算法。

可以证明

$$\lim_{k\to\infty}T_m^{(k)}=I,\lim_{m\to\infty}T_m^{(0)}=I \tag{16.64}$$

可以以 $\left|T_k^{(0)}-T_{k-1}^{(0)}\right|<\varepsilon$ 作为停止准则。

龙贝格公式的计算过程如表 16.3 所示。

表 16.3

k	h	$T_0^{(k)}$		$T_1^{(k)}$		$T_2^{(k)}$		$T_3^{(k)}$		$T_4^{(k)}$	$\cdots$
0	$b-a$	$T_0^{(0)}$									
		↓									
1	$\frac{b-a}{2}$	$T_0^{(1)}$	→	$T_1^{(0)}$							
2	$\frac{b-a}{4}$	$T_0^{(2)}$	→	$T_1^{(1)}$	→	$T_2^{(0)}$					
3	$\frac{b-a}{8}$	$T_0^{(3)}$	→	$T_1^{(2)}$	→	$T_2^{(1)}$	→	$T_3^{(0)}$			
4	$\frac{b-a}{16}$	$T_0^{(4)}$	→	$T_1^{(3)}$	→	$T_2^{(2)}$	→	$T_3^{(1)}$	→	$T_4^{(0)}$	
$\vdots$	$\vdots$	$\vdots$		$\vdots$		$\vdots$		$\vdots$		$\vdots$	$\ddots$

例 4 用龙贝格算法计算积分 $I=\int_0^1 x^{3/2}\mathrm{d}x$。

解：利用逐次分半算法式（16.51）和龙贝格算法式（16.61），计算结果如表 16.4 所示。

$$T_0^{(0)}=\frac{1}{2}[f(0)+f(1)]=0.500000$$

$$T_0^{(1)}=\frac{1}{2}T_0^{(0)}+0.5\times f(\frac{1}{2})=0.426777$$

$$T_0^{(2)}=\frac{1}{2}T_0^{(1)}+0.25\times[f(\frac{1}{4})+f(\frac{3}{4})]=0.407018$$

$$T_0^{(3)}=\frac{1}{2}T_0^{(2)}+0.25\times[f(\frac{1}{8})+f(\frac{3}{8})+f(\frac{5}{8})+f(\frac{7}{8})]=0.401812$$

表 16.4

k	$T_0^{(k)}$	$T_1^{(k)}$	$T_2^{(k)}$	$T_3^{(k)}$	$T_4^{(k)}$	$T_5^{(k)}$
0	0.500000					
1	0.426777	0.402369				
2	0.407018	0.400432	0.400302			
3	0.401812	0.400077	0.400054	0.400050		
4	0.400463	0.400014	0.400009	0.400009	0.400009	
5	0.400118	0.400002	0.400002	0.400002	0.400002	0.400002

16.5 数值微分

在微分学中，求函数 $f(x)$ 的导数 $f'(x)$ 一般来讲是容易办到的，但若所给函数 $f(x)$ 由表格给出，则 $f'(x)$ 就不那么容易了，这种对列表数求导数通常为数值微分。积分是一个求和的过程，数据的扰动对最后的结果影响不大，但微分不同，它倾向于不稳定——也就是它放大误差，所以在进行数值微分计算时尤其要小心。

16.5.1 利用差商求导数

最简单的数值微分公式是用差商近似代替导数的。

（1）向前差商：

$$f'(x_0) \approx \frac{f(x_0+h)-f(x_0)}{h} \tag{16.65}$$

（2）向后差商：

$$f'(x_0) \approx \frac{f(x_0)-f(x_0-h)}{h} \tag{16.66}$$

（3）中心差商：

$$f'(x_0) \approx \frac{f(x_0+h)-f(x_0-h)}{2h} \tag{16.67}$$

在几何图形上，这三种差商分别表示弦 *AB*、*AC* 和 *BC* 的斜率，将这三条弦同过 *A* 点的切线 *AT* 比较，从图 16.3 可以看出，以 *BC* 的斜率更接近于切线 *AT* 的斜率 $f'(x_0)$，因此就精度而言，式（16.67）更为可取，称

$$G(h) = \frac{f(x_0+h)-f(x_0-h)}{2h} \tag{16.68}$$

为求 $f'(x_0)$ 的中点公式。

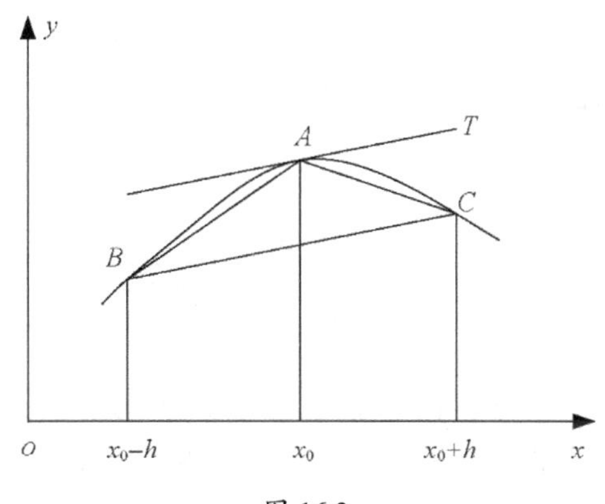

图 16.3

现在考察式（16.68）计算近似导数 $f'(x_0)$ 所产生的截断误差，首先分别将 $f'(x_0 \pm h)$ 在 x_0 处进行 Taylor 展开并代入式（16.68），可得

$$G(h) = f'(a) + \frac{h^2}{3!}f'(a) + \frac{h^4}{5!}f^{(5)}(a) + \cdots \tag{16.69}$$

由此可知，从截断误差的角度看，步长越小，计算越准确。但从舍入误差的角度看，步长越小，式（16.68）的分母越小，而且分子是两个相近数相减，这都是算法设计中应该避免的。

16.5.2　利用插值求导数

由插值理论，如果已知 $f(x)$ 在离散点处的函数值 $f(x_i)$，$i=1,2,\cdots,n$，可以考虑用拉格朗日插值多项式和三次样条函数近似 $f(x)$，从而用它们的导数和高阶导数近似 $f(x)$ 的导数和高阶导数，这类方法就是基于插值求导方法。

例如，我们可以二次拉格朗日插值多项式拟合三个相邻数据点 $(x_i, f(x_i)), i=1,2,3$，然后对插值多项式求导得到

$$f'(x) \approx L_2'(x) = f(x_0)\frac{2x - x_1 - x_2}{(x_0 - x_1)(x_0 - x_2)} + f(x_1)\frac{2x - x_0 - x_2}{(x_1 - x_0)(x_1 - x_2)} + f(x_2)\frac{2x - x_0 - x_1}{(x_2 - x_0)(x_2 - x_1)} \quad (16.70)$$

其中，x是需要估计导数的点，这个公式称为三点求导公式。虽然公式比较复杂，但具有一些重要优点：第一，它可用来估计三个点所确定范围内任意位置的导数；第二，数据点本身不要求是等间距的；第三，导数估计值具有与中点公式同样的精度，事实上对于等距数据，式（16.70）在$x = x_1$处退化为中点公式。

我们可以继续对$L_2'(x)$求导获得二阶导数计算公式，如在节点等距的情况下（设步长为h），我们能得到二阶三点公式

$$f'(x) \approx \frac{1}{h^2}(f(x_1 - h) - 2f(x_1) + f(x_1 + h)) \quad (16.71)$$

类似地，我们可以用两个点推导出两点公式，用五个点推导出五点公式，由于高次插值的龙格现象，一般不再采用更高次数的插值求导公式。

三次样条函数$S(x)$作为$f(x)$的近似，我们有如下结论：

$$\left\| f^{(k)}(x) - S^{(k)}(x) \right\|_\infty \leqslant C_k \left\| f^{(4)} \right\|_\infty h^{4-k}, k = 0,1,2 \quad (16.72)$$

16.5.3 李查逊外推法 $a_i (i = 1,2,\cdots)$

利用中点公式计算导数值时

$$f'(x) \approx G(h) = \frac{f(x+h) - f(x-h)}{2h} \quad (16.73)$$

同式（16.69）的推导，我们有

$$f'(x) = G(h) + a_1 h^2 + a_2 h^4 + \cdots \quad (16.74)$$

其中，与h无关，利用李查逊外推法，与龙贝格公式的推导完全相同，我们有

$$G_m(h) = \frac{4^m G_{m-1}(\frac{h}{2}) - G_{m-1}(h)}{4^m - 1}, G_0(h) \equiv G(h), m = 1,2,\cdots \quad (16.75)$$

根据李查逊外推法，上述公式的误差为

$$f'(x) - G_m(h) = O\left(h^{2(m+1)}\right) \quad (16.76)$$

可见，当m较大时，计算是很精确的。当然，考虑到舍入误差，一般m不能取太大。

课后习题

（1）求积公式$\int_0^1 f(x)\mathrm{d}x \approx \frac{3}{4} f\left(\frac{1}{3}\right) + \frac{1}{4} f(1)$的代数精度。

（2）求A、B使求积公式

$$\int_{-1}^1 f(x)\mathrm{d}x \approx A\left[f(-1) + f(1)\right] + B\left[f\left(-\frac{1}{2}\right) + f\left(\frac{1}{2}\right)\right]$$

的代数精确度尽量高，并求其代数精度。

（3）试确定求积公式 $\int_0^h f(x)\mathrm{d}x \approx \frac{h}{2}\left[f(0)+f(h)\right]+\frac{h^2}{12}\left[f'(0)-f'(h)\right]$ 的代数精度。

（4）给定形如 $\int_0^1 f(x)\mathrm{d}x \approx A_0 f(0)+A_1 f(1)+B_0 f'(0)$ 的求积公式，试确定系数 A_0、A_1、B_0，使公式具有尽可能的代数精确度；确定求积的余项。

（5）利用复化梯形公式计算 $\int_0^1 \frac{x}{4+x^2}\mathrm{d}x, n=8$。

（6）用辛普森公式求积分 $\int_0^1 \mathrm{e}^{-x}\mathrm{d}x$，并计算误差。

（7）确定下列求积公式中的待定系数即节点之值，使公式的代数精确度尽量高，并指出公式有几次代数精确度。

① $\int_{-2h}^{2h} f(x)\mathrm{d}x \approx Af(-h)+Bf(0)+Cf(h)$。

② $\int_{-1}^{1} f(x)\mathrm{d}x \approx \frac{1}{3}\left[f(-1)+2f(x_1)+3f(x_2)\right]$。

③ $\int_{-h}^{h} f(x)\mathrm{d}x \approx Af(-h)+Bf(x_1)$。

（8）用龙贝格求积方法计算下列积分，使误差不超过 10^{-5}。

① $\frac{2}{\sqrt{\pi}}\int_0^1 \mathrm{e}^{-x}\mathrm{d}x$。

② $\int_0^3 x\sqrt{1+x^2}\mathrm{d}x$。

（9）用龙贝格方法计算积分 $\int_1^3 \frac{\mathrm{d}y}{y}$。

（10）已知 $x_0=\frac{1}{4}$，$x_1=\frac{1}{2}$，$x_2=\frac{3}{4}$。

① 推导以这 3 个点作为求积节点在 $[0,1]$ 上的插值型求积公式；

② 指明求积公式所具有的代数精度；

③ 用所求公式计算 $\int_0^1 x^2\mathrm{d}x$。

（11）给定求积节点 $x_0=\frac{1}{4}$，$x_1=\frac{3}{4}$，试推出计算积分 $\int_0^1 f(x)\mathrm{d}x$ 的插值型求积公式，并写出它的截断误差。

（12）设有计算积分 $I(f)=\int_0^1 \frac{f(x)}{\sqrt{x}}\mathrm{d}x$ 的一个求积公式 $I(f)\approx af\left(\frac{1}{5}\right)+bf(1)$。

① 求 a、b 使以上求积公式的代数精度尽可能高，并指出所达到的最高代数精度。

② 如果 $f(x)\in C^{(3)}[0,1]$，则试给出该求积公式的截断误差。

（13）分别用梯形公式和辛普森公式计算 $I=\int_0^1 \frac{1}{1+x}\mathrm{d}x$，分析实际误差和由积分公式预想估计的误差界（$\ln 2 \approx 0.693147$）。

参考文献

[1] 王晓原，孙亮，刘丽萍．运筹学[M]．四川：西南交通大学出版社，2018.
[2] 郭立夫．运筹学[M]．吉林：吉林大学出版社，2002.
[3]《运筹学》教材编写组．运筹学（第三版）[M]．北京：清华大学出版社，2005.
[4] 郭耀煌．运筹学原理与方法[M]．成都：西南交通大学出版社，1994.
[5] 李元科．工程最优化设计[M]．北京：清华大学出版社，2006.
[6] 王青，陈宇，张颖昕，等．最优控制理论、方法与应用（第一版）[M]．北京：高等教育出版社，2011.
[7] 李庆杨，王能超，易大义．数值分析（第五版）[M]．北京：清华大学出版社，2008.
[8] 冯康等．数值计算方法[M]．北京：国防工业出版社，1978.
[9] 王明辉．数值分析[M]．北京：化学工业出版社，2015.
[10] HAMDY A T. Operations Research: An Introduction[M]. Third Edition.London. The Macmillan Company, 1980.
[11] GOLUB G H, VANLOAN C F. Matrix Computations[M].Third Edition. Baltimore. The Johns Hopkins University Press，1996.